열매
FRUIT

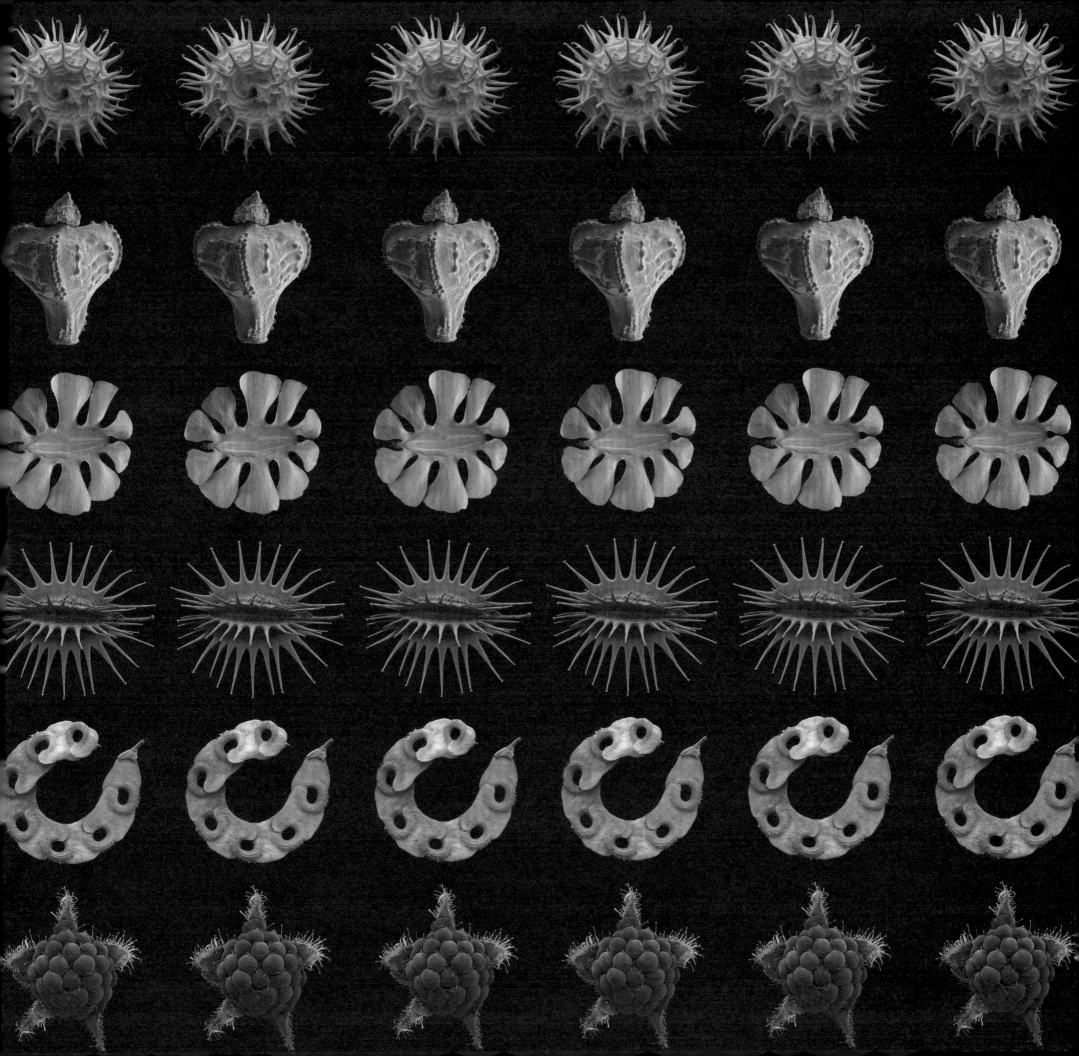

열매
FRUIT

먹을 수 있는, 먹을 수 없는, 믿을 수 없는

Wolfgang Stuppy & Rob Kesseler 저 이남숙 감수 김진옥 역

편집 및 디자인 Alexandra Papadakis

(주)교학사

감사의 말

많은 분들이 이 책을 위해 필요한 많은 자료와 지식, 아이디어에 직·간접적으로 다양한 도움을 주셨습니다. 수십 년에 걸쳐 열매에 관한 수많은 사실을 밝혀낸 모든 과학자들과 여기에 실린 열매를 발견하여 채집하거나 키워 낸 분들을 이 자리에서 모두 말씀드리는 것은 어렵겠지만, 특별히 감사의 말씀을 드리고 싶은 분들이 있습니다.

먼저 이 책이 완성되기까지 허락과 지지를 해 주신 출판사의 안드레아스 파파다키스(Andreas Papadakis)에게 감사드립니다. 그리고 글과 이미지의 배경이 된 아름다운 디자인을 탄생시킨 뛰어난 감각과 예술적 기술을 선보여 준 그의 따님 알렉산드라 파파다키스(Alexandra Papadakis)에게도 감사의 말씀을 전합니다. 또한 원고를 철저히 검토해 준 리처드 베이트먼(Richard Bateman)과 파울라 루달(Paula Rudall), 리처드 스퓨트(Richard Spjut)와 편집을 맡아 준 쉴라 드발리(Sheila deVallee)에게 깊이 감사드립니다. 서문의 요청을 흔쾌히 받아 주시고 통찰력 있는 서문을 써 주신 웰컴 트러스트의 공공프로그램 책임자 켄 아놀드(Ken Arnold), 격려와 성원의 말을 아낌없이 주신 큐 왕립식물원장 스티븐 호퍼(Stephen D. Hopper) 교수에게도 감사의 말씀을 드리고 싶습니다.

이 책을 위해 밀레니엄 종자은행에 있는 재료를 내어 준 종자보존부장 폴 스미스(Paul Smith)와 정보부장 존 딕키(John Dickie)에게 감사한 마음을 전합니다. 밀레니엄 종자은행 프로젝트는 영국 밀레니엄 위원회와 웰컴 트러스트의 기금으로 설립되었으며, 큐 왕립식물원은 영국 환경부의 농림축산식품부로부터 매년 지원금을 받고 있습니다.

큐 왕립식물원과 웨이크허스트 플레이스, 특별히 미세형태학부에 있는 직원들과 종자보존부의 모든 분들, 그리고 특이하고도 놀라운 열매를 수집하는 데 기여한 전 세계의 모든 밀레니엄 종자은행 프로젝트 동반자들에게 감사드립니다. 특히 밀레니엄 종자은행 프로젝트의 협력 국가(오스트레일리아, 부르키나파소, 케냐, 레바논, 말리, 멕시코, 마다가스카르, 남아프리카 공화국, 우크라이나, 미국)에서 수집 재료의 사용을 허락해 주신 데 대해 감사를 표합니다. 또 큐 식물표본실에 있는 콩과, 야자나무과, 말피기목의 수집품을 이용할 수 있게 해 주고 동남아시아 지역 팀과 주사전자현미경의 사용과 기술적인 지원에 도움을 준 조드럴 실험실의 미세형태학부, 특히 파울라 루달(Paula Rudall)과 크리시 프라이키드(Chrissie Prychid)에게 감사드립니다. 종자보존부에 있는 학예팀의 친절한 도움에 감사드리며 특히 자료 출처에 큰 도움이 된 재닛 테리(Janet Terry)에게 감사드립니다.

뿐만 아니라, 어려운 질문에 대한 답을 찾는 데에 지식과 기술적 지원, 시간 등의 도움을 주고, 조언과 아이디어는 물론 중요한 자료에 대한 접근을 허락하고 사진을 지원해 준 큐의 동료와 친구들에게 감사드립니다. 특히 종자보존부의 존 애덤스(John Adams), 매슈 다우스(Matthew Daws), 일세 크라너(Ilse Kranner), 하넬로레 모랄레스(Hannelore Morales), 엠마 요크(Emma York)에게 감사드립니다. 그리고 콩과 식물에 관한 슬라이드 수집품을 활용하도록 허락해 주고 질문에 친절히 답해 준 식물표본실 콩과부의 귈림 루이스(Gwilym Lewis)에게 특별히 감사드립니다. 또한 식물표본실의 빌 베이커(Bill Baker), 길 챌런(Gill Challen), 마틴 칙(Martin Cheek), 톰 코프(Tom Cope), 아론 데이비스(Aaron Davis), 존 드랜스필드(John Dransfield), 데이비드 고이더(David Goyder), 이베트 하비(Yvette Harvey), 페트라 호프먼(Petra Hoffmann), 테리 페닝턴(Terry Pennington), 브라이언 쉬리레(Brian Schrire), 데이비드 심슨(David Simpson), 팀 우테릿지(Tim Utteridge), 수 즈맛티(Sue Zmarzty)에게도 감사의 말을 전합니다. 조사에 필요한 많은 논문과 책을 빠른 속도로 찾아내 준 큐 식물원 도서관의 앤 그리핀(Anne Griffin)에게도 감사드립니다. 또한 도서관의 줄리아 버클리(Julia Buckley)와 앤 마샬(Anne Marshall)에게도 감사합니다. 원예공교육부에 있는 데이비드 쿡(David Cooke), 로라 지우프리다(Laura Giuffrida), 마이크 마시(Mike Marsh), 웨슬리 쇼(Wesley Shaw)와 큐에 있는 핸드류 맥롭(Andrew McRobb)과 폴 리틀(Paul Little, 미디어 자원), 마크 네즈빗(Mark Nesbitt, 경제식물학센터), 이안 파킨슨(Ian Parkinson, 웨이크허스트 플레이스)에게도 감사드립니다. 마다가스카르의 바구미를 동정하는 데 도움을 준 런던 자연사박물관의 크리스토퍼 라이얼(Christopher Lyal)에게도 감사의 말을 전합니다.

국외로는 월피아 콜룸비아나(Wolffia columbiana)를 제공해 준 스위스 취리히대학의 식물분류학과와 식물원의 레토 니펠러(Reto Nyffeler), 무화과좀벌(Blastophaga psenes)의 표본을 제공해 준 프랑스 몽페리에–쉬르–레즈 국립농학연구소의 장이브 하스플뤼스(Jean-Yves Rasplus)에게 감사드립니다. 현장 조사에서 도움을 준 오스트레일리아의 사라 애쉬모어(Sarah Ashmore), 필립 보일(Phillip Boyle), 리처드 존스턴(Richard Johnstone), 앤드류 크로퍼드(Andrew Crawford), 앤드류 옴(Andrew Orme), 앤드류 프리처드(Andrew Pritchard), 토니 타이슨–도널리(Tony Tyson-Donnelly)와 멕시코의 이스마엘 칼자다(Ismael Calzada), 울리시스 구즈만(Ulises Guzman)에게 고마움을 전합니다.

수집품의 사진 촬영을 허락해 준 남아프리카 공화국 케이프타운 커스텐보시 식물원의 에른스트 판 야스펠트(Ernst van Jaarsveld)와 앤서니 히치콕(Anthony Hitchcock), 넬스푸르트 로펠트 국립식물원의 조안 허터(Johan Hurter)와 오스트레일리아에 있는 퍼스의 킹스 공원과 식물원, 질롱 식물원, 쿠사산의 브리즈번 식물원, 멜버른의 왕립식물원, 시드니의 왕립식물원, 뉴사우스웨일즈의 아난산 식물원의 직원들에게 감사드립니다. 이 책에 실은 알렉트리온 엑셀수스(Alectryon excelsus, 무환자나무과)의 열매를 찍기 위해 뉴질랜드를 방문하는 동안 환대와 동행을 해 준 그곳의 친구이자 동료인 트레버 제임스(Trevor James)에게 고마움을 전하고 싶습니다. 또한 산포 생태에 관한 아이디어를 공유해 준 뉴질랜드 호키티카의 환경부에 있는 제인 마샬(Jane Marshall)과 필 나이트브리지(Phil Knightbridge)에게도 감사드립니다.

이미지 제공에 친절한 도움을 준 동료와 친구들인 루시 코맨더(Lucy Commander, 오스트레일리아 퍼스), 필 나이트브리지(Phil Knightbridge), 스티븐 라일(Stephen Lyle, 브리스톨 BBC 자연사단), 앤드류 맥롭(Andrew McRobb, 큐), 필리프 드 올리베이라(Filipe de Oliveira, 영국), 엘리 배스(Elly Vaes, 하와이), 제임스 우드(James Wood, 태즈메이니아 호바트)에게 감사드립니다. 특히 드로모르니스(Dromornis)를 놀랍게 재구성한 피터 트러슬러(Peter Trusler, 오스트레일리아)에게 감사드립니다. 센트럴 세인트 마틴스 예술대학의 제인 라플레이(Jane Rapley) 학장, 조너선 배럿(Jonathan Barratt, 그래픽 산업 디자인 학부장), 캐스린 헌(Kathryn Hearn, 세라믹 디자인 코스 디렉터)에게도 감사의 말을 전합니다.

이 책의 제작에 혼신의 힘을 쏟은 파파다키스 출판사의 헤일리 윌리엄스(Hayley Williams)와 특별한 사진을 제공해 준 마이크 베일리(Mike Bailey), 스티브 윌리엄스(Steve Williams)에게 감사드립니다.

내 삶에서 항상 나를 보살펴 주고 앞으로도 그러할 아갤리스 마네시(Agalis Manessi)에게 진심으로 감사드립니다. – 롭 케슬러

끝으로, 일 년 내내 내가 이 책에 몸과 마음을 빼앗겼음에도 불구하고 불평 한 마디 없이 늘 인내하고 격려해 준 나의 부인 엠마 로흐너–스터피(Emma Lochner-Stuppy)의 사랑과 지지에 깊은 감사의 말을 전합니다. – 울프강 스터피

사진 설명

1쪽: 칼라무스 아루엔시스(야자나무과) *Calamus aruensis* (Arecaceae) – rattan palm. 미성숙 열매. 열매 1개의 지름은 2.6mm. 뉴기니, 솔로몬 제도, 아루 제도, 오스트레일리아 케이프요크 원산. 열매는 야자나무과에서는 유일하게 밖으로 굽은 비늘조각으로 겹겹이 싸여 있다. 이 비늘조각이 정확히 어떤 역할을 하는지는 밝혀지지 않았으나, 세로줄로 배열되며 파충류의 피부와 닮은 무늬를 만든다. 말레이시아의 라탄야자류 살라카 잘라카(*Salacca zalacca*)는 식용이 가능한 열매의 표면 무늬를 따라서 "스네이크 야자"라는 이름이 붙었다.

2쪽: 피쿠스 빌로사(뽕나무과) *Ficus villosa* (Moraceae) – villous fig. 열대 아시아 원산. 열매(은화과)의 종단면. 열매 지름은 1.2cm. 750여 종에 달하는 무화과속 식물들은 은두화서 안에 작은 꽃들을 피우며, 은두화서는 수분(受粉) 후에 무화과 열매로 자란다. 은두화서는 형태학적으로 해바라기의 두상화서에 비유할 수 있다. 즉 가장자리가 안쪽의 꽃들을 감싸면서 작은 구멍만을 남겨둔 채 항아리 모양을 형성한다. 또 수많은 포들이 무화과의 입구를 단단히 덮고 있다가 수분 때가 되면 무화과의 수분 매개자인 무화과말벌이 들어올 수 있도록 길을 내준다. 수분 전 피쿠스 빌로사를 비롯한 다른 종들의 은두화서 내부는 점액 물질로 채워져 있다.

3쪽: 피쿠스 빌로사(뽕나무과) *Ficus villosa* (Moraceae) – villous fig. 열대 아시아 원산. 열매(은화과) 무리

5쪽: 발레리아넬라 코로나타(마타리과) *Valerianella coronata* (Valerianaceae) – 일반명은 없다(글자 그대로 하면 "왕관을 쓴 콘샐러드"). 지중해 연안, 남서부 중앙아시아 원산. 열매(가시과). 열매 지름은 5.2mm. 3개의 심피가 합착되어 형성된 씨방하위로, 심피 중 하나에만 종자가 맺힌다. 이는 열매 아랫부분의 반(종자가 맺히지 않은 심실)이 나머지 반보다 더 작은 이유이다. 꽃받침은 낙하산처럼 발달하고, 6장의 꽃받침잎이 결합되면서 그 끝이 길어져 갈고리 모양을 이루어 바람과 동물에 의해 산포되게 한다.

목차 CONTENTS

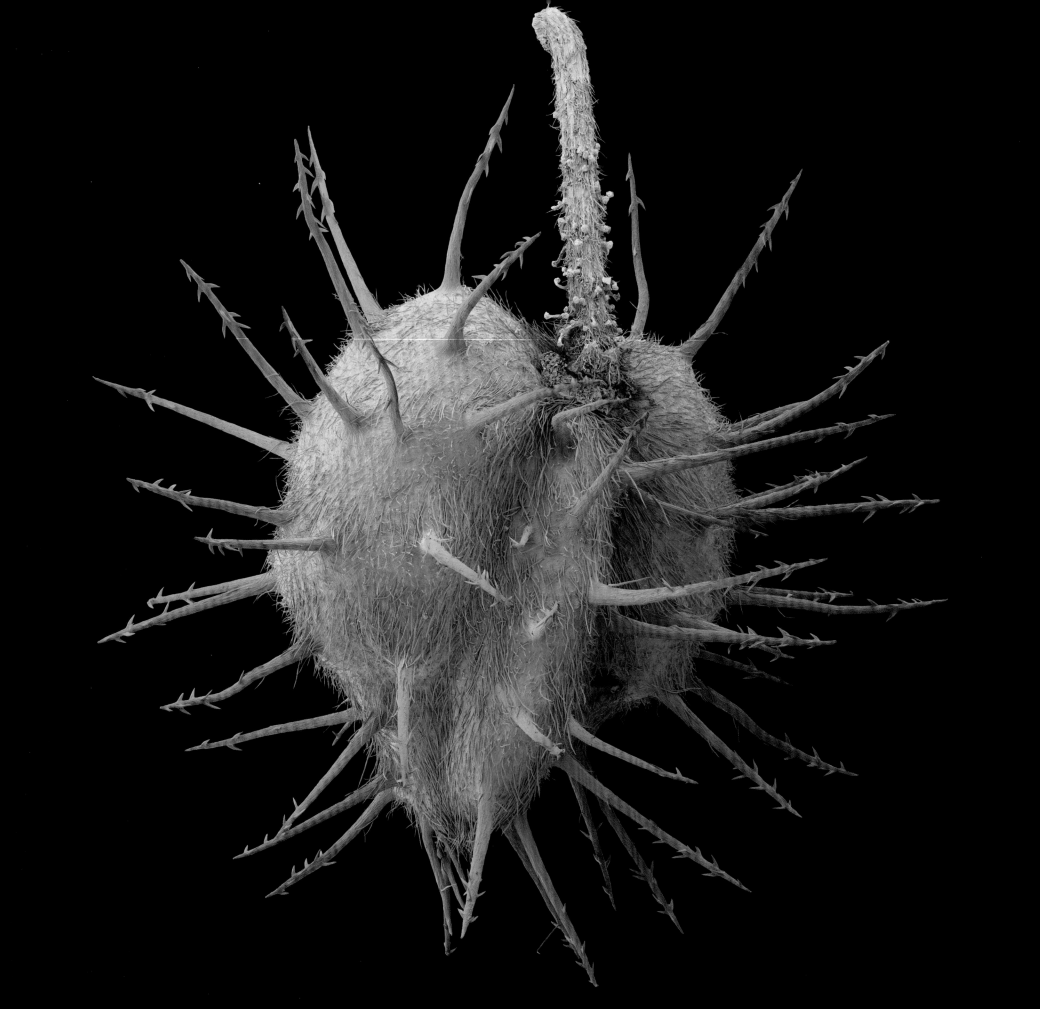

서문
PREFACE

켄 아놀드 (KEN ARNOLD)
웰컴 트러스트 공공 프로그램 책임자

크라메리아 에렉타(크라메리아과) *Krameria erecta* (Krameriaceae) –
Pima rhatany. 미국 남부, 멕시코 북부 원산. 열매(수과). 가시를 제
외한 열매의 길이 8mm. 작은 관목으로, 열매는 익어도 벌어지지 않
으며(폐과) 안에 1개의 종자가 들어 있다. 열매를 둘러싸고 있는 날
카로운 가시는 동물의 털에 붙어 산포되는 것을 돕는다.

열매는 음식으로서, 과학적 탐구 대상으로서, 죄악 혹은 노력의 은유적 표현으로서, 그리고 다른 많은 용도로서 우리 삶의 물질적·정신적 부분을 차지하고 있다. 열매는 무수히 많으며 그만큼 우리에게 중요한 의미를 갖는다. 누군가는 그 중요성이 너무도 커서 하나의 관점만으로는 우리의 호기심을 충족시킬 수 없다고 할 것이다. 이 책은 열매에 대한 과학적, 예술적, 산업적인 면을 고루 담아냄으로써 열매가 의미하는 바를 가장 심도 있게 보여 줄 것이다.

사람들은 열매를 포함한 전반적인 식물의 이해를 위해서 열매를 그림으로 나타내곤 했다. 하지만 오랜 훈련을 통한 관찰력이 뒷받침되어야 하는 이런 시도는 르네상스 시대에 와서야 비로소 시작되었다. 이 시기는 자연사 연구에서 물질세계를 관찰하는 데 시각적 과학(visual science)을 도입한 시기이기도 하다. 이처럼 동물계나 식물계, 광물계 등의 자연 영역은 물론, 인간의 창조 영역 부분을 조사하고 이해하기 위해서는 관찰한 것을 정확하게 묘사하는 기술과 이를 바탕으로 한 연구 방법의 개발이 필요하게 되었다.

이러한 기술적인 방법을 개발하는 것은, 다양한 실습과 기술 및 이론적 추측과 분석 방식들을 적절히 활용해야 하는 일종의 과제였다. 또한, 거듭되는 기술 혁신은 연구 방법의 발전에 많은 영향을 끼쳤다. 그 첫 번째 주요 발전은 17세기 중반에 있었던 단안 렌즈와 복합 현미경의 적용이었으며, 이는 과학 기기를 이용하여 육안으로 관찰할 수 있는 것 이상으로 확대시키는 새로운 발상의 전조가 되었다. 여기에 로버트 훅(Robert Hooke)과 레벤후크(Anton van Leeuwenhoek)와 같은 사람들의 기술적 열정이 더해져 육안 식별이 가능한 표면 그 이하까지 현미경으로 정밀하게 규명하고 설명할 수 있는 새로운 세상이 열리게 되었다.

자연물의 시각적인 관찰법에 대한 또 다른 중요한 기술적 진보는 사진술의 발명이라고 할 수 있다. 사진술은 다양한 연구뿐만 아니라, 축하 행사 등에서도 눈에 보이는 것들을 포착할 수 있었다. 그 후 19세기 말에는 보는 것에 대한 혁명 그 이상의 일이 일어났다. 바로 살생이나 해부 없이도 물체(특히 살아 있는 것들)의 형태를 볼 수 있는 엑스레이(X-ray)의 발견이었다. 나아가 수많은 기술 혁신 및 획기적인 성과들이 합쳐져 주사전자현미경을 탄생시켰으며, 이 책을 장식하는 훌륭한 사진들의 재료를 제공하였다.

에린지움 패니쿨라툼(산형과) *Eryngium paniculatum* (Apiaceae) – cardon-cillo. 아르헨티나, 칠레 원산. 소과(小果). 길이 4.8mm. 산형과 식물의 열매는 2개씩 붙은 심피들로 이루어진 씨방하위에서 발달한다. 열매가 성숙하면 2개씩 붙은 심피는 떨어져 각각 하나의 종자가 들어 있는 소과가 되며 익어도 벌어지지 않는다. 이 열매는 과벽에서부터 원을 그리며 돌출된 날개(밝은 파란색)가 있어 바람에 의해 산포된다. 또 상단부에는 2~3개의 숙존성 꽃받침(진한 파란색)이 있는데, 이것 역시 날개의 역할을 한다.

열매 – 먹을 수 있는, 먹을 수 없는, 믿을 수 없는

이 책에서는 열매의 생물학적 메커니즘을 정교한 기술을 이용하여 관찰하고 설명하는 것과 더불어 열매라는 주제에 대한 미적인 접근을 병행하고자 했다. 즉, 자연을 묘사하고, 종종 멈춰진 상태로 바라보는 관조와 몰입의 기회를 제공하려는 것이다. 수많은 예술가들이 열매와 자연의 다른 산물에 내재되어 있는 인본주의적이고 도덕적인 가치에 대한 그들의 생각을 표현하고자 최신의 과학 장비가 가진 기술적인 역량을 활용한 사례는 자주 있었다. 롭 케슬러(Rob Kesseler)와 울프강 스터피(Wolfgang Stuppy)의 공동 작업은 각기 다른 관점에서 바라본 통찰을 한 권의 책으로 담아 낸 최초의 것은 아니지만 이처럼 굉장한 결과물이 나오는 경우는 흔하지 않다.

이 두 사람은 열매를 픽셀, 원자 등의 작은 단위로 쪼개어 열매의 신비로운 메커니즘을 밝혀냈다. 즉, 표본을 엄선하고 선과 면을 첨예화하거나 다듬은 후 색상을 선택하여 적용한 다음 더 밝게 혹은 은은하게 만들어 표면 형태를 매우 높은 해상도로 나타내었다. 이 과정에서 과학적인 이해와 기술적 조작은 필수적이었으며, 정보를 종합하고 의미를 발견한 후 부호화하여 새로운 해석과 특징들을 부여하는 과정 또한 중요한 것이었다. 이렇게 해석된 열매는 궁금증을 유발하거나 매력적이고 유혹적이었으며, 신비스럽고 골치 아프거나 심지어 불길한 느낌을 주기도 했다.

"열매"라는 단어를 소리 내어 말해 보자. 맨 먼저 즙이 많고 속이 꽉 찬 무언가가 그려질 것이다. 사람들은 수천 년 동안 그야말로 수천 가지의 열매들을 익히고 말리고 절여서 혹은 생것 그대로 소비해 왔다. 다시 한 번 열매라고 말해 보자. 이제는 종자 안에 포장된 유전자가 다음 세대로 가기 위한 수단이라는 생물학적 역할에 대해서 생각하게 될지도 모른다. 그리고 또 다시 열매라고 말해 보자. 그러면 열심히 일한 노력의 결실을 의미하는 은유적인 표현이 떠오르거나 달지만 위험한 금기의 상징으로서의 열매가 뇌리를 스칠지도 모른다.

또한, 책장을 넘기며 곰곰이 생각하게 되는 열매의 크기, 형태, 구조, 다양성, 메커니즘, 그리고 용도에 관한 기술적인 질문들에서 나아가 그 한 장 한 장에 담겨 있는 것이 무질서함 속의 완벽함과 불완전함 속의 아름다움으로 세상 속의 또 다른 세상을 떠올리게 하는 작품임을 잊지 말자.

이 책은 배움과 나눔을 위한 책이기도 하지만, 무엇보다도 기막히게 아름다운 열매를 직접 눈으로 느끼기 위한 책이라고 할 수 있다.

에린지움 레벤워시(산형과) *Eryngium leavenworthii* (Apiaceae) – Leavenworth's eryngo. 북아메리카 원산. 소과. 길이 9mm. 에린지움 패니쿨라툼과는 달리 이 식물의 소과는 동물의 몸에 붙어 산포된다. 숙존성의 꽃받침이 동물의 털이나 깃털에 잘 달라붙을 수 있는 고리 역할을 한다.

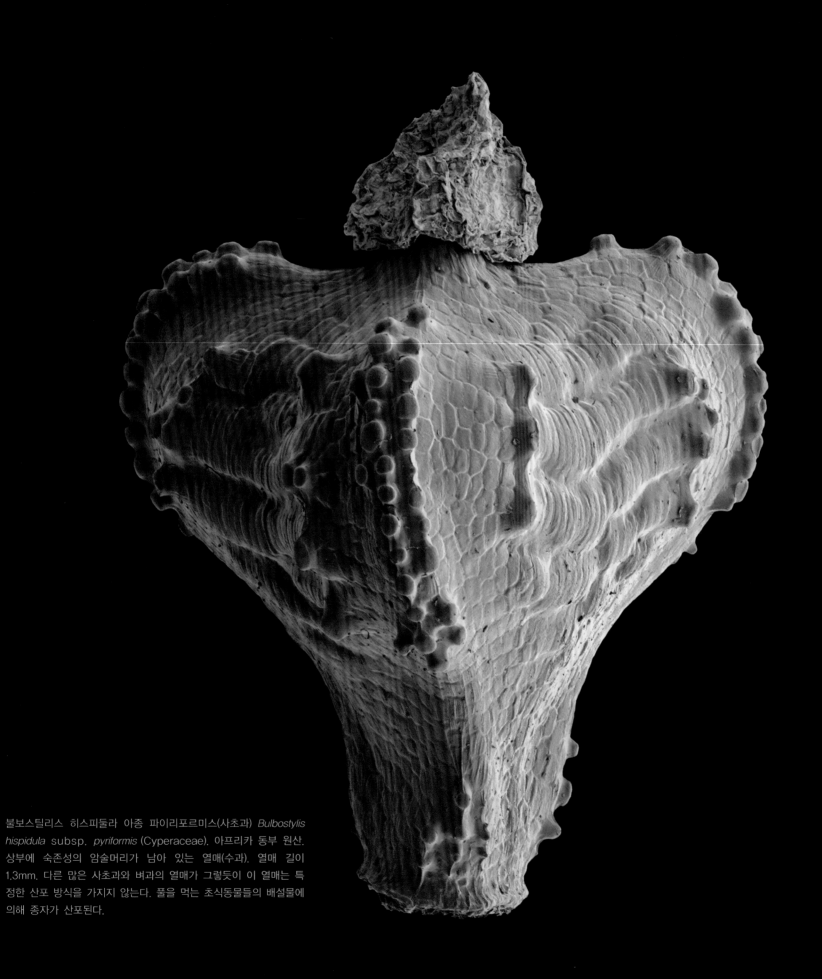

불보스틸리스 히스피둘라 아종 파이리포르미스(사초과) *Bulbostylis hispidula* subsp. *pyriformis* (Cyperaceae). 아프리카 동부 원산. 상부에 숙존성의 암술머리가 남아 있는 열매(수과). 열매 길이 1.3mm. 다른 많은 사초과와 벼과의 열매가 그렇듯이 이 열매는 특정한 산포 방식을 가지지 않는다. 풀을 먹는 초식동물들의 배설물에 의해 종자가 산포된다.

서문
FOREWORD

스티븐 호퍼 (STEPHEN D. HOPPER)

큐 왕립식물원장

시작에 앞서, 나는 과일만 먹고도 살 수 있을 정도로 과일 없이는 못사는 사람임을 고백해야겠다. 기억하기에 나는 아주 어렸을 때부터 과일을 즐겨 먹었고 지금도 그러하다. 따라서 이 책의 저자들로부터 열매에 대한 과학과 예술의 환상적인 합동 작품에 대해 몇 자 적어 달라는 부탁을 받은 사실을 영광스럽게 생각한다. 이 책은 식물의 생식 구조의 다양성을 기리는 수상 시리즈 그 세 번째 책이다. 전작들로는 2004년에 롭 케슬러(Rob Kesseler)와 마들린 느 할리(Madeline Harley)가 쓴 『화분(花粉) – 꽃의 숨겨진 성(*Pollen – The Hidden Sexuality of Flowers*)』과 2006년에 이 책의 저자들이 쓴 『종자 – 생명의 타임캡슐(*Seeds – Time Capsules of Life*)』이라는 책이 있다. 그리고 이 시리즈에 더할 나위 없이 딱 맞는 책이 나온 것이다.

누구나 알고 있는 영양적인 부분을 제쳐 두고라도 열매는 통찰력, 영감, 경이로움이 녹아들어 있는 매우 매혹적인 결정체이다. 롭 케슬러는 이것들을 포착하여 창의적인 이미지로 재탄생시켰으며, 일반 독자들에게도 그 즐거움을 느낄 수 있게 했다. 여기에 울프강 스터피의 권위 있으면서도 이해하기 쉽고 생동감 넘치는 글이 더해져 최고의 조합을 이루어 냈다. 이 둘은 정말 환상적인 콤비가 아닐 수 없다.

지난 두 세기 동안 식물학자들에 의해 지어진 전문적인 열매 이름들이 150개가 넘는다고 한다. 이것은 정말 머리 아픈 일이다. 하지만 이 책은 독자들을 그 딱딱한 이름 뒤에 숨겨져 있는 다채로움을 만나는 길로 안내한다. 나는 이 책에 나와 있는 모든 정보들을 즐겁게 읽었으며, 내가 열매에 대해 이미 알고 있던 것보다 훨씬 많은 것을 배웠다. 진화와 생물학 그리고 열매의 쓰임에 대한 이야기들이 이 책에서 눈을 떼지 못하게 만든다. 또, 이 책은 열매에 대해

다양한 관점에서 나온 풍부한 내용을 담고 있다. 나는 어떤 열매가 보잘것없다고 느낀 적이 있는 독자라면 이 책을 읽고 생각이 완전히 달라질 것이라고 확신한다.

열매가 가진 흥미로움과 아름다움에 기념이 될 만한 이 책은 매우 중요하고 심오한 메시지를 담고 있다. 열매는 우리들을 포함한 모든 동물이 밀접하게 의존하고 있는 새 생명, 즉 종자의 저장고이다. 따라서 열매와 종자 산포 없이는 탄생의 죽음인 멸종을 피할 수 없다. 우리는 생존과 직접적으로 관련된 것이 아니라면 이런 일이 발생하도록 내버려 두어서는 안 된다. 오늘날 전 세계가 전례 없는 기후 변화를 겪으면서 탄소의 주요 소비자인 식물을 가꾸는 일이 어느 때보다 중요하고 시급한 일이 되었다. 우리는 더 이상 함부로 식물을 없애지 말아야 하며, 광합성의 보고인 식물을 잘 보호하고 키워야 한다. 그 시작은 식물이 그 놀라운 다양성을 유지하면서 계속하여 열매를 맺게 하는 것이다. 나는 이 책이 많은 사람들에게 열매의 아름다움을 보여 주는 것을 넘어, 앞으로 식물과 사람이 공존하는 데 무한한 도움이 되기를 희망한다.

영국의 큐 왕립식물원은 과학을 기초로 식물의 보전을 전 세계에 알리고 나아가 삶의 질을 높이는 역할을 하는 곳이다. 특히 큐 식물원의 밀레니엄 종자은행은 50여 개국, 100여 개의 협력 기관과 관계를 맺고 식물을 살리는 일을 하고 있다. 우리는 누구나 이 절실하고 중요한 일에 동참할 수 있다. 큐 식물원에 이 책이 든든한 동반자로 있다는 것은 진실로 기쁜 일이다.

작가와 출판사, 그리고 이 훌륭한 작품이 나올 수 있게 도움을 준 모든 사람들에게 축하의 말을 전한다.

"열매 – 먹을 수 있는, 먹을 수 없는, 믿을 수 없는" 만세!

칼라무스 롱지핀나(야자나무과) *Calamus longipinna* (Arecaceae) – rattan palm. 뉴기니, 솔로몬 제도 원산. 열매의 표면. 사진 속 열매 껍질들의 길이 1.6mm. 라탄야자류(Calamoideae)의 대표적 식물로, 파충류의 피부처럼 밖으로 굽은 비늘로 겹겹이 싸인 열매를 맺는다. 이 얇은 열매 껍질 아래에는 두꺼운 과육의 종피가 종자를 둘러싸고 있다. 사향고양이(*Paradoxurus hermaphroditus*), 샤망원숭이(*Hylobates syndactylus*), 토레시안 임페리얼 비둘기(*Ducula spilorrhoa*), 화식조(*Casuarius casuarius*) 등은 이 종피를 먹고 그 안의 종자를 퍼뜨린다.

열매라는 단어를 들으면 아삭한 사과, 달콤한 향기의 딸기, 과즙이 흐르는 오렌지와 같이 군침이 도는 것들이 떠올려지게 마련이다. 여행을 좀 다녀본 사람은 다채로운 열대산 열매가 가득 든 바구니를 떠올리기도 할 것이다. 그리고 마트의 과일 코너에는 점점 더 이러한 열매들이 눈에 띄고 있다. 전 세계적으로 먹을 수 있는 열대산 열매는 약 2,500종이 있지만, 대부분이 그 지역 원주민들에 의해 소비되고 망고, 두리안, 망고스틴 등과 같이 자연이 주는 최고의 맛을 내는 열매들만이 전 세계의 시장으로 나온다.

우리는 어느 지역의 열매이든 참 다양한 방법으로 즐겨 먹는다. 그냥 생으로 먹기도 하고, 말려서 혹은 요리를 해서 먹기도 한다. 또 저장식품으로 만들거나 요구르트에 넣어서 또는 아이스크림, 잼, 과자, 주스로 만들어 먹거나 술로 담가 먹기도 한다. 그리고 후추나 카다멈(cardamon, 생강과), 고추는 향신료로 쓰기도 한다. 이렇게 다양한 방법으로 즐겨 먹는 열매 중에서도 가장 값어치 있는 것으로 불리는 것은 발효시킨 바닐라(Vanilla planifolia, 난과)의 열매이다. 바닐라는 초콜릿이나 아이스크림, 그 외에 많은 달콤한 요리의 재료로 쓰이기 때문에 고가로 거래된다. 또 서아프리카 기름야자나무(Elaeis guineensis, 야자나무과)와 올리브(Olea europaea, 물푸레나무과)의 열매는 값비싼 오일로 만들어진다. 그 외에도 셀 수 없이 많은 열매들이 섬유나 염료, 약품 혹은 장신구 등으로 쓰인다. 결국 열매는 우리에게 매우 중요한 천연물이다.

이렇듯 열매는 자연이 우리에게 주는 멋진 선물인 듯하다. 하지만 식물은 우리에게 선물을 주려고 열매를 맺지는 않는다. 그렇다면 식물은 왜 열매를 맺는 걸까? 그리고 우리는 왜 열매에 마음을 빼앗기는 걸까?

앞으로 이 책이 밝히겠지만, 열매는 매우 정교하게 짜인 계획의 일부이다. 그리고 그 실체는 가운데 들어 있는 씨앗, 즉 종자에 의해 드러난다. 식물을 다음 세대로 이어 주는 종자는 식물이 만드는 가장 복잡하고 소중한 기관이다. 또한 종자는 식물이 이동할 수 있는 유일한 수단이므로 번식을 성공시키고 종을 확산시키는 것에 대한 근본적인 책임을 안고 있다. 진화를 거치면서 식물들이 발달시켜 온 산포 전략이 엄청나게 다양하다는 것은 열매와 종자가 종의 생존에 있어서 주요한 역할을 하고 있다는 것을 말해 준다. 그 전략들이 바람이나 물, 동물과 인간, 혹은 식물 자신 등 어떤 것을 이용한 것이든 간에 그것은 열매의 색, 크기, 모양에 반영되어 있으며 나아가 열매 중 일부는 먹을 수 있게, 상당수는 먹을 수 없게, 그리고 그보다 훨씬 많은 수는 믿을 수 없이 놀랍게 만들어졌다.

종자의 경이로운 아름다움에 대해 밝혔던 이전 출판작 『종자 – 생명의 타임캡슐(Seeds–Time Capsules of Life)』에 이어서 이제 우리는 자연에서 얻은 노력의 "열매"인 이 발명품에 대해 탐험을 떠나 보기로 하자.

이사벨라포도(포도과) *Vitis labrusca* (Vitaceae)–Isabella grape. 유럽에 지역적으로 귀화되기는 했으나 재배종으로 알려져 있다. 이사벨라포도는 미국종(북아메리카 동부 원산, northern fox grape, *Vitis labrusca*)과 유럽종(*Vitis vinifera*)의 교배종으로 알려져 있다. 열매(장과)는 생으로 먹기도 하고 주스나 와인을 만드는 데 쓰이기도 한다. 열매는 익으면서 녹색에서 노란색, 분홍색, 파란색으로 바뀌다가 결국 진한 검푸른 색으로 된다. 사진 속의 포도송이가 다양한 색을 띠는 것은 포도알이 제각각으로 익기 때문이다.

열매란 무엇인가?
WHAT IS A FRUIT?

칼로티스 브레비라디아타(국화과) *Calotis breviradiata* (Aster-
aceae) – short-rayed burr daisy. 오스트레일리아 원산. 열매(하
위수과). 열매 길이 2.8mm. 짧고 뻣뻣한 털과 깃털 같은 관모는 바
람이나 동물에 의한 종자의 산포를 돕는다.

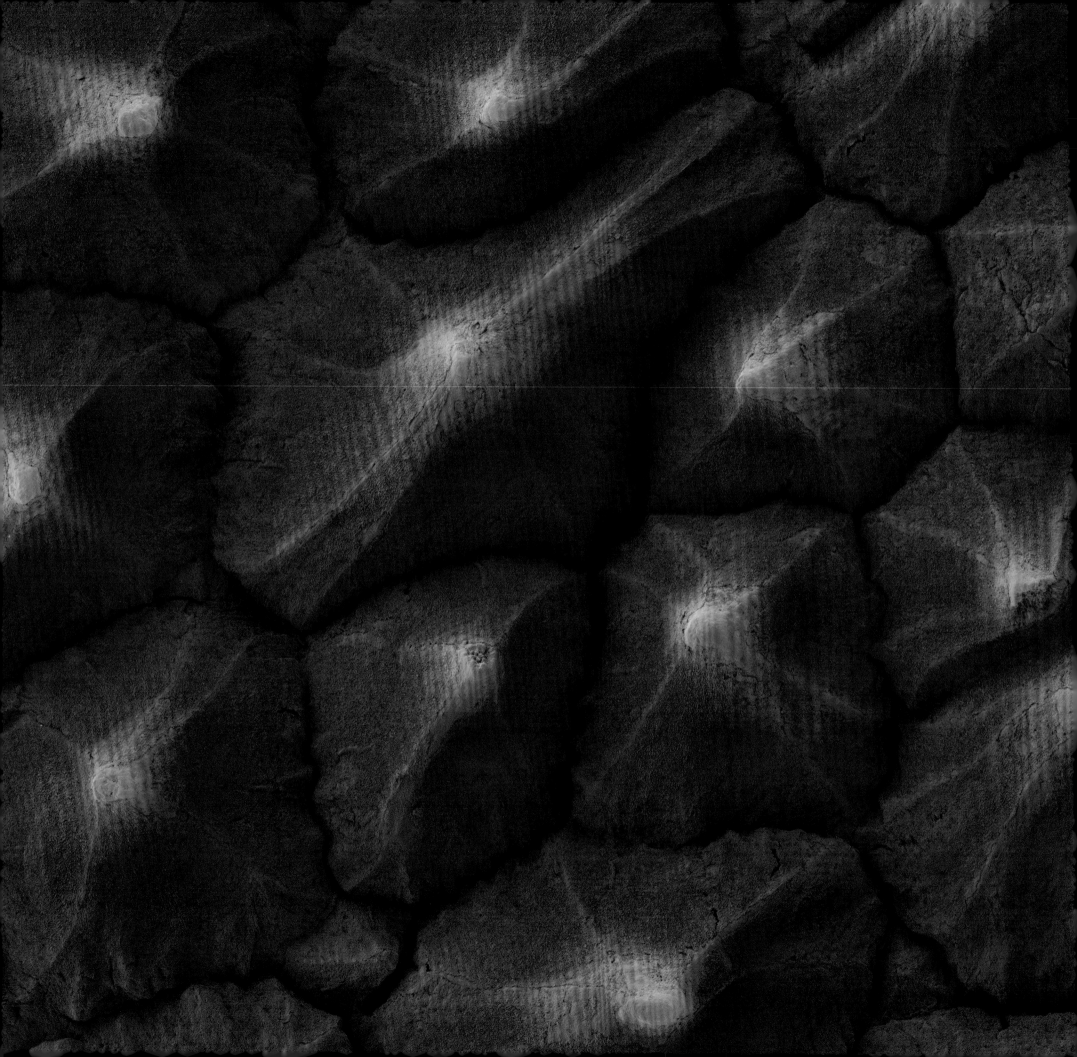

"열매란 무엇인가?"라는 질문은 별거 아닌 것처럼 보이지만, 우리는 이 질문 때문에 마트에서 장을 볼 때조차도 모순에 빠지곤 한다. 사과나 오렌지, 바나나가 열매란 사실은 의심할 여지가 없다. 이 열매들은 우리가 늘 기대하는 "제대로 된" 열매의 모든 것을 갖추고 있다. 예를 들면, 열매 자체가 주는 부드러움과 아삭거림, 즙이 많은 과육에 달콤함까지 말이다. 전문가나 비전문가나 열매가 달리는 식물을 가꾸어 본 사람이라면 식물이 열매를 맺기 위해서는 꽃부터 피워야 한다는 사실을 알 것이다. 그래서 농사의 오랜 법칙 "꽃이 없으면 열매도 없다."가 나온 것이다. 그렇다면 꽃이 없는 열매는 어떠한가? 우리가 흔히 채소라고 생각하는 당근(*Daucus carota* subsp. *sativus*, 산형과)의 원뿌리나 루바브(*Rheum* × *hybridum*, 마디풀과)의 잎자루로 만든 잼의 경우를 살펴보자. 마트에 진열된 이 잼의 병 뒷면에는 유럽연합의회 규정(2001/113/EC of 20 December 2001)에 따라 명시된 라벨 어딘가에 "열매 함량"이 표시되어 있다.

자, 여기에서 식물에 관심이 좀 있는 사람이라면 뭔가 이상함을 느낄 것이다. 우리가 흔히 생각하는 채소로 만든 잼에 왜 열매 함량을 표시해야 하는 것일까? 결국 이 잼을 만들어 파는 사람은 식물학자도 아니고 열매와 뿌리나 잎줄기의 차이에 대해서도 모를 뿐만 아니라 알 필요도 없는 것이다. 이것을 다르게 말하면, 우리는 먹을 수 있는 식물의 일부분을 아무런 의심 없이 "채소"라고 여기며 장바구니에 담고 있는 것이다.

채소가 더 맛있다고 할지도 모르겠지만, 음식에서 말하는 채소는 열매와는 좀 다르다. 몇몇은 그렇지 않지만, 대체로 채소는 단맛보다 약간 짭짤한 맛이 난다. 그리고 상추와 무 같은 몇몇은 생으로 먹기 좋지만, 대부분의 채소는 요리를 해서 먹거나 더 맛있게 먹기 위해서는 양념을 해야 한다. 주말농장을 가꾸는 사람이라면 채소가 꽃에서 나오지 않는다는 것을 알 것이다. 일반적으로 채소는 식물의 부분, 예를 들어 잎(상추, 양배추, 시금치)이나 잎자루(샐러리, 루바브), 줄기(아스파라거스), 뿌리(당근, 무), 땅속줄기(감자, 뚱딴지), 알뿌리(양파, 마늘)와, 어린 화서(아티초크, 브로콜리, 컬리플라워) 등을 가리키곤 한다. 물론 오이, 가지, 호박, 콩, 사탕무, 토마토처럼 수분된 꽃의 씨방에서 발달된 채소도 많다. 또 좀 더 이국적인 채소인 아보카도, 가지, 여주, 차요테호박 등도 이런 채소에 속한다. 그렇다면 지금까지 언급한 채소들은 진짜 "제대로 된" 채소일까? 또 꽃에서 발달하는 채소가 아니라면 "꽃이 없으면 열매도 없다."라는 말에 따라 그것을 라벨의 "열매 함량" 칸에 적으면 안 되는 걸까? 하지만 채소 중 일부는 꽃에서 발달하며 열매처럼 열매만이 할 수 있는 종자를 품기도 한다.

토마토가 열매냐 채소냐 하는 문제는 때때로 큰 논쟁을 불러일으켰다. 열매와 채소의 차이가

20쪽: 리치(무환자나무과) *Litchi chinensis* subsp. *chinensis* (Sapindaceae) - lychee. 중국 남부 원산. 열매 표면. 사진 속의 면적 너비 7.8mm

아래: 리치(무환자나무과) *Litchi chinensis* subsp. *chinensis* (Sapindaceae) - lychee. 중국 남부 원산. 종자가 보이게 자른 열매. 리치는 3,500년 넘게 중국에서 재배되고 있으며, 무환자나무과에 속하는 식물의 식용 열매 중 가장 인기 있는 열매이다. 딸기색의 우툴두툴한 가죽질의 과피 안에는 희고 맛있는 과육(가종피)이 있고, 이것이 반짝이는 종자를 감싼다. 가종피는 종자의 꼭대기(주공 끝)에만 부착되어 있으면서 종자를 가방에 담듯 아래까지 감싸고 있다. 큰박쥐(fruit bat)도 아열대의 이 맛있는 리치를 즐겨먹는데, 이는 마다가스카르에서처럼 농장에 심각한 손실을 가져다주기도 한다.

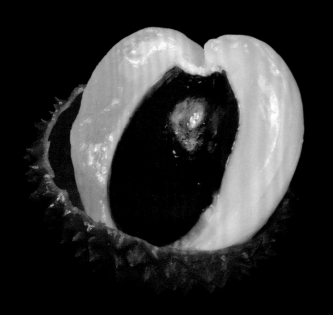

하찮아 보일지도 모르지만 한번은 이 차이가 미국에서 "닉스 대 헤든(Nix vs Hedden)"이라는 유명한 소송을 일으킨 적도 있었다. 1893년 5월 10일 최종 판결(149 U.S. 304)에서 미국 대법원은 1883년 3월 3일에 제정된 관세법 규정에 따라 토마토가 채소로 분류되어야 한다고 판결했다. 하지만 토마토가 열매가 아닌 채소라는 판결은 과학적으로 맞지 않는 말이다. 당시에 수입된 채소에만 세금을 부과했던 관세법에 대한 정치적인 이견이 토마토를 채소로 판결내린 것이다.

이 딜레마에서 벗어나기 위해서는 과학자들의 객관적인 견해를 들어 보아야 한다. 실제로 과학적인 관점에서 보면, 채소는 과학적 용어가 아닌 음식과 관련된 용어이다. 채소라는 말이 주관적이며 임의적으로 쓰이는 경우가 많기 때문에 그 뜻이 불분명한 것은 당연하다. 만약 채소가 확실한 뜻을 가지고 있다면 우리 주위의 채소 가게에서 심지어 식물도 아닌 버섯을 파는 것이 가능한 일이었을까? 이렇게 애매모호한 의미 때문에 채소라는 용어는 식물학자들의 과학 용어집에서 완전히 빠져 버렸다. 하지만 채소라는 용어가 빠졌다고 해서 식물학자들이 식물의 다양한 기관을 구분 짓고 그에 맞는 이름을 붙일 때 오는 개념적인 고민들로부터 자유로운 것은 아니다. 그 고민들은 열매냐 채소냐 하는 것보다 훨씬 근본적인 것들로, 식물형태학적으로 열매를 "정확히" 무어라고 정의 내릴지, 어떤 식물의 성숙한 번식 기관에 열매라는 이름을 붙일지 수 세기 동안이나 식물학자들의 고민거리였다. 이런 고민들이 왜 생겨났는지는 우리 주위에 있는 다양한 종류의 식물에 대해 더 많이 이해하여야 가능한 일이다.

피자식물, 나자식물, 은화식물

종자를 품고 있는 식물, 다시 말해 종자식물은 소철류, 은행나무, 구과식물(침엽수), 매마등목을 포함한 나자식물과 현화식물이라고 더 잘 알려진 피자식물로 나눌 수 있다. 종자식물은 지구상의 식물 진화 체계에서 가장 후기의 것이며, 원시적인[1] 포자식물인 은화식물보다 훨씬 많이 발전된 구조를 갖는다. 민꽃식물이라고도 하는 은화식물에는 조류, 이끼류(우산이끼류), 석송류, 속새류, 그리고 고사리류가 속한다. 일반적으로 은화식물은 종자가 아닌 포자로 번식하며 구과나 꽃, 열매처럼 확실한 유성 생식 기관이 없다. 그래서 은화식물이라는 이름이 붙여진 것이다. 은화식물(cryptogams)은 "비밀스럽게 사랑을 나누는"이라는 뜻의 그리스 어(*kryptos*= 숨겨진, 비밀의, *gamein*= 결혼하다, 사랑을 나누다)에서 유래되었다. 은화식물의 유성 생식 방법은 매우 원시적이며, 물의 존재 여부에 전적으로 의존한다. 이것이 은화식물이 주로 조류(algae)의 경우처럼 물이나 영구적으로 습한 환경, 또는 건생 고사리나 바위손의 경우처럼 건조한 기후라도 우기가 흔한 지역에 국한되어 살아가는 이유이다. 종자식물들은 이러한 장애를 극복하기 위해 웅성포자(수포자)를 꽃가루(화분)로 바꾸었으며, 자성포자(암포자)를 담고 있는 주머니를 밑씨(배주)로 변형

방울토마토(가지과) *Solanum lycopersicum* var. *cerasiforme* (Solanaceae) – cherry tomato. 토마토의 소품종. 열매(장과). 멕시코에서 처음으로 재배되었으나 남아메리카의 안데스가 원산지로 추정된다.

24쪽: 딕소니아 안탁티카(딕소니아과) *Dicksonia antarctica* (Dicksoniaceae) - Tasmanian tree fern. 오스트레일리아 원산. 오스트레일리아 온대 우림에 자라는 나무고사리. 오늘날의 육상 포자식물은 주로 습하고 그늘진 환경에서 자란다.

아래: 소철(소철과) *Cycas revoluta* (Cycadaceae) - sago palm. 일본 원산. 정단부에 밑씨가 들어 있는 대포자엽 다발이 나온 암그루

맨 아래: 소철(소철과) *Cycas revoluta* (Cycadaceae) - sago palm. 일본 원산. 화분 구과를 가진 수그루

시켰다. 이때 밑씨가 꽃가루에 의해 수정되면 종자로 발달하게 된다. 종자의 발달로 종자식물은 유성 생식을 위해 물을 필요로 하지 않게 되었다. 이 중대한 움직임은 대략 3억 6000만 년 전인 데본기(4억 1700만 년~3억 5400만 년 전) 말, 석탄기(3억 5400만 년~2억 9000만 년 전)가 시작되기 몇 백만 년 전에 일어났다. 종자의 생성은 매우 건조한 기후에서도 밑씨의 수정을 가능하게 하였고, 이것으로 종자식물은 아프리카의 뜨거운 사막에서부터 남극의 얼어붙은 평원에 이르는 지구상의 거의 모든 서식지를 정복할 수 있었다. 진화론적인 관점에서 종자의 출현이 얼마나 성공적인 일이었는지는 오늘날 지상 모든 식물의 97%가 종자식물에 속한다는 사실이 증명해 준다.

지구의 육상 식물에 관한 진화의 역사에서 가장 흥미로운 단원은 종자에 관해 쓴 이전 책에 자세히 설명되어 있다. 이 책은 열매와 종자가 어떻게 발달하는지에 초점을 맞추었다. 그리고 이 책을 읽어 내려가기 위해 독자들은 밑씨란 수정 후 종자로 바뀌는 기관이라는 것만 기억하면 된다. 그 기원을 살펴보면, 밑씨는 대포자엽(megasporophyll)으로 불리는 특수화된 생식엽에서 발달한 것이다. 대포자엽에서 밑씨의 배열은 식물 그룹별로 다르며, 특히 나자식물과 피자식물 간에 뚜렷한 차이를 보인다.

나출 종자를 가진 식물

오늘날 종자식물 중 나자식물은 서로 매우 다른 그룹들인 소철류, 은행나무, 구과식물(침엽수), 불가사의한 매마등목 등으로 이루어져 있다. 여기에 지금은 멸종되어 화석으로만 알려진 초기의 종자식물인 종자고사리(pteridosperms)와 함께 소철과 닮은 베네티테스목(Bennettitales, 키카데오이드라고도 한다)과 구과식물 비슷한 코르다이테스목(Cordaitales) 그룹이 포함된다. 초기의 종자식물은 밑씨와 종자가 나뭇가지 또는 대포자엽의 가장자리를 따라 "나출"된 상태로 맺혀 있었다. 이것이 식물학자들이 이 식물을 나자식물 즉 "나출된 종자를 가진 식물"로 이름 붙인 이유이다. 현존하는 가장 오래된 종자식물인 소철은 여전히 이와 같은 원시적인 방법으로 밑씨를 배열한다. 소철류는 꽃가루와 밑씨가 각기 다른 개체에서 달리는 암수딴그루이며, 암그루의 정단부에는 밑씨를 가진 대포자엽과 이보다 큰 일반 잎이 하나씩 번갈아 달린다. 하나의 줄기를 따라 포자엽 사이사이에 일반 잎이 달리는 이런 원시적인 방법은 오직 소철류의 암그루에서만 볼 수 있다. 다른 모든 나자식물은 밑씨를 갖는 대포자엽이나 꽃가루를 갖는 소포자엽만이 달리는 특수한 가지를 만들어 낸다. 대부분의 소철류는 수그루의 화분 구과와 암그루의 종자 구과에 비늘 모양의 단단한 포자엽이 단순히 모여 있는 것에 불과하다.

여기서 밑씨를 가진 대포자엽이 훨씬 축소된 형태인 반면에, 꽃가루의 소포자엽은 거대 구과를 형성하고 있다는 것은 흥미로운 점이다. 소철류가 오랜 옛날부터 자라 온 사실은 매력적으로 다

가오기도 한다. 하지만 그들이 이미 공룡의 먹이에 큰 부분을 차지했다는 것을 생각해 보면 그리 놀라운 일도 아니다. 가장 오래된 것으로 보이는 소철류의 화석은 페름기 초(2억 9000만 년~2억 4800만 년 전)까지 거슬러 올라간 퇴적물에서 발견된 것이다. 그 다음 트라이아스기, 쥐라기, 백악기에 걸친 중생대의 전성기 동안 매우 풍부하고 다양하여 이 시기를 종종 "소철과 공룡의 시대"라고 부른다. 지난 2억 년 동안의 가파른 쇠퇴에도 불구하고 소철류는 290여 종의 진짜 "살아 있는 화석"으로서 거의 변하지 않은 채로 살아남아 있다.

중국 원산의 은행나무(*Ginkgo biloba*)는 각각 은행나무문(Ginkgophyta), 은행나무강(Ginkgoopsida), 은행나무목(Ginkgoales), 은행나무과(Ginkgoaceae), 은행나무속(*Ginkgo*)에 속하는 유일한 종이다. 부채 모양의 잎이 공작고사리(*Adiantum*)의 소엽과 약간 닮아 공작고사리나무라고도 불린다. 은행나무의 조상 종은 오래전에 멸종되었다고는 하지만 오늘날 은행나무 잎의 화석이 2억 7000만 년을 거슬러 올라가 페름기의 퇴적물에서 발견되었다는 것은 은행나무가 살아 있는 화석의 또 다른 예임을 말해 준다. 중국 동남쪽의 작은 지역에서 불교 신자들에 의해 신성한 나무로 여겨진 은행나무는 사찰 정원에 심어져 오랜 기간 동안 보존되었으며, 이렇게 살아남은 것이 오늘날의 은행나무이다. 은행나무도 소철처럼 암수딴그루 식물이다.

구과식물은 근래에 나타난 것처럼 보이기도 하지만 소철류가 나타나기 수백만 년 전 석탄기 말에 나타난 것으로 보인다. 구과식물은 고생대의 페름기와 중생대에 열대에서부터 아한대 기후에 걸친 많은 산림 생태계를 차지하였다. 하지만 그 이후 구과식물은 쇠퇴했고 지금은 630여 종만이 살아남아 있다. 구과식물의 생식 기관에는 소철류와 비슷하나 크기가 훨씬 작은 구과가 달린다. 또 소철과 마찬가지로, 구과식물의 화분 구과는 소포자엽이 빽빽이 들어선 짧은 가지로 되어 있다. 소철류의 소포자엽 아래에는 무수히 많은 화분낭이 붙어 있는 반면에, 현대의 구과식물에는 오직 두 개의 화분낭만이 있다. 소철류와 구과식물의 암구과는 각 비늘조각(대포자엽)에 두 개의 밑씨가 붙는다는 점에서 겉으로 보기에 매우 유사해 보인다. 하지만 이런 유사성에도 불구하고 화석이 말해 주듯, 구과식물의 암구과는 훨씬 복잡하게 가지 친 구조에서 발달한 것이다. 하지만 소철류와 구과식물의 단단한 종자 구과가 서로 다른 경로를 따라 진화한 것이라도 결국 하는 역할은 같다. 그것은 물리적 손상과 굶주린 포식자들로부터 밑씨를 보호하는 일이다. 그럼에도 불구하고 밑씨가 꽃가루를 만나 수정되기 위해서는 반드시 밖으로 노출되어야 한다.

밑씨가 노출되기 위해서는 초기에 밑씨를 보호하려고 단단하게 결합되어 있던 실편(대포자엽)들이 느슨해지고 분리되어야 한다. 그렇게 되어야 바람을 타고 운반되는 꽃가루와 수분을 도와주는 곤충의 접근이 용이해진다. 이로써 소철류와 구과식물은 모두 나출 종자를 가진 나자식물이다.

27쪽: 레피도자미아 페로프스키아나(멕시코소철과) *Lepidozamia peroffskyana* (Zamiaceae) – pineapple zamia. 오스트레일리아 동부 특산. 소포자엽 안쪽. 소포자엽의 너비 약 2cm. 현대의 구과식물이 단 2개의 소포자낭을 지닌 소포자엽을 가지는 반면, 소철류는 소포자엽 안쪽에 매우 많은 수의 소포자낭을 가진다.

아래: 엔세팔라르토스 페록스(멕시코소철과) *Encephalartos ferox* (Zamiaceae) – Zululand cycad. 아프리카 남부 원산. 열개한 포자낭이 붙어 있는 소포자엽의 안쪽. 한때 많은 양의 꽃가루가 담겨 있던 포자낭이 벌어진 상태로 있다. 포자낭 벽의 노란 알갱이들은 남아 있는 꽃가루이다. 포자낭 하나의 지름 약 0.8mm

열매 – 먹을 수 있는, 먹을 수 없는, 믿을 수 없는

(Welwitschiaceae) – tree tumbo. 아프리카 남서부 나미브 사막 원산. 지구상의 가장 기이한 식물 중 하나. 땅속의 거대한 원뿌리와 벨트처럼 생긴 2개의 잎을 가진 컵 모양의 억센 줄기만으로 이루어져 있다. 1,500년을 살며 두 잎은 계속 자라는데, 오래된 맨 끝의 것은 시들어 떨어져 나간다. 소철류와 구과식물과 같은 나자식물로, 구과에 종자를 맺는다.

아래: 매마등류(매마등과) *Gnetum* sp. (Gnetaceae) – 뉴기니에서 촬영. 미성숙 열매. 약 28종의 매마등속 식물은 마치 피자식물처럼 보이는 넓은 잎을 가진 열대의 덩굴이나 나무이다. 자성 생식 기관은 피자식물의 씨방을 닮았으나 사실 대포자엽으로 구성된 나출 종자이다. 이 대포자엽은 3개의 주피 혹은 2개의 주피와 1개의 화피로 보이는 것들로 싸여 있다. 매마등 종자의 바깥쪽 다육층은 포식자로부터 방어하기 위해 날카로운 바늘 모양의 결정체를 함유하고 있다. 만약 이 다육층이 없었다면 설치류와 같은 포식자가 종자를 모두 먹어 치웠을 것이다. 하지만 인도자이언트다람쥐(Malabar giant squirrel, *Ratufa indica*) 같은 몇몇 동물은 매마등의 이러한 방어에 적응하여 이 열매를 먹고 종자를 산포시킨다.

오늘날까지 살아남은 나자식물의 네 번째 그룹이자 가장 불가사의한 그룹은 매마등목(Gnetales) 식물이다. 생존해 있는 매마등목에는 매마등속(*Gnetum*), 마황속(*Ephedra*), 웰위치아속(*Welwitschia*) 등 3개의 속만이 있다. 이 속들은 근본적으로 서로 매우 달라서 식물학자들은 이들을 매마등과(Gnetaceae), 마황과(Ephedraceae), 웰위치아과(Welwitschiaceae)라는 각각의 과로 분류하였다. 열대 지역의 매마등속 식물은 일반적인 구과식물이나 소철과 비슷하지 않고 오히려 "일반적인" 활엽수(피자식물)와 매우 비슷하게 생겼다. 이 속에 속하는 식물 약 28종 중 하나인 네툼 그네몬(*Gnetum gnemon*)은 원산지인 동남아시아 지역에서 "멜린조(melindjo)"라고 불리며, 익히거나 볶았을 때 맛있는 식용 종자를 얻기 위해 재배된다. 또한 이 종자를 부수거나 갈아서 만든 가루는 인도네시아에서 인기 있는 스낵인 "음뼁(empin)" 혹은 "멜린조"라는 과자를 만드는 데 사용된다. 처음으로 이 식물의 종자를 가져와 유럽인의 관심을 집중시킨 사람은 1590년에 세계 일주 항해를 마치고 돌아온 프랜시스 드레이크 경(Sir Francis Drake)으로 알려져 있다. 그는 필리핀의 브레티나 섬에서 발견한 이 식물을 브레티나의 열매란 뜻의 "프룩투스 베레티누스(*Fructus Beretinus*)"라고 이름 붙였다.

마황속 식물은 지중해에서 중국을 거쳐 아메리카에서도 발견된다. 은화식물인 속새와 다소 비슷하게 생긴 이 식물들은 녹색의 가지들로 이루어진 관목이다. 어떤 종은 5,000년이 넘게 중국 전통 의학에서 사용되어 온 유용한 알칼로이드 성분을 함유하고 있다. 에페드린은 이러한 알칼로이드 중 가장 유명한 것이며, 오늘날까지도 감기와 천식, 축농증을 치료하는 데에 사용된다. 하지만 이것은 때때로 운동선수들이 부당한 방법으로 이용하는 흥분제 역할을 하기도 한다.

매마등목의 세 번째 과인 웰위치아과에는 웰위치아 미라빌리스(*Welwitschia mirabilis*)라는 하나의 종이 속해 있다. 아프리카 서남부 사막이 고향인 이 식물의 이름은 1860년에 앙골라의 남부에서 최초로 이를 발견한 오스트리아 출신 식물학자 프리드리히 웰비츠크(Friedrich Welwitsch, 1806~1872)의 이름을 따서 지어졌다. "경이로운 웰위치아(wondrous Welwitschia)"라는 뜻의 라틴명이 말해 주듯이, 이 식물의 외관은 놀라울 정도로 특이해서 나미브 사막의 관광객들에게 인기가 많다. 이 식물은 컵 모양의 짧은 줄기와 짧은 엽액을 갖는 2개의 매우 긴 대생엽과 구과를 달고 있는 가지들만으로 이루어져 있어 지구상에서 가장 기이한 식물 중 하나로 꼽힌다. 1,500년이나 사는 웰위치아는 벨트처럼 생긴 2개의 잎을 똑같은 길이로 유지하는데, 이것은 1년에 14cm까지 자라는 잎의 길이만큼 잎의 끝도 시들어 떨어져 버리기 때문이다. 지상부의 줄기는 지름이 1m까지 도달하며, 지하의 거대한 원뿌리는 깊은 지하의 수면까지 뻗친다. 극도로 건조한 나미브 사막에서 살아남기 위해 웰위치아는 바다 안개의 이슬로부터 습기를 흡수할 수 있는 능력도 발달시켰다.

한 방법을 통해 밑씨를 감싸는 주머니인 심피로 변형되었다. 이렇게 밑씨가 심피 안으로 들어가게 되면 외부로부터 보호될 수 있겠지만 이것은 심각한 문제를 초래하기도 한다. 바로 꽃가루와 밑씨의 만남이 어려워지는 것이다. 밑씨가 밖으로 노출되어 있지 않음으로써 난세포와 꽃가루의 정핵이 만나 이루어지는 수정이 불가능해졌다. 밑씨가 노출되어 있는 소철류와 구과식물의 경우를 보면, 밑씨는 자신의 정단부에 난 구멍인 주공으로부터 수분을 유도하는 방울(수분액)을 내보낸다. 그러면 바람이나 곤충들에 의해 꽃가루가 수분을 유도하는 방울에 직접적으로 붙게 되고, 일정 시간이 지난 후 수분 방울이 밑씨로 재흡수될 때 붙어 있던 꽃가루도 안으로 들어가 밑씨의 난세포와 만나는 것이다. 하지만 밑씨가 심피 안으로 들어가 버린 피자식물에서는 이런 메커니즘이 작용하지 않는다. 피자식물이 이 문제에 대한 명쾌한 해결책을 고안해 내지 못했더라면 그들은 육상식물 중 가장 성공적이고 혁신적인 종이 될 수 없었을 것이다. 피자식물의 심피는 꽃가루를 받아 내기 위해 심피 표면에 축축한 조직을 만들어 내었는데, 이것이 암술머리(stigma, 그리스 어로 얼룩 혹은 흔적)이다. 초기의 암술머리는 접힌 대포자엽의 양쪽 가장자리의 봉합선을 따라 형성되었을 것으로 추측된다[2]. 그 후 피자식물은 진화를 거치면서 암술머리를 심피 끝의 작은 연단(platform) 형태로 줄였다. 또 일부 종들은 암술머리와 꽃가루가 더 잘 만나게 하기 위해 암술머리 아래를 가늘게 연장시켜 암술대를 만들었다. 그 결과 암술머리는 밑씨가 들어 있는 볼록한 부분 위로 높이 올라갈 수 있었다. 암술머리는 당류를 포함한 점액을 분비하여 꽃가루가 발아하기에 적합한 환경을 만들어 준다. 일반적으로 꽃가루가 암술머리에 닿으면 몇 분 이내에 꽃가루 벽면에 미리 만들어져 있던 구멍(발아구)으로부터 화분관이 생겨나고 이것이 암술머리의 표면을 뚫고 들어간다. 그 후 화분관은 암술대의 통과 조직으로 들어가 씨방에서 수정이 이루어지는 곳인 심실에 있는 밑씨(배주)를 향해 자란다.

피자식물에게 있어 암술머리의 발달은 꽃가루와 밑씨를 만나게 해 준 것만이 아니었다. 암술머리는 찾아오는 모든 꽃가루가 들어오는 하나뿐인 입구이자 화분관을 밑씨까지 이어 주는 전달의 중심 부위가 되었다. 이것은 암술머리가 있음으로 해서 꽃가루를 잔뜩 묻힌 곤충이 한 번만 왔다

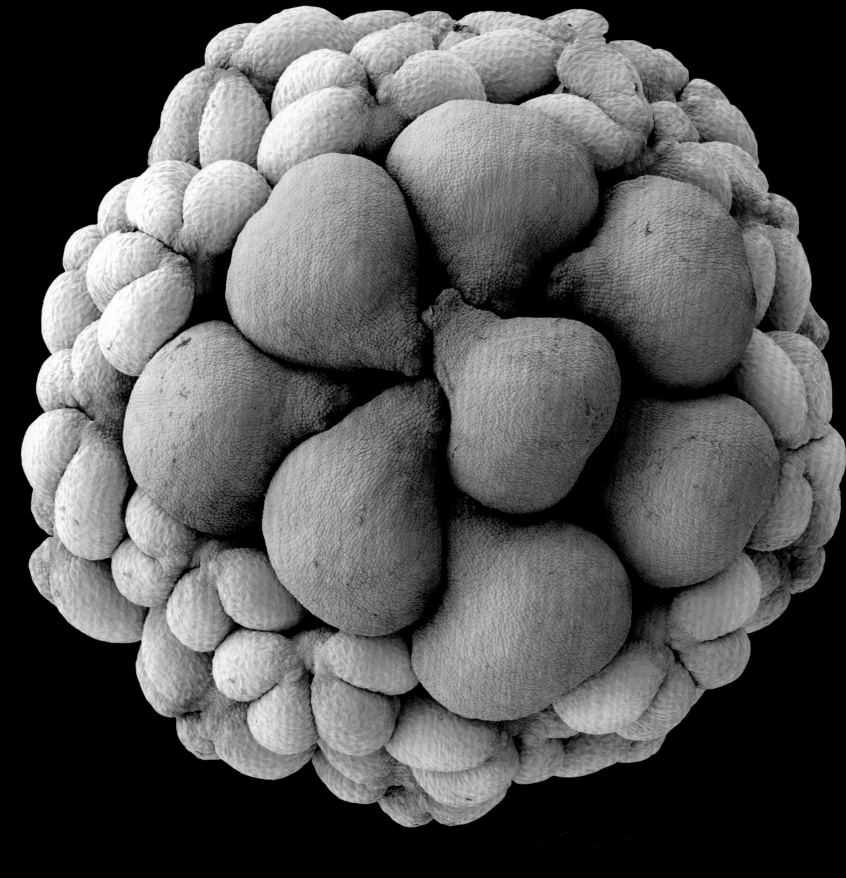

피자식물 나자식물. 은화식물

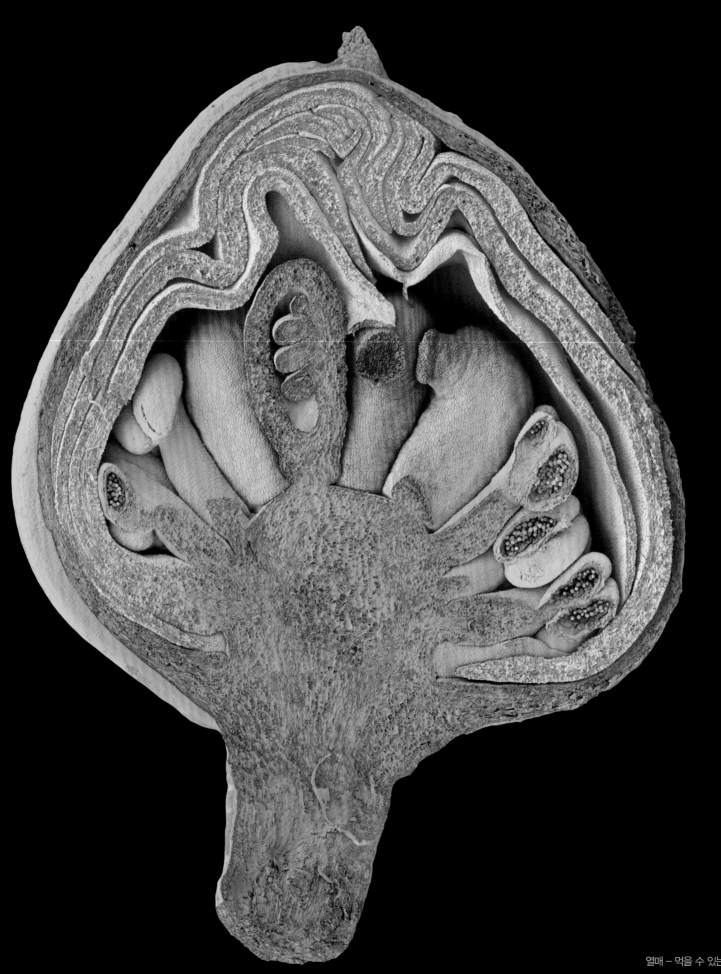

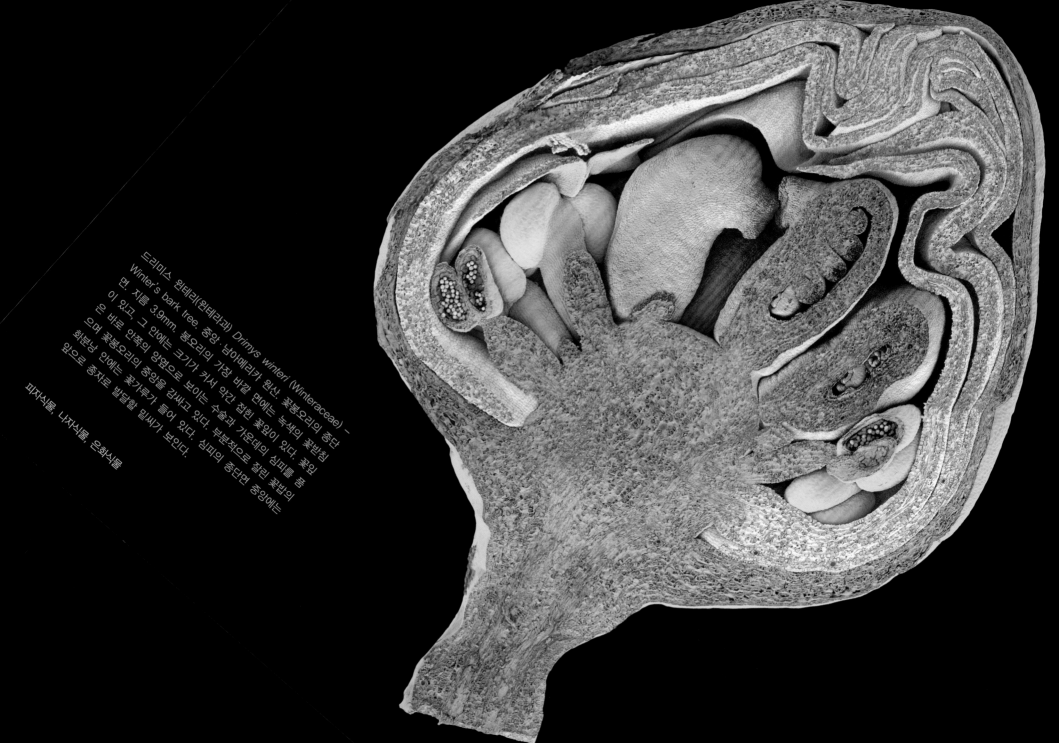

드리미스 윈테리(윈테리과) Drimys winteri (Winteraceae) — 면, 지름 3.9mm. 봉오리의 가장 바깥 면에는 녹색의 꽃받침 Winter's bark tree. 종양. 남아메리카 원산. 꽃봉오리의 종단
이 있고, 그 안에는 크기가 커서 약간 접힌 꽃잎이 있다. 꽃잎
으며 바로 안쪽의 양옆으로 보이는 수술과 가운데의 심피를 훑
화분낭 안에는 꽃가루가 들어 있다. 부분적으로 잘린 꽃밥의
않으로 종자로 발달할 밑씨가 보인다. 심피의 종단면 중앙에는

피자식물, 나자식물, 은화식물

가도 하나의 씨방 안에 있는 모든 밑씨가 수정될 수 있다는 것을 의미한다. 이러한 피자식물의 메커니즘은 하나의 밑씨가 수정되기 위해 밑씨 각각이 꽃가루를 만나야 하는 나자식물의 경우에 비해 놀랄 만큼 효율적이다.[3]

지독한 미스터리

식물이 처음으로 심피를 갖게 된 것은 공룡들이 여전히 전성기를 누리던 쥐라기 후반(2억 600만 년 전~1억 4200만 년 전)과 백악기 초반(1억 4200만 년 전~6500만 년 전) 사이였다. 나자식물이 피자식물의 조상이라는 사실에는 이의를 제기할 수 없지만, 여전히 이 둘의 가장 가까운 (현존하든 멸종되었든) 근연식물이 무엇인지 알려지지 않았으며, 나자식물에서 피자식물로 이어지는 진화의 과정을 입증해 줄 어떠한 중간형도 알려지지 않았다. 하지만 더 이해할 수 없는 것은 피자식물이 어디선가 불쑥 나타나 매우 빠른 진화를 겪은 것으로 보인다는 것이다. 이것은 19세기의 가장 위대한 과학자인 찰스 다윈(Charles Darwin, 1809~82)까지 당황스럽게 만들었다. 1875년 3월 8일, 그는 스위스 식물학자 오스왈드 히어(Oswald Heer, 1809~83)에게 보내는 편지에서 화석 기록에 나타난 피자식물의 갑작스러운 출현을 "가장 불가사의한 현상"이라고 묘사했다. 그리고 4년 뒤인 1879년 7월 22일자의 큐 식물원 원장 조지프 후커(Joseph Dalton Hooker)에게 보내는 편지에서는 피자식물의 이러한 갑작스러운 등장과 빠른 다양화를 "지독한 미스터리"라고 언급했다. 현재까지도 피자식물의 진화적 기원에 대한 궁금증은 해결되지 않은 상태이다. 일부는 피자식물의 갑작스러운 출현이 드문드문 있는 화석 기록 때문이라고 한다. 또 어떤 사람들은 피자식물이 실제로도 아무런 예고 없이 지구의 역사에 갑자기 등장한 후 급격히 다양화되었다고 주장한다. 식물의 진화생물학에 있어서 가장 근본적인 문제이자 아직 해결되지 않은 이 문제에 대해서 최근의 연구 결과는 해답을 제시한다. 이 연구에서 과학자들은 피자식물이 진화 초기에 전체 게놈 복제(즉, 모든 유전자가 2배가 됨)를 겪었음을 나타내는 증거를 보여 주었다. 이러한 복제는 유전자 전체가 2배가 되기 때문에 다양한 무작위적 변이를 가능하게 한다. 진화에 있어서 무작위적 변이로 생겨난 돌연변이는 대부분 생물에 별다른 영향을 끼치지 않거나 해로운 영향을 끼쳐 자연 도태되지만, 몇몇은 새롭고 유리한 특성의 발현을 촉진시키기도 한다. 이 연구에서는 전체 게놈 복제가 식물에게 유익한 유전자를 만드는 폭넓은 기회가 되었으며, 이것이 피자식물의 "빅뱅(대폭발)"을 가능하게 했다고 한다.

정답이 무엇이든 간에, 우리가 앞으로 살펴볼 몇 가지 다른 중요한 발달과 함께 심피의 발달이 피자식물에게 나자식물을 능가하는 엄청난 진화의 이점을 가져다주었다는 사실에는 변함이 없다. 그 결과, 약 422,000종으로 추정되는 피자식물은 1,000여 종에 불과한 나자식물에 비해 수적으로

바질(꿀풀과) *Ocimum basilicum* (Lamiaceae) – sweet basil. 아시아 원산. 5,000년 이전부터 재배. 꿀풀과 식물의 꽃가루에서 나타나는 전형적인 그물무늬를 가진 2개의 꽃가루. 꽃가루 하나의 지름 45 μm. 발아구라 부르는 세로의 밋밋한 골은 거친 꽃가루 표면에 비해 약한 부분이며, 이곳을 통해 화분관이 자라 나온다.

열매 – 먹을 수 있는, 먹을 수 없는, 믿을 수 없는

크게 우세하다. 따라서 우리 주변에 있는 목련, 너도밤나무, 참나무, 수선화, 장미, 선인장, 야자나무 그리고 난초 등 많은 식물들이 모두 피자식물이라는 것은 놀라운 일이 아니다.

피자식물의 폭발적인 확산은 백악기 중반(약 1억 년 전)에 발생하였다. 비록 그때가 나자식물과 양치식물이 숲에서 우세를 차지한 때이기도 하지만, 동시에 많은 수의 다양한 피자식물이 화석 기록에 등장하는 시기이기도 하다. 백악기 말(약 8000만 년 전) 피자식물은 대부분의 환경에서 육상식물 가운데 우세한 집단이었던 것으로 보이며(아한대 수림 지역은 여전히 구과식물이 우세했지만), 또한 이때의 많은 화석 속 식물이 현재의 너도밤나무, 단풍나무, 참나무, 목련의 근연 식물인 것으로 확인된다. 피자식물은 빠른 속도로 다양화되었으며, 극지방부터 적도에 이르기까지 식물이 서식할 수 있는 곳이라면 어디든 퍼져 나갔다.

오늘날 피자식물은 대부분의 식생에서 압도적으로 우세하다. 남극좀새풀(*Deschampsia antarctica*, 벼과)과 남극개미자리(*Colobanthus quitensis*, 석죽과)는 심지어 기후가 험한 남극에도 들어가 살고 있다. 이 두 종이 살지 않았다면 남극은 이끼류와 지의류, 균류가 차지했을 것이다. 남극에 살고 있는 이 두 종의 피자식물은 사우스오크니 제도, 사우스셰틀랜드 제도와 서부 남극 반도를 따라 나타난다.

일부 피자식물은 그들의 먼 조상인 조류의 생활 방식과 유사한 수중 생활로 돌아가기도 했다. 이런 수생 피자식물은 시내, 강, 담수호에 많이 분포한다. 예를 들어 수련(*Nymphaea* spp., 수련과), 연꽃(*Nelumbo nucifera*, 연꽃과), 일부 미나리아재비종(*Ranunculus aquatilis*와 *R. baudotii*)이 그러하다. 또 일부는 염분기 있는 바다에도 적응하였다. 이런 식물 중 가장 눈에 띄는 거머리말(*Zostera* spp., 거머리말과)은 심지어 최대 50m에 이르는 수심에서도 잘 자란다. 피자식물의 극히 다양한 서식지와 생활양식은 곧 식물의 생장형에도 많은 다양성을 가져다주었다.

극단적인 피자식물

피자식물의 폭넓은 생활형은 오스트레일리아 남동부의 매우 작은 부유 수생식물인 월피아(*Wolffia angusta*, 천남성과)로부터 시작된다. 겨우 0.6×0.33mm로 측정되는 월피아의 몸체는 줄기나 잎의 분화가 전혀 없는 녹색의 엽상체(잎, 뿌리, 줄기로 분화되지 않은) 덩어리에 불과하다. 또 우연히도 이와 정반대의 식물이 같은 대륙에서 살고 있는데, 오스트레일리아의 유칼립투스 중 하나인 유칼립투스 레그난스(Australian Mountain Ash, *Eucalyptus regnans*, 도금양과)는 거의 100m나 되는 아찔한 높이의 키를 가졌다. 살아 있는 유칼립투스 중에서 가장 크며, 이카루스의 꿈이라는 유명한 이름을 가진 이 식물은 태즈메이니아 섬 안드로메다 보호 구역의 스틱스 계곡에서 자란다. 식물의 키는 현재 97m로 측정된다.

거머리말(거머리말과) *Zostera marina* (Zosteraceae) – eelgrass. 유럽 원산. 18종의 거머리말과 식물은 바닷물에 완전히 잠겨 사는 소수의 피자식물 중 가장 잘 알려져 있다. 거머리말은 수심 50m에 이르는 곳에서도 살 수 있다. 거머리말은 말려서 포장재나 침대 매트리스의 충전재로 쓰기도 한다.

열매 – 먹을 수 있는, 먹을 수 없는, 믿을 수 없는

남극좀새풀(벼과) *Deschampsia antarctica* (Poaceae) − Antarctic hair grass. 남아메리카 남부, 남극 해안 지역 원산. 내영(노란색)과 호영(파란색) 그리고 깃털 모양의 소축(소수 축)에 싸인 성숙한 씨방(영과)으로 구성된 하나의 낱꽃 산포체. 길이 5mm. 남극 생활에 적응한 두 종의 현화식물 중 하나이다.

1872년, 오스트레일리아의 빅토리아 주 깁스랜드에서 쓰러진 유칼립투스 나무의 키는 132.5m 였다고 알려져 있으며, 어떤 사람은 152.4m였다고 주장하기도 한다. 두 경우는 모두 이제까지 발견된 것들 중 가장 키가 큰 나무이다. 그러나 오늘날 세계 기록을 보유한 가장 키가 큰 생물은 피자식물이 아니라 아메리카삼나무(*Sequoia sempervirens*, 낙우송과)라는 나자식물이다. 키가 115.55m인 이 나무는 2006년 여름 미국 캘리포니아 북부 레드우드 국립공원에서 발견되었으며, 태양의 신 타이탄 족의 이름을 딴 "히페리온"이라는 세례명을 받았다. 그리스 신화에서 타이탄 족의 히페리온은 대지의 여신 가이아와 하늘의 신 우라노스의 아들이자 태양의 신 헬리오스의 아버지이다.

피자식물이 현재 세계에서 가장 큰 나무라는 타이틀은 잃었지만, 종의 다양성으로 보면 나자식물의 400배 이상으로 훨씬 많다. 피자식물의 이러한 수적 우세는 현존하는 나출 종자식물에서 볼 수 있는 것보다 훨씬 다양한 생활형을 가져왔다. 피자식물은 매우 작은 월피아 (*Wolffia angusta*) 부터 거대한 유칼립투스(Mountain Ash)에 이르기까지 약 50만 종의 각기 다른 초본, 목본, 관목, 덩굴, 다육, 착생, 기생, 식충 그리고 그 밖의 많은 경이로운 식물들을 통해 지구의 삶을 풍요롭게 한다.

꽃이 없으면 열매도 없다?

다양한 종자식물 그룹 간의 주된 차이점에 대한 윤곽을 파악했으니 이제 우리는 본래의 질문으로 돌아가 과학적으로 열매가 무엇인지 탐구해 보자. 많은 식물학자들에게 열매를 정의하는 것은 그리 머리 아픈 일이 아니었다. 1694년 조제프 투른포르(Joseph Pitton de Tournefort, 1656~1708)는 오늘날 많은 책이 그러하듯 열매를 "꽃의 산물"이라고 정의했다(예: Leins 2000; Judd et al. 2002). 이 정의는 간결함과 명확성으로 설득력을 가지며, 결국은 앞서 언급했던 열매냐 채소냐 하는 상황에서와 같은 해석, 즉 꽃에서 열매가 나온다는 것을 말하고 있다. 하지만 이 정의에서부터 비롯되는 현상들을 확실히 이해하기 위해서는 꽃이 무엇이라고 한 마디로 말할 수 있는 보다 심오한 식물학적 탐구가 요구된다.

솔방울은 열매인가?

대부분의 식물학 책에는 오늘날의 나자식물은 꽃을 피우지 않으며 따라서 당연히 열매도 맺지 않는다고 서술되어 있다. 즉, 소나무의 솔방울과 소철류의 거대한 종자 구과는 그 안이 종자로 가득 차 있음에도 불구하고 열매라고 할 수 없는 것이다. 우리가 정의했던 대로 "진짜 열매"는 "진짜 꽃"으로부터 맺혀야 하며, 따라서 일반적으로 꽃이 피는 식물(현화식물)이라고 불리는 피자식물

40, 41쪽: 월피아 콜룸비아나(천남성과) *Wolffia columbiana*(Araceae) – Columbian water meal. 아메리카 대륙 원산. 길이 0.8 ~1.3mm. 세계에서 가장 작은 현화식물인 월피아 안구스타(*Wolffia angusta*)보다 약간 크다. 전 세계적으로 월피아류는 7~11종이 있으며, 모두 물 위에 떠서 살아간다. 공 모양의 극히 작은 몸체에는 뿌리가 없으며 줄기와 잎의 분화도 보이지 않는다. 물 위에 떠서 숨구멍인 기공이 있는 위쪽의 중앙부 표면만 물 밖으로 나와 있다. 번식은 대개 무성생식인데, 기부에 있는 깔때기 모양의 생식 주머니로부터 자식물체가 계속 출아된다.
40쪽: 위쪽의 평편한 부분에 있는 기공(숨구멍). 구멍의 너비 20 µm
41쪽 아래: 모체의 생식 주머니 안에서 자라고 있는 어린 자식물체
위 오른쪽과 왼쪽: 모체와 무성 번식으로 생긴 자식물체 한 쌍
중앙 왼쪽: 모체로부터 분리된 흔적과 그 가까이에 생기고 있는 생식 주머니가 보이는 어린 자식물체. 지름 0.7mm

39쪽: 유칼립투스 비르지네아(도금양과) *Eucalyptus virginea* (Myrtaceae) – 오스트레일리아 남서부 특산. 열매(포배열개삭과). 지름 1.2cm. 최근에 발견된 이 희귀한 유칼립투스의 열매는 눈에 띄게 위를 향하고 있는 과피 조각이 특징적이다.

아래: 유칼립투스 레그난스(도금양과) *Eucalyptus regnans* (Myrtaceae) – mountain Ash. 오스트레일리아 남부, 태즈메이니아 원산. 열매(포배열개삭과). 이 유칼립투스는 100m가 넘는 키 때문에 레그난스라는 라틴명(*regnum*, 지배, 권위)을 가진다. 하지만 장대한 크기에도 불구하고 이 식물의 열매(3개의 과피 조각으로 벌어지는 포배열개삭과)는 길이 5~8mm, 지름 4~7mm에 불과하다.

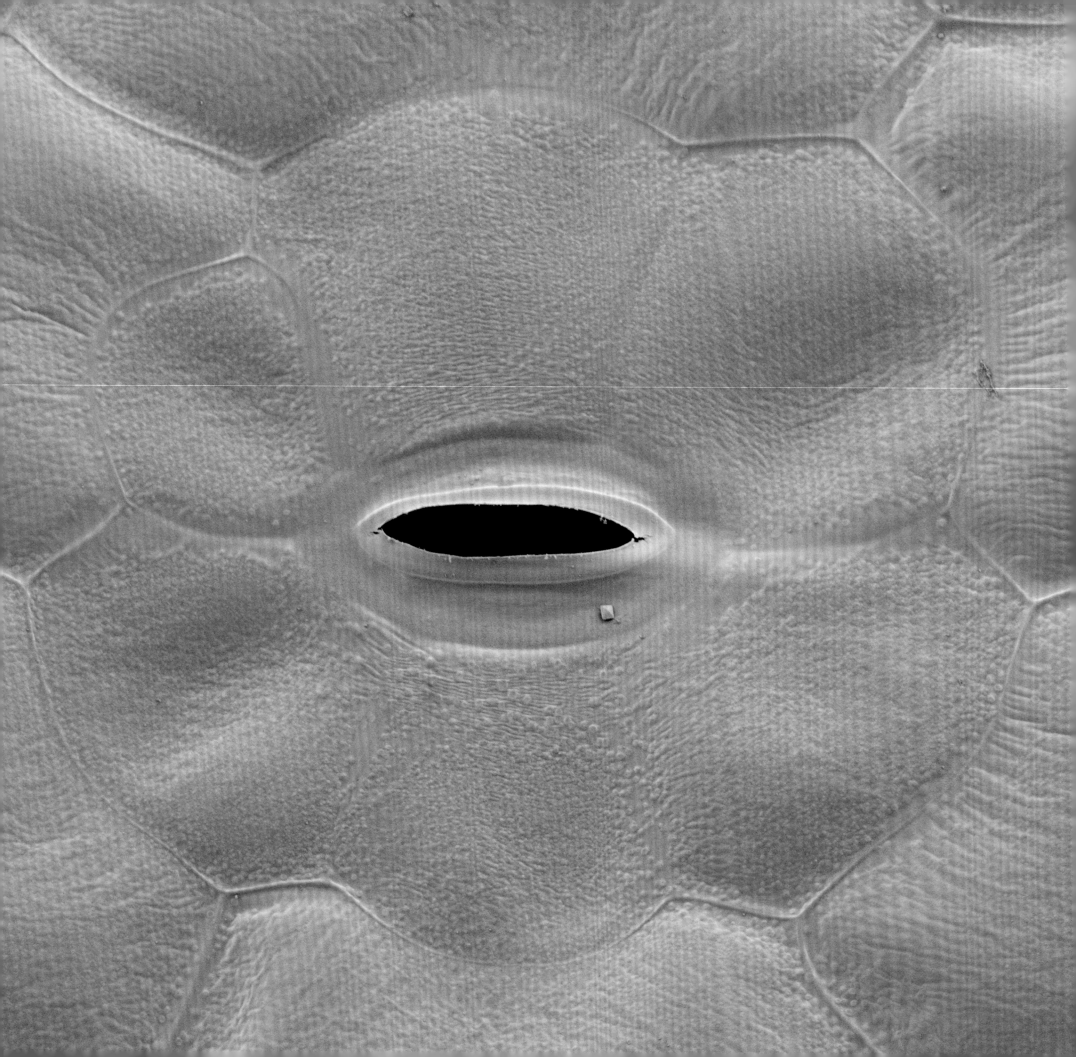

에서만 열매가 열린다고 볼 수 있다. 과학적으로 정의하면, 꽃이란 포자엽이라는 생식잎을 한 장 이상 생산하며 제한 성장을 하는 특수화된 짧은 가지를 말한다. 이 포자엽들은 각각 밑씨와 화분 낭이라고 하는 암수의 생식 기관을 형성한다. 이 책에서는 종자로 발달하는 밑씨를 특히 중요하 게 다루었다. 종자는 결국 열매가 존재하는 이유이기 때문이다. 여기까지는 위의 정의에 제약 없 이 소철류의 암수 구과가 각각 암꽃과 수꽃의 자격을 가진다. 하지만 소철류는 나자식물이기 때 문에 엄밀히 말하면 꽃을 피울 수 없다. 결국 오스트레일리아의 레피도자미아 페로프스키아나 (*Lepidozamia peroffskyana*)와 같이 최대 90cm의 길이에 45kg 이상의 무게를 가지는 종자구 과를 맺더라도 그것을 열매라고 부를 수 없는 것이다. 그렇다면 과학자들은 어떻게 현화식물만 이 꽃과 열매를 가졌다고 계속 주장할 수 있는 것인가? 이는 단순하게 대부분의 나자식물이 가지 지 못한 것을 추가함으로써 가능했다. 과학적으로 인정되는 꽃은 위에서 정의한 암수 포자엽을 가지고 제한 성장을 하는 특수화된 가지 외에도 생식력은 없으나 포자엽을 둘러싼 부수적인 잎 인 화피를 가지고 있어야 한다. 식물학자가 아닌 사람에게는 복잡하게 들릴 수도 있지만, 간단히 말해서 "제대로 된" 꽃은 정도의 차이는 있겠지만 포자엽과 관련된 화려한 꽃잎이나 이와 유사한 잎(꽃받침잎 또는 화피편)을 가지고 있어야 한다는 것이다. 미인에게 사모하는 마음을 꽃으로 전 달하고자 할 때 누가 빨간 꽃잎의 화려한 장미 대신 보잘것없는 솔방울을 택하겠는가?

하지만 나자식물을 꽃이 피는 식물에서 제외시키려는 식물학자들의 노력에도 불구하고 이 개 념을 방해하는 "지나친" 사례가 몇 가지 있다. 우리가 과학적 사실만을 믿는다면 기괴한 나자식물 인 매마등목이 실제로 꽃을 피운다는 것을 받아들여야 한다. 그 꽃은 매우 작고 전혀 화려하지는 않지만, 꽃의 정의대로 분명히 포자엽을 둘러싸는 화피를 가지고 있다. 따라서 우리가 일반적으 로 "현화식물(꽃 피는 식물)"이라고 하는 것을 이보다 더 원시적인 나자식물과 분리하기 위해서는 그것에 현화식물이 아닌 피자식물이라는 이름을 붙여 주어야 한다. 피자식물이라는 용어가 과학 적으로 더 정확할 뿐만 아니라, 나자식물과의 구별을 명쾌하게 해 주는 주요 특징들 중 하나인 닫 힌 심피의 존재를 잘 드러내고 있기 때문이다.[4]

심피가 없으면 열매도 없다?

화피를 가진 매마등목 식물의 등장으로 "꽃이 없으면 열매도 없다."는 법칙은 깨졌다. 이 법칙 은 열매를 가진 식물을 피자식물에 한정시키지 못한 것이다. 이러한 면에서 많은 식물학자들이 인정한 "열매는 종자를 가진 성숙한 씨방이다."라는 정의가 열매를 더 잘 설명한다고 할 수 있다. 이 좁은 개념의 시작은 역사상 최초로 열매분류학을 다룬 요제프 게르트너(Joseph Gaertner, 1732~91)의 책, 『식물의 열매와 종자에 대하여(*De fructibus etseminibus plantarum,*

아래: 피누스 코울테리(소나무과) *Pinus coulteri* (Pinaceae) – Coulter pine. 북아메리카 남서부 원산. 구과(솔방울). 구과는 길이 35cm, 무게 4kg에 달한다. 이 식물의 종자는 날개를 가졌지만 무 겁기 때문에 바람에 의해 종자가 산포되기는 하나 그리 효율적이지 않다. 하지만 식용이 가능하기 때문에 분산 저장을 하는 동물들에 의해 멀리 이동할 수 있다.

맨 아래: 레피도자미아 페로프스키아나(멕시코소철과) *Lepidozamia peroffskyana* (Zamiaceae) – pineapple zamia. 오스트레일리아 동부 특산. 구과를 달고 있는 암그루. 이 식물은 키 90cm, 무게 45kg에 달하는 소철류 중에서 가장 크고 무거운 구과를 맺는다.

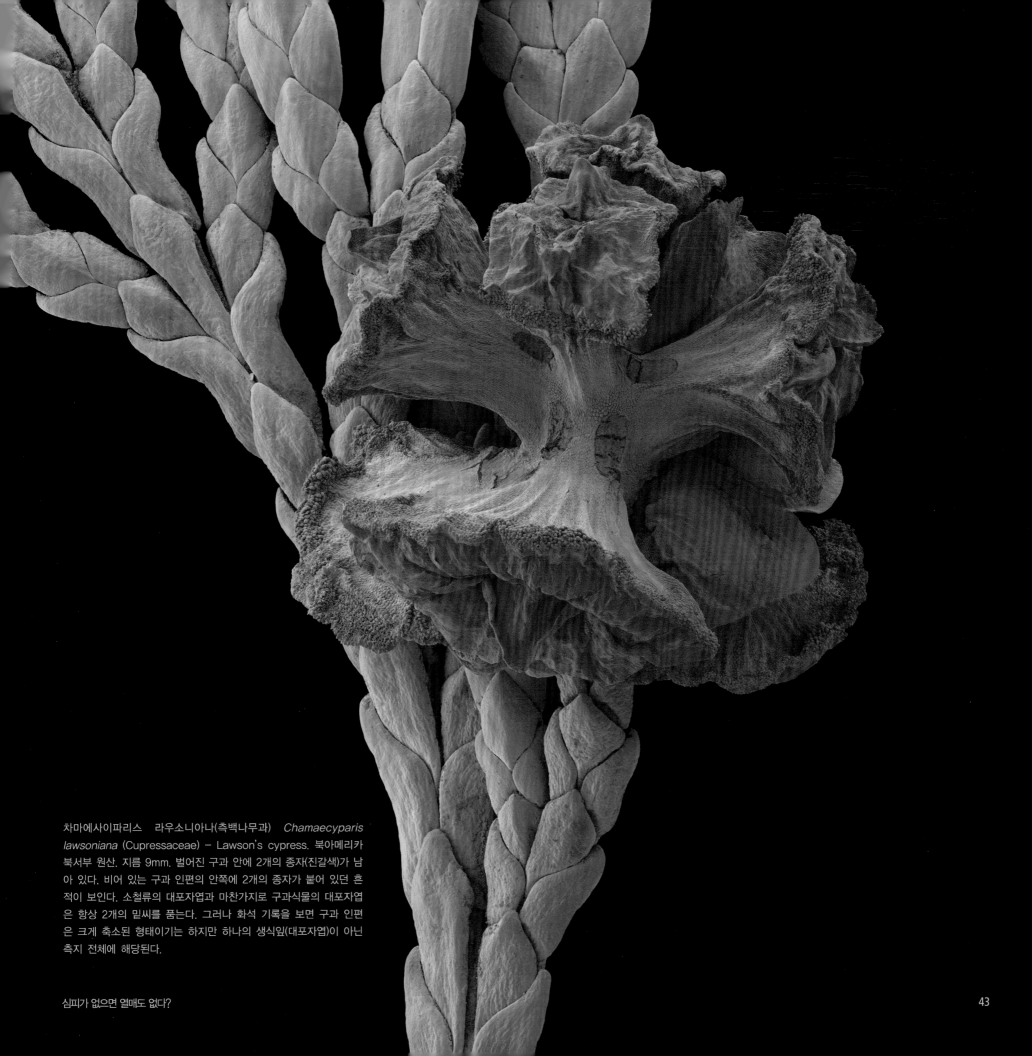

차마에사이파리스 라우소니아나(측백나무과) *Chamaecyparis lawsoniana* (Cupressaceae) – Lawson's cypress. 북아메리카 북서부 원산. 지름 9mm. 벌어진 구과 안에 2개의 종자(진갈색)가 남 아 있다. 비어 있는 구과 인편의 안쪽에 2개의 종자가 붙어 있던 흔 적이 보인다. 소철류의 대포자엽과 마찬가지로 구과식물의 대포자엽 은 항상 2개의 밑씨를 품는다. 그러나 화석 기록을 보면 구과 인편 은 크게 축소된 형태이기는 하지만 하나의 생식잎(대포자엽)이 아닌 측지 전체에 해당된다.

심피가 없으면 열매도 없다?

열매 – 먹을 수 있는, 먹을 수 없는, 믿을 수 없는

1788~92)』로 거슬러 올라간다. 이 책에서 게르트너는 열매(fructus)에 소나무의 솔방울을 포함시켰고, 대부분의 피자식물 열매에는 그가 "성숙한 씨방"이라고 정의한 과피(pericarpium)라는 용어를 사용하였다. 게르트너의 개념이 오늘날에는 다소 엉성해 보이기도 하지만, 그는 로버트 브라운(Robert Brown, 1773~1858)이 나자식물과 피자식물 간의 근본적인 차이를 지적했던 1827년보다 훨씬 전에 이것을 생각해 낸 것이다. 그 전까지는 식물학자들이 그 둘을 분류해서 다루지 않았으며, 18세기 말에도 암술군의 세부 구조를 완전히 이해하지 못했다. 사실 게르트너와 그와 동시대를 지낸 칼 린네(Carl von Linne, 1707~78)는 많은 피자식물의 열매(국화과의 열매 등)를 나출 종자라고 생각했다.

19세기에 들어서서 존 린들리(John Lindley, 1832)는 게르트너가 열매 유형의 이름으로 사용한 과피라는 용어를 정리하고 열매를 "씨방(ovarium) 또는 암술(pistillum)이 성숙한 것, 하지만 이 용어가 엄격하게 적용되어야 함에도 불구하고 실제로는 성숙할 때 씨방과 결합하는 모든 것을 말한다."라고 정의했다.

열매에 대한 정의는 여기서 설명한 것보다 더 복잡한 역사를 가지고 있긴 하지만, 지난 170년 동안 바뀐 것은 거의 없다. 몇몇이 린들리가 "모순"이라고 지적했던 씨방 이외의 부분을 열매에 포함시키기도 하지만(예: Raven et al. 1999; Mauseth 2003; Heywood et al. 2007), 여전히 대부분의 "현대" 저자들은 열매가 성숙한 씨방의 산물이라는 정의를 사용한다. 이 대중적인 정의에 따르면, 밑씨가 그대로 노출되어 있는 나자식물은 밑씨를 감싸는 심피가 없기 때문에 씨방도 없으며 따라서 열매도 없는 것이 된다.

심피는 분명히 몇 가지 장점을 가진 놀라운 발명품이다. 사실 밑씨가 밖으로 노출된 나자식물의 대포자엽 대신 닫힌 심피를 갖는다는 것은 피자식물이 나자식물보다 우위에 있게 하는 중요한 특징 중 하나이다. 이 밖에도 물 전도율이 향상된 정교한 목질 구조, 개선된 생식 방법, 매우 경제적인 종자 생산 방법[5], 어린 식물이 뿌리내릴 때의 유연성 등의 발달이 피자식물을 지금의 식물들 사이에서 우세한 위치가 되게끔 하였다. 하지만 종자에 관한 이전 책에서 알아본 것처럼 유성 생식과 종자의 산포야말로 종자식물의 생활사에서 가장 중대한 사건이었다. 피자식물이 진화적으로 성공할 수 있었던 것은 아마도 그 무엇보다 다양한 각각의 환경에 자신의 꽃과 열매 그리고 종자를 적응시키고 완성해 가는 놀라운 능력 때문이었을 것이다. 결국 열매를 정의함에 있어서 식물학자들이 겪는 고충은 나자식물을 제외한다고 해서 끝나는 것이 아니다. 곧 알게 되겠지만 피자식물 자체 내에서의 문제가 더 복잡하며 개념적인 딜레마도 깊어 간다. 이것은 순전히 피자식물의 놀라운 다양성과 적응성 때문이다. 그들은 지구상에서 가장 아름답고 매혹적이며 유용한 식물을 만들어 내는 동시에 많은 식물학자들에게는 도전과도 같은 이해하기 어렵고 분류하기

파이토라카 아시노사(자리공과) *Phytolacca acinosa* (Phytolaccaceae) − Indian pokeweed. 동아시아 원산. 꽃. 지름 7.5mm. 전형적인 쌍떡잎식물로 5수성의 꽃을 가지고 있다. 이 꽃은 다섯 장의 흰색 혹은 붉은색의 화피편(꽃받침은 없다)과 다섯 개가 붙은 수술(꽃밥은 이미 떨어진 상태이다)이 두 줄로 윤생으로 배열되어 있다. 하지만 심피는 5개가 아닌 8개이다. 씨방상위의 합생심피 암술군으로 심피들이 하나로 합쳐져 있다고는 하지만, 8개의 심피가 각각의 암술대를 가지고 있어 구분된다.

스노드롭(수선화과) *Galanthus nivalis* subsp. *imperati* 'Ginns' (Amaryllidaceae) − snowdrop(원예종). 야생형은 유럽 남부 원산. 꽃. 전형적인 외떡잎식물인 스노드롭은 3장의 크고 하얀 외화피편과 3장의 작은 내화피편으로 된 3수성의 꽃을 가진다. 화피 아래에 녹색으로 볼록한 부분은 3개의 심피가 합착되어 이루어진 하위씨방이다.

심피가 없으면 열매도 없다?

힘든 꽃을 피우고 열매를 맺는다.

화려한 노출

피자식물에 인간의 도덕적 기준을 적용해 보면 피자식물의 꽃은 눈에 거슬릴 정도로 대담하게 노출시킨 생식기라고 설명할 수밖에 없다. 피자식물의 꽃이 암수의 생식 기관을 가지고 있다는 것을 처음 발견한 사람은 영국의 박물학자이자 내과의사인 니어마이아 그루(Nehemiah Grew, 1641~1712)였다. 오늘날 우리가 과학적으로 꽃을 설명하기 위해 사용하는 용어의 대부분은 1682년에 출간된 그루의 위대한 작품인 『식물해부학(The Anatomy of Plants)』에서 만들어진 것이다. 식물학자의 눈으로 보면, 일반적으로(전체가 그렇지는 않지만) 피자식물의 꽃은 적어도 네 가지의 특수한 목적을 가진 구조물로 이루어져 있다. 이 구조물들은 잎과 같은 형태로 각각 윤생으로 배열되어 있다. 꽃받침잎이라고 부르는 가장 바깥쪽의 것은 처음에는 꽃봉오리를 감싸서 보호하다가 꽃이 피면 접시나 컵 모양의 꽃받침이 된다. 꽃받침잎은 그 안에서 발달하는 형형색색의 큰 꽃잎에 비해 주로 녹색이며 크기가 작다. 그리고 꽃잎들은 화려한 화관을 이룬다. 꽃받침과 화관은 식물학자들이 화피라고 부르는 것을 구성한다. 그리고 튤립에서처럼 꽃받침을 이루는 꽃받침잎과 화관을 이루는 꽃잎이 모두 똑같이 생겨서 구분할 수 없을 때에는 그것들을 화피라는 용어 대신 화피편이라 부른다. 꽃잎과 꽃받침잎은 종종 3개씩(백합, 난초, 용설란 같은 전형적인 외떡잎식물에서) 혹은 5개씩(패랭이꽃, 콩, 아욱 등의 전형적인 쌍떡잎식물에서) 달린다. 꽃잎을 젖히고 꽃의 중앙으로 좀 더 가게 되면 그리스 어로 "남성의 숙소(man's quarters)"를 뜻하는 수술군이 나온다. 1826년에 요하네스 로퍼(Johannes August Christian Roeper, 1801~85)가 "남성의 숙소"라며 우스운 이름을 붙였던 꽃의 수술군은 소포자엽 혹은 수술이 한 줄이나 두 줄의 윤생으로 배열되어 있는 것을 말한다. 각 수술은 수술대라는 가느다란 줄기를 가지며, 이 끝에는 꽃밥이 달려 있다. 꽃밥은 수술에서 생식을 담당하는 부분이며, 수술에 있는 소포자낭 또는 화분낭이라고 하는 네 개의 주머니에 꽃가루(화분립)가 들어 있다. 마지막으로, 꽃의 중심에는 암술군에 해당하는 심피가 있다. 꽃에 있는 모든 심피를 합한 것은 과학적으로, 로퍼가 이름 붙인 "여성의 숙소(women's quarters)" 또는 암술군이라고 부른다. 꽃의 암술군을 가리키는 친숙한 용어들은 암술(pistil) 또는 씨방(ovary)이다. 그러나 나중에 설명하겠지만, 이 둘은 결코 동의어가 아니다.

많은 꽃들이 암술군을 잘 드러내 놓는 반면에, 상당수의 피자식물들은 암술머리와 수술만 노출시키고 나머지는 감추어 두려는 경향이 있다. 그들은 꽃의 기관들이 붙는 꽃대의 윗부분인 화탁을 컵 또는 관 모양으로 확장하여 그 안에 암술군을 숨기려고 하였다. 이러한 시도로 화통이 발달하면서 꽃에 있는 암술군 이외의 기관들은 화통의 위쪽 끝으로 옮겨졌고, 그 결과 씨방하위

카피르라임(운향과) *Citrus hystrix* (Rutaceae) - kaffir lime. 인도네시아 원산. 일반적으로 카피르라임의 방향성 잎은 태국 요리에 쓰인다.
위: 열매. 지름 약 4cm
아래: 4개의 흰 꽃잎과 많은 수의 수술, 그리고 몇 개의 심피가 합쳐진 씨방상위(녹색의 볼록한 부분)의 꽃. 지름 약 1.4cm

47쪽: 꽃봉오리의 종단면, 씨방 중앙에 밑씨가 붙어 있는 것이 보이는 씨방상위의 합생심피(중축태좌). 지름 5.8mm

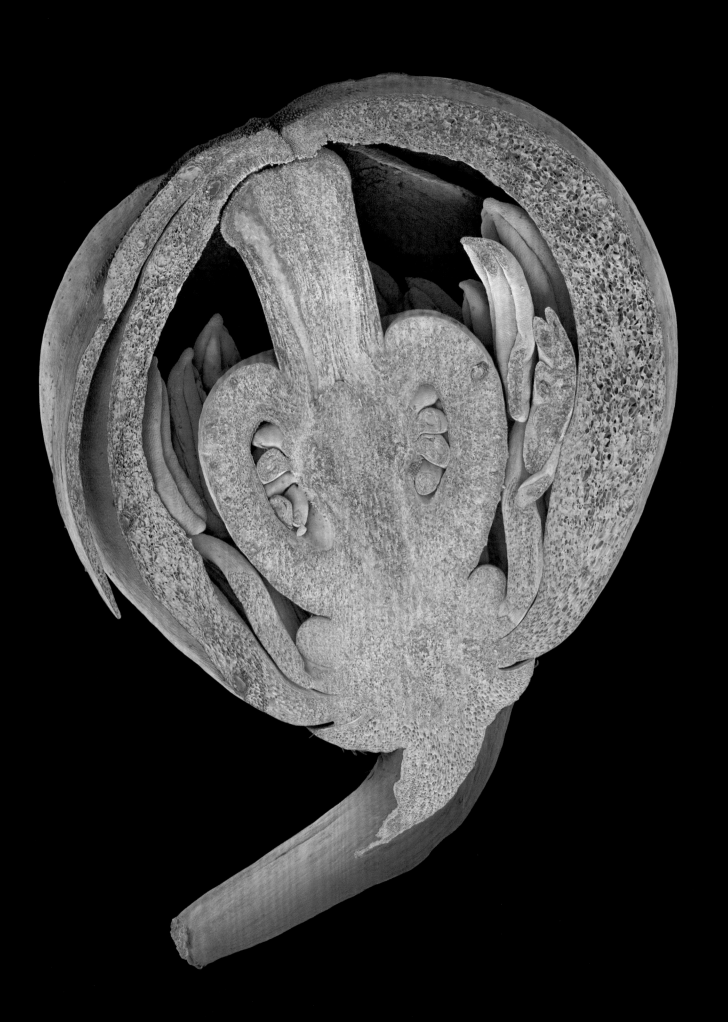

심피가 없으면 열매도 없다?

(epigynous, 그리스 어 *epi*= 위에+*gyne*= 여성)의 꽃이 만들어졌다. 씨방하위화는 화탁의 위쪽에 꽃받침잎과 꽃잎, 수술이 위치하고 그 아래에 씨방이 숨겨져 있는 꽃이다. 이런 꽃은 암술군을 숨겨 놓음으로써 꽃의 중요한 기관에 손상을 줄 수 있는 곤충들로부터 그것을 보호할 수 있는 진화적 이점을 가질 수 있었다.

이와 반대의 경우인 씨방상위(hypogynous, 그리스 어 *hypo*= 아래)화에서는 수술과 꽃잎, 꽃받침잎이 붙어 있는 화탁이 씨방 아래에 온다. 그리고 이 두 형태의 중간인 씨방중위(그리스 어 *peri*= 주위)화는 화통이 씨방의 아래 부분만 둘러싸고 있어 수술과 꽃잎, 꽃받침잎이 그 둘레에 붙어 있는 꽃이다. 꿀이 모아지는 작은 컵 모양의 화통 중간에 씨방이 위치하고 있는 벚꽃은 씨방중위화의 대표적인 예이다.

이쯤이면 일부 독자들은 왜 저자가 이 모든 혼동되는 용어들과 미묘한 이론적 차이들로 자신의 머리를 쥐어짜고 있는지 그 이유가 궁금해질 것이다. 그것은 꽃이 어떻게 진화되었으며 무엇들로 구성되어 있는지, 특히 암술군의 구조와 위치에 대한 명확한 이해가 곧 열매가 어떻게 형성되었는지를 이해하게 해 주는 핵심적인 역할을 하기 때문이다. 예를 들어, 씨방상위화로부터 발달한 과피가 오직 씨방벽에서 만들어진 것인 반면에, 씨방하위화에서의 과피는 씨방벽과 화통에서 만들어진 것이다. 사과를 먹을 때 우리가 먹는 것의 대부분이 바로 화통에 의해 생산된 조직이며, 씨방벽은 매우 작은 부분만을 형성하고 있다.

이브의 난소와는 다르다

심피는 꽃의 다른 기관들과의 연관된 위치나 배열과는 관계없이 꽃의 자궁이라고 할 수 있다. 그것은 수정 후 종자가 되는 기관인 밑씨를 품고 있기 때문이다. 씨방 안에 있는 밑씨는 태좌(placenta)라고 하는 심피 벽에 부착되어 있는데, 이 태좌는 인간의 태반과 비슷한 역할을 한다. 이 비유가 완벽한 것은 아닐지라도 두 용어는 모두 성장하고 있는 자손들에게 영양분을 주는 기관을 지칭한다. "밑씨(라틴 어: *ovulum*= 난자)"의 본래 의미는 동물이나 인간의 난자와 같을지 모르지만, 종자식물의 밑씨는 하나의 난자보다 더 많은 것으로 이루어져 있다. 그 중심부에 난자가 있는 밑씨는 복합적인 진화 역사를 갖는 매우 복잡한 기관이다. 밑씨라는 용어의 사용은 17세기 니어마이아 그루가 살았던 시대로 거슬러 올라간다. 이것은 독일의 식물학자 빌헬름 호프마이스터(Wilhelm Hofmeister)가 혁명적인 발견을 한 1851년보다 훨씬 이전이다. 호프마이스터(1822~77)는 종자식물의 세대 교번이 이끼류 및 고사리류와 동일한 원칙을 따른다는 것을 입증함으로써 처음으로 그들이 진화적으로 어떤 연결 고리를 가지고 있는지 그리고 종자식물의 밑씨가 어떤 복잡한 성질을 가지고 있는지를 밝혀냈다. 이런 논리로 밑씨는 난자와는 다르기 때문에

sifloraceae) – passionfruit, maracuja. 남아메리카 원산. 열매(박과)의 종단면. 지름 약 4cm. 3개의 심피가 합착된 씨방은 하나의 심실을 가지며, 그 안에 3개의 측막태좌에 종자가 달린다. 다육의 가종피를 식용으로 한다.

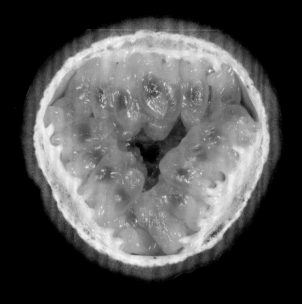

맨 아래: 솔라눔 베타세움(가지과) *Solanum betaceum* (Solanaceae) – tree tomato, tamarillo. 남아메리카 원산. 열매(장과)의 종단면. 지름 4cm. 2개의 심피가 붙은 합생심피의 암술군. 2개의 심실에 각각 들어 있는 종자는 다육의 큰 우산 모양의 태좌를 따라 배열되어 있다.

아래: 꿀벌(*Apis mellifera*)이 수레국화(*Centaurea cyanus*, 국화과)에 앉아 있다. 유라시아 원산

맨 아래: 헤이즐넛(자작나무과) *Corylus avellana* (Betulaceae) – hazelnut. 유라시아 원산. 빨간 암술머리가 나와 있는 암꽃과 그 아래 달려 있는 수꽃 화서. 전형적인 풍매화인 헤이즐넛은 화려한 화피가 없는 암꽃과 작은 수꽃이 분리되어 달린다.

그것을 품고 있는 식물의 씨방(ovary) 역시 포유류의 난소(ovary)와 동일하지 않다. 그러나 오랜 습관으로 아직까지 이 두 용어의 영어 표현에는 오바리(ovary)가 사용되고 있다.

부지불식간의 운반체

꽃받침잎, 꽃잎, 수술, 심피의 정교한 배열은 피자식물에 있어 가치 있는 진화적 혁신이었다. 꽃가루와 밑씨가 아예 다른 개체에 달리는 소철류를 제외하면 나자식물은 각각 꽃가루와 밑씨를 갖는 구과를 맺는다. 하지만 대부분의 피자식물은 하나의 양성화에 소포자엽(수술)과 대포자엽(심피)을 함께 갖는데, 이것은 수분에 있어서 확실한 이점을 갖는다. 피자식물의 꽃이 크게 성공할 수 있었던 것은 동물들 사이에서의 인기 때문이었다. 수술은 영양가 많은 꽃가루를 만들어 내고 꽃 안쪽에 있는 특수한 밀샘에서는 달콤한 꿀이 나온다. 여기에 매혹적인 향기가 더해진 크고 화려한 꽃잎들이 이 공짜 음식을 광고한다. 이들의 목표는 배고픈 손님, 특히 곤충과 그 외 박쥐, 새(벌새), 몇몇 척추동물을 끌어오는 것이다. 이 손님들이 짧게 다녀가는 동안 그들은 꽃이 주는 보상인 맛있는 식사만 하는 것이 아니라 꽃에 있는 꽃가루를 몸에 잔뜩 묻히게 된다. 이들은 식량을 모으려는 여정에서 같은 종의 다른 개체에 있는 꽃으로 꽃가루를 옮겨 준다. 심지어 이 꽃들이 넓게 흩어져 있더라도 말이다. 그리고 이것이 바로 각자 나름의 "광고"와 "보상"을 가져야 하는 암수의 분리된 꽃보다 양성화를 갖는 것이 더 나은 성과를 거두는 부분이다. 하나의 꽃에 소포자엽(수술)과 대포자엽(심피)을 함께 둠으로써, 꽃을 찾아온 곤충으로부터 다른 꽃의 꽃가루를 받을 수 있는 동시에 자신도 모르게 꽃가루 배달원이 된 곤충에서 그 꽃의 꽃가루를 묻힐 수 있게 되기 때문이다.

바람에 의한 성과 성별 분리

양성화는 수분 매개체가 동물일 때 확실히 유리하다. 하지만 피자식물일지라도 수꽃과 암꽃이 따로 떨어져 있는 경우가 더 나을 때도 있다. 이것은 온대림이나 대초원, 북극 고산 기후에 속하는 지역에서와 같이 수분 매개체가 되는 동물은 드물지만 바람이 많이 부는 경우에 그러하다. 이런 곳에서의 일부 피자식물은 화려한 꽃잎을 버리고 눈에 잘 띄지 않는 작은 단성화를 피우는 현명한 선택을 했다. 큰 꽃잎과 꽃받침잎이 없기 때문에 꽃가루를 실은 바람의 접근은 더 용이해졌다. 하지만 바람은 목적을 가지고 부는 것이 아니기 때문에 종자의 산포를 책임져 주지는 않는다. 그래서 바람을 수분 매개체로 하는 식물은 엄청난 양의 꽃가루와 다수의 작은 꽃, 특히 수꽃들을 필요로 한다. 한 예를 들자면, 헤이즐넛(*Corylus avellana*, 자작나무과)은 각 암꽃당 250만 개의 꽃가루를 만들어 낸다. 이렇게 방대한 양의 꽃가루를 만들기 위해서는 많은 투자가 필요함에도 불구하고, 바람에 의한 수분(풍매화)은 같은 종의 식물들이 밀접하게 살고 있는 지역에서는 매우 효율적인 것으로 나타났다. 동물을 유인하기 위한 큰 꽃잎과 꿀 생산에 들어가는 재료와 에너지를 절약하여 더 많은 꽃가루를 생산할 수 있기 때문이다. 하지만 풍매화라고 해서 모두 단성화는 아니다. 많은 수의 벼과 식물에서처럼 풍매화이면서 양성화인 경우도 있다. 그래도 일반적으로 풍매화를 가지는 식물에서는 같은 식물에서라도 암수의 꽃이 떨어져 있거나(암수한그루) 아예 다른 개체로 되어 있는 것(암수딴그루)이 자가 수분이나 근친 교배를 막는 데 도움이 된다. 풍매화에서의 수분은 우연히 일어나는 것이기 때문에 꽃가루가 많이 있더라도 암꽃에는 보통 단 한 개의 꽃가루가 닿게 된다. 이 때문에 씨방의 밑씨 수는 훨씬 줄어들게 되고, 이것이 발달한 단일 종자 열매가 증명하듯이 그 밑씨들 중 단 하나만이 종자로 발전하게 된다(헤이즐넛, 밤나무, 너도밤나무, 벼과 식물의 열매들).

대부분의 나자식물, 특히 구과식물이 처음부터 풍매화를 가졌던 반면에, 피자식물 중 현재의 풍매화는 원래 대부분 충매화의 계통에서 내려온 것이다. 그래서 그들의 단성화에는 아직도 과거 양성화였음을 말해 주는 흔적이 남아 있곤 하다. 온대 지역의 활엽수림을 이루는 많은 나무들은 미상화서로 모여 있기도 한 단성화인 풍매화를 갖는다. 매년 봄마다 알레르기성 비염을 일으키는 오리나무, 자작나무, 너도밤나무, 참나무, 밤나무, 개암나무의 꽃가루는 이들의 전략이 성공하였음을 증명하는 좋은 예이다. 곤충이 많은 열대 우림에는 풍매화인 피자식물이 거의 없다는 것은 꽃가루 알레르기가 있는 사람들에게 좋은 소식이라고 할 수 있다.

열매 안에는 무엇이 들어 있나?

꽃가루는 같은 종의 암술머리에 닿는 수분이 이루어지면 발아하여 화분관이 자라고, 이 화분관은 암술대 조직을 통과하여 밑씨와 수정이 이루어지는 씨방 속의 심실로 들어간다. 이곳에서 수정이 이루어지면 꽃은 열매가 될 준비를 한다. 꽃잎은 시들어서 떨어지고, 밑씨는 종자로 변하기 시작하며 씨방은 팽창한다. 대부분의 열매는 성숙한 암술군으로만 이루어져 있으며, 종자가 산포될 무렵이면 꽃의 다른 부분들은 시들어 버린다. 이것이 초기의 식물학자들이 열매를 성숙한 씨방 혹은 성숙한 암술군이라고 정의한 이유이다. 따라서 성숙한 열매의 두 가지 중요한 구성 요소는 종자(포도나 바나나 등 특별히 씨가 없게 개발한 품종을 제외하고)와 종자를 감싸고 있는 과피라고 할 수 있다.

종자는 발아하여 새로운 식물로 자라날 중요한 배아(胚芽, embryo)를 품고 있다. 종자의 크기는 20kg이 넘는 무게의 세이셸야자(*Lodoicea maldivica*, 야자나무과, 하나의 종자로 된 폐과)부터 길이가 1mm의 4분의 1도 되지 않는 난초(난과)까지 다양하다. 난과 식물의 먼지만 한 종자는

뚜껑별꽃(앵초과) *Anagallis arvensis* (Primulaceae) – scarlet pimpernel. 유럽 원산
아래: 꽃. 지름 10~14mm
51쪽: 종자가 들어 있는 열매(횡선열개삭과). 지름 4mm. 열매의 정단부에 있는 숙존성의 튼튼한 암술대에 옆을 지나가는 동물이나 바람에 흔들리는 다른 식물이 닿으면 열매의 뚜껑이 열린다.

열매 안에는 무엇이 들어 있나?

겨우 몇 십 개의 세포로 이루어진 매우 작은 배아를 가지고 있다. 반면에, 칠엽수(*Aesculus hippocastanum*, 무환자나무과), 아보카도(*Persea americana*, 녹나무과), 맹그로브(예: *Rhizophora* spp., 리조포라과)의 배아는 매우 크다. 그중 가장 큰 배아를 가진 식물은 열대 아메리카 원산의 콩과 식물인 모라 메기스토스페르마(*Mora megistosperma= Mora oleifera*)인데, 그 무게가 1kg에 달한다.

종자는 배아 이외에도 배아가 발아하여 자라는 데 필요한 영양을 저장해 놓은 특수한 조직인 배젖을 가지고 있다. 일반적으로 배젖의 크기는 목련류(목련과), 미나리아재비류(미나리아재비과), 야자나무류(야자나무과) 등과 같이 작은 배아를 가진 종자의 경우 크다. 이러한 야자나무류에는 거대한 세이셸야자와 유연관계가 먼 코코넛(*Cocos nucifera*) 등이 포함된다. 앞서 언급한 칠엽수, 아보카도, 콩과 식물처럼 배아가 큰 경우에는 종자의 배아가 발달하면서 그 안의 배젖이 모두 배아의 조직에 흡수된 상태이다. 통통해진 몸체(주로 떡잎)에 양분이 가득한 "보강된" 배아를 갖는 종자는 "준비 완료"라는 큰 이점을 가지게 된다. 일반적인 배아는 발아를 시작하면서야 배젖의 양분을 가져와 사용하는 반면에, "보강된" 배아는 이미 흡수한 양분으로 전자보다 더 빨리 발아할 수 있는 것이다.

암술군은 생명에 영양을 주고 보호해 주며 종자를 산포되게 하는 중요한 책임을 가지고 있기 때문에 암술군의 구조가 성숙한 열매의 내부 및 외부 구조에 영향을 끼치는 것은 당연한 일이다. 열매의 종류가 얼마나 다양한지 알기 위해 피자식물에서 볼 수 있는 다양한 암술군의 유형을 살펴보자.

바빌로니아의 혼란

피자식물의 암꽃들을 세밀하게 관찰하면서 맨 처음 알아낸 차이점 중 하나는 피자식물 집단마다 한 송이 꽃당 심피의 수가 다양하다는 것이다. 콩과 식물에서는 "열매채소"라고 하는 콩과 완두, 그리고 관상식물인 스위트피(sweet peas, *Lathyrus odoratus*), 중국등나무(Chinese wisteria, *Wisteria sinensis*), 아까시나무(black locust, *Robinia pseudoacacia*), 울렉스(gorse, *Ulex europaeus*) 등의 많은 식물이 일반적으로 하나의 심피를 갖는다. 우리에게 친근한 체리, 자두, 복숭아(*Prunus* spp., 장미과)도 이런 단심피(monocarpellate) 꽃이다. 하지만 피자식물의 대다수는 한 꽃에 두 개 이상의 심피를 가지고 있다. 이 경우에 심피들이 따로 분리되어 있으면 이생심피라 하고, 서로 합착되어 하나를 이루고 있으면 합생심피라 한다. 이런 말들은 복잡하고 혼란스럽게 들리며 실제로도 그러하다. 암술(pistil), 씨방(ovary), 암술군(gynoecium), 이 세 용어 사이에 약간의 차이가 있기는 하지만 많은 식물학자들조차도 이 용어들을 상호 교환적으로 사용하고 있다. 이들 중 가장 복잡해 보이는 용어인 암술군은 사실 가장 간단하게 설명된다. 왜냐하면

53쪽: 아보카도(녹나무과) *Persea americana* (Lauraceae) – avocado. 중앙아메리카 원산. 열매(장과)의 종단면. 중앙아메리카에서는 1만 년 전부터 아보카도를 음식으로 사용하였다. 기름진 아보카도는 영양분과 섬유질이 풍부하여 동물에 의해서 종자가 산포되는 열매이다. 연두색의 매우 기름진 과육과 상당히 큰 종자는 이 열매가 덩치 큰 포유류에 의해 종자 산포가 이루어졌음을 짐작하게 해준다. 이 동물은 약 13,000년 전 멸종된 플라이스토세의 대형동물군의 일부였다. 오늘날 원산지인 아메리카에서 아보카도는 야생 고양이와 재규어가 즐겨 먹는다. 종자는 단단한 종피나 내과피 대신 쓴맛을 가지고 동물로부터 자신을 지킨다.

아래: 타히나 스펙타빌리스(야자나무과) *Tahina spectabilis* (Arecaceae) – 최근 새로이 마다가스카르 특산종으로 발견된 야자나무종 열매의 종단면. 종자 길이 2.1cm. 종자 안의 작은 말뚝처럼 생긴 배아는 흰색의 배젖으로 싸여 있다. 또 종피는 안으로 성장하여 배젖까지 침투하였다. 종피의 갈색 부분에 해당하는 쓴맛의 독성 물질인 타닌은 종자 포식자(특히 곤충)로부터 종자를 보호하기 위해 발달한 것으로 보인다. 약 30~50년 살면서 딱 한 번 꽃을 피우는 이 놀라운 야자나무는 키가 18m가 넘으며, 현재 100여 개체 정도가 있다.

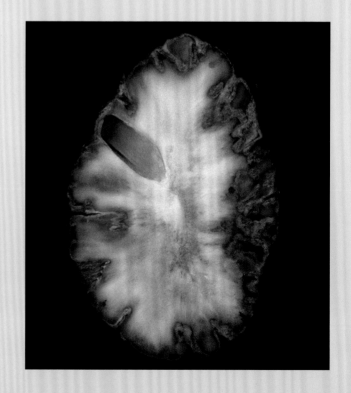

열매 – 먹을 수 있는, 먹을 수 없는, 믿을 수 없는

열매 안에는 무엇이 들어 있나?

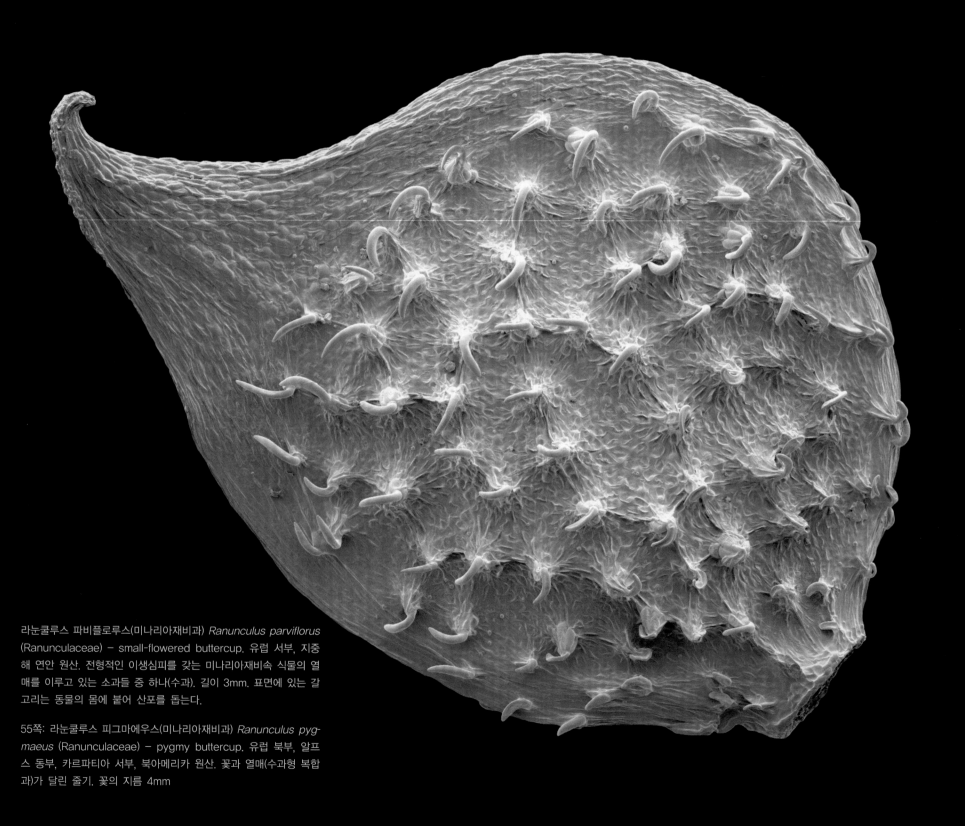

라눈쿨루스 파비플로루스(미나리아재비과) *Ranunculus parviflorus* (Ranunculaceae) – small-flowered buttercup. 유럽 서부, 지중해 연안 원산. 전형적인 이생심피를 갖는 미나리아재비속 식물의 열매를 이루고 있는 소과들 중 하나(수과). 길이 3mm. 표면에 있는 갈고리는 동물의 몸에 붙어 산포를 돕는다.

55쪽: 라눈쿨루스 피그마에우스(미나리아재비과) *Ranunculus pygmaeus* (Ranunculaceae) – pygmy buttercup. 유럽 북부, 알프스 동부, 카르파티아 서부, 북아메리카 원산. 꽃과 열매(수과형 복합과)가 달린 줄기. 꽃의 지름 4mm

암술군은 심피가 하나(단심피)만 있는 여러 개(복심피)가 있는 분리(이생심피)되어 있든 결합(합생심피)되어 있든 간에 각 꽃에 있는 모든 심피들을 합한 것이기 때문이다. 하지만 나머지 둘은 다소 혼란스러울 때가 있다. 과학적으로 엄밀히 따지면, 암술은 이생심피에 있는 각각의 심피 혹은 합생심피(합생심피의 암술군에서 보이는 여러 개의 심피가 합착하여 형성한 구조)를 일컫는다. 예를 들어 미나리아재비(*Ranunculus* spp., 미나리아재비과)의 꽃은 이생심피의 암술군을 가지며 암술의 수는 곧 심피의 수와 같다. 그리고 튤립(*Tulipa* spp., 백합과)의 꽃은 합생심피로 된 씨방을 가지며, 3개의 심피가 합쳐져 하나의 암술을 이룬다. 여기서 씨방은 암술과 거의 같은 의미로, 밑씨를 포함하여 볼록해진 부분인 씨방과 암술대, 암술머리를 합쳐 암술이라고 한다.

성능이 향상된 암꽃

혼동되는 용어들을 과학적으로 확실하게 짚어 보았으니 이제는 암꽃에 있는 생식 기관이 얼마나 다양한지를 탐구하는 흥미로운 시간을 가져 보도록 하자. 어떤 한 종이 분리된 심피를 갖고 있는지 혹은 합착된 심피를 갖고 있는지는 그 종의 핵심이 되는 특징이다. 그리고 이 특징의 중요성은 피자식물의 역사에 깊이 자리 잡고 있다. 분리된 심피는 각각의 암술머리를 갖는다. 그리고 이것은 각 심피마다 수분이 이루어져야 함을 의미한다. 이런 이생심피는 주로 번련지과(Annonaceae), 으름덩굴과, 윈테라과(Winteraceae), 미나리아재비과 등 원시적인 피자식물에서 발견된다. 물론 장미과에 속하는 식물에서처럼 더 진화된 식물에서도 가끔 찾아볼 수 있다. 진화 과정에서 피자식물들은 꽃의 기관들을 결합시키려는 경향을 보였는데, 특히 심피를 결합시키려는 경향은 합생심피를 갖는 암술군의 발달을 가져왔다. 그 결과 결합된 심피는 하나의 암술머리를 갖게 되었고, 여러 개의 심피들이 합쳐져 공유하는 암술머리는 합리화된 수분을 통해 암꽃의 성과를 높여 준다. 합생심피의 암술군을 가진 이런 진보적인 피자식물에서는 한 번의 수분 작용으로 여러 개의 심피 안에 있는 모든 밑씨가 수정될 수 있는 것이다. 이것은 더 원시적인 이생심피를 가진 식물보다 진화적인 이점을 갖는다. 오늘날 살아 있는 피자식물의 대다수가 이생심피의 암술군이 아닌 합생심피의 암술군을 가졌다는 결과가 그것이다. 이 두 식물군 사이의 수적 차이는 제쳐 두고라도 근본적으로 다른 이 두 암술군은 열매에도 주요한 차이를 가져왔다.

열매분류학자가 되는 법

꽃에 있는 암술이 하나 혹은 여러 개라는 사실은 열매(과실)분류학자들이 다양한 열매들을 나누는 데 사용하는 가장 중요한 특징이다. 하나의 암술을 가진 꽃은 단과(simple fruit)라 부르는 열매를 맺는다. 우리가 먹는 열매 대부분이 이 범주에 속한다. 그리고 다수의 암술을 가진 꽃은

다수의 작은 소과(낱 열매)들로 이루어진 열매를 맺는다. 여기서 각각의 작은 소과는 성숙한 심피 하나씩에 해당한다. 나무딸기(라즈베리, *Rubus idaeus*)와 블랙베리(*Rubus fruticosus*)가 이런 심피를 가지고 있으며, 이것이 발달한 열매를 복합과(multiple fruit)라 부른다. 진화론적이 아닌 기술적인 면에서 단과와 복합과 사이의 어중간한 열매들은 다소 까다로운 범주에 속한다. 씨방이 합생심피로 되어 있기는 하나 심피들이 각각으로 분리되는 경우가 이에 속한다. 이러한 심피의 분리는 협죽도과와 벽오동과(현재의 아욱과)의 식물에서처럼 수분 직후에 일어나거나, 무환자나무과(예: 단풍나무속)와 아욱류(*Malva* spp.) 식물에서처럼 열매의 성숙 단계에서 일어나기도 한다. 둘 중 어느 경우에 속하든 심피의 분리가 일어나는 이런 열매를 분열과(schizocarp)라 한다. 마지막으로, 나무딸기(라즈베리)나 블랙베리와 비슷해 보이지만 다른 종류인 오디(*Morus nigra*, 뽕나무과)가 속해 있는 또 다른 열매 종류인 복과(compound fruit)가 있다. 하나의 꽃에서 만들어진 나무딸기나 블랙베리와 닮았지만, 오디는 여러 개의 꽃이 합쳐져 만들어진 열매이다. 오디 같은 복과의 경우는 다수의 작은 꽃들이 모인 화서 전체가 발달하여 형성된 열매이다.

위에 언급한 것은 열매의 종류에 관해 간략하게 설명한 것뿐이다. 이제는 열매 종류별로 훨씬 더 많은 예들을 살펴보고자 한다. 일단 피자식물에서 볼 수 있는 네 가지 주요 범주가 단과, 복합과, 분열과 그리고 복과라는 것을 기억해 두자. 이들은 앞으로 있을 열매 분류의 기초가 된다.

일단 열매가 이 네 가지 중 하나에 속한다면, 두 번째로 살펴볼 가장 중요한 특징은 과벽(과피)의 질감(부드러운지, 단단한지, 과즙이 많은지, 건조한지)이다. 그리고 세 번째이자 마지막으로 열매를 구별하는 기초적인 기준은 성숙한 후 종자의 산포를 위해 열매가 벌어지느냐(열개과) 닫혀 있느냐(폐과) 하는 것이다.

당연한 말이겠지만, 피자식물은 열매에 있어서도 광범위하게 적응하였으므로 오늘날의 피자식물이 될 수 있었다. 그래서 열매분류학자가 되려는 사람들이 피자식물의 열매를 연구할 때 염두에 두어야 할 사실은 열매는 우리가 상상할 수 있는 거의 모든 질감과 구조를 가지고 있다는 것이다. 열매를 분류하기 위해 오래전부터 사용해 오고 있는 앞의 세 가지 기초적인 기준에 해당하는 특징들은 무수히 많은 조합을 만들어 다양한 열매에 반영되어 있다. 이런 다양성은 식물학을 공부하는 사람들을 심란하게 만드는 요인이다.

열매의 진정한 의미

열매가 어떻게 만들어지는지, 식물의 어떤 기관들이 그렇게 놀랍도록 다양한 열매를 만들어 내는지 알아 가는 것은 대단히 매력적인 일이다. 열매를 구조적인 특징으로 분류하는 것이 다양한 종류의 열매를 좁은 형태학적 테두리 안에 억지로 넣으려는 것일지라도 말이다. 그러나 과학에

56쪽: 카피르라임(운향과) *Citrus hystrix* (Rutaceae) – kaffir lime. 인도네시아 원산. 씨방상위를 나타내기 위해 부분적으로 꽃잎과 수술이 제거된 꽃봉오리. 지름 5.5mm. 수정 후 씨방은 작고 울퉁불퉁한 녹색의 열매를 맺는다.

아래: 오렌지(운향과) *Citrus sinensis* (Rutaceae) – sweet orange. 고대부터 재배되어 왔으며, 중국 혹은 인도 원산으로 추정된다. 꽃과 열매. 감귤류는 적어도 4천 년 동안 동남아시아에서 재배되고 있다. 전 세계적으로 연간 6천만 톤 이상이 수확되는 오렌지는 모든 감귤류 중 가장 중요한 열매이다.

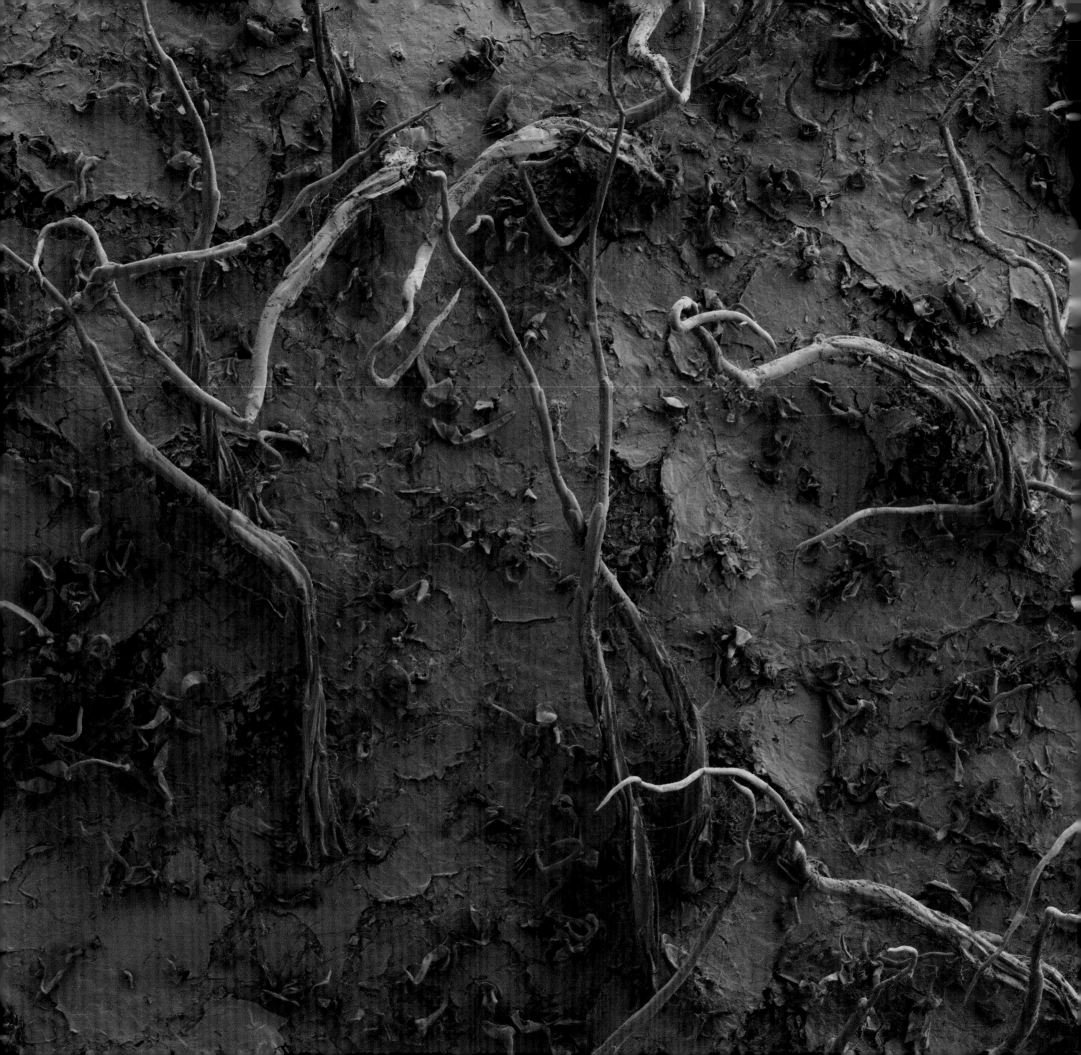

키위(다래나무과) *Actinidia deliciosa* (Actinidiaceae) – kiwi, Chinese gooseberry. 중국 남부 원산

아래: 키위 열매(장과)의 단면. 지름 약 4cm. 키위 열매는 30개 이상의 심피가 합착되어 이루어진 씨방상위화에서 발달한다. 각 심피 사이의 많은 방사상 벽(격벽)은 검고 작은 종자로 인해 뚜렷이 보인다.

맨 아래: 덩굴줄기에 달려 있는 열매

58쪽: 열매 표면. 사진 속 표면의 너비 4mm. 키위 열매의 표면은 다세포의 큰 털과 2개의 세포로 된 작은 털로 덮여 있다.

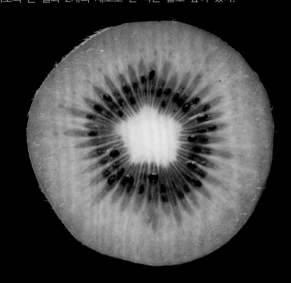

서는 일반적인 패턴을 찾아내고 정확한 카테고리를 만드는 것이 필수적인 과업이다. 자연계에 있는 어떤 것을 연구하든지 간에 혼돈을 야기할 수 있는 것들의 질서를 잡는 것은 과학계 내의 소통을 위해 필요하기 때문이다. 따라서 열매에 대해 알고자 한다면 그런 일을 먼저 해야 한다. 하지만 열매가 어떻게 생겼으며 무엇으로 만들어졌는지 안다고 해서 열매의 모든 것을 안다고 할 수는 없다. 그것은 단지 열매에 대한 탐구의 시작에 지나지 않는다. 다시 말해서 열매의 구조적인 형태 자체만은 열매의 축약판일 뿐이다. 그리고 왜 열매가 그런 축약판으로 그려졌는지는 열매의 생물학적 기능인 종자의 산포와 연관 지을 때 비로소 완벽히 이해될 수 있다.

나중에 상세히 논하겠지만, 성공적인 종자 산포는 종의 생존을 위해 매우 중요하다. 이 필수적인 역할인 종자 산포를 위해 열매와 종자는 변화무쌍한 환경에 잘 적응해야 했다. 그 결과 자연에는 엄청나게 다양한 열매 유형들이 나타났다. 한편, 이러한 높은 적응력은 종종 서로 관련이 없더라도 비슷한 생태적 환경에 놓인 종들의 열매를 놀라울 정도로 유사하게 만들었다. 이것은 흥미롭게 들리기도 하지만 수렴현상에 의해 같은 열매 유형을 갖고 있음에도 불구하고 분류군들 사이에는 별다른 관련이 없는 부자연스러운 관계를 만들어 열매분류학자들 간의 많은 논란을 야기하기도 한다.

이상으로 열매분류학의 간단한 소개를 마쳤다. 이제 열매의 본질에 관한 더 당황스러운 진실은 덮어 두고 가장 간단한 열매 종류를 시작으로 열매분류학 세계로의 여행을 떠나 보자.

단과

대부분의 피자식물이 하나의 암술을 가진 꽃을 피우기 때문에, 그것을 구성하는 심피가 하나든(단심피) 여러 개가 결합된 것이든(복심피), 우리는 이러한 꽃들이 맺은 열매들과 가장 친숙하다. 특히 우리가 북반구의 온대 지역에 살고 있다면 말이다. 하나의 암술을 가진 하나의 꽃에서 발달한 열매가 다육질이든 건조하든 그리고 열려 있든 닫혀 있든 상관없이, 우리는 그것을 단과라 부른다. 콩과 식물의 열매에 속하는 그린빈(*Phaseolus* spp.), 완두콩(*Pisum sativum*), 캐럽(*Ceratonia siliqua*)들은 모두 하나의 심피(단심피)로 이루어진 단심피 암술에서 발달한 단과이다. 그리고 토마토(*Solanum lycopersicum*, 가지과), 오렌지(*Citrus sinensis*, 운향과), 키위(*Actinidia deliciosa*, 다래나무과), 호박(*Cucurbita maxima*, 박과) 및 파파야(*Carica papaya*, 번목과)는 복심피 암술에서 발달한 단과이다. 후자의 경우처럼 두 개 이상의 심피가 합착하여 하나의 암술 혹은 씨방을 이루는 합생심피 암술군은 심피가 서로 떨어져 있는 이생심피 암술군보다 훨씬 더 일반적이며 진화적으로 발달된 과(국화과, 초롱꽃과, 백합과, 가지과)에서 발견된다.

합생심피의 암술군을 둘러싸고 있는 꽃의 다른 부분을 벗겨 보면 꽃의 정중앙에 병이나 손가락처럼 생긴 하나의 암술(튤립, 백합, 감귤류)이 보인다. 대체적으로 합생심피의 암술군은 단심피 암술군과 비슷하게 생겼다. 몇 개의 심피가 암술을 이루고 있는지는 종종 암술머리가 몇 개로 분지되어 있는지를 보면 알 수 있다. 예를 들어, 전형적인 외떡잎식물인 튤립의 암술머리는 3개로 분지되어 있는데, 이것은 3개의 심피가 합착되어 하나의 암술을 이루고 있음을 뜻한다. 하지만 씨방을 이루는 심피의 개수를 확실히 알기 위해서는 씨방의 가운데를 자른 단면을 보아야 한다. 일반적으로 각각의 심피가 격벽을 유지하고 있다는 전제하에, 그 단면에서 보이는 심실의 개수가 씨방을 구성하는 심피의 개수를 말한다. 오렌지와 레몬의 예를 들어 살펴보자. 이들의 열매는 하나의 꽃에 있는 하나의 암술에서 발달하지만 여러 개의 조각으로 나뉜다. 이때 각 조각은 격벽을 유지하고 있는 하나의 심피를 나타내며, 이 심피들이 합착하여 하나의 암술을 이루고 있는 것이다. 그라나딜라라고도 하는 패션프루트(Passiflora ligularis, 시계꽃과)의 경우는 이보다 조금 더 까다롭다. 종자가 하나의 심실에 모두 들어 있어서 심피도 하나라고 생각하기 쉽지만, 사실은 3개의 심피가 암술을 이루고 있는 경우이다. 이때 심피의 개수는 격벽에 의해 나누어진 심실의 개수가 아니라, 과피 안에 종자가 붙는 부분인 태좌의 개수와 같다.

다른 기관들 없이 오직 성숙한 씨방으로만 이루어진 단과는 과벽의 질감이 어떠한지(장과, 핵과, 견과)와 성숙기에 종자 산포를 위해 열매가 열리는지(삭과) 아닌지(협과)를 가지고 다시 세분할 수 있다.

장과에 대한 진실

통상적인 용어로 혹은 음식과 관련해서 다수의 종자를 가진 식용의 작은 열매는 장과(berry, 라틴 어로는 *bacca*)로 통한다. 그러나 식물학자들은 이에 과학적으로 보다 엄격한 정의를 적용시켜서 열매 안에 종자가 몇 개 있든 성숙할 때 과피(씨방벽)가 전부 다육질로 되는 폐과만을 진정한 장과라고 한다. 따라서 식물학적으로 볼 때, 블루베리(*Vaccinium corymbosum, V. myrtillus*, 진달래과)와 구스베리(*Ribes uva-crispa*, 까치밥나무과), 블랙커런트(*Ribes nigrum*, 까치밥나무과), 포도(*Vitis vinifera*, 포도과)뿐만 아니라 아보카도(*Persea americana*, 녹나무과), 토마토(*Solanum lycopersicum*, 가지과), 가지(*Solanum melongena*, 가지과), 스타프루트(*Averrhoa carambola*, 괭이밥과), 키위(*Actinidia eliciosa*, 다래나무과)도 장과로 불릴 수 있다. 반면에, 이름에 장과를 뜻하는 베리(berry)가 들어간 꽃딸기(스트로베리, *Fragaria × ananassa*, 장미과), 검은오디(멀베리, *Morus nigra*, 뽕나무과), 나무딸기(라즈베리, *Rubus idaeus*, 장미과), 블랙베리

61쪽: 메디카고 오르비쿨라리스(콩과) *Medicago orbicularis* (Fabaceae) – blackdisk medick. 지중해 연안 원산. 기부에서 본 열매(협과). 지름 1.5cm. 다른 콩과 식물의 열매처럼 하나의 심피(단심피)에서 발달한 것이다. 심피가 4~6바퀴 감겨 있는 것은 전형적인 개자리속(*Medicago*) 식물의 특징이다. 납작한 원반 모양과 가장자리의 얇은 날개는 폐과인 이 열매가 주로 바람에 의한 산포에 적응한 것임을 말해 준다.

케이애플(버드나무과) *Dovyalis caffra* (Salicaceae) – kei apple. 아프리카 남부의 케이 강 지역 원산. 열매(장과). 케이애플은 애플이라는 이름과는 다르게 사과(이과)가 아닌 장과이다. 식용하는 열매는 지름 2.5~4cm이며, 그 안에 5~15개의 종자가 들어 있다. 즙이 많고 신맛이 나는 열매는 생으로 먹기도 하지만, 잼이나 젤리로 만들어 먹기도 한다.

단과

(*Rubus fruticosus*, 장미과)는 장과가 아니고 차후에 논의될 전혀 다른 종류의 열매이다.

그중에서도 가장 부적절한 이름을 가진 열매는 "주니퍼베리(juniper berry)"이다. 이 열매는 술의 한 종류인 진을 만들 때 그 특유의 맛을 내는 가장 중요한 역할을 한다. 하지만 식물학자들의 눈에 주니퍼베리는 장과(berry)에 속하지도 않으며, 대부분은 그것을 열매에 포함시키지도 않을 것이다. 식물학자들이 이렇게 말하는 데는 주니퍼의 진화상 위치에 그 이유가 있다. 과학적으로 주니퍼베리는 측백나무과의 향나무속에 속하는 구과식물 주니페루스 코무니스(*Juniperus communis*)의 다육질 구과를 말한다. 따라서 우리가 앞에서 살펴보았듯이, 이 식물은 엄격한 의미로 열매가 없다고 여겨지는 나자식물에 속한다. 암수딴그루의 향긋한 종자 구과가 자라는 데 걸리는 2~3년 동안 가장 바깥쪽에 있는 3개의 인편은 푸른색의 다육질로 변하는데, 이것이 진짜 장과의 과피처럼 보인 것이다.

피자식물 가운데 다소 예상을 뛰어넘는 "베리(berry)"를 가진 예들을 한번 들여다보자.

기적의 미라클베리

열대의 서아프리카에는 길이 2~3cm 정도의 작고 빨간 장과의 열매들이 달려 있는 관목이 있다. 이 나무의 열매는 많이 달지 않을지 모르지만 우리의 미뢰에 매우 놀라운 효과를 낸다. 사포타과(Sapotaceae)의 미라클베리(*Synsepalum dulcificum*)라고 하는 이 열매의 과육을 씹고 난 뒤 몇 분이 지나면 레몬과 라임마저도 달게 느껴지는 기적이 일어난다. 미라클베리라는 이름에 걸맞게 이 열매는 쓴맛과 신맛을 단맛으로 느끼게 하는 기적을 일으키는 것이다. 이 효과는 열매에 들어 있는 당단백질인 미라쿨린(miraculin) 때문이다. 미라쿨린이 어떻게 작용하는지 정확히 알려져 있지는 않지만, 아마도 이것이 혀에 있는 단맛 수용체를 산에 의해 활성화되게 만드는 것으로 생각된다. 한 시간 이내에 이 환각은 사라지고 미뢰도 정상으로 돌아온다. 미라클베리는 쉽게 상하기 때문에 수출하기는 어렵지만, 그 지역 부족민들은 수 세기 동안 이 열매를 음식과 음료의 감미료로 사용해 왔다.

서아프리카에는 이름과 같은 뜻을 가진 또 다른 놀라운 열매가 있다. 뜻밖의 행운이라는 뜻을 가진 새모래덩굴과의 세렌디피티베리(*Dioscoreophyllum cumminsii*)가 그 주인공이다. 이 열매는 사실 장과가 아닌 핵과로, 과육에 모넬린(monellin)이라는 흥미로운 단백질이 들어 있다. 단맛을 느끼게 해 주는 미라쿨린과 달리 모넬린은 실제로 설탕의 2천 배나 되는 단맛을 낸다. 모넬린은 훌륭한 천연 감미료가 될 수 있음에도 불구하고 추출 비용이 많이 들고, 고온에서 쉽게 변질되기 때문에 가공식품으로 사용하기에는 적합하지 않다.

아래: 주니페루스 플라시다(측백나무과) *Juniperus flaccida* (Cupressaceae) – weeping juniper. 멕시코, 텍사스 남부 원산. 종자 구과. 지름 약 1cm. 향나무류의 열매는 보통 "베리(berry, 장과)"라고 불리지만 사실은 구과식물의 구과이다.

맨 아래: 스타프루트(괭이밥과) *Averrhoa carambola* (Oxalidaceae) – star fruit, carambola. 인도, 스리랑카, 인도네시아 원산으로 추정되며, 수 세기 동안 동남아시아에서 재배되었다. 미성숙 열매(장과)와 꽃. 열매는 생으로 먹기도 하고 잼이나 피클, 주스, 술로 만들어 먹기도 한다. 아삭거리는 과육은 달지만 멜론과 사과, 키위를 섞은 듯한 시큼한 맛도 난다.

열매 – 먹을 수 있는, 먹을 수 없는, 믿을 수 없는

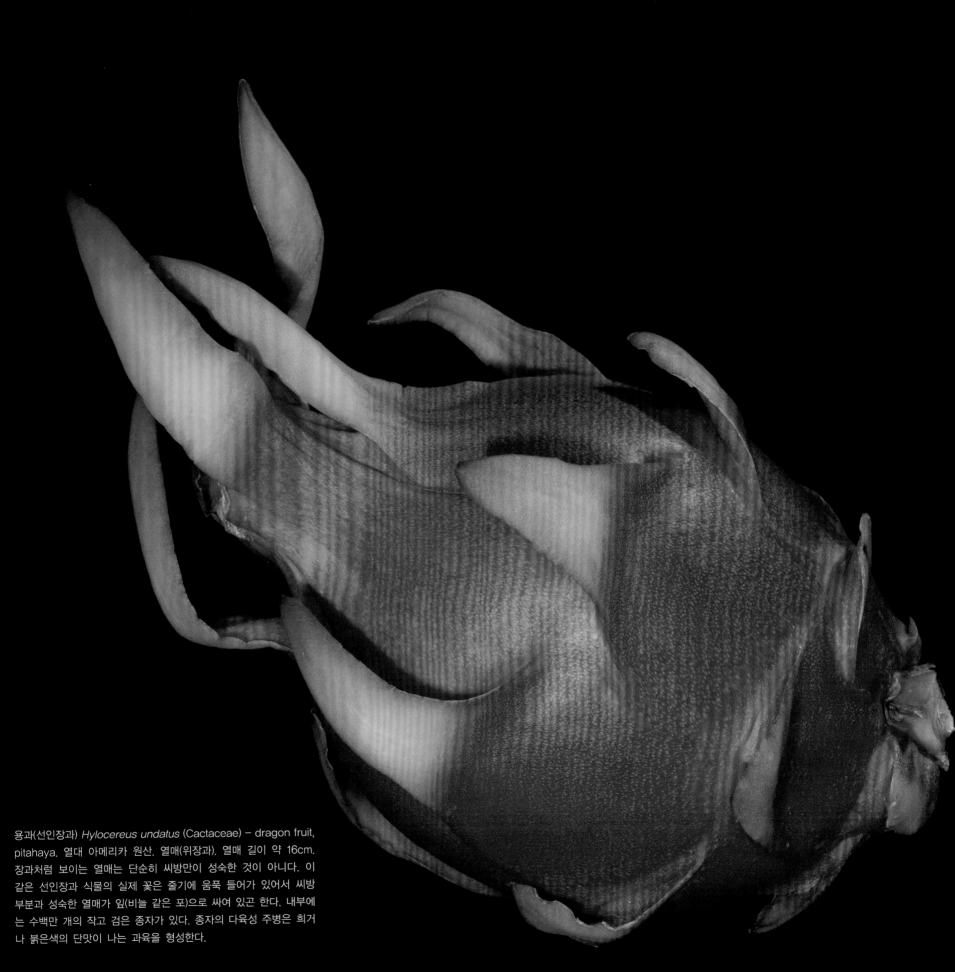

용과(선인장과) *Hylocereus undatus* (Cactaceae) − dragon fruit, pitahaya. 열대 아메리카 원산. 열매(위장과). 열매 길이 약 16cm. 장과처럼 보이는 열매는 단순히 씨방만이 성숙한 것이 아니다. 이 같은 선인장과 식물의 실제 꽃은 줄기에 움푹 들어가 있어서 씨방 부분과 성숙한 열매가 잎(비늘 같은 포)으로 싸여 있곤 한다. 내부에 는 수백만 개의 작고 검은 종자가 있다. 종자의 다육성 주병은 희거 나 붉은색의 단맛이 나는 과육을 형성한다.

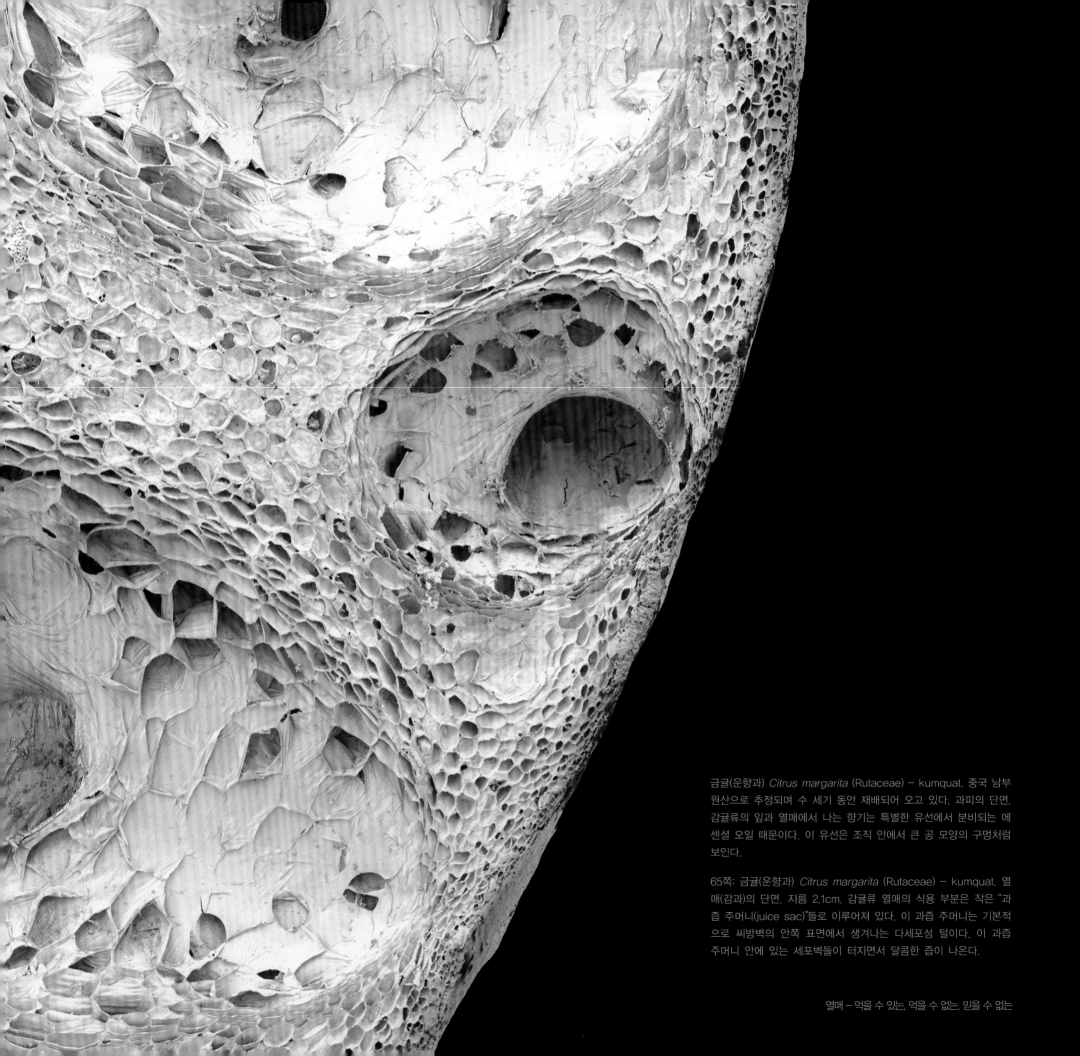

금귤(운향과) *Citrus margarita* (Rutaceae) - kumquat. 중국 남부 원산으로 추정되며 수 세기 동안 재배되어 오고 있다. 과피의 단면. 감귤류의 잎과 열매에서 나는 향기는 특별한 유선에서 분비되는 에센셜 오일 때문이다. 이 유선은 조직 안에서 큰 공 모양의 구멍처럼 보인다.

65쪽: 금귤(운향과) *Citrus margarita* (Rutaceae) - kumquat. 열매(감과)의 단면. 지름 2.1cm. 감귤류 열매의 식용 부분은 작은 "과즙 주머니(juice sac)"들로 이루어져 있다. 이 과즙 주머니는 기본적으로 씨방벽의 안쪽 표면에서 생겨나는 다세포성 털이다. 이 과즙 주머니 안에 있는 세포벽들이 터지면서 달콤한 즙이 나온다.

열매 – 먹을 수 있는, 먹을 수 없는, 믿을 수 없는

황금 사과

　대개의 경우 장과류의 과피는 연하지만 일부 장과류는 다소 단단한 겉껍질을 가지고 있다. 이러한 장과류로 잘 알려진 것이 바로 감귤류이다. 20여 종의 귤나무속 식물은 인도 북부에서부터 동남아시아를 거쳐 중국에까지 분포하며, 가장 남쪽으로는 오스트레일리아 북동부(퀸즐랜드)에 까지 이른다. 오래전 식물학자들은 달콤한 오렌지(*Citrus sinensis*, 운향과)와 귤(*C. reticulata*), 자몽(*Citrus × paradisi*), 레몬(*C. limon*), 포멜로(*C. maxima*), 라임(*C. aurantifolia*), 세빌오렌지 (*C. aurantium*, 마멀레이드에 쓰임), 금귤(*C. margarita*)과 같은 여러 감귤류에 감과 (hesperidium)라는 특별한 이름을 지어 주었다. 그리스 신화에 나오는 황금 사과는 바로 오렌지 였으며, 헤스페리데스(Hesperides)는 오렌지가 자라는 서쪽의 정원이었다. 따라서 감과라는 이 름은 단순히 그리스 어 헤스페리데스를 라틴 어로 옮긴 것이다. 이렇듯 고대 그리스 인들로부터 빛나는 황금의 이름을 받은 오렌지는 언제나 황금색을 띠는 것은 아니다. 열대 지방을 여행할 때 우리가 흔히 아는 오렌지색을 띤 오렌지를 찾는 것은 헛된 일이다. 그리고 어디서나 팔고 있는, 전혀 익지 않은 듯한 진한 녹색을 띤 오렌지가 주는 달콤한 맛에 놀라게 될 것이다. 절대로 추워 지지 않는 열대 지방에서는 오렌지가 익더라도 그대로 녹색을 띤다. 이것은 카로틴이라는 주황 색 색소가 저온에서만 생성되기 때문이다. 그래서 만약 주위 온도가 오르락내리락하면 그에 따 라 열매의 색도 변할 것이다. 또한 오렌지의 식용 가능한 부분은 독특한 기원을 가지고 있다. 오 렌지, 자몽, 레몬 등 감귤류 열매의 조각들을 자세히 살펴보면, 그 과육은 말단부가 비대해진 다 세포성 털들로 이루어져 있음을 알 수 있다. 이 털들은 씨방벽의 안쪽 표면에서 생겨나 종자 주변 의 심실 내부를 채우고 있다. 털 속의 세포벽들이 터지면 털 내부가 즙으로 채워지고 마침내 우리 가 즐겨 먹는 맛있는 "과즙 주머니들(과립낭)"이 만들어지는 것이다.

향기로운 감귤류

　시트론(citron, *Citrus medica*)은 다육질의 과육보다 그 진한 향기의 껍질 때문에 칭송받는다. 우리들 대부분은 생 레몬처럼 생긴 이 열매를 본 적은 없지만, 과자의 재료나 과일 케이크에 널리 쓰이는, 설탕에 절인 껍질은 분명 먹어 보았을 것이다. 레몬과 라임처럼 시트론도 인도에서 유래 했을 것으로 추정된다. 하지만 수천 년 동안이나 인간이 재배했기 때문에 정확한 기원을 알 수는 없다. 다만 메소포타미아(오늘날의 이라크)에서 기원전 4천 년경의 시트론 종자가 발견되곤 한다. 고대에서 시트론은 주로 종교적이며 의학적인 목적(뱃멀미, 폐나 장의 질환, 이질 및 기타 건강 문 제의 치료약)으로 사용되었다. 또 생 시트론은 좋은 향기를 가지고 있어서 향수의 원료 혹은 천연 공기 청정제로 활용되었는데, 중국의 중북부 지방에서는 여전히 이러한 목적으로 시트론을 사용

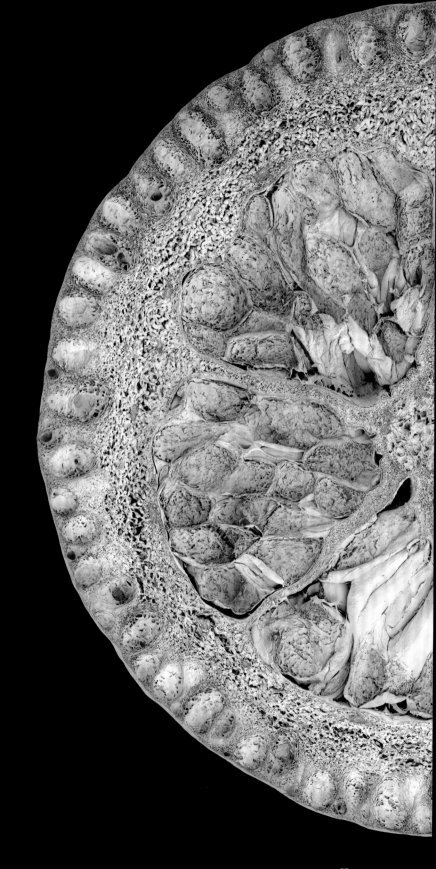

하고 있다. 시트론은 동양에 알려진 지 한참이 지난 후인 기원전 300년경에 알렉산더 대왕의 군대가 지중해에 들여옴으로써 유럽에 소개되었고, 지금도 그곳에서 재배되고 있다.

부처의 손, 불수감

감귤류의 열매가 중국 문서에 처음으로 등장한 때는 주 왕조(기원전 1027~256) 때이지만, 시트론은 서기 300년 즈음에 이르러서야 중국에 들어왔다. 그리고 일부 학자들의 주장처럼 인도 북부에서 불수감(Citrus medica var. sarcodactylis)이라고 명명된 시트론의 "기괴한" 변종이 생겨났다. 라틴 어인 "사르코닥틸리스(sarcodactylis, 두툼한 손가락)"라는 이름은 손가락 모양으로 갈라져 보이는 열매의 괴상한 생김새를 딱 맞게 설명하고 있다. 중국과 일본의 승려들은 이것이 기도하는 부처의 손과 닮았다고 생각하여 부처의 손이라 불렀으며, 특이한 모습을 기품 있게 여겨 천 년이 넘는 동안 이것을 행복과 부와 장수의 상징으로 숭배해 왔다. 일반적으로 녹색의 열매 자체는 과육이나 씨가 거의 없는 스펀지 같은 껍질로 이루어진 것에 불과하다. 다른 감귤류와 같은 방법으로 사용되는 불수감은 그 신기한 모양과 상쾌하고 쓰지 않은 향으로 높이 평가받는다. 오늘날 불수감 혹은 "손가락 모양 시트론(fingered citron)"은 "설탕에 절인 껍질"을 만드는 데 사용되는 진한 향의 껍질 때문에 상업적 목적으로 재배된다. 이 열매는 가끔씩 독특한 외관으로 사람들의 시선을 끌며 서양의 마트에서 판매되곤 한다. 유행에 민감한 요리사들은 친숙한 레몬 맛이면서도 오묘한 맛을 내기 위해서 샐러드와 생선요리에 이 이국적인 열매를 얇게 잘라 올린다.

덩치 큰 박과

박과(pepo)는 장과의 또 다른 특별한 열매 종류이다. 감과와 마찬가지로 이것은 두꺼운 가죽질의 껍질을 가진 장과이다. 자연에서 박과를 찾을 수 있는 곳에 대한 힌트는 그 이름에서 찾을 수 있다. 고대 그리스 어 "pepon(성숙한)"에서 유래된 라틴 어 "페포(pepo)"는 "큰 열매"를 뜻한다. 예를 들어, "sikuopepona(잘 익은 오이)"에서처럼, 갤런(Galen)과 테오프라스토스(Theophrastus), 히포크라테스(Hippocrates)는 잘 익은 열매를 설명하기 위해 이 단어를 사용했다. 그리고 이 "pepon"이라는 단어가 라틴 어로 "pepo(큰 열매)"가 되었다. 서기 79년경, 플리니우스(Pliny)는 뚱뚱하게 커진 오이(cucumeres)를 "pepones"라고 부른다고 기록했다. 역사의 흐름 속에서 멜론이나 호박에 쓰이던 라틴 어 "pepo"는 프랑스 어로 "pompon"이 되었고 영어로는 "pompion" 혹은 "pumpion"이 되었다. 마지막으로 신대륙의 초기 개척자들은 옛 네덜란드 어의 지소접미사인 "-ken"을 다소 부적절하게 추가하여 "펌킨(pumpkin, 호박)"이란 용어를 만들어 냈다. 박과의 박속에 속하는 호박은 아메리카의 열대와 온대에 기원을 둔다. 콜럼버스가 신대륙을 발견하기 전부터

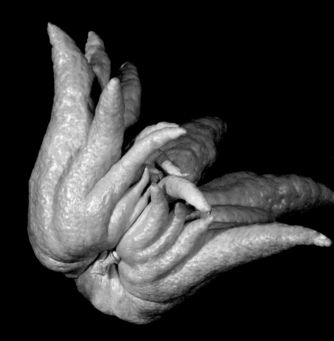

불수감(운향과) *Citrus medica* var. *sarcodactylis* (Rutaceae) — Buddha's hand, fingered citron. 인도 북부에 기원을 둔 고대 재배종. 열매(감과). 길이 16cm. 세계 어디에도 없을 것 같은 독특한 모양은 손가락처럼 부분적으로 갈라진 심피를 보여 주는 것이다. 중국과 일본에서는 강한 향과 장식용 외관 때문에 높이 평가받고 있다. 열매 속에는 과육이 거의 없으며, 껍질은 설탕에 절여 음식에 향을 더할 때 쓴다.

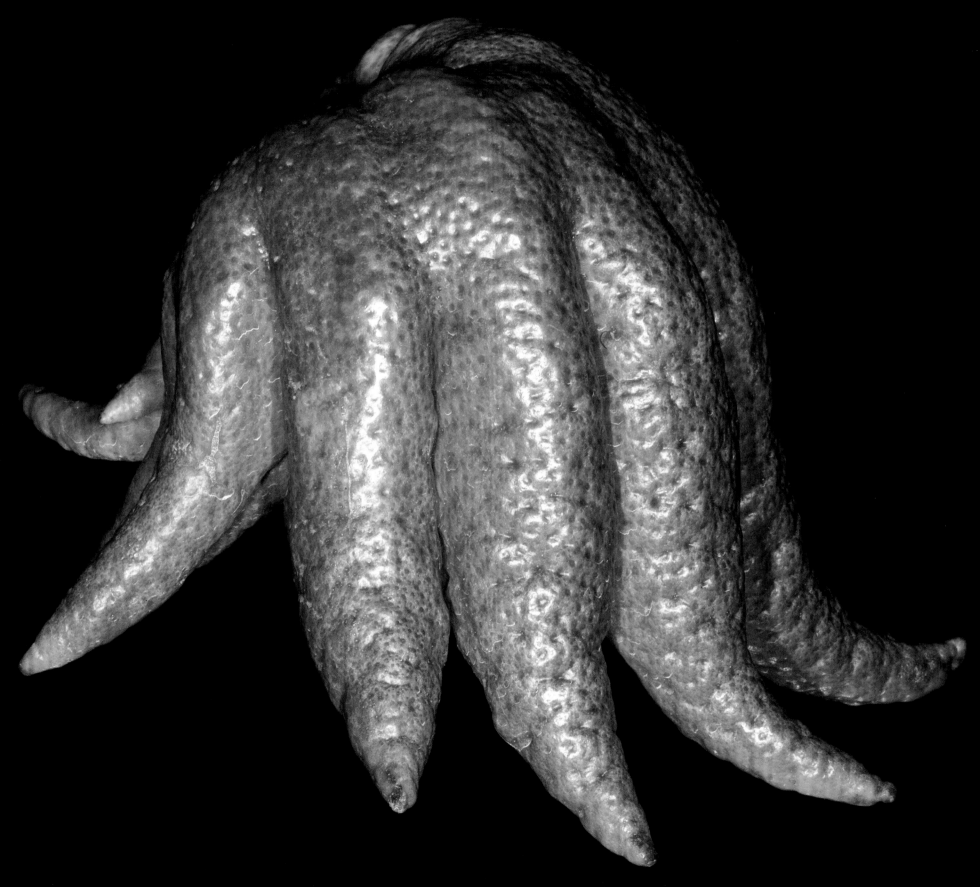

67

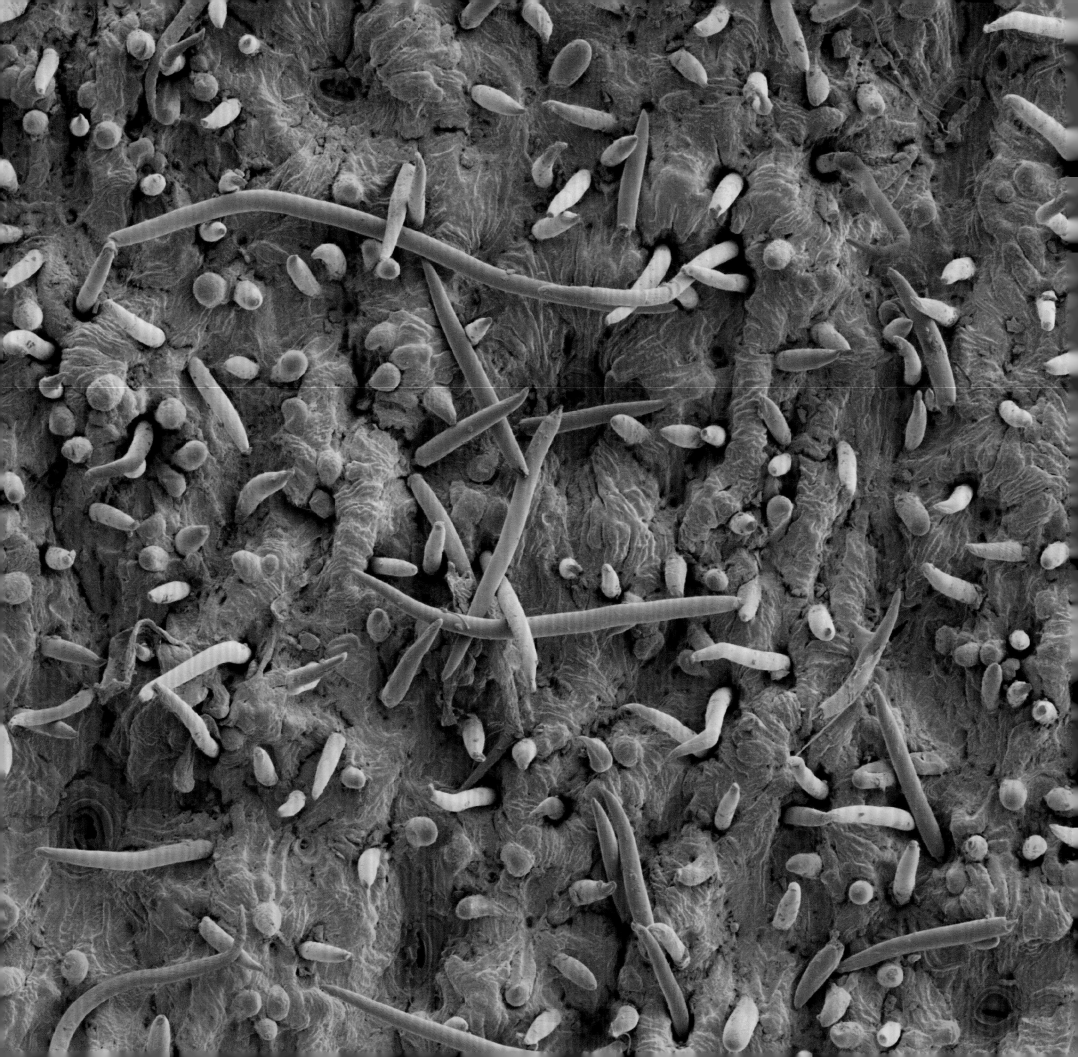

호박은 이미 그곳의 문화에서 중요한 위치를 차지하고 있었다. 자이언트호박으로 더 잘 알려져 있
는 단호박(*Cucurbita maxima*)은 영국과 미국 양국에서 치열한 경쟁의 대상이다. 매년 가을마다
농부들은 1등의 영예를 안기 위해 야심차게 준비한 자신의 호박을 들고 나와 크기를 비교한다. 지
금까지 출품되었던 호박 중 가장 큰 호박은 미국 로드아일랜드 주의 그린에서 온 론 월리스(Ron
Wallace)의 것으로 무게가 681.3kg이었으며, 이것은 2006년 10월 7일에 세계 기록에 등재되었
다. 이 대단한 장과(엄밀히 말하면 박과)는 호박 중에서도 가장 큰 호박일 뿐만 아니라, 지금까지
기록된 피자식물의 열매 중에서도 가장 큰 것이다. 이렇게 거대한 자이언트호박 이외에도 야생종
의 훨씬 작은 열매들은 말할 것도 없고 호박이나 오이, 차요테호박(*Sechium edule*)을 포함한 다
른 많은 박과 식물의 열매들도 모두 박과이다. 하지만 패션프루트(*Passiflora* spp., 시계꽃과)나
파파야(*Carica papaya*, 번목과), 바나나(*Musa acuminata*, 파초과)처럼 박과에 속하지는 않지만
박과의 열매를 갖는 뜻밖의 예들도 있다.

감과와 박과는 둘 다 장과 중에서 두꺼운 가죽질의 껍질을 갖는 열매이지만, 이렇게 둘로 나뉘
는 이유는 열매의 단면에서만 보이는 한 가지 특성인 종자의 위치 때문이다. 시중에서 판매되는
감귤류는 품종 개량으로 종자가 거의 없지만, 가끔 종자가 있는 것을 보면 그 종자들은 항상 중심
부에 붙은 채로 열매의 가운데에 있다. 하지만 박과에서는 감과에서처럼 열매의 각 조각을 만들어
내는 심피 간의 격벽이 존재하지 않기 때문에 종자가 겉을 둘러싸고 있는 과벽 안쪽에 붙어 있다.

외유내강, 핵과 되는 법

과피 전체가 연한 장과와는 다르게 핵과의 열매들은 익어도 벌어지지 않는 과피가 3개의 뚜렷
한 층들로 구별된다. 이 3개의 층을 바깥에서부터 외과피(ericarp), 중과피(mesocarp), 내과피
(endocarp)라고 한다. 외과피는 얇은 껍질을, 중과피는 육질성 과육을, 그리고 내과피는 돌처럼
딱딱한 목질성의 내부 층을 말한다. 우리에게 익숙한 핵과의 전형적인 예는 올리브로 잘 알려진
올레아 유로파에아(*Olea europaea*, 물푸레나무과)의 열매이다. 올리브는 맛이 좋고 매우 유용하
다는 점 외에도 핵과(drupe)라는 말과 밀접한 관계가 있다. "드룹(drupe)"이라는 단어의 어원을 자
세히 살펴보면 라틴 어 "드루파(drupa)"에서 파생된 것임을 알 수 있으며, 그 자체는 그리스 어 "드
리파(dryppa)"에서 비롯된 것으로, 이는 고대 그리스에서 불리던 올리브의 이름이다.

핵과의 핵(stone)은 딱딱한 내과피와 그 안의 종자를 함께 일컫는 말로, 종종 핵 자체가 종자인
것으로 오해받기도 한다. 이 딱딱한 내과피는 일종의 "진화적 인수인계"로 보통 물리적으로 종자를
보호하는 역할을 하는 종피를 대신하고 있다. 이런 경우 특히 계통발생적으로 오래된 핵과에서는
본래의 기능을 잃은 종피가 제대로 발달하지 못했으며 주로 얇다. 예를 들어, 껍질을 깐 피스타치

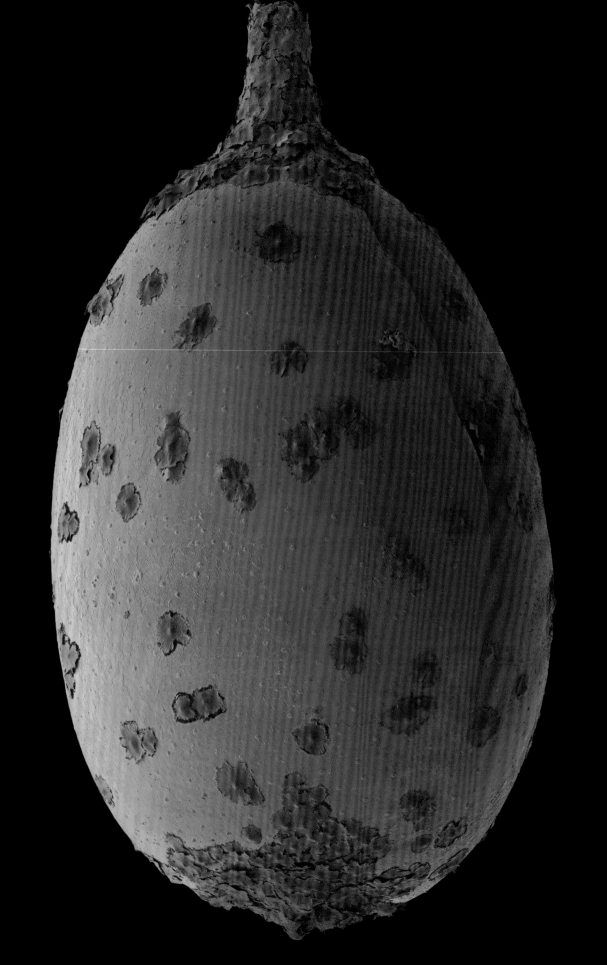

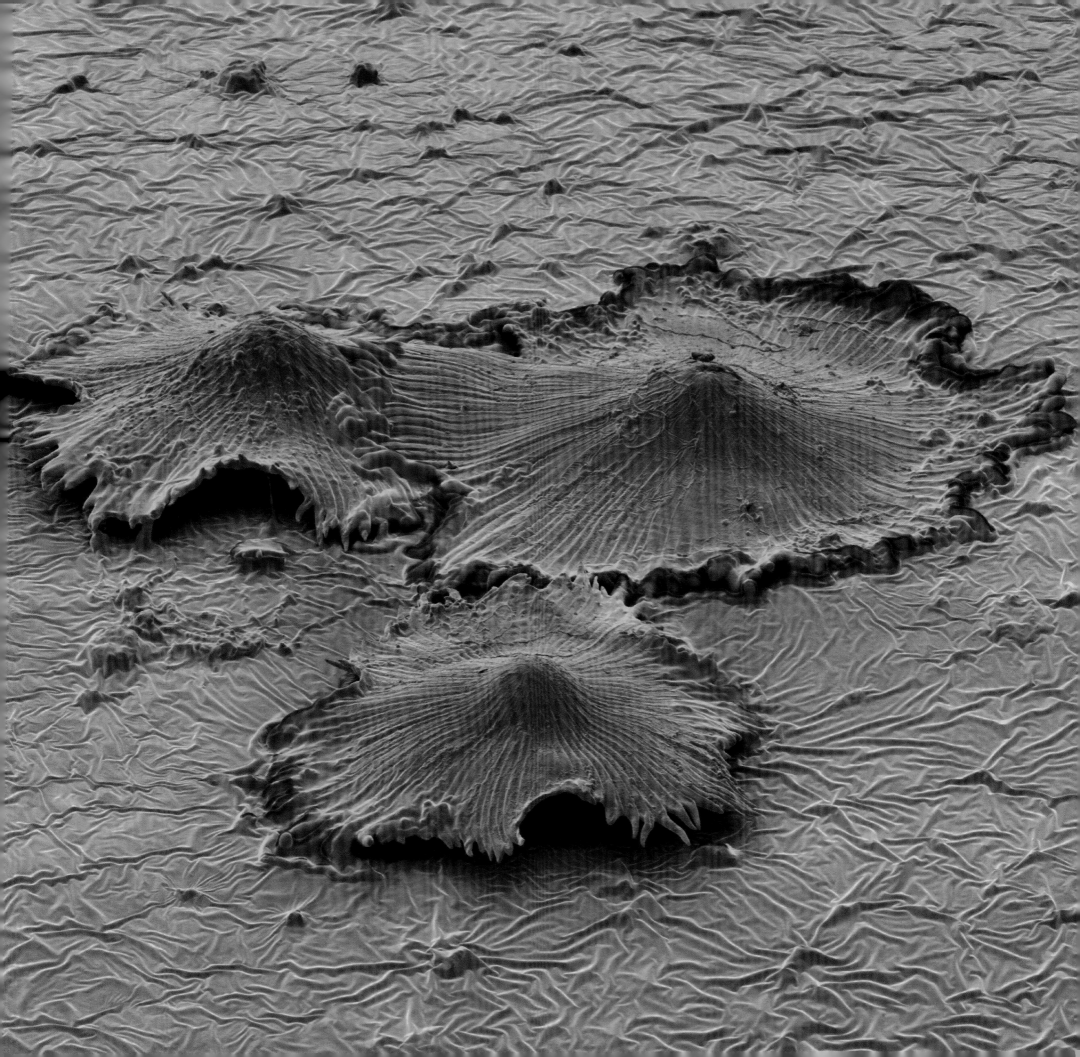

오(Pistacia vera, 옻나무과)를 둘러싸고 있는 부서지기 쉬운 갈색 껍질이 종피의 흔적을 나타낸다.

온대 기후에서 가장 흔하게 먹을 수 있는 핵과는 장미과 식물의 열매이다. 이들 중에서도 가장 인기 있는 것은 체리(Prunus avium)와 자두(Prunus × domestica), 살구(Prunus armeniaca), 복숭아(Prunus persica var. persica), 천도복숭아(Prunus persica var. nucipersica) 등이다. 이들의 핵에는 종자가 하나만 들어 있는데, 이것은 산포의 측면에서 봤을 때 쉽게 이해된다. 핵과는 장과와 같이 과육과 함께 종자를 먹는 동물을 이용하여 종자 산포를 하도록 진화하였다. 그러나 장과의 경우에는 뭉쳐야 산다는 원칙 아래 열매 안에 크기가 작은 다수의 종자들이 들어 있다. 그래서 종자 중 일부가 동물의 어금니에 의해 으깨진다고 하더라도 나머지 일부는 온전한 상태로 소화관을 통과해 배설물로 나오며, 이때 함께 나온 배설물은 종자가 커 가는 데 좋은 비료가 된다. 핵과는 이와는 약간 다른 전략을 발달시켰다. 핵과의 종자는 일반적으로 훨씬 크기 때문에 온전한 상태로 새의 부리나 포유류의 이빨을 통과할 가능성이 낮다. 그래서 안전한 통과를 위해 종자를 딱딱한 내과피에 넣어 무장시킨 것이며, 동물은 이것을 그냥 삼키거나 너무 클 경우에는 그냥 버린다.

이처럼 대부분의 핵과는 하나의 종자를 포함한 하나의 핵을 갖지만 몇 가지 예외도 있다. 서아프리카의 우아파카 귀닌시스(sugar plum, Uapaca guineensis, 여우주머니과) 열매는 각각 하나의 종자가 들어 있는 3개의 핵(다핵과)을 갖는다. 반면에, 오스트레일리아 퀸즐랜드 원주민의 전통 음식 부시터커인 플레이오귀니움 티모리엔스(Burdekin plum, Pleiogynium timoriense, 옻나무과)의 열매에는 하나의 큰 핵에 서너 개의 종자가 들어 있는데, 각 종자는 각각의 칸에 들어 있다.

견과류의 실체

지금쯤이면 우리는 식물학자들이 우리에게 친숙한 열매 용어들을 일상 언어에서 사용할 때와는 상당히 다르게, 그리고 훨씬 더 엄격한 의미로 사용하는 것에 익숙해져야 한다. 그중에서도 견과류의 경우는 음식 용어와 식물 용어 간의 불일치가 가장 크다고 할 수 있다. 식품 산업이나 요리사, 그리고 한입 거리 간식을 찾는 일반 소비자들에게 있어서 먹기 위해 딱딱한 껍질을 힘들게 깨야 하는 크기가 큰 알맹이는 모두 견과(nut)라고 불린다. 식물학적으로 견과는 흔히 딱딱하고 메마른 과피 안에 주로 하나의 종자가 들어 있는 것을 말한다. 이때 종자가 들어 있는 메마른 과피 전체는 단과의 성숙한 씨방의 전부를 말한다. 헤이즐넛(Corylus avellana, 자작나무과), 밤(Castanea sativa, 참나무과), 호두(Juglans regia, 가래나무과), 피칸(Carya illinoinensis, 가래나무과), 비치넛(너도밤나무 Fagus spp., 참나무과), 도토리(Quercus spp., 참나무과), 껍질째인 땅콩(Arachis hypogaea, 콩과)의 경우가 이에 해당한다. 비록 땅콩의 경우는 보통 하나 이상의 종자를 갖고 있지만 말이다. 위에 열거한 견과들이 성숙한 씨방 전체를 가리키는 반면에, 음식에

아래: 호두나무(가래나무과) Juglans regia (Juglandaceae) – 유라시아 원산. 열매(가핵과). 호두나무의 열매를 핵과처럼 보이게 하는 다육질의 껍질은 과피의 바깥층이 아닌 포가 발달한 것이다. 실제의 씨방은 단단하고 메마른 과피를 가진 견과로 발달한다.

맨 아래: 아몬드나무(장미과) Prunus dulcis (Rosaceae) – 서아시아 원산. 열매(건핵과). 아몬드나무의 열매는 핵과와 비슷하지만 마른 외과피와 중과피를 가지며, 종자를 퍼뜨리기 위해 내과피가 벌어진다. 아몬드는 다육의 폐과인 핵과와는 모순되는 말인 "건" 핵과나 "열개" 핵과로 불리기도 하는 진정한 "열매분류학의 문제아"이다.

열매 – 먹을 수 있는, 먹을 수 없는, 믿을 수 없는

아래: 밤나무(참나무과) *Castanea sativa* (Fagaceae) – sweet chestnut. 유럽 동남부, 지중해 연안 원산. 열매(포엽복과). 하나의 열매(삭과)로 보이는 것은 사실 복과이다. 3개에 달하는 암꽃에 있는 씨방이 각각 성숙하여 밤이 되면 그것을 둘러싸고 있던 각두(깍정이)는 밤을 감싸는 가시로 된 껍질이 된다.

맨 아래: 퀘르쿠스 로부르(참나무과) *Quercus robur* (Fagaceae) – English oak. 유럽, 지중해 연안 원산. 열매(각과). 참나무과에 속하는 다른 식물들(밤나무 등)이 여러 개의 도토리가 든 각두를 갖는 반면에, 참나무류의 각두는 하나의 도토리를 담고 있다. 이 도토리는 성숙한 씨방 1개에 해당한다.

서 견과류라고 하는 껍질째인 아몬드(*Prunus dulcis* var. *dulcis*, 장미과), 피스타치오(*Pistacia vera*, 옻나무과)와 캐슈넛(*Anacardium occidentale*, 옻나무과) 등은 사실 견과가 아니고 핵과 안에 있는 핵이다. 더구나 브라질넛(*Bertholletia excelsa*, 오예과), 마카다미아(*Macadamia integrifolia*, *M. tetraphylla*, 산용안과), 은행(*Ginkgo biloba*), 피네아소나무잣(*Pinus pinea*, 소나무과)은 단순한 종자일 뿐이며, 여기서 은행나무와 소나무는 나자식물이므로 사실 견과라는 말은 고사하고 열매를 맺는다고 할 수도 없다.

견과라는 말은 이런 애매모호한 의미를 가지고 있어서 과학 문헌에서조차 배제되곤 한다. 열매분류에 대해 종합적으로 다룬 리처드 스퓨트의 책(Richard Spjut, 1994)에서도 "견과(nut)"와 "소견과(nutlet)"는 제외되었으며, 대신 더 정확한 뜻의 용어들(수과, 협과, 폐삭과, 하위수과)이 사용되었다. 스퓨트의 생각에 동의는 하지만, 이 책에서는 이 복잡한 주제를 많은 비전문가들이 읽을 수 있도록 하기 위해 "견과(nut)"와 "소견과(nutlet)"를 사용하였다.

호두는 견과인가 핵과인가?

이제 이것으로 견과류를 둘러싼 혼란이 끝나기를 바랐던 사람들은 이제 반대로 아는 즐거움을 느낄지도 모르겠다. 올바른 견과란 오직 성숙한 씨방만으로 이루어진 것이라고 할 수 있다. 호두의 예를 들어 보자. 나무에 달려 있는 생 호두는 핵과와 더 비슷하게 생겼다. 열매의 바깥층을 이루고 있는 다육질의 녹색 껍질은 익으면 쉽게 벗겨진다. 하지만 이 다육질의 녹색 껍질은 처음에 씨방에 접하고 있던 포(변형된 잎)들이 융합하여 형성된 것으로, 이것이 감싸고 있던 것이 우리가 흔히 아는 딱딱하고 마른 호두이다. 그리고 이 호두에 있는 앙상한 껍질이 바로 과피(씨방벽) 전체에 해당한다. 열매가 자람에 따라 융합된 포들이 성장하여 씨방을 완전히 덮게 되고, 이것이 외과피와 중과피처럼 보여 호두를 핵과가 아닌 가핵과(pseudodrupe)가 되게 한다. 호두의 경우가 다소 예외적인 경우로 보이겠지만, 가핵과는 숙존성의 화통이 성숙한 씨방을 싸고 있는 산자나무(*Hippophae rhamnoides*) 열매의 경우처럼 보리수나무과 식물의 전형적인 특징 중 하나이다. 산자나무에서 다육질의 화통은 씨방이 발달한 수과를 둘러싸고 있다. 그러나 이 두 경우는 "가과, 위과(anthocarpous fruit)"라는 꼬리표가 붙은 열매분류학의 문제아 그룹에 있는 극히 일부일 뿐이다. 이 흥미로운 별종들은 나중에 더 만나 보도록 하자.

참나무의 각과

참나무과의 밤나무(밤)와 너도밤나무(비치넛)의 열매는 실제로 견과이기는 하지만 좀 다른 문제를 일으킨다. 이들은 주로 2개(비치넛)에서 3개(밤)로 뭉쳐 있다가 가시로 된 삭과가 벌어지면서 떨어져 나오기 때문에 견과가 아닌 종자로 보인다. 그러나 가시로 된 겉껍질은 씨방벽이 발달한 것이 아니라 참나무과 열매의 매우 독특한 구조인 각두(cupule, 라틴 어 *cupula*= 작은 통)에 해당한다. 가장 단순하게 생긴 각두는 참나무류(*Quercus* spp.)에서 찾아볼 수 있는 것으로, 컵에 하나의 견과인 도토리를 담고 있는 모습이다. 참나무과에서 보이는 이런 특이한 구조가 어디에서 어떻게 발달한 것인지는 오랫동안 미스터리였다. 어떤 사람들은 그것이 각 암꽃 아래에 있는 꽃대의 열편이 연장되어 생긴 것이라고 주장하는가 하면, 다른 몇몇 사람들은 화피의 변형에서 온 것이라고 꽤 설득력 있게 증명해 오고 있다. 각두의 기원이 무엇이든지 간에 그것은 열매의 필수적인 부분이다. 그리고 보수적인 열매분류학자들은 그것을 각과(glans, 라틴 어= 도토리)라고 부른다. 밤나무속(*Castanea* spp.)과 너도밤나무속(*Fagus* spp.) 그리고 참나무과에 속하는 다른 식물들의 열매에서 각두는 2개 이상의 견과를 담고 있다. 이것을 과학적으로는 복과, 더 정확하게는 포엽복과(trymosum)라고 한다.

두 가지 열매가 하나에 – 캐슈넛과 캐슈애플

가장 맛있으면서도 식물학적으로 가장 흥미로운 견과는 분명 캐슈넛일 것이다. 오늘날 대부분의 열대 지방에 귀화되어 재배되고 있는 캐슈나무(*Anacardium occidentale*, 옻나무과)는 원래 열대 해안의 활엽수림 식생의 일부분인 브라질의 북동부 해안 평야 지대가 원산지이다. 브라질 원주민들은 16세기에 브라질이 유럽의 식민지가 되기 훨씬 전부터 이 열매를 이용해 왔다. 브라질의 투비 족은 이 열매를 "아카주(acaju)"라 불렀고, 이 이름은 포르투갈 어로 "카주(caju)"로 바뀌었다가 마침내 영어로 "캐슈(cashew)"가 되었다.

캐슈나무의 열매를 딱히 복과라고 할 수는 없지만, 이 열매는 캐슈넛과 캐슈애플로 이루어져 있다. 캐슈나무의 꽃이 수정되면 종자가 들어 있는 신장 모양의 캐슈넛이 맺힌다. 그리고 그 기부에는 소화경이 다육질의 큰 배 모양으로 부푼 캐슈애플이 맺힌다. 흥미롭게도 이 열매를 자세히 검사해 본 결과, 캐슈넛은 진짜 넛(견과)이 아니라 핵과라는 사실이 밝혀졌다. 이것은 망고를 포함한 옻나무과에 속하는 다수의 유연관계가 가까운 종들의 전형적인 열매 유형이다. 캐슈넛이 한눈에 핵과라고 느껴지지는 않지만 가죽질의 과피는 확실히 세 개의 층으로 되어 있다. 매우 얇은 바깥층(외과피)과 빨리 건조해지긴 하지만 연한 중간층(중과피), 그리고 가장 중요한 두꺼운 목질의 내과피로 말이다. 캐슈넛은 과피에 피부염을 일으키는 페놀유가 들어 있어 유독하지만, 캐슈애플은 섬유질을 뺀 나머지를 주스로 만들어 먹을 만큼 즙이 많고 해롭지 않다. 캐슈넛의 껍질에 있는 독성 때문에 중남미와 서인도, 서아프리카 사람들은 오랫동안 다육질의 캐슈애플만을 와인이나 레모네이드 비슷한 브라질의 "카주아도(cajuado)" 같은 청량음료로 만들어 먹어 왔다.

75쪽: 캐슈나무(옻나무과) *Anacardium occidentale* (Anacardiaceae) – cashew nut. 브라질 북동부 원산. 열대 지방에서 넓게 재배된다. 열매(각과). 길이 약 10~15cm. 우리가 먹는 캐슈넛은 단일 종자를 가진 씨방이 성숙하여 내부에서 만들어진 배아가 저장된 부분에 해당한다. 성숙한 씨방은 겉으로는 견과로 보이지만 매우 얇은 과육층을 가진 핵과이다. 열매 전체로 보면 노랑에서 주황, 빨강색의 캐슈애플이 달려 있는데, 이것은 화경이 부풀어 만들어진 큰 배 모양의 과육이다.

아래: 엑소카르포스 스파르테우스(단향과) *Exocarpos sparteus* (Santalaceae) – broom ballart. 오스트레일리아 원산. 열매(각과). 옻나무과 식물과는 관련이 없지만, 새에 의해 산포되는 이 식물의 작은 열매는 캐슈나무의 열매와 매우 유사하다. 사진 속의 건조된 열매에서 시들고 주름진 부분은 한때 둥글고 매끄러웠던 다육질의 화경이다.

캐슈넛을 가공하는 데 드는 비용은 견과류 중 가장 높을 것이다. 그럼에도 불구하고 캐슈넛은 여전히 전 세계적인 주요 상품이다. 야생에서 밝은색을 띠는 5~10cm 길이의 캐슈애플은 종자 분산을 위해 동물들에게 주는 맛있는 보상이다. 큰박쥐와 원숭이들은 노란색에서 다홍색을 띠는 캐슈애플을 먹고 독성이 있는 캐슈넛은 버린다. 이로써 캐슈넛 안의 종자는 온전하게 남게 된다.

캐슈나무와 밀접한 연관이 있지는 않지만, 단향과에 속하는 반기생 식물인 오스트레일리아의 엑소카르포스 스파르테우스(*Exocarpos sparteus*)도 이와 비슷한 유형의 열매를 맺는다. 이 열매의 경우에는 훨씬 작기는 하지만 종자 산포를 도와주는 새들을 유인하는 다육질의 빨갛고 둥근 소형의 "애플"이 달려 있다.

밀의 "낟알"과 해바라기의 "종자" – 영과와 수과

우리가 아끼는 견과류들이 사실은 종자라는 것은 이미 밝혔다. 하지만 이 "이상한" 혼란은 양방향에서 작용되어 만들어진다. 종피를 대신해서 종자를 보호하는 과피를 가진 많은 견과들은 종자가 아닌데도 우리는 그것을 종자로 착각하고, 그 견과들도 우릴 속이듯 종자처럼 행동한다. 그러므로 우리가 견과들을 통상적으로 "종자"라고 부르는 것은 당연한 일인지도 모르겠다. 특히 그것들이 아주 작고 일반 견과들처럼 덩어리져 있거나 맛있어 보이지 않는다면 말이다. 가장 일반적인 예는 우리가 먹는 곡물의 대부분이 속해 있는 벼과 식물의 열매들이다. 밀, 귀리, 호밀, 보리, 벼, 옥수수의 각 낟알은 영과(caryopsis)라고 하는 견과의 한 종류이다.

해바라기를 비롯하여 같은 과(국화과)에 속하는 다른 식물들은 벼과 식물과 공통점이 거의 없지만, 그들의 "종자"도 하나의 종자를 담고 있는 견과들이다. 이러한 견과들의 올바른 과학적 명칭은 수과(achene)이다. 하지만 식물 서적마다 다양하게 적혀 있는 수과의 정의 때문에 종피에 딱 붙어 있으면서 손톱으로 으깰 수 있을 만큼 부드러운 과피를 가진 소형의 견과들을 수과로 분류했던 대부분의 식물학자들에게 그것의 정확한 의미는 모호한 것이다. 이 말이 딱히 과학적으로 들리지는 않겠지만 수과와 영과는 과피와 종피 간의 결합 정도 혹은 씨방의 위치(씨방상위 또는 씨방하위)로 구별될 수 있다. 사실 식물학에서는 오랫동안 벼과 식물의 열매를 영과라고 불러왔다. 오래된 관습은 쉽게 깨지지 않기 때문에 이것을 고치기보다는 널리 알려진 용어들에 정의를 맞추는 편이 더 쉬웠다. 세심한 독자들은 이미 눈치챘겠지만, 아직도 밝혀질 이런 종류의 타협은 많이 남아 있다.

시과 – 공중을 나는 견과

또 다른 견과의 소수 그룹에 대해 알아보자. 이들은 종자 산포에 기류를 이용할 수 있도록 정교

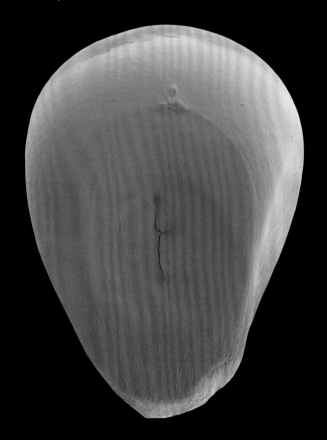

76쪽: 옥수수(벼과) *Zea mays* (Poaceae) – 확대한 팝콘의 표면. 옥수수 낟알이 200℃로 가열되면 배젖 내부의 작은 녹말 알갱이에 갇혀 있던 물이 수증기로 변하면서 큰 압력을 만든다. 이 압력은 마침내 옥수수 낟알을 터지게 하여 팝콘으로 변모하게 한다. 그리하여 녹말로 채워진 배젖은 크기가 40배로 커지고 낟알은 속이 바깥으로 뒤집어진다.

아래: 옥수수(벼과) *Zea mays* (Poaceae) – 중앙아메리카에서 기원하여 수 세기 동안 재배되어 오고 있다. 낟알(영과). 벼과 식물의 "낟알"은 종자처럼 보이지만 사실 그것은 하나의 종자를 가진 소형의 폐과로, 영과라 한다.

한 공기 역학 구조를 발달시킨 그룹이다. 열매들이 공기 중으로 이동할 수 있게 해 준 이러한 구조물은 주로 날개 또는 다양한 기원을 가진 깃털 모양의 부속물들이다. 열매분류학자들은 공기 중으로 이동하는 데 도움을 주는 이런 기관을 바탕으로 다양한 종류의 비행 견과들을 구분하였다.

주로 단일 종자를 가진 열매의 경우, 씨방벽은 열매의 무게 중심 주변에서 정교하게 균형을 잡는 날개 역할을 하는 납작한 부속물을 만들어 내기도 한다. 인간이 설계하려면 수 세기가 걸리는 이 훌륭한 "발명품"을 인정하여 식물학자들은 그것에 시과(samara)라는 이름을 붙였다. 물푸레나무(Fraxinus spp., 물푸레나무과)의 열매와 단풍나무(Acer spp., 무환자나무과)의 소과에서처럼 시과는 한 방향으로 된 하나의 날개를 갖기도 하는데, 다 익고 난 뒤 떨어질 때까지 이 두 개가 합쳐져 하나의 열매를 형성하고 있다. 놀랍게도 이와 비슷한 열매가 꼬투리의 열매를 갖는 콩과 식물에서 독립적으로 진화하였는데, 가장 볼 만한 시과를 가진 콩과 식물은 브라질에서 볼 수 있다. 이곳에서는 열대 지방 전역에 걸쳐 대중적인 가로수로 자리 잡은 티푸아나 티푸(Tipuana tipu)와 루에젤부르지아 아우리쿨라타(Luetzelburgia auriculata), 그리고 30cm 길이에 달하는 대형 날개를 단 가시 돋친 골프공 모양의 시과를 가진 지브라나무(zebra wood tree, Centrolobium robustum)를 볼 수 있다.

느릅나무(Ulmus spp., 느릅나무과)와 홉트리(Ptelea trifoliata, 운향과), 팔리우루스 스피나-크리스티(Paliurus spina-christi, 갈매나무과)의 시과들은 종자가 들어 있는 중심부를 빙 둘러싸는 날개를 가지고 있다. 역시나 콩과 식물에서도 이와 같은 열매를 볼 수 있는데, 그중에서도 가장 눈에 띄는 것은 프테로카르푸스 안골렌시스(Pterocarpus angolensis)의 시과이다. 아프리카에 있는 이 나무의 시과는 지브라나무의 열매와 유사하며, 종자가 들어 있는 부분에 길고 부드러운 가시들이 돋아나 있다. 이러한 가시들이 있는 이유는 이중 산포 전략을 위해서이다. 열매가 무거우면 강한 바람이 불어도 모식물체에서 겨우 몇 미터 떨어진 곳까지만 보낼 수 있기 때문에 두 번째 전략인 가시를 이용해서 지나가는 동물들의 털에 달라붙는 것이다. 종자를 중심으로 빙 둘러쳐진 날개를 갖는 열매의 또 다른 예는 중국의 딥테로니아(Dipteronia)속 식물의 열매이다. 이속은 무환자나무과에 포함되기 전까지 단풍나무속과 함께 단풍나무과에 속해 있었다.

콤브레툼 제이헤리(Combretum zeyheri)와 콤브레툼(Combretum) 속에 속하는 다른 식물들은 견과를 중심으로 네 개의 날개가 평행을 이루며 붙어 있는 시과를 갖는다. 콤브레툼 제이헤리가 최대 지름 8cm의 꽤 큰 시과를 갖지만 이것은 아욱과의 한 기이한 식물의 열매에 비하면 아무것도 아니다. 중앙아메리카의 우림에 서식하는 거대한 퀴포(cuipo, Cavanillesia platanifolia, 아욱과) 나무의 열매는 콤브레툼 제이헤리의 열매와 비슷하지만 더 크고, 더 많은 날개를 가지고 있다. 하지만 이것 역시 이엽시과(Dipterocarpaceae) 식물의 견과에는 비할 것이 못된다. 이엽시과 식

아래: 딥테로니아 시넨시스(무환자나무과) *Dipteronia sinensis* (Sapindaceae) – dipteronia. 중국 원산. 열매(시과형 분열과). 열매 너비 약 5~6cm. 분열과인 딥테로니아 열매는 2개의 소과(시과)로 나누어지는데, 각 소과의 중앙에 있는 종자 둘레에는 바람에 의한 산포를 돕는 날개가 있다.

맨 아래: 센트로로비움 오크록실룸(콩과) *Centrolobium ochroxylum* (Fabaceae) – amarillo de Guayaquil. 에콰도르 원산. 열매(시과). 지브라나무(*Centrolobium robustum*)의 시과와 매우 흡사하지만 약간 작은 이 나무의 시과는 20~25cm 길이의 날개를 단 가시 돋친 골프공 모양이다. 비록 사납게 돋아난 가시가 종자 포식자를 단념시키도록 진화된 것일 수도 있지만, 날개와 가시는 이중 산포 전략(바람과 동물에 의한 산포)을 나타낸다.

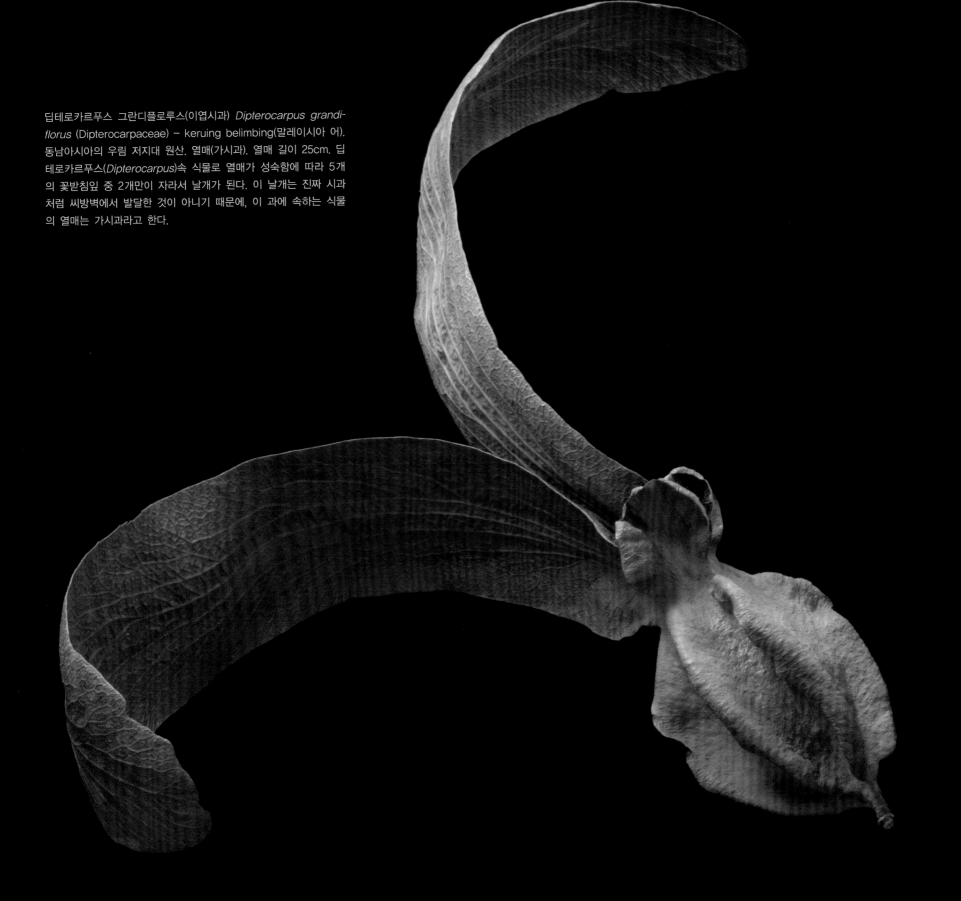

딥테로카르푸스 그란디플로루스(이엽시과) *Dipterocarpus grandiflorus* (Dipterocarpaceae) − keruing belimbing(말레이시아 어). 동남아시아의 우림 저지대 원산. 열매(가시과). 열매 길이 25cm. 딥테로카르푸스(*Dipterocarpus*)속 식물로 열매가 성숙함에 따라 5개의 꽃받침잎 중 2개만이 자라서 날개가 된다. 이 날개는 진짜 시과처럼 씨방벽에서 발달한 것이 아니기 때문에, 이 과에 속하는 식물의 열매는 가시과라고 한다.

단과

물의 열매는 정단부에 있는 2~3개 또는 5개의 큰 날개를 이용하여 동남아시아 우림의 저지대 땅 위로 헬리콥터처럼 우아한 비행을 한다. 그러나 이 "프로펠러"가 씨방벽이 아닌 숙존성의 꽃받침에서 발달한 것이기 때문에 이엽시과의 열매는 진짜 시과가 아닌 가시과(pseudosamara)이다.

하위수과 - 공중을 나는 수과

시과는 무겁고 불룩한 몸체(견과)를 공중에 날리기 위해 공기역학적 구조의 큰 날개가 필요하다. 하지만 크기가 작은 수과들은 털 뭉치나 깃털 같은 부속물만으로도 바람에 대한 높은 저항력을 가질 수 있다. 국화과에 속하는 많은 식물의 수과에는 정교한 낙하산 같은 구조물이 있어서 가벼운 미풍에도 공기 중으로 날아갈 수 있다.

예를 들어, 민들레(Taraxacum officinale)나 쇠채아재비속의 트라고포곤 프라텐시스(Tragopogon pratensis)의 두상화서에 맺힌 열매는 공기 중으로 날아가기를 기다리는 "낙하산" 열매의 무리이다. 전형적인 국화과 식물은 다수의 작은 꽃들이 마치 하나의 꽃처럼 보이는 두상화서에 모여 있기 때문에 열매도 빽빽하게 무리를 이루고 있다. 꽃받침이 있는 작은 꽃들의 경우에는 꽃받침이 변형되어 관모(갓털)라는 깃털 같은 부속물로 발달하게 된다. 관모가 꽃받침으로부터 유래했다는 사실은 민들레나 트라고포곤 프라텐시스에서처럼 대가 있는 깃털 같은 낙하산 모양의 관모보다는 대가 없으면서 약간 뭉툭한 관모를 가진 갈린소가 브라키스테파나(Galinsoga brachystephana)와 산티스마 텍사눔(Xanthisma texanum)의 열매에서 더 명확히 알 수 있다. 관모는 열매의 외형이나 기능을 현저하게 변화시켰고, 이것이 바로 식물학자들의 관점에서 이런 열매를 하위수과(국과, cypsela)라 부르게 된 이유이다.

국화과 식물의 하위수과와 비슷하지만 더 정교하게 생긴 하위수과는 산토끼꽃과의 식물에서 찾아볼 수 있다. 이 식물들에는 이중 산포 전략으로 인해 더 정교한 열매의 구조가 만들어졌다. 국화과 식물의 하위수과에서 꽃받침이 변형된 관모가 바람을 포착하는 낙하산 역할을 한다면, 산토끼꽃과에서는 꽃을 둘러싸고 있던 4개의 포가 융합되어 만든 깃이 "에어백" 역할을 한다. 이 에어백은 열매의 무게를 낮추어 공기의 부력을 강화시킨다. 여기에 더해서 산토끼꽃과 식물의 꽃받침은 동물의 털에 붙을 수 있는 뻣뻣한 까락으로 발달한다. 산토끼꽃과 식물의 열매는 크기가 크고 무거워 국화과 식물의 경우보다 산포 능력이 떨어지기 때문에 바람과 동물을 이용한 이중 전략을 발달시킨 것으로 보인다.

꼬투리와 그 닮은꼴

열매를 분류할 때 소리를 고려하는 경우는 없지만, 빈 공간에 하나 혹은 다수의 종자들이 떨어

81쪽: 스카비오사 크레나타(산토끼꽃과) *Scabiosa crenata* (Dipsacaceae) – 지중해 중동부 원산. 열매(하위수과). 열매 지름 7.2mm. 이 식물의 하위수과는 이중 산포 전략을 쓴다. 얇은 깃은 바람에 의한 산포를 도와주고, 거친 꽃받침 까락은 지나가는 동물의 털에 붙게 해 준다.

아래: 스카비오사 크레나타(산토끼꽃과) *Scabiosa crenata* (Dipsacaceae) – 하나의 꽃처럼 보이는 두상화에서 발달한 열매 다발(과서)

단과

갈린소가 브라키스테파나(국화과) *Galinsoga brachystephana* (Asteraceae) – 중앙·남아메리카 원산. 열매(하위수과). 열매 길이 2.5mm. 작은 셔틀콕처럼 생긴 이 종의 하위수과에는 깃털 같은 날개로 변형된 꽃받침이 있다.

열매 – 먹을 수 있는, 먹을 수 없는, 믿을 수 없는

산티스마 텍사눔(국화과) *Xanthisma texanum* (Asteraceae) –
Texas sleepy-daisy (밤이면 닫히는 두상화에서 유래한 이름이다).
산티스마속 내의 단일종이다. 미국 남동부 원산. 열매(하위수과). 열
매 길이 7mm. 뻗어 있는 관모가 바람에 의한 산포를 도울 수도 있
지만, 가장자리를 따라 있는 거치는 동물에 의한 산포에 더 적응한
것으로 보인다.

단과

져서 들어 있으면서 특히 흔들었을 때 달그락거리는 소리가 나는 열매를 우리는 직관적으로 삭과(capsule) 또는 꼬투리(pod)라고 한다. 하지만 식물학자들은 약간 다른 관점을 취하여 모든 삭과는 꼬투리라고 할 수 있지만, 모든 꼬투리가 삭과이지는 않다고 말한다. 일부 학자들은 콩과 식물의 열매에만 "꼬투리"라는 용어를 사용해야 한다고도 한다. 우리는 "꼬투리"라는 말을 과학적인 용어라기보다 일상적인 용어로 생각한다. 왜냐하면 꼬투리라는 용어는 기저의 씨방이 몇 개의 심피로 되어 있는지, 열매가 성숙하여 벌어지는지 아닌지에 상관없이 1개 이상의 종자가 들어 있는 공간을 단단한 과벽이 둘러싸고 있는 모든 마른 열매에 흔하게 사용되기 때문이다. 나중에 알아보겠지만, 단심피로 된 폐과인 꼬투리와 면밀하게 구별하여, 삭과란 식물학적으로 정확히 말해 적어도 2개 이상의 심피가 합착된 합생심피 암술군에서 발달한 단과로 벌어지는 열매를 일컫는다. 하지만 이런 다소 좁은 정의에도 불구하고, 삭과는 피자식물에서 가장 빈번하게 만날 수 있는 열매 형태 중 하나이다.

삭과, 열매가 벌어지는 일곱 가지 방법

삭과가 열개과의 자격을 갖추기 위해서는 성숙 시에 열매 안의 종자가 방출되기 위해 어느 정도는 반드시 벌어져야 한다. 이때 과피의 벌어짐(열개)에 관해서 몇 가지 가능한 전략이 있다. 가장 흔한 방법으로, 삭과는 이미 형성되어 있는 열개선을 따라 벌어진다. 이 선이 각 씨방실의 중앙을 따라 존재하면 포배열개삭과(loculicidal capsule)이고, 격벽과 일치하게 되면 포간열개삭과(septicidal capsule)이다. 포배열개삭과는 포간열개삭과보다 훨씬 흔하며, 외떡잎 및 쌍떡잎 식물의 많은 종에서 볼 수 있다. 포배열개삭과를 가진 전형적인 외떡잎식물에는 용설란속(*Agave* spp., 용설란과)과 알로에속(*Aloe* spp., 알로에과), 붓꽃속(*Iris* spp., 붓꽃과), 백합속(*Lilium* spp., 백합과) 식물과 남아프리카의 극락조화(*Strelitzia reginae*, 극락조화과)가 있다. 극락조화의 포배열개삭과는 3개의 심피가 합착하여 형성된 것이며, 다 익고 나면 3개의 큰 과피 조각으로 나뉜다. 이 각 조각은 인접한 두 심피의 각 반쪽이 합해진 것으로서, 이것은 전형적인 외떡잎식물에서 볼 수 있는 형태이다. 극락조화의 열매가 벌어지면 매우 신기하게 생긴 종자가 그 모습을 드러낸다. 각 과피 조각의 중앙을 따라 존재하는 격벽으로 표시되는 태좌를 따라서 완두콩 크기의 검은색 종자가 두 줄로 배열되어 있는데, 이 종자에는 새를 유인하기 위한 밝은 주황색의 텁수룩한 가발처럼 보이는 가종피(종의)가 붙어 있다. 벌어진 삭과 안에 종자가 남아 있는 경우를 찾기 힘든 것은 이 홍보 전략이 큰 성공을 거두었다는 증거이다. 마다가스카르의 여행자야자나무(*Ravenala madagascariensis*, 극락조화과)가 이와 매우 유사한 종자를 갖는데, 흥미롭게도 이 경우에는 주황색이 아닌 파란색의 가종피가 붙어 있다.

아래: 에센벡키아 마크란사(운향과) *Esenbeckia macrantha* (Rutaceae) – 멕시코 원산. 열매(협과형 분열과). 열매 지름 약 5cm. 포배열개, 포간열개, 포축열개를 모두 보여 주는 열개과

맨 아래: 플린데르시아 오스트랄리스(운향과) *Flindersia australis* (Rutaceae) – crow's ash. 오스트레일리아 동부 원산. 열매(포간열개삭과). 열매 길이 약 10cm. 목질의 삭과 안에는 한쪽으로 된 날개를 가진 종자들이 들어 있다.

(Meliaceae) – West Indian Mahagony. 열대 아메리카 원산. 한쪽으로 된 날개를 가진 종자가 많이 들어 있는 열매(포축열개삭과). 열매 길이 11.5cm

맨 아래: 다투라 페록스(가지과) *Datura ferox* (Solanaceae) – fierce thornapple. 북아메리카 원산. 초식동물을 방어하기 위한 가시가 돋아나 있는 열매(포축열개삭과). 열매 길이 약 6cm

포배열개삭과는 매우 효과적인 열개 방법이며 쌍떡잎식물에서도 흔하게 볼 수 있다. 그 한 예가 서양칠엽수(*Aesculus hippocastanum*, 무환자나무과)이다. 서양칠엽수는 밤나무(*Castanea sativa*, 참나무과)와 비슷하게 생긴 열매를 맺는데, 밤나무의 열매가 진짜 견과이고, 서양칠엽수의 경우에는 가시가 있는 큰 포배열개삭과 안에 종자가 낱개 혹은 쌍으로 들어 있는 형태이다.

심피들이 격벽을 따라 갈라지는 포간열개삭과는 각 과피 조각이 하나의 심피 전체로 이루어져 있다. 이것은 오스트레일리아 동부에 자라는 플린데르시아 오스트랄리스(*Flindersia australis*, 운향과)의 배 모양을 한 과피 조각에서 잘 볼 수 있다.

열매 안에 격벽이 있으면 포배열개삭과와 포간열개삭과가 쉽게 구별된다. 그러나 삭과에 하나의 심실만 있어서 종자들이 과피 내벽(측막태좌)이나 중축(중앙태좌)에 붙어 있다면, 열개선의 위치는 그 태좌에 의해 결정된다.

이, 틈, 금, 그리고 뚜껑

위에 언급한 삭과의 두 주류 외에도 몇 가지 재미있는 변종들이 있다. 어떤 삭과들은 세로로 난 봉합선을 따라 규칙적으로 벌어지는데, 전체가 다 벌어지는 것이 아니라 정단부 주위만 벌어진다. 이런 열매들은 치아처럼 생긴 짧은 과피 조각 때문에 정단거치열개삭과(denticidal capsule)라는 이름을 얻게 되었다. 이 삭과가 열매분류학자들의 엄격한 요구를 만족시키기 위해서는 삭과 길이의 5분의 1 이상이 벌어져서는 안 된다. 털부처꽃(*Lythrum salicaria*, 부처꽃과), 끈끈이장구채류(*Silene* spp., 석죽과), 앵초류(*Primula* spp., 앵초과) 식물 등이 이 규칙을 따른다. 유연하고 가는 줄기에 붙어 있는 이 식물들의 열매들이 바람에 앞뒤로 흔들리면, 소금 통에서 소금이 뿌려지듯 삭과 맨 윗부분의 좁게 벌어진 부분으로 종자들이 산포된다.

극열개삭과(fissuricidal capsule)는 막혀 있는 정단부와 맨 아래 사이의 봉합선을 따라 벌어지는 삭과를 말한다. 비실용적으로 보이는 이 열개 유형은 씨방하위에서 발달한 것이기 때문에 보통의 삭과에서 진화되었음이 분명하다. 난과 식물과 홍초과 식물(예: 인도칸나, *Canna indica*)의 전형적인 열매 유형이 이런 삭과를 보여 준다.

포배열개나 포간열개삭과에서 각 심실 사이의 격벽이 파열되면서 숙존성의 중축을 남겨 두는 경우는 포축열개삭과(septifragal capsule)라고 한다. 이런 유형을 가장 잘 보여 주는 열매들 중 몇몇은 멀구슬나무과 식물에서 찾아볼 수 있다. 그 예로 경제적으로 중요한 쿠바 마호가니인 스위에테니아 마하고니(*Swietenia mahagoni*) 나무의 열매를 들 수 있다. 이 삭과의 무겁고 두꺼운 과피가 나무 위에서 벌어지면 날개 달린 40~50개의 큰 종자가 아래로 흩뿌려진다. 또 생강과에 속하는 헤디치움 홀스피엘디(*Hedychium horsfieldii*)의 포축열개삭과는 밝은색을 가지고 바람보

개양귀비(양귀비과) *Papaver rhoeas* (Papaveraceae) – corn poppy.
유라시아, 북아프리카 원산. 열매(포공열개삭과)
86쪽: 삭과의 측면도. 유연하고 긴 줄기가 바람에 흔들리면 삭과 안
에 있던 종자가 밖으로 나오게 된다. 위쪽의 바깥으로 넓게 퍼진 가
장자리는 구멍 안으로 물이 들어가는 것을 막아 준다.
87쪽: 삭과의 상면도. 갈색으로 표시된 것은 숙존성의 암술머리이다.
지름 6.5mm

단과

다 새를 이용하여 종자 산포를 한다. 열매가 익으면 밝은 오렌지색의 다육질 과피가 벗겨지고, 그 안에는 먹을 수 있다는 신호를 보내는 진한 빨간색 종자가 중축에 빽빽하게 세 줄로 붙어 있다.

종자 방출을 위해 열매가 벌어지는 또 다른 두 가지 유형은 이미 형성된 격벽이나 씨방실의 가운데를 따라 세로로 열리는 형태가 아니다. 그중 한 가지는 과피가 각 씨방실을 표시하고 있는 몇 개의 구멍으로 벌어지는 것이다. 예를 들어, 양귀비속(*Papaver* spp., 양귀비과) 식물의 삭과는 윗부분 둘레에 난 구멍으로 벌어지고, 초롱꽃속(*Campanula* spp., 초롱꽃과) 식물의 삭과는 아랫부분에 난 세 개의 구멍으로 벌어진다. 이런 포공열개삭과(poricidal capsule)의 종자 산포 전략은 바람에 좌우로 흔들리며 종자가 방출되는 석죽과 식물의 정단거치열개삭과의 경우와 같다. 그리고 남은 한 가지 매우 독특한 유형은 "자가 – 환상절제술"로, 모든 심피들의 중간을 가로지르며 벌어지는 것, 즉 열매가 뚜껑처럼 열리는 것이다. 이런 종류의 열매를 횡렬삭과(circumscissile capsule) 혹은 횡선열개삭과(pyxidium, 근대 라틴 어 복수로 *pyxidia*, 그리스 어 *pyxidion*= 작은 상자)라 한다. 횡선열개삭과는 뚜껑별꽃(*Anagallis arvensis*, 앵초과)과 북아메리카산 깽깽이풀(*Jeffersonia diphylla*, 매자나무과), 질경이속(*Plantago* spp., 질경이과), 그리고 남아메리카의 레시티스 피소니스(*Lecythis pisonis*, 오예과) 등과 같은 다양한 피자식물에서 볼 수 있다.

골돌과와 협과

이런 삭과 외에도 "삭과가 아닌" 다양한 꼬투리들이 있다. 이것들이 삭과가 아닌 이유는 하나의 성숙한 심피만으로 이루어져 있으며, 또는 익었더라도 벌어지지 않기 때문이다. 단심피 암술군을

아래: 레시티스 피소니스(오예과) *Lecythis pisonis* (Lecythidaceae) – monkey pot. 아마존 우림(브라질, 콜롬비아, 베네수엘라) 원산. 뚜껑이 없는 상태의 열매(횡선열개삭과)와 종자. 거대한 목질의 열매는 무게 2.5kg, 길이 25cm에 달하며 성숙하는 데 18개월이 걸린다. 다 익고 나면 열매의 정단부를 덮고 있던 단단한 뚜껑이 열리고 15~40개의 종자가 나온다. 주병에 달려 있는 식용의 종자는 사푸카이아넛이라고 불리며, 먹을 수 있는 다육질의 가종피로 둘러싸여 있다. 앵무새와 원숭이가 이것을 즐겨 먹는다.

맨 아래: 극락조화(극락조화과) *Strelitzia reginae* (Strelitziaceae) – bird-of-paradise flower. 남아프리카 원산. 2개의 종자가 남아 있는 열매(포배열개삭과). 열매 지름 약 6~8cm. 완두콩 크기의 검은 종자는 종자 산포를 위해 새를 유인하는 영양가 있는 밝은 주황색의 가종피를 가지고 있다.

(Zingiberaceae) – Java ginger. 자바(인도네시아) 원산. 열매(포축열개삭과). 열매 길이 약 3cm. 열매는 주황색의 가죽질로 된 3개의 과피 조각으로 벌어진다. 그 안에는 종자 산포를 위해 새를 유인하는 다육질의 빨간 가종피로 싸인 종자가 들어 있다.

맨 아래: 하케아 오르소린차(산용안과) *Hakea orthorrhyncha* (Proteaceae) – bird-beak hakea. 오스트레일리아 원산. 열매(협과). 열매 길이 4~5cm. 하케아속 식물의 열매는 양쪽으로 벌어지는 하나의 심피로 되어 있다. 두꺼운 목질의 꼬투리는 산불과 포식자 모두에 대한 방어 수단이다. 이 종자를 먹는 포식자들은 주로 큰 부리를 가진 앵무새들이다.

연관계가 가까운 식물에서처럼 골돌과에서 종자가 빠져나올 수 있었던 진화상의 과거를 상기시켜 주는 미완성물로 보인다.

오스트레일리아의 남서부에는 협과의 기이한 예를 보여 주는 산용안과의 대표적인 식물이 있다. 오스트레일리아 오지의 건조하고 산불이 자주 나는 환경에 적응한 하케아속(*Hakea* spp.)의 많은 식물들은 성숙기가 되어도 종자를 보호하기 위해 수년 동안이나 열매를 꼭 닫고 있다. 이 중 무장한 꼬투리는 식물이 산불이나 질병 혹은 곤충에 피해를 입고 죽은 후 자연적으로 물의 공급이 끊길 때에만 벌어진다. 매년 열리는 열매가 떨어지지 않고 축적되는 이런 전략을 개과지연현상(serotiny)이라고 한다. 이것은 오스트레일리아의 미개간지, 아프리카의 사바나, 남아프리카 케이프 지역의 경엽 관목림, 그리고 남아메리카의 일부 숲에서처럼 산불이 자주 혹은 계절마다 나는 서식처에 사는 많은 나무들이 일반적으로 채택한 방식이다. 이런 환경에서는 산불이 난 직후가 종자가 가장 안전하게 산포되는 적기로, 이때가 불이 붙을 만한 그 어떤 생물체도 남아 있지 않아 또 다른 산불이 연이어 나기가 힘든 때이다. 개과지연현상은 산불로 인해 성숙한 개체가 죽더라도 그 종을 이어갈 수 있게 하는 자연의 "나무 위 종자은행"을 짓게 해 주는 셈이다.

개과지연현상을 나타내는 종들이 높은 온도를 견뎌 내기 위해 매우 두껍고 단단한 과피를 갖는 것은 당연한 일이다. 그중에서도 하케아속 식물들은 최소 5년이 넘게 벌어지지 않는 강한 개과지연현상을 보이며, 그 어떤 열매보다도 두껍고 단단한 목질의 과벽을 갖는다. 과피가 두꺼울수록 열로부터 잘 보호되기는 하겠지만, 강한 개과지연현상을 보이는 일부 하케아속 식물들은 이런 물리적인 보호를 위해 너무 많은 양의 재료를 쓰는 것처럼 보인다(예: 하케아 오르소린차 *Hakea orthorhyncha*, 하케아 세리세아 *H. sericea*, 하케아 플라티스페르마 *H. platysperma*). 이렇게 되면 결국 얇은 과피를 가진 약한 개과지연현상을 보이는 다른 하케아속 식물의 경우와 마찬가지로 산불에서 살아남기가 힘들어진다. 아마도 이렇게 육중한 몸체로 무장한 진짜 이유는 큰 부리를 가지고 종자를 먹는 오스트레일리아의 많은 앵무새로부터 보호하기 위한 것이 아닐까 한다.

콩꼬투리

콩과는 피자식물에서 세 번째로 큰 과이며, 경제적인 면에서 보면 벼과에 이어 두 번째로 중요한 과이다. 약 19,000여 종으로 이루어진 콩과 식물은 모두 한 개의 꽃당 하나의 심피만을 가지며, 이것이 열매로 발달한다. 이런 것이 불리한 조건으로 보일 수도 있지만, 절대 그렇지 않은 것은 콩과 식물이 맺는 열매의 다양한 모양과 크기, 그리고 산포 전략의 조합을 보면 알 수 있다.

전형적인 콩과 식물의 열매는 배봉선과 복봉선을 따라 반으로 벌어지는 건조한 열개 꼬투리이다. 예리한 독자라면 이것이 앞서 말한 협과와 같은 말이라는 것을 알아차렸을 것이다. 두 용어가

같은 말임에도 불구하고 콩과 식물이 맺는 협과에는 두과(legume, 라틴 어로 legumen= 콩)라는 용어를 사용한다. 같은 것을 지칭하는 말로 두 용어를 사용하는 것은 열매분류학자들이 오래전부터 사용되어 온 용어를 수용했기 때문이다. 콩과가 경제적으로 중요한 과가 된 이후 전통적으로 콩과 열매에는 1751년에 린네가 도입한 용어인 두과를 사용해 왔다.

콩과 중에서도 우리는 특히 먹을 수 있는 완두(Pisum sativum)와 팥류(Phaseolus spp.), 그리고 인기 많은 관상식물인 스위트피(Lathyrus odoratus)와 루피누스류(Lupinus spp.), 울렉스(Ulex europaeus), 중국등나무(Wisteria chinensis), 아까시나무(Robinia pseudoacacia), 그리고 불꽃나무(Delonix regia)와 친숙하다. 그리고 이런 식물들이 맺는 꼬투리는 열매가 터지면서 종자가 튀어나오게 되는데, 이는 과피 안에 있는 X자로 꼬인 섬유질 때문이다. 열매가 마르면 과피가 이 섬유질로 인해 반대 방향으로 뒤틀리다가 결국 배봉선과 복봉선이 갑자기 터지면서 반으로 갈라지게 된다. 스위트피와 울렉스 그리고 루피누스속 식물은 모두 효과적인 이 자가 산포 메커니즘을 사용한다. 하지만 그들은 열대 지방에 자라는 그들과 유연관계가 가까운 식물인 테트라베를리니아 모렐리아나(Tetraberlinia moreliana)를 따라갈 수는 없다. 이 식물은 카메론의 남서쪽 그리고 가봉의 서쪽 우림에 자라는 콩과 식물로, 키가 커서 종자를 60m 이상 날려 보낼 수 있다. 이 열매는 가장 멀리 탄도를 그리며 산포되는 세계 기록을 가지고 있기도 하다.

달콤한 꼬투리

콩과의 다른 식물들은 이와 비슷하기는 하지만 다 익어도 벌어지지 않는 폐과를 맺는다. 이런 단일 견과 또는 "폐협과(camara, 그리스 어로 kamara= 방)"의 가장 잘 알려진 예는 땅콩(Arachis hypogaea)이다. 땅콩은 주로 인간의 소비를 위해 재배되며, 대두와 목화에 이어 세계 3대 주요 오일 종자 작물이다. 중국이 연간 천만 톤의 땅콩을 생산하며 미국인들이 하루에 약 4백만 파운드의 땅콩(껍질을 벗기지 않은 꼬투리째의 무게)을 먹는다는 사실이 땅콩의 인기를 말해 준다. 다른 폐협과의 예는 캐럽나무(Ceratonia siliqua)와 타마린드(Tamarindus indica), 그리고 열대 아메리카의 아이스크림빈(Inga edulis와 I. feuilleei)의 꼬투리가 있다. 땅콩과는 다르게 이 꼬투리들의 식용 부분은 종자가 아닌 다육질의 과육이다.

"인도대추(Indian date)"라고도 하는 타마린드는 견과처럼 생긴 외형을 가졌지만 다육질의 내부는 비타민 C와 구연산이 풍부한 갈색의 끈끈하고 달콤 시큼한 과육으로 이루어져 있다. 열대의 아름다운 관상수 중의 하나로 여겨지는 타마린드의 열매는 특히 비가 거의 오지 않는 지역에서 오랜 옛날부터 재배되어 왔다(마르코폴로가 1298년에 언급하기도 함). 처음에는 인도야자나무가 이 열매를 맺는 것으로 여겨 고대 아라비아 어로 "인도의 대추"라는 뜻의 "tamar-u'l-Hind"

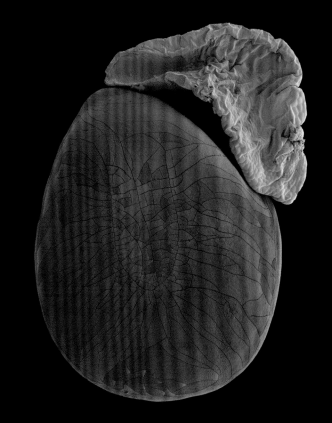

라는 이름이 붙었다. 아라비아의 선원이 지중해와 동남아시아에 이 식물을 들여왔고, 그 후로 이 열매는 그곳 문화의 필수 요소가 되어 왔다. 타마린드의 과육은 음료나 처트니(chutney), 그리고 다양한 음식들 특히 아시안 요리에 풍미를 더하는 데에 널리 쓰이며, 예로부터 사랑받아 온 우스터소스에 없어서는 안 되는 재료이다. 게다가 잘 익은 타마린드 과즙에는 높은 함량의 구연산이 들어 있어 구리나 놋쇠를 닦는 데 가장 좋은 물질로 여겨진다. 자연에서의 타마린드 종자 산포자들은 타마린드의 이런 실용적인 면이 아닌 영양적인 면에 더 관심을 둔다. 그들은 주로 사슴이나 영양 같은 반추 동물들인데, 동남아시아에서는 원숭이가 최고의 산포자이다.

지중해 동부에서는 성서적으로 중요한 의미를 갖는 식용의 꼬투리가 "카로브 Kharoub(아라비아 어)" 또는 캐롭트리(Ceratonia siliqua)라고 하는 나무의 정액 냄새가 나는 꽃에서 발달한다. 성경에 "메뚜기콩(locust bean)"이라고 언급되었던 이 가죽질의 갈색 열매와 석청만이 세례 요한이 사막에 사는 동안 먹은 음식의 전부라고 알려져 있다(마가복음 1장 6절). 그래서 이것의 다른 이름은 "세례 요한의 빵(St. John's bread)"이다. 하지만 이것은 성경을 잘못 해석한 것이고, 세례 요한이 먹은 것은 진짜 메뚜기(아마도 꿀에 찍어서)였다는 설도 있다. 어찌되었든 그는 캐롭트리의 열매를 맛있게 먹었을 것이다. 캐롭이라는 이 열매는 껌처럼 연하고 건조한 과육에 40%에 달하는 높은 함량의 설탕과 그 외의 다른 당분이 들어 있어서 매우 달콤하기 때문이다. 비록 그 냄새는 뷰티르산(낙산, butyric acid)에 좋지 않은 냄새를 첨가한 것 같지만 말이다. 캐롭은 초콜릿과 비슷한 맛이 나면서도 자극적이지 않고 칼로리도 초콜릿의 3분의 1밖에 되지 않는다. 또한 지방 함량도 초콜릿의 절반이며, 신경 자극 물질인 테오브로마인이나 다른 향정신성 물질도 없을 뿐만 아니라 단백질과 펙틴의 함량도 높다. 특히 펙틴은 우리 몸의 결장에 매우 좋은 물질이다. 캐롭의 이러한 좋은 점은 매우 많아서 믿어지지 않을 정도이다. 또한 캐롭 분말은 코코아의 대체품으로 건강식품에 널리 쓰이고 있다. 이 열매가 초콜릿의 대용품으로 쓰이지 않았다면 4천 년이 넘게 재배되고 있는 중동 지역에서는 가축의 먹이로만 사용했을 것이다. 15~30cm 길이의 두툼한 꼬투리는 껌처럼 생으로 씹기도 하는데, 특히 투비슈밧(Tu Bishvat)이라는 유대인의 명절에 쓰인다. 캐롭은 과피가 녹색에서 진한 갈색으로 바뀌어야 먹을 수 있다. 캐롭은 완전히 성숙한 후에 이집트과일박쥐(Rousettus aegyptiacus) 같은 자연의 산포자를 유인하기 위해 강한 향을 내뿜는다. 둥글고 납작한 종자는 돌처럼 단단해서 큰 해 없이 대부분의 동물의 턱과 소화관을 통과할 수 있다. 캐롭의 종자는 놀랍도록 균일한 무게를 가지고 있어서 고대에 보석의 작은 무게를 재는 단위로 쓰이기도 했다. 이 시스템이 결국 표준화되어 오늘날 다이아몬드의 국제적인 무게 단위인 "캐럿"이 되었다. 캐럿은 캐롭에서 유래된 말로 200mg 단위를 뜻하는데, 이것은 전형적인 캐롭 종자의 무게와 일치한다.

아래: 타마린드(콩과) Tamarindus indica (Fabaceae) – tamarind. 열대 아프리카에서 유래한 것으로 추측되며 재배종으로 알려져 있다. 열매(폐협과). 열매 지름 2.5cm. 생으로 먹기도 하는 단단한 종자는 카레에 사용되며, 갈색의 끈끈한 과육에 싸여 있다.

맨 아래: 아이스크림빈(콩과) Inga feuilleei (Fabaceae) – ice cream bean. 볼리비아와 페루에서 유래한 것으로 추측되며, 재배종으로 알려져 있다. 열매(폐협과). 열매 길이 약 20~30cm. 열매 안에는 바닐라아이스크림 맛이 나는 달고 맛있는 과육이 들어 있다.

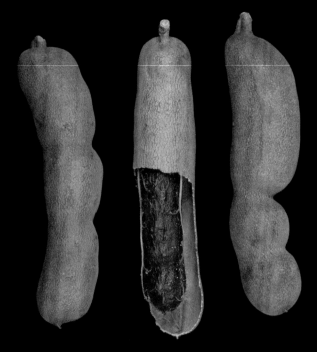

엔타다속 식물(콩과) *Entada* spp. (Fabaceae) – monkey ladder vine. 슐리벤(H.J. Schlieben)이 1935년 탄자니아(그 당시 탕가니카)에서 촬영. 사진 속의 종은 모두 거대한 꼬투리를 맺는 엔타다 기가스나 엔타다 리디의 열매인 것으로 보인다. 이 꼬투리는 너비가 8~15cm에 달하며, 길이는 엔타다 기가스의 경우 1.8m, 엔타다 리디의 경우 2m에 이른다. 엔타다속 식물은 협과 중 가장 큰 꼬투리를 맺는다.

여기서 다루고자 하는 맛있는 콩과의 꼬투리의 세 번째이자 마지막은 아이스크림빈(*Inga edulis*)이다. 이 꼬투리는 원통 모양으로, 종종 나선형으로 꼬이며 길이 1m까지 자라고 그 안에는 반투명의 흰색 식용 과육으로 싸인 큰 녹색 종자가 다수 들어 있다. 열매 안의 과육이 과피의 내부 층에서 발달한 타마린드와 캐롭과는 다르게 아이스크림빈에서 종자를 감싸고 있는 과육은 종자 껍질의 외층(다육외층)에서 발달한 것이다. 아이스크림빈은 맛이 좋기 때문에 이것을 주로 생으로 즐기는 중앙·남아메리카에서 인기가 많다. "아이스크림빈"이라는 이름은 달콤한 바닐라 아이스크림 맛이 나는 과육에서 비롯된 것이다. 열대 지역에 우기가 찾아오면 열매가 풍부해지고, 원숭이와 새들은 이 달콤한 과육을 마음껏 먹고 부드러운 종자를 산포시킨다.

세계에서 가장 큰 꼬투리

자연사에서 희귀하고 보기 힘든 것은 뭐니 뭐니 해도 가장 큰 것들이다. 그중에서도 가장 큰 "콩"에 대해서라면 엔타다속(*Entada*) 식물의 꼬투리 규모를 따라올 것이 없다. 중앙·남아메리카, 아프리카, 아시아와 오스트레일리아의 열대림에 살며, 열대칡덩굴처럼 자라는 이 식물은 꼬아진 납작한 줄기로 높은 나무를 타고 올라가며 자란다. 원숭이사다리덩굴(monkey ladder vine)이라는 이름에서 알 수 있듯이, 나선형 계단같이 생긴 매우 튼튼한 이 덩굴은 원숭이, 뱀, 나무늘보 등 많은 동물들을 위한 자연의 산책로가 되어 준다. 특히 엔타다 기가스(*Entada gigas*)와 엔타다 리디(*E. rheedii*)는 거대한 꼬투리를 맺는다. 이 꼬투리는 가히 그 어떤 콩과 식물의 꼬투리보다 크다고 할 수 있을 정도로 너비가 8~15cm에 달하며, 길이는 엔타다 기가스의 경우 1.8m에 이르고 엔타다 리디의 경우 2m에 이른다. 일반적인 콩과와는 다르게 이들의 소용돌이(*E. gigas*) 또는 일직선(*E. rheedii*) 모양의 꼬투리는 10~20개의 마디로 나누어지는데, 각 마디에는 지름 5~6cm에 달하는 매우 큰 밤갈색 종자가 하나씩 들어 있다. 성숙하면 꼬투리 둘레에 있는 액자 같은 목질의 틀에서 종자가 들어 있는 마디가 각각 떨어져 나와 숲 바닥에 뿌려진다. 그곳에서 정착하지 못한 이 "종자 통"들은 비가 오면 빗물에 씻겨 강으로 흘러들어 간다. 종자 통 속과 종자의 떡잎 사이에는 공기가 차 있어서 종자는 물 위에 오래 떠 있을 수 있다. 그리고 종자는 마침내 가장 신기한 자연의 종자 산포 이야기가 시작되는 해안에 도착한다. 일단 바다로 나가면 부서지기 쉬운 열매의 과벽은 금방 없어지지만, 방수가 되는 단단한 종자는 2년이 넘게 바다에 떠 있을 수 있다. 그러는 동안 종자는 해류를 타고 수천 마일이 넘는 거리를 여행하게 된다. 가장 놀라운 사례 중 하나는 매년 다수의 종자가 멕시코 만류를 타고 남아메리카와 캐리비안에서부터 유럽 북서부의 해안에 이르는 지역에서 발견된다는 것이다. 유럽 해안에 가장 자주 출몰하는 종자들은 대부분 아열대 지방의 엔타다 기가스의 종자들로, 이곳 사람들은 심장 모양처럼 생긴 이 종자를 흔히 "바다의 심장(sea hearts)"이라고 부른다. 이보다 좀 더 네모나게 생겨서 "바다 콩" 수집가들에게 "성 냥갑 콩(matchbox bean)" 혹은 "코담배갑 콩(snuffbox bean)"으로 알려져 있는 구대륙의 엔타 다 리디의 종자는 주로 동남아시아와 태평양 영역의 해안에서 발견된다. 바다의 심장이나 성냥 갑 콩 모두 아기들의 치아 발육기 같은 장난감으로 쓰이거나, 속을 파내고 경첩을 달아 코담배갑 이나 성냥갑으로 쓰곤 한다.

감옥에 갇힌 종자

"꼬투리"에 대한 열매분류학적 탐구의 마지막으로, 한 가지 언급할 것이 남아 있다. 그것은 그 들이 벌어졌다면 영락없이 삭과라고 믿었을 만한 다심피의 꼬투리들이다. 딱딱한 껍질(다육질의 혹은 건조한 껍질) 안의 종자 주위에 공기가 들어 있어 흔들면 달그락 소리가 나는 이 꼬투리들은 오래전부터 열매분류학의 골칫거리였다.

이런 문제의 꼬투리들에는 참깨과에 속하는 운카리나 그란디디에리(*Uncarina grandidieri*)와 악마의 발톱(*Harpagophytum procumbens*)의 사납게 가시 돋힌 열매들과 고추(*Capsicum annuum*, 가지과), 그리고 로즈애플(*Syzygium jambos*, 도금양과)이 있다.

이렇게 익어도 열개하지 않는 꼬투리 중에서도 가장 주목할 만한 것은 남아메리카의 우림에 살며 60m에 달하는 거대 브라질넛나무(*Bertholletia excelsa*, 오예과)의 열매이다. 레시티스 피 소니스(*Lecythis pisonis*)같이 그와 가까운 식물들은 넓은 뚜껑이 열리는 큰 삭과를 맺는 반면 에, 브라질넛나무의 열매는 종자의 탈출구를 만드는 것을 깜빡 잊은 듯하다. 돌처럼 단단한 종 자(브라질넛)보다 더 단단한 이 열매는 목질로 된 큰 공 모양의 꼬투리로 평균 지름이 15cm이고 무게는 2.5kg에 달하며, 내부에는 15~25개의 종자가 노란색 과육에 싸여 있다. 도끼를 써야 쪼 갤 수 있는 단단한 과피는 포식자로부터 종자를 지키는 최고의 수단이겠지만, 동시에 이것은 종 자의 발아를 막는 최대의 장애물이다. 하지만 이 문제는 브라질넛나무와 협력해서 사는 아구티 (*Dasyprocta agouti*)가 있어 해결된다. 이 중간 크기 설치류의 이빨만이 꼬투리에 종자가 나올 수 있는 구멍을 낼 수 있을 만큼 날카롭다. 아구티도 다람쥐처럼 분산 저장을 한다. 하나의 꼬투 리에서 몇 개의 종자만 먹고 남은 것은 숲의 땅에 묻어 두는데, 이때 모식물체로부터 400m까지 먼 곳에 묻기도 한다. 그 후 아구티의 죽음이나 건망증으로 인해 새 브라질넛나무는 야생에서 자 라게 된다.

브라질넛나무의 흥미로운 이야기에도 불구하고, 다 익은 후에도 꽉 닫힌 다심피의 꼬투리는 개 념상 문제가 된다. 식물학자들은 이 열매에 딱 맞는 정의를 찾을 수 없어서 결국 삭과는 열개한다 는 정의가 있음에도 불구하고 브라질넛 같은 열매를 "폐과인 삭과"라고 할 수밖에 없었다. 이것은

97쪽: 말발굽살갈퀴(콩과) *Hippocrepis unisiliquosa* (Fabaceae) – horse-shoe vetch. 유라시아, 아프리카 원산. 열매(폐협과). 열매 지 름 1.8cm. 열매의 모양에 맞게 종자도 타원형으로 함입된 과벽을 따 라 구부러져 있다. 신기하게 생긴 꼬투리 안에 어떤 산포 전략이 숨 어 있는지는 정확히 알지 못하지만, 매우 가볍고 평편한 구조물은 바람에 의한 산포를 위한 것으로 보인다. 또 함입된 곳의 가장자리 가 겹쳐져 있으며, 그 주변부에 난 짧고 뻣뻣한 털은 동물의 털에 달라붙기 위한 것으로 보인다.

아래: 악마의 발톱(참깨과) *Harpagophytum procumbens* (Pedali-aceae) – devil's claw, grapple plant. 아프리카 남부, 마다가스카 르 원산. 열매(폐삭과). 열매 길이 9cm. 악마의 발톱에 있는 목질의 큰 가시는 이것으로 인해 큰 상처를 입을지도 모르는 동물의 털과 발에 달라붙기 위한 것이다. 칼라하리 사막에 사는 코이산 족은 수 천 년 동안 임신 중의 통증을 다스리거나 상처, 종기나 다른 피부염 을 고치는 연고에 이 식물의 괴근을 사용해 왔다. 오늘날 말린 뿌리 의 추출물은 관절염이나 다른 통증으로 인한 염증과 통증을 다스리 는 천연 치료제로 쓰이고 있다.

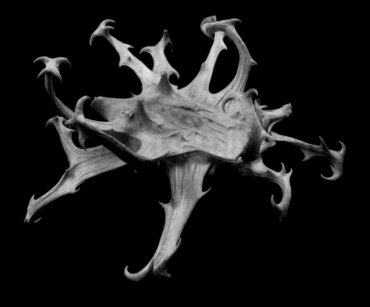

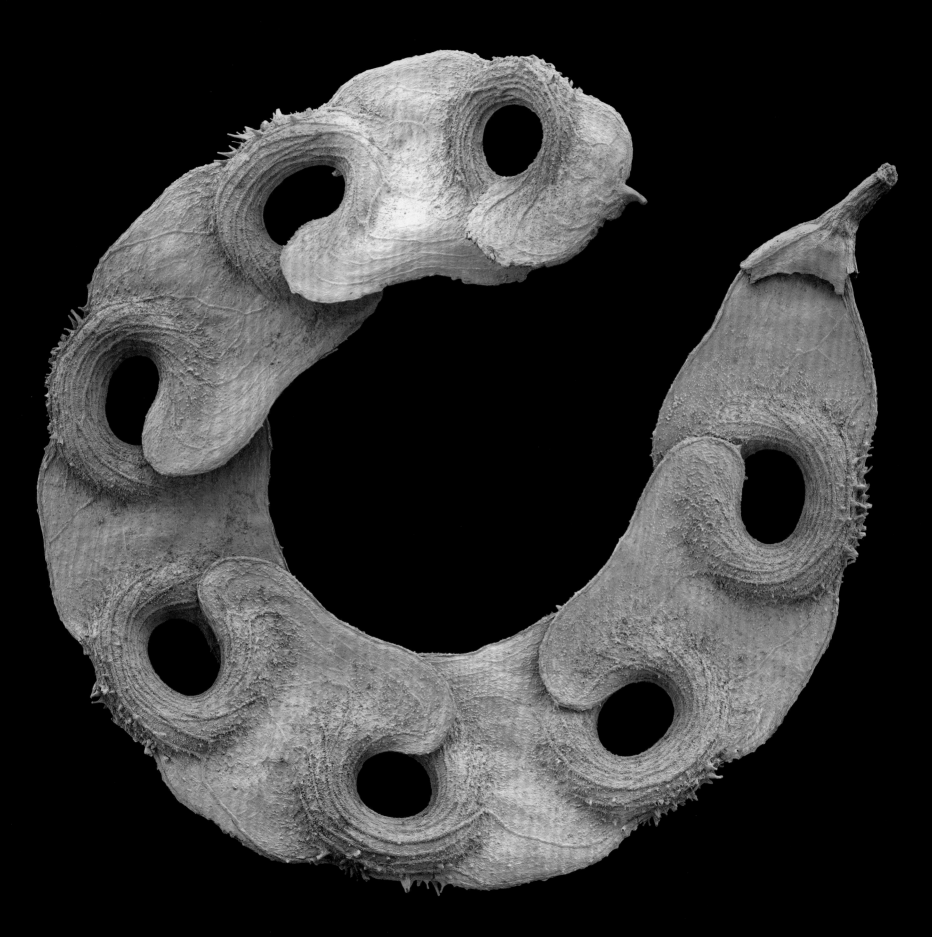

열매분류학의 혼란에 과학적 논리를 적용시키려는 시도로 리처드 스퓨트(Richard Spjut, 1994)가 열매분류학의 전성기인 18~19세기에 만들어진 용어들을 검토하고 개정한 것이었다. 나중에 밝혀진 것이지만, 이와 똑같지는 않아도 찰스 미르벨(Charles Francois Brisseau de Mirbel, 1776~1854)이 1813년에 이미 "폐과인 삭과"보다 더 그럴듯한, 즉 "작은 감옥"이라는 뜻의 라틴어 "폐삭과(carcerulus)"라는 용어를 만들었다.

뒤집힌 핵과

설상가상으로 종자가 공기가 아닌 즙이 많은 과육으로 싸여 있는 "작은 감옥"의 예가 몇 개 있다. 초콜릿나무(*Theobroma cacao*, 아욱과)의 열매인 카카오 꼬투리에서처럼, 만약 다육외층을 가진 열매라면 단단한 바깥 껍질 안에 있는 이 과육은 종자에서 발달한 것일 수 있다. 하지만 대부분의 경우 이 과육은 과피의 내층에서 발달한 것이다. 구대륙의 바오밥나무류(*Adansonia* spp., 아욱과)나 신대륙의 호리병박나무(*Crescentia cujete*, 능소화과), 그리고 아시아의 벨프루트(*Aegle marmelos*, 운향과)의 경우가 그러하다.

이런 유형의 열매 중에서도 특히 인상적인 예는 오예과의 코우로우피타 귀아넨시스(*Couroupita guianensis*)라는 학명을 가진 나무에서 자라는 것이다. 목질의 큰 공 모양을 한 꼬투리는 기아나에서 온 열대의 이 진기한 나무에 "포환나무(cannonball tree)"라는 이름을 붙여 주었다. 오예과의 다른 많은 종들이 뚜껑으로 열리는 열매를 맺지만, 포환나무는 벌어지지 않는 열매를 맺는다. 목질의 딱딱한 껍질 안에는 흰색의 과육에 싸인 솜털 같은 수많은 종자가 들어 있다. 이 무거운 열매는 다 익으면 땅으로 떨어지면서 깨지게 되는데, 깨지지 않고 남아 있는 열매는 땅에 사는 과식동물(frugivore, 열매를 먹고 사는 동물)인 페커리(peccary)들이 부수어 먹는다. 아열대 우림에 사는 페커리는 종자 산포자로서 매우 중요한 역할을 한다. 이 지역 사람들은 이 과육을 돼지의 먹이로 쓰기도 한다. 이 과육은 독성은 없지만 다소 불쾌하고 역한 냄새가 나기 때문에 식용하기보다 딱딱한 껍질을 그릇으로 쓴다.

딱딱한 겉껍질에 부드러운 내용물을 가진 포환나무의 열매 유형은 마치 "속이 뒤집힌 핵과" 같다. 서양의 교과서에는 열대의 이런 괴상한 열매에 맞는 단어가 없어 불특정한(폐과인 꼬투리) 혹은 지나치게 획일적인(폐과인 삭과) 용어를 쓰곤 했다. 다행히도 과감한 열매분류학자들이 과학적 논리를 접목시켜 이렇게 단단한 껍질로 둘러싸인 열매를 표현하는 "반전핵과(amphisacum)"라는 용어를 만들었다.

로즈애플(도금양과) *Syzygium jambos* (Myrtaceae) - rose apple. 동남아시아 원산. 열매(폐삭과). 열매 지름 약 4cm. 열매 꼭대기에 안으로 굽은 꽃받침이 놓여 있다. 다육질의 과피 안 빈 공간에는 1~2개의 큰 종자가 들어 있다. 큰박쥐와 원숭이 등에 의해 산포되며, 열매에서 장미수 향기가 나서 로즈애플이라는 이름이 붙여졌다.

아래: 코우로우피타 귀아넨시스(오예과) *Couroupita guianensis* (Lecythidaceae) – cannonball tree. 열대 아메리카 원산. 꽃과 열매(반전핵과). 열매 지름 약 20cm. 목질의 딱딱한 껍질 안에는 흰색의 과육에 싸인 솜털 같은 수많은 종자가 들어 있다.

맨 아래: 카카오(아욱과) *Theobroma cacao* (Malvaceae) – cacao. 아마존 우림에서 기원한다. 열매(반전핵과). 열매 길이 약 20~30cm. 무거운 열매가 나무의 줄기나 큰 가지에 바로 달려 있다. 단단한 껍질 안에는 달고 즙이 많은 과육이 들어 있으며, 이것은 카카오의 산포자가 영장류임을 말해 준다.

핵과가 되느냐 마느냐

　식물학자들은 규칙에 따르려는 지나치게 획일적인 시도로 "폐과인 삭과"와 같은 많은 모순적인 표현들을 만들어 왔다. 이런 표현에는 "건핵과"나 "핵과 같은 견과 – 코코넛의 경우", "열개과인 핵과 – 아몬드의 경우", 그리고 "열개하는 장과 – 넛멕의 경우" 등이 있다. 이런 표현들은 열매분류학의 과학적인 가치를 떨어뜨리는 것들이다.

　이렇게 하나의 열매 유형으로 표현하기 어려운 코코넛(*Cocos nucifera*, 야자나무과)과 아몬드(*Prunus dulcis*, 장미과)는 사실 정말 핵과처럼 생겼다. 왜냐하면 이들은 얇은 외과피에 연한 중과피와 단단한 내과피를 갖고 있기 때문이다. 만약 이들의 중과피가 마른 섬유질이 아닌 다육질로 되어 있었다면 이들은 진정한 핵과가 되었을 것이다. 코코넛의 경우, 메마른 내과피는 종자의 산포에 더 유리한 것으로 쉽게 설명될 수 있다. "일반적인" 핵과는 동물 산포자들을 유인하기 위해서 바깥층에 과육을 만들어 내지만, 어떤 경우라도 동물이 삼키기에는 너무 큰 코코넛은 동물이 아닌 바다에 적응하는 쪽으로 진화한 것이다. 산포자에게 맛있는 보상을 주기보다 바닷물을 완벽히 막아낼 수 있는 두꺼운 섬유질의 껍질을 택한 코코넛은 이 덕분에 몇 달이나 바다에 떠 있을 수 있다. 따라서 코코넛이 갈 수 있는 평균 최대 거리는 5,000km나 되며, 발아가 가능한 코코넛이 노르웨이의 해변에서 발견되기도 했다.

　아몬드의 경우에는 문제가 약간 더 복잡하다. 왜냐하면 열매의 연한 바깥층(외·중과피)이 복봉선을 따라 갈라지면서 단일 종자가 든 핵이 밖으로 드러나기 때문이다. 이로써 "열개과인 핵과"라는 역설적인 이름이 만들어졌다. 자연에서는 어치와 딱따구리뿐만 아니라 설치류 같은 작은 포유류가 아몬드의 핵을 산포시킨다.

복합과 – 하나의 꽃에서 여러 개의 열매가 만들어진다?

　우리는 지금까지 단과만을 살펴보았다. 단과란 한 개의 심피, 혹은 여러 개가 합착되어 하나로 된 심피(합생심피)를 가진 하나의 꽃에서 발달한 열매를 말한다. 하지만 두 개 이상의 심피를 가진 하나의 꽃에서 발달한 열매는 어떻게 생겼을까? 이런 이생심피의 암술을 갖는 꽃은 번련지과(Annonaceae), 붓순나무과, 오미자과, 목련과, 작약과, 미나리아재비과, 그리고 윈테라과(Winteraceae) 같이 비교적 원시의 소수 과에서 주로 볼 수 있다. 분리된 다수의 심피들은 목련속 식물이나, 그 근연종인 백합나무(*Liriodendron tulipifera*), 그리고 일부 미나리아재비속(미나리아재비과) 식물에서처럼 꽃의 중앙부에 나선형으로 배열되거나, 엉성한 무리로 모여 있거나(예: 드리미스 윈테리 *Drimys winteri*, 윈테라과), 또는 팔각(*Illicium verum*, 붓순나무과)처럼 방사상으로 배열되어 있다.

아래: 곰딸기(장미과) *Rubus phoenicolasius* (Rosaceae) – Japanese wineberry. 중국 북부, 한국, 일본 원산. 열매(핵과형 복합과). 열매 지름 약 1cm. 근연종인 나무딸기(*Rubus idaeus*), 블랙베리(*Rubus fruticosus*)와 마찬가지로 작은 핵과들이 모여 있는 형태의 복합과를 맺는 이생심피의 암술군을 갖는다. 위의 두 식물들처럼 꽃받침은 꿀샘이 있는 끈적끈적한 털로 덮여 있다. 즙이 많고 달콤한 열매는 먹을 수 있다.

핵과형 복합과를 이루는 하나의 소과에 있는 핵들
왼쪽 위: 블랙베리(*Rubus fruticosus*). 길이 3mm. 오른쪽 위: 곰딸기(*Rubus phoenicolasius*), 길이 1.6mm. 오른쪽 맨 아래: 루부스 라시니아투스(*Rubus laciniatus*). 정원에 심는 블랙베리류의 모체. 길이 1.6mm

101쪽: 나무딸기(장미과) *Rubus idaeus* (Rosaceae) – raspberry. 재배 품종. 야생종은 유라시아, 북아메리카 원산. 열매(핵과형 복합과). 길이 약 2cm. 이름과는 다르게 라즈베리는 베리(장과)가 아니라 핵과들이 모여 있는 것이다. 각 소핵과는 이생심피 암술군을 이루고 있는 각각의 떨어진 심피에서 발달한 것이다.

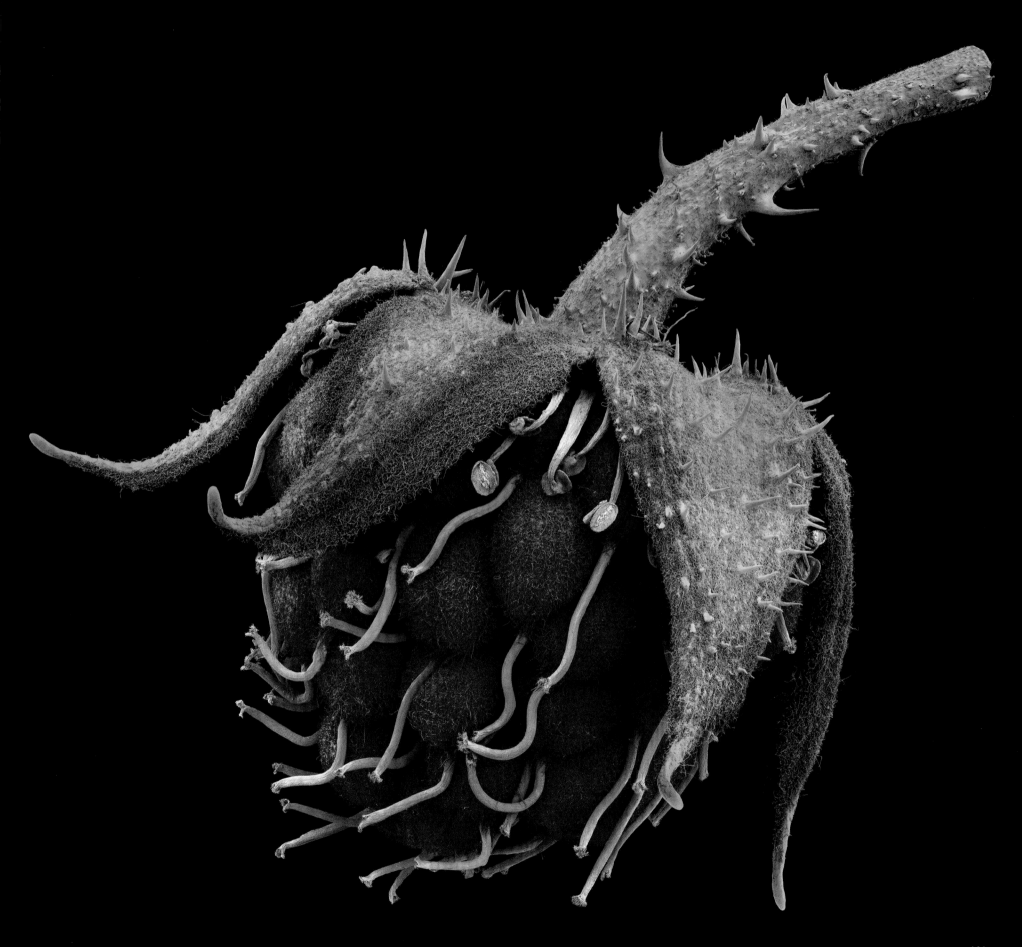

이런 원시적인 꽃이 열매로 발달할 때 각 심피는 하나의 열매가 된다. 이렇게 되면 하나의 꽃에서 여러 개의 열매가 만들어지는데, 이 열매들의 집합을 복합과(multiple fruit)라 한다. 이때 각 소과는 과피가 무엇으로 분화되었느냐에 따라 골돌과, 협과, 견과(또는 수과), 핵과 또는 장과가 될 수 있다. 골돌과의 무리(골돌과형 복합과 follicetum)는 다양한 과의 식물에서 볼 수 있는데, 그중 가장 잘 알려진 것은 팔각과 목련류(*Magnolia* spp., 목련과), 꿩의비름류(*Sedum* spp., 돌나물과), 작약류(*Paeonia* spp., 작약과), 그리고 미나리아재비과의 동의나물류 칼타 팔루스트리스(*Caltha palustris*), 참제비고깔류(*Delphinium* spp.), 투구꽃류(*Aconitum* spp.), 매발톱꽃류(*Aquilegia* spp.), 승마류(*Cimicifuga* spp.)의 열매이다. 미나리아재비속 식물의 꽃에서는 각 심피들이 하나의 종자를 가지며 익어도 벌어지지 않는다. 그래서 각 꽃은 수과형 복합과(achenetum)라고 하는 견과나 수과들의 무리로 된 열매를 맺는다. 1835년 프랑스의 식물학자인 바르톨로메오 뒤모르티에(Barthelemy Charles Joseph Dumortier, 1797~1878)는 처음으로 각 단과에 해당하는 이름 뒤에 "-형 복합과"(영어로는 끝에 -etum을 붙임)를 붙여 복합과를 표현하자는 꽤 분별 있는 접근법을 제안하였다. 그의 제안에 따라 핵과와 장과들이 모인 열매는 각각 핵과형 복합과(drupetum)와 장과형 복합과(baccetum, 라틴 어 *bacca*= 장과)로 부르게 되었다.

우리가 사는 온대 지역에서 볼 수 있는 가장 대중적인 핵과형 복합과는 나무딸기와 블랙베리로 잘 알려진 장미과의 두 종, 루부스 이데우스(*Rubus idaeus*)와 루부스 프루티코수스(*Rubus fruticosus*)의 열매이다. 그리고 장과형 복합과는 온대 지역에서 찾아보기 힘들지만, 한 가지 예를 들면, 멕시코에서부터 티에라 델 푸에고 제도에서까지 발견되는 드리미스 윈테리(*Drimys winteri*, 윈테라과)의 열매이다. 이 식물의 이름은 1578년 이 식물을 처음으로 유럽에 소개한 존 윈터(John Winter) 선장의 이름을 딴 것이다. 엘리자베스 호의 사령관이자 프랜시스 드레이크(Francis Drake) 경의 유명한 항해에서 해군 중장이었던 그는 아린 맛이 나는 이 식물의 줄기 껍질로 선원들의 괴혈병을 치료하는 강장제를 만들어 사용했는데, 후추 맛이 나는 열매의 맛은 그리 좋은 편은 아니다.

하지만 드리미스 윈테리의 근연종인 번련지과 식물들은 아주 맛있는 열매를 맺는다. 이 과에 속하는 체리모야(*Annona cherimola*)와 커스터드애플(*A. reticulata*), 가시여지(*A. muricata*), 슈가애플(*A. squamosa*), 그리고 비리바(*Rollinia mucosa*)는 이생심피의 암술군을 가지는 꽃에서 발달한 모든 열매 중에서도 맛있는 열대 열매로 꼽히는 것들이다. 근연종인 드리미스 윈테리의 열매처럼 이 열매들도 여러 개의 소과들로 이루어져 있다고 예상되겠지만, 놀랍게도 이들은 사과나 멜론 크기만 한 하나의 열매처럼 생겼다. 이 수수께끼에 대한 해답을 찾기 위해서는 수분(受粉) 후에 어떤 일이 일어나는지를 알아야 한다. 수분 후 열매는 성장하면서 다수의 심피들이 합쳐

아래: 코코넛야자(야자나무과) *Cocos nucifera* (Arecaceae) – coconut. 정확한 기원은 알려져 있지 않으나 전 세계적으로 열대 지방에서 볼 수 있다. 열매(건핵과). 핵과와 비슷해 보이지만 스펀지 같은 중과피는 건조한 섬유질로 되어 있어서 물에 뜰 수 있다. 이런 "건조한 핵과"의 정확한 열매분류학적 용어는 "건핵과(nuculanium)"이다.

맨 아래: 비리바(번련지과) *Rollinia mucosa* (Annonaceae) – biriba. 남아메리카 원산. 열매(이생심피합복합과). 열매 지름 약 10~15cm. 떨어져 있던 다수의 심피는 열매가 되면서 합쳐진다. 각각의 작은 혹들은 하나의 심피에 해당한다. 열매는 레몬머랭파이처럼 매우 맛있다.

아래: 나무딸기(장미과) *Rubus idaeus* (Rosaceae) – raspberry. 재배 품종. 야생종은 유라시아, 북아메리카 원산. 열매(핵과형 복합과). 열매 길이 약 2cm. 나무딸기 꽃의 암술군은 떨어져 있는 다수의 심피들로 이루어져 있어서 이름처럼 "장과(베리)"가 아닌 핵과들이 조밀하게 뭉쳐 있는 열매를 맺는다.

맨 아래: 일리시움 시몬시(붓순나무과) *Illicium simonsii* (Illiciaceae) – 아시아(인도, 중국, 미얀마) 원산. 열매(미성숙한 골돌과형 복합과). 열매 지름 4cm. 이생심피의 암술군에서 발달한 열매이므로 복합과로 분류된다. 각 심피는 하나의 종자가 든 골돌과로 발달한다.

져 기저의 부푼 화탁과 함께 장과처럼 보이는 다육과로 발달한다. 이런 열매의 공식적인 이름은 이생심피합복합과(syncarpium, 그리스 어 *syn*= 함께+ *karpos*= 열매)이다. 체리모야와 커스터드애플의 표면은 매끈하고 가시여지와 슈가애플, 비리바의 표면은 원뿔 모양이나 뾰족한 돌기(심피 하나당 하나의 돌기)들로 덮여 있다. 일반적으로 이 열매들은 녹색 내지 갈색의 얇은 껍질이 흰색의 과육을 싸고 있는데, 그 안에 매우 단단한 완두콩 크기의 종자들이 다수 들어 있다. 이 껍질에 있는 신기한 무늬만이 이 열매가 여러 개의 열매로 이루어진 것임을 드러낸다. 이 껍질에는 파충류의 피부처럼 보이는 비늘 같은 무늬가 있는데, 이 "비늘" 하나가 하나의 심피에 해당된다. 흥미롭게도 이와 같은 과에 속하기는 하지만 맛이 없고 미국의 플로리다와 서인도 제도에 분포하는 악어사과(*Annona glabra*)는 사과와 놀랍도록 유사하게 생긴 데서 그 이름을 따왔다.

분열과, 복합과 따라하기

커스터드애플과 그 근연종의 원시 피자식물들은 마치 하나의 복심피 꽃에서 발달한 것 같은 단일한 구조의 열매를 맺는 방법으로 그들의 심피들이 분리되어 있는 것을 극복하고자 하였다. 진화된 합생심피를 갖는 피자식물을 모방하여 더 현대의 것이 되고자 하는 이들의 지극한 열망은 이해할 만하다. 게다가 커스터드애플과 그 근연종에서처럼 동물에 의해 산포되는 다육과의 경우, 종자가 여러 열매에 나누어져 들어 있는 것보다 하나의 열매 안에 모두 들어 있는 것이 더 유리하다. 동물이 한 번만 다녀간다고 해도 종자가 하나의 열매 안에 모여 있는 것이 산포의 기회가 더 많기 때문이다. 놀랍게도 이런 모방은 반대 방향으로도 일어난다. 진화된 합생심피 암술군을 갖는다는 것은 이로운 것임에도 불구하고 몇몇 식물들은 태고 때의 "복합과였던 경험"을 모방하는 법을 찾았다. 그것은 합생심피를 구성하고 있는 각 심피들로 나누어지는 열매를 맺는 것이다. 이 분리는 열매로 발달하는 과정 중에 일어날 수도 있지만, 대부분은 열매가 성숙한 후에만 일어난다. 이런 열매를 분열과(schizocarpic, 그리스 어 *skhizein*= 분리+ *carpos*= 열매)라고 한다. 분열과는 관여된 심피의 수에 따라 둘 또는 그 이상의 소과(분과)들로 분리되며, 각 소과는 하나 또는 절반의 심피로 이루어져 있다. 일반적으로 소과 자체는 익어도 벌어지지 않고 건조되며 하나의 종자를 가지므로 거의 진짜 견과에 가깝지만, 열매라기보다는 소과이기 때문에 견과(nut) 대신 소견과(nutlet)라고 하는 것이 더 적합하다.

건조한 분열과는 캐러웨이(caraway), 커민(cumin), 코리앤더(coriander), 애니시드(aniseed), 그리고 펜넬(fennel) 등과 같은 일반적인 향신료가 속하는 산형과의 전형적인 열매이다. 2개의 심피가 합착해 있는 산형과의 꽃에서는 2개의 소견과로 길게 갈라지는 열매가 발달한다. 하나의 심피 전체에 해당하는 각 소견과는 처음에 중축(분과자루)에 붙어 있다가 바람에 의해 날아가거나

(예: 아르테디아 스쿠아마타 *Artedia squamata*) 지나가는 동물의 털에 얽히게 된다(예: 당근 *Daucus carota*). 이와 유연관계가 아주 먼 꼭두서니과의 팔선초(*Galium aparine*)도 이와 마찬가지로 2개의 심피가 합착되어 있던 분열과이다. 하지만 이 경우에는 2개의 소견과들이 분과자루에 붙어 있지 않고 완전히 떨어져 분리되어 있다. 단풍나무와 중국의 딥테로니아의 날개 달린 견과 역시 2개의 심피가 합착된 꽃에서 발달한 것으로, 다 익으면 이와 매우 비슷하게 분리된다. 아욱과, 특히 아욱족(예: 어저귀류, 접시꽃류, 아욱류) 식물들은 3개 이상의 심피에서 발달한 분열과를 갖는다. 마차의 바퀴처럼 생긴 이들의 열매는 종종 표면에 섬세한 무늬로 아름답게 장식되어 있는 여러 개(3개 혹은 그 이상)의 소견과로 분리된다. 이들 중에는 털이나 강모, 가시로 꾸며진 화려한 것들도 있다.

꿀풀과와 지치과 식물에서는 씨방이 한 단계 더 분할된다. 이 식물들도 앞의 경우처럼 2개의 심피가 합착된 합생심피의 암술군을 갖는다. 하지만 씨방이 깊게 갈라지면서 각 심피가 길게 반으로 갈라지고, 그 결과 이심피 씨방은 종자가 하나씩 들어 있는 4개의 칸으로 분리된다. 열매가 성숙하고 나면 4개의 칸은 각각 하나의 종자가 든 소견과들로 발달한다. 이때 각 소견과는 심피의 절반(분과)에 해당한다. 대부분의 사람들은 잘 알려진 꿀풀과 허브인 세이지(*Salvia officinalis*), 오레가노(*Origanum vulgare*), 타임(*Thymus vulgaris*), 그리고 바질(*Ocimum basilicum*)을 종자라고 생각하고 있지만, 이들은 종자가 아니라 각 열매의 분과들이다.

외국의 분열과에는 "미키 마우스 식물"로 알려진 오크나과(Ochnaceae)의 오크나(*Ochna*)속 식물의 열매가 있다. 이 식물의 꽃에서는 3~12개의 심피들이 암술대를 공유하며 아랫부분만 합착되어 있다. 수분 후에 화탁은 과육으로 발달하고, 각각의 심피는 새를 유인하는 검정색의 기름진 핵과(소핵과)가 된다. 또 인도에서 중국에 이르는 동아시아의 파이토라카 아시노사(*Phytolacca acinosa*, 자리공과)의 검은색 열매도 분절되어 있는데, 이 열매는 마치 늙은 호박을 아주 작게 만들어 놓은 것처럼 생겼다. 하지만 오크나속 식물과는 다르게 이 경우는 하나의 종자가 든 장과들로 각 심피들이 분리된다. 열매분류학의 명명법에서 이름 끝에 "-형 분열과(영어로는 -arium을 붙인다)"를 붙여 분열과를 나타내기 때문에 파이토라카 아시노사가 맺는 분리형 장과의 정확한 이름은 장과형 분열과(baccarium, 라틴 어: *bacca*= 장과)이다.

앞서 얘기한 사례들에서 지적했듯이, 대부분의 분열과는 하나의 종자가 들어 있는 견과(소견과)나 핵과(소핵과), 또는 장과(소장과)로 분리된다. 하지만 협죽도과와 아욱과의 일부 식물들[예: 병나무속(*Brachychiton*)과 스테르쿨리아속(*Sterculia*)]의 경우에는 다수의 종자가 든 열개과로 된 골돌과로 분리되기도 한다. 이 식물들의 심피들은 암술대의 꼭대기 부분만 합착되어 거의 초기부터 분리되어 있기 때문에 나누어지기가 쉽다.

104쪽: 승마속의 시미시푸가 아메리카나(미나리아재비과) *Cimicifuga americana* (Ranunculaceae) – American bugbane. 북아메리카 동부 원산. 열매(골돌과형 복합과). 열매 길이 1.25cm. 덜 발육된 종자가 보인다. 다른 미나리아재비과 식물에서처럼, 이 열매는 이생심피의 암술군에서 발달한다. 3~8개의 심피 중 2~4개가 골돌과로 익는다. 종자는 바람에 의해 산포되기도 하고, 숟가락 모양의 골돌과들에 빗방울이 부딪힐 때 튕겨져 나가기도 한다.

105쪽: 시미시푸가 아메리카나(미나리아재비과) *Cimicifuga americana* (Ranunculaceae) – American bugbane. 종자. 종자 길이 4.3mm. 종피에 있는 특이한 열편은 바람에 의한 산포에 적응된 것으로 보이며, 이는 종자의 바람에 대한 저항력을 높인다.

107쪽: 바질(꿀풀과) *Ocimum basilicum* (Lamiaceae) – sweet basil. 열매(반심피분열과). 열매 너비 8.5mm. 꿀풀과 식물은 2개의 심피가 합착하여 이루어진 합생심피 암술군을 갖는다. 이 합생심피는 종자가 1개씩 들어 있는 4개의 칸으로 깊이 갈라져 있다. 이때 각 칸은 심피의 절반에 해당한다. 열매가 익으면 4개의 칸은 단일 종자의 소견과로 분리되고, 각 소견과는 심피의 절반 혹은 하나의 분과에 해당한다. 꽃에서는 꽃받침의 위쪽 열편이 위로 굽어져 챙이 달린 모자처럼 되는데, 이 챙에 빗방울이 떨어지면 그 안에 있는 분과들이 밖으로 튕겨져 나오게 된다.

아래: 바질(꿀풀과) *Ocimum basilicum* (Lamiaceae) – sweet basil. 열대 아시아에서 기원하여 5천 년 넘게 재배되고 있다. 열매에 있는 숙존성 꽃받침에 있는 선모(사진 속에는 꿀샘이 없는 털도 있다). 선모 머리의 지름 110 μm. 꿀풀과 식물에는 방향성 허브와 약용 식물이 많다. 바질을 포함한 많은 종들은 지상부의 표면에 에센셜 오일을 분비하는 선모를 가지고 있다. 이 에센셜 오일은 휘발성의 화학 물질로, 각 식물 특유의 맛과 향을 갖게 한다. 이 오일은 선모의 머리를 형성하는 1~4개 세포의 외벽과 큐티클 사이에 축적되어 있다.

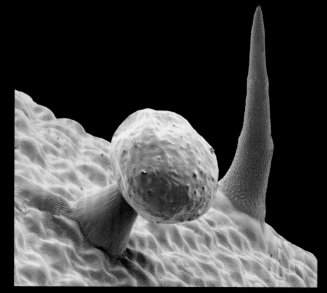

열매 – 먹을 수 있는, 먹을 수 없는, 믿을 수 없는

야생당근(산형과) *Daucus carota* (Apiaceae) – wild carrot. 유럽,
아시아 남서부 원산

오른쪽: 식물 전초. 야생당근은 두해살이풀이다. 첫해는 이듬해에 꽃
을 피우기 위한 에너지(주로 당류)를 저장하는 원뿌리를 키우면서 로
제트형 잎을 단다. 식용당근(*Daucus carota* subsp. *sativus*)은 원
뿌리를 훨씬 크게 키우고 맛을 좋게 개량한 것이다.

아래: 화서. 지름 5cm

109쪽: 열매(수과형 분열과). 길이 5.5mm. 산형과의 열매는 심피 2개
가 합착된 씨방하위화에서 발달한다. 성숙기에 이르면 2개의 심피는
종자가 1개씩 들어 있는 2개의 폐과로 분리된다. 야생당근의 소과들
은 끝이 굽은 긴 가시로 덮여 있는데, 이것은 동물에 의한 산포(동물
부착산포)를 돕는다.

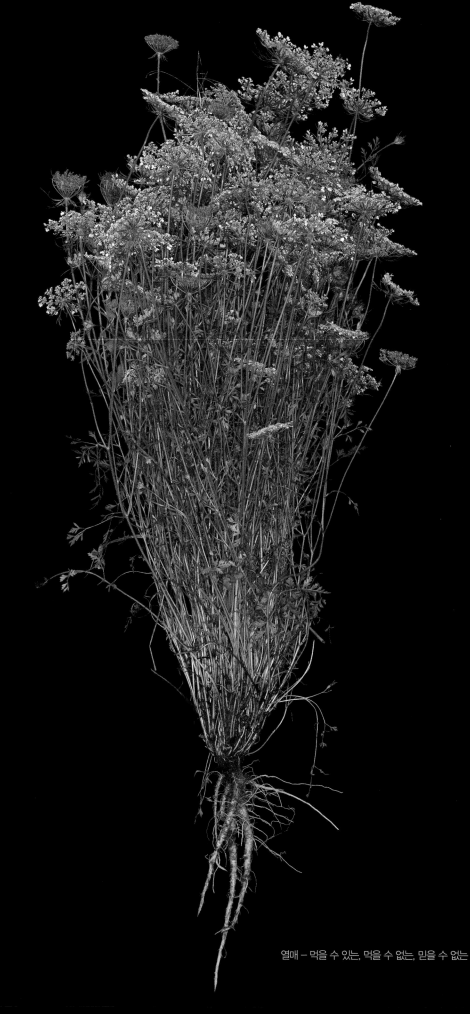

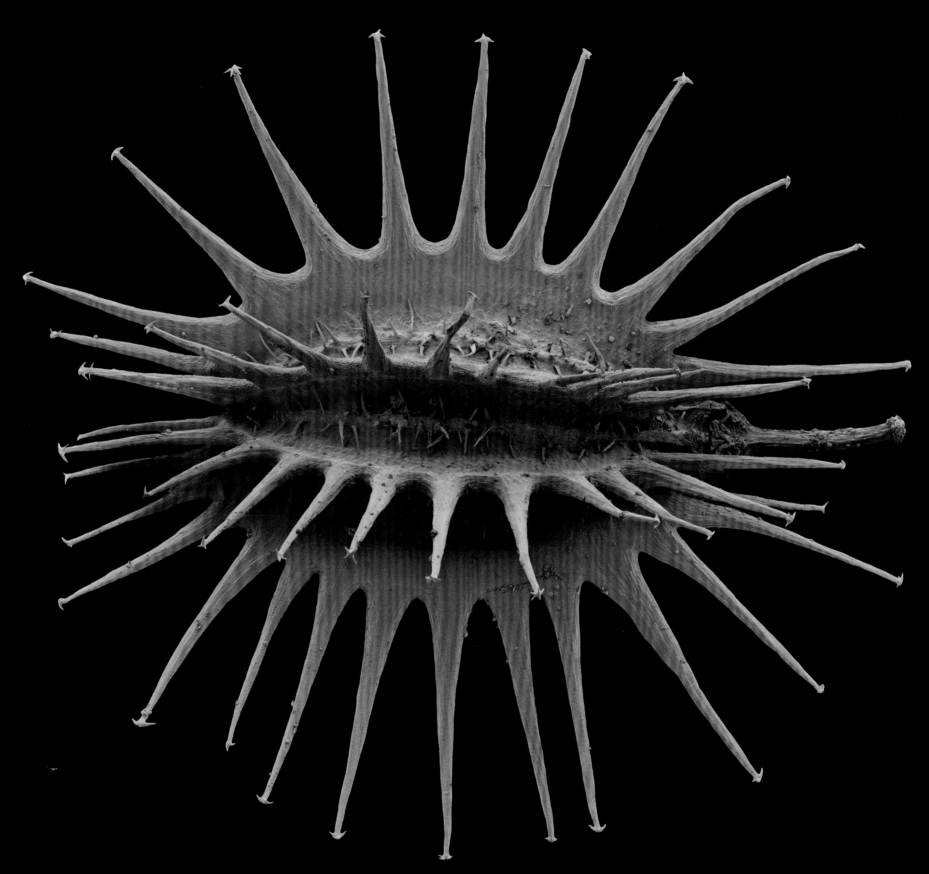

110쪽: 파이토라카 아시노사(자리공과) *Phytolacca acinosa* (Phy-tolaccaceae) – Indian pokeweed. 동아시아 원산. 화서. 꽃의 지름 7.5mm. 꽃에 있는 합생심피의 씨방상위는 각각 하나의 심피에 해당하는 7∼8개의 열편으로 되어 있다.

파이토라카 아시노사(자리공과) *Phytolacca acinosa* (Phytolacca-ceae) – Indian pokeweed. 동아시아 원산. 열매(장과형 분열과). 열매 지름 7.8mm. 열매가 익고 나면, 각 심피는 하나의 종자가 들어 있는 장과(소장과)가 된다. 장과형 분열과(baccarium)는 이런 형태의 분열과를 말하며, baccarium의 *bacca*는 라틴 어로 장과를 의미한다.

돌배나무(장미과) *Pyrus pyrifolia* (Rosaceae) − Chinese pear.
동아시아 원산. 열매(이과). 열매 지름 8cm. 배류(*Pyrus* spp.), 사
과(*Malus pumila*), 퀸스(*Cydonia oblonga*)에서 우리가 먹는 과육
부분은 화통에서 발달한 것이기 때문에, 이런 열매를 위과(헛열매)라
한다.

3.5mm. 이 장미속 식물의 열매(로즈힙)는 항아리 모양의 다육질 화통 안에 있는 수많은 소견과들(수과들)로 이루어진 복합과이다.

맨 아래: 로사 록스버기(장미과) *Rosa roxburghii* (Rosaceae) – sweet chestnut rose. 화통 안의 소견과들이 보이도록 종단한 열매(이과형 복합과)

114쪽: 꽃딸기(장미과) *Fragaria×ananassa* (Rosaceae) – garden strawberry. 재배종으로 알려져 있다. 열매의 표면을 확대해 보면 숙존성 암술대가 있는 하나의 종자로 된 수과가 보인다.

115쪽: 꽃딸기(장미과) *Fragaria×ananassa* (Rosaceae) – garden strawberry. 열매(화탁복합과). 열매 지름 1.2cm. 이생심피 암술군을 이루고 있는 심피들이 팽창된 꽃대(화탁) 위에 놓여 있는 갈색의 작은 수과들로 발달한다. 우리가 열매에서 먹는 부분은 이 화탁이 자라서 커진 부분이다.

위과 – 열매분류학자들의 시금석

암술군에서 만들어지는 다양한 구조들만 가지고 열매를 분류하는 것은 어려운 일이다. 씨방 하나만이 아닌 꽃의 다른 부분이 훨씬 더 복잡하게 열매 형성에 관여하게 되면 열매분류학자들은 진정한 시험대에 오르게 된다. 실제로 꽃의 다른 기관(꽃잎, 꽃받침잎, 화탁, 소화경)이나 심지어 포 같은 부가적인 부분들이 수정 후에도 남아서 성숙한 씨방(이생심피 또는 합생심피)에 합쳐지는 경우가 있다. 이런 열매를 위과(헛열매, 그리스 어: *anthos*= 꽃+ *karpos*= 열매)라고 한다. 엄밀히 말해서 위과는 박과나 파초과, 꼭두서니과 등 많은 식물들에서 볼 수 있는 전형적인 유형의 씨방하위화에서 발달한 열매이다. 원래 프랑스의 니케즈 드보(Nicaise Auguste Desvaux, 1784~1856)와 영국의 존 린들리(John Lindley, 1799~1865) 같은 초기의 열매분류학자들은 열매 분류에서 씨방의 위치를 중요한 기준으로 여겼다(Desvaux 1813; Lindley 1832; Takhtajan 1959). 하지만 현대로 오면서 대부분의 열매분류학자들은 씨방하위와 씨방상위를 열매의 분류에 크게 관련시키지 않는다. 예를 들면, 그 열매가 씨방상위(키위 *Actinidia deliciosa*, 다래나무과)에서 발달한 것이든 씨방하위(겨우살이류 열매, *Viscum album*, 단향과)에서 발달한 것이든 과벽의 전부가 다육질로 이루어진 열매를 그냥 장과라고 하는 것처럼 말이다. 위과에서는 씨방벽과 화통 모두가 과벽을 형성하는 데 기여한다. 대부분의 경우에서 이 두 개의 층은 현미경으로도 구별할 수 없을 정도로 완전히 융합되어 있다. 하지만 사과가 속한 장미과의 배나무아과 식물들의 열매, 특히 서양모과(*Mespilus germanica*), 비파(*Eriobotrya japonica*), 퀸스(*Cydonia oblonga*), 그리고 서양배(*Pyrus communis*)에서는 우리가 주로 먹는 부분인 과육 부분이 씨방벽이 아닌 화통에서 발달했다는 것이 확연하게 눈에 보인다. 이 두 조직 간의 경계선이 관다발로 표시되기 때문이다. 이 관다발은 사과를 횡단하였을 때 보이는 중심부 둘레에 원을 형성하고 있는 점들(잘려진 관다발에 해당하는 녹색의 점들)로 또렷하게 나타난다. 그리고 씨방하위에서 발달한, 양피지처럼 질긴 내과피는 종자가 들어 있는 속을 형성하고 있다. 여기서 씨방하위와 화통은 이과(pome)라는 위과(헛열매)를 결정짓는 중요한 특징이다. 교과서에 언급되곤 하는 것과는 달리 배나무아과의 식물들은 이생심피가 아닌 합생심피를 가지고 있다. 사과의 가운데에 별 모양으로 보이는 심피가 아주 짧은 길이로만 합착되어 있어도 말이다. 장미류(*Rosa* spp.)를 포함한 장미과의 다른 식물들은 이생심피의 암술군을 가지고 있기 때문에 복합과를 맺는다. 하지만 그들의 심피가 소견과들로 발달된다는 사실에도 불구하고 열매 전체의 모양은 마치 사과와 매우 유사하다. 그 이유는 이생심피에서 발달한 각각의 소견과들이 항아리 모양의 다육질 화통에 싸여 있기 때문이다. 결과적으로 뒤모르티에가 제안한 복합과의 명명법에 따라, 이것은 이과형 복합과(pometum)인 위과가 된다. 또 다른 장미과 식물인 딸기속 식물에서는 완전히 다른 상황이 전개

된다. 바로 이생심피 암술군을 이루는 심피들이 컵 모양의 화통에 싸이는 것이 아니라 부풀어진 화탁 위에 배열되어 있다. 꽃이 열매로 발달하면서 화탁은 상당히 크게 팽창되어 열매 중에서도 인기 있는 것 중 하나인 딸기가 된다. 심피 자체는 열매에 크게 기여하지 않는다. 딸기 표면에 보이는 갈색의 작은 알갱이들이 바로 심피가 발달한 소견과들이다.

열매가 되는 부분에 있어서 화통이나 화탁 외에 훨씬 더 분명하게 기여하는 꽃의 다른 기관들은 캐슈애플(부풀어진 소화경), 호두(융합된 포), 국화과(꽃받침)와 산토끼꽃과(꽃받침과 포)의 하위수과, 그리고 이엽시과(크게 자라난 꽃받침잎)의 가시과에서 이미 살펴보았다. 하지만 궁극의 난제는 화서 전체가 열매로 발달하는 경우이다. 이 열매에서는 포나 화피, 화경 같은 암술군 이외의 기관들이 열매를 구성할 뿐만 아니라, 열매에 대해 식물학자들이 갖는 형태학적 개념의 기초를 뒤흔들며 "하나의 꽃에서 하나의 열매"라는 이상적인 정설을 뒤집었다.

복과 – 여러 개의 꽃에서 하나의 열매가 만들어진다?

단과를 이해하고 더 복잡한 복합과나 분열과를 살펴보면서 하나의 꽃에서 여러 개의 열매(소과)들이 생겨날 수 있다는 사실을 받아들이는 – 지금쯤은 이미 열매분류학자의 견습생이 된 – 독자들은 그 반대도 가능하다는 것을 염두에 둘 것이다. 예를 들어, 밤나무와 너도밤나무가 맺는 열개포엽복과는 진짜 "견과를 담는 주머니"로 드러났다. 그것은 마치 "정상적인" 하나의 삭과처럼 보이지만, 종자로 여겨졌던 것은 사실 각두(깍정이) 안에서 생겨난 단일 종자의 견과들인 것이다.

피자식물은 열매와 종자의 엄청난 다양성 덕에 진화적으로 성공할 수 있었으며, 하나의 복과(compound fruit)를 형성하기 위해 여러 개의 꽃들이 합쳐진다는 것은 피자식물이 몇 가지 흥미로운 결과를 추구한 또 다른 열매분류학적 개념이다. 복과의 씨방들은 분리된 채로 있기도 하고 합쳐져 있기도 하다. 복과는 화서 전체가 기능상 하나로 된 열매의 역할을 하는 과서(果序)로 정의된다. 복과의 가장 간단한 예는 2개의 씨방이 부분적으로 합착되어 "두 배의 장과"를 형성한 유라시아의 로니세라 자일로스테움(*Lonicera xylosteum*, 인동과)과 "두 배의 핵과"를 형성한 북아메리카의 호자덩굴류인 미첼라 레펜스(*Mitchella repens*, 꼭두서니과)에서 볼 수 있다. 로니세라 자일로스테움의 장과들은 기부만 융합되어 있지만, 미첼라 레펜스의 경우는 2개의 씨방에서 유래한 것을 보여 주는 2개의 오목한 홈이 아니었다면 "정상적인" 단과인 핵과나 장과로 보일 정도이다. 블루베리 크기의 작은 미첼라 레펜스의 열매는 먹을 수 있으며, 아메리칸 인디언들은 평상시에 출산을 돕는 용도로 이 식물의 열매와 잎을 사용했다. 그 약효는 어떤지 모르겠지만 이 열매가 그리 맛있지는 않다.

산딸나무류(*Cornus* spp., 층층나무과)의 복과는 더 복잡하며 인상적이다. 예를 들면, 신카르페

117쪽: 판다누스 오도리퍼(판다나과) *Pandanus odorifer* (Pandanaceae) – fragrant screwpine. 열대·아열대 아시아 원산. 열매(상과). 지름 약 15~20cm. 암꽃 화서는 먹을 수 있는 큰 다육질의 복과로 발달한다.

아래: 호자덩굴(꼭두서니과) *Mitchella undulata* (Rubiaceae) – Japanese partridge-berry. 동아시아(한국, 일본, 대만) 원산. 열매(이중장과). 열매 지름 약 1cm. 호자덩굴속 식물에서는 단 2개의 씨방이 융합하여 복과("두 배의 핵과")를 형성한다.

맨 아래: 파인애플(파인애플과) *Ananas comosus* (Bromeliaceae) – pineapple. 남아메리카 원산. 열매(상과)

아(Syncarpea) 아속에 속하는 중국의 산딸나무(Cornus kousa subsp. chinensis)는 눈에 잘 띄지 않는 녹색의 꽃들이 조밀하게 뭉쳐서 공 모양을 이룬다. 그리고 두드러지게 큰 흰색의 꽃잎 같은 포가 이 꽃을 둘러싸고 있다. 수분 후에 포는 떨어지고 꽃무리는 핵과들의 융합으로 이루어진, 약 2cm 지름의 선홍색 공 모양의 열매로 발달한다. 즙이 많고 달콤한 커스터드 맛이 나는 과육은 먹을 수 있지만, 각 핵과의 핵으로 구성된 열매의 대부분과 껍질은 다소 거칠고 먹기 불편하다.

흔히 있는 일이지만, 열대 지역이나 마트에 가면 음식으로 이용되는 복과의 예들을 볼 수 있다. 그중에서도 한 다발의 꽃 전체가 일치단결하여 만들어 낸 맛있는 열매 중 하나는 무엇보다도 파인애플일 것이다. 파인애플 식물(Ananas comosus, 파인애플과)은 몇 년간의 영양 생장을 한 후 비후된 축에 꽃자루가 없고 눈에 잘 띄지 않는 다수의 꽃들이 달린 화서를 맺는다. 화서의 각 꽃들은 포 안에 있으며, 가장 위쪽의 것들은 열매를 맺지 못한다. 그래서 파인애플을 보았을 때 가장 먼저 눈에 들어오는 정단부의 뾰족뾰족한 녹색 잎 다발은 잎처럼 생긴 포들이 무리지어 달린 것이다. 단단한 열매의 중앙부는 섬유질로 된 화서 축에 해당하고, 우리가 먹는 부분은 생식력 있는 포의 아랫부분과 꽃받침잎이 남아 있는 꽃, 그리고 화서 축이 합쳐져 형성된 것이다. 이런 기관들이 경계를 알 수 없게 합쳐져 부드럽고 달콤한 즙이 가득한 "슈퍼베리(superberry)", 과학적 용어로는 상과(sorosus)를 만들어 내었다. 파인애플의 단단한 껍질은 숙존성의 꽃받침잎과 씨방의 정단부, 그리고 포의 조직이 발달한 것이다. 특히 포의 끝 부분은 밖으로 돌출되어 열매 표면에 양피지 같은 삼각형의 비늘을 형성하고 있다. 파인애플 식물은 열매를 수확하고 나면 죽는다. 재배하는 파인애플은 종자가 없게 개량한 것이기 때문에 번식은 오로지 영양 번식으로 이루어진다. 특히 파인애플의 꼭대기에 있는 녹색 포 다발을 잘라서 번식에 사용한다.

뽕나무과 식물들은 거의 예외 없이 복과를 맺는다. 검은뽕나무(Morus nigra)는 마치 블랙베리처럼 생겼지만, 이와 다르게 작은 화피(십자로 마주난 4개의 화피)들과 기저의 화서 축이 다육화된 암꽃 화서 전체가 발달하여 형성된 열매를 맺는다. 씨방 자체는 하나의 종자가 든 작은 핵과로 발달하며, 이 핵과의 핵이 열매를 먹을 때 단단하게 씹히는 작은 조각들이다. 맛이 좋은 검은뽕나무의 열매(검은오디)는 생으로 먹기도 하고 중세 시대에 와인의 색감과 풍미를 더해 주는 용도로 사용되기도 했다. 검은오디는 천 년이 넘는 시간 동안의 재배를 통해 뽕나무(Morus alba)로부터 유래되었다고 한다. 오늘날 이 두 종은 온대의 아시아와 유럽, 그리고 북아메리카에서 식용의 열매와 관상을 목적으로 재배되고 있다. 더구나 뽕나무의 원산지인 중국에서는 열매보다 잎의 경제적 중요성이 훨씬 크다. 뽕나무의 잎은 누에가 먹는 유일한 먹이로, 수 세기 동안 유명한 중국 실크 산업의 핵심이었다. 그러나 인간이 착취해 온 역사를 가진 뽕나무과의 열매가 오디뿐만은 아니다. 이 과에는 훨씬 큰 식용의 복과를 가진 빵열매(Artocarpus altilis)와 잭프루트(Artocarpus

중국산딸나무(층층나무과) Cornus kousa subsp. chinensis (Cornaceae) – Chinese dogwood. 중국 중북부 원산
아래: 조밀하게 뭉쳐 있는 녹색의 꽃들(화서)과 그 주위를 둘러싸고 있는 흰색의 큰 꽃잎 같은 포가 마치 하나의 꽃처럼 보인다.
맨 아래: 열매(상과). 지름 약 2cm. 수분 후에 꽃무리는 핵과들이 합쳐진 선홍색 열매가 된다.
119쪽: 미성숙한 열매에 있는 각각의 꽃이 보인다. 털이 많은 꽃받침잎은 씨방(꽃잎과 수술은 떨어진 상태)을 둘러싸고 있다. 암술대 길이 1mm

heterophyllus), 그리고 무화과(fig, *Ficus carica*) 같은 경제적으로 중요한 종들이 있다.

빵나무와 바운티호의 반란

실제보다 훨씬 미화된 바운티호의 반란 때문에 온대 지역의 사람들에게 더 잘 알려진 빵나무(breadfruit)는 오랜 옛날부터 폴리네시아 사람들의 주요 작물이었다. 고대 시대부터 탄수화물과 영양가가 많은 열매를 목적으로 이 식물을 재배해 오고 있는 인도네시아가 빵나무(*Artocarpus altilis*, 그리스 어: *artos*= 빵 덩어리+*carpos*= 열매)의 기원지로 알려져 있다. 빵나무의 열매는 관처럼 생긴 다육질의 화피를 가진 수많은 꽃들이 있는 암꽃 화서에서 발달하며, 오디와 비슷한 공 모양이거나 긴 타원형이다. 하지만 빵나무의 씨방들은 오디와는 다르게 크기가 큰 수과들로 발달하며, 이것들이 이룬 복과 전체는 지름 30cm에 무게 4kg에 달하기도 한다. 특히 열매가 다 익지 않았을 때의 높은 탄수화물 함량 때문에 이 식물의 이름을 빵나무라고 한다. 빵나무 열매는 두 종류가 있다. 그중 한 종류에는 종자가 없고, "브레드넛(breadnut)"이라 불리는 다른 한 종류에는 수과 안에 먹을 수 있는 큰 종자가 들어 있다. 종자가 없는 것은 영양 번식으로 증식되는데, 이는 인간에 의해 오랜 기간 동안 재배된 결과인 것으로 보인다. 덜 익은 녹색의 빵나무 열매의 과육은 하얗고 푸석거리지만 사람들은 이것을 굽거나 끓이거나 또는 튀겨서 먹곤 한다. 덜 성숙한 열매의 과육은 탄수화물이 30~40%를 차지하고 있어서 감자와 맛이나 질감이 비슷하다. 그리고 빵나무 열매가 노란색으로 익으면서 탄수화물의 일부는 당분으로 바뀌게 된다. 그 후 완전히 성숙하면 당분의 함량이 높아져 열매는 달콤하며, 이것을 푸딩이나 케이크, 그리고 소스를 만드는 데 사용한다. 태평양 연안의 대부분, 특히 폴리네시아와 미크로네시아에서는 이렇게 종자가 없는 빵나무 열매를 선호한다. 반면에, 뉴기니와 말레이시아 사람들은 종자가 들어 있는 "브레드넛"을 좋아한다. 이 사람들은 브레드넛의 보잘것없는 과육 대신, 밤과 크기와 맛이 비슷한 종자를 굽거나 삶아서 즐겨 먹는다.

이 귀한 음식을 태평양 연안에 전파시킨 것은 폴리네시아의 이민자들로 추정된다. 20m의 키에 깊게 갈라진, 가죽 느낌이 나는 진녹색의 반짝이는 큰 잎과 매우 끈적이는 유액을 가진 이 나무를 유럽 인들이 처음 접한 때는 아마도 1595년 마르키즈 제도에서였을 것이다. 그리고 10년 후 유럽 인들은 타히티에서도 이 나무를 볼 수 있었다. 그러나 1769년 제임스 쿡(James Cook) 대위와 그의 선원들이 타히티를 방문하는 동안 이 열매를 먹을 수 있다는 것을 안 후에야 영국의 탐험가들이 빵나무 열매에 열광하기 시작했다. 타히티에 머물렀던 쿡 대위의 인데버호(HMB Endeavour)에 탑승했던 또 다른 사람은 그 당시 재능 있는 젊은 식물학자 중 한 사람인 조지프 뱅크스(Joseph Banks)와 그의 친구이자 린네(Carl von Linne)의 제자이며 뛰어난 과학자였던 다

120쪽: 검은뽕나무(뽕나무과) *Morus nigra* (Moraceae) - black mulberry. 중국에서 기원하며, 고대 시대부터 재배되어 왔다. 현미경으로 자세히 본 열매 표면. 소과 너비 5.3mm. 각각의 소과에는 시든 암술머리가 남아 있다.

아래: 검은뽕나무(뽕나무과) *Morus nigra* (Moraceae) - black mulberry. 열매(상과). 길이 약 2.5cm. 겉으로 보기에 블랙베리와 닮았으나, 이 열매는 십자로 난 4개의 작은 화피와 화서 기저의 꽃대가 다육질로 발달하여 암꽃 화서 전체가 발달한 것이다. 씨방들은 하나의 종자가 든 작은 핵과가 되며, 이 핵과의 매우 작은 핵들이 열매의 단단한 조각들을 형성한다.

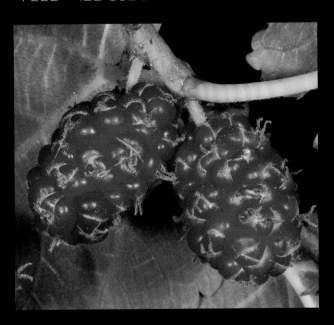

니엘 솔랜더(Daniel Solander) 박사로, 이 두 사람은 영국으로 돌아가 빵나무의 우수함을 크게 칭송하였다. 그 당시에는 영국령 서인도 제도의 사탕수수 농장 소유주들이 농장의 노예들에게 줄 값싼 음식을 오랫동안 찾고 있었다. 특히 자메이카는 1780년과 1786년 사이에 허리케인과 가뭄으로 인한 계속되는 흉작으로 심각한 기근에 시달렸고, 미국의 독립 전쟁(1775~1783) 이후에 미국으로부터 수입하던 물품도 더 이상 받을 수 없었다. 그 결과 이곳에서는 새로운 값싼 식량이 절실해졌고, 어디서나 쉽게 자라고 탄수화물이 풍부한 빵나무 열매는 이를 해결해 줄 수 있는 희망이었다. 빵나무 열매에 대한 인도주의적인 필요와 경제적 잠재력을 깨달은 왕립 협회는 조지 3세(George III)에게 남태평양의 빵나무를 서인도 제도로 가져올 원정대를 보내 달라고 청하였다. 그 당시 조지 3세의 과학 기술 고문이었던 조지프 뱅크스는 빵나무 열매의 우수성을 잘 알고 있던 터라, 이 원대한 계획을 지지하고 원정에 필요한 준비를 도맡았다. 마침내 1787년 12월 23일 제임스 쿡 대위의 세 번째이자 마지막 대항해의 항해사였던 해군 중위 윌리엄 블라이(William Bligh)는 왕의 명령으로 45명의 선원들과 함께 타히티에 있는 빵나무를 카리브 해 지역으로 가져오는 임무를 맡아 바운티호(HMS bounty)에 올랐다. 1788년 10월 26일, 27,000마일을 항해한 후에 바운티호는 타히티에 도착했다. 그리고 그곳에서 선원들은 빵나무를 수집하여 증식시키는 데 6개월가량을 보냈다. 그러면서 그들 중 많은 선원들이 천국 같은 열대의 목가적인 삶에 매료되었을 뿐만 아니라 타히티의 여자들과 사랑에 빠지기도 하였다. 1780년 4월 5일 바운티호가 섬을 떠나 카리브 해로 가려 했을 때 배에는 1,015그루의 빵나무가 실려 있었고 또한 불만 가득한 선원들이 올라탔다. 사실 이 임무를 수행하기에 베티아라는 이름의 상선을 리모델링한 바운티호는 너무 작았으며 배에 탄 인원도 턱없이 부족했다. 결국 초만원인 배에서 탈출해 쾌락적인 삶으로 돌아가고 싶었던 24살의 플레처 크리스천(Fletcher Christian)은 우리에게 잘 알려진 "바운티호의 반란"을 일으켰다. 그 결과, 1789년 4월 28일에 블라이(그는 후에 대위가 되었다)와 18명의 선원은 7m 길이의 보트에 태워져 추방되었다. 이들은 처음에 토푸아 섬 가까이에 상륙하였지만 섬 주민들의 맹렬한 대치에 밀려 멀리 네덜란드령 동인도 제도에 있는 티모르로 출발했다. 닷새간의 물과 식량뿐이었지만 이 용감무쌍한 항해에서 그들은 모두 기적적으로 살아남았다. 그들은 항해를 시작한 지 41일 후인 1789년 6월 13일, 3,618해리(약 6,700km)를 항해한 후에 티모르 섬에 다다랐다.

영국으로 돌아간 윌리엄 블라이는 영국 해군에서 대위로 승진하였다. 그리고 1791년에 영국 해군성은 그를 프로비던스호(HMS Providence)의 지휘관에 임명하였으며, 또다시 타히티의 빵나무를 서인도 제도로 가져가는 임무를 주었다. 그는 이 임무를 성공적으로 마쳤고 1793년 1,200그루의 빵나무와 다른 귀한 나무들을 자메이카로 가져갈 수 있었다. 그러나 모두의 기대와는 다르게 노예들은 이 폴리네시아의 빵나무 열매에 열광하지 않았으며 먹지도 않았다고 한다.

123쪽 위: 잭프루트(뽕나무과) *Artocarpus heterophyllus* (Moraceae) – jakfruit. 수 세기 동안 재배됨. 인도(웨스턴 가트) 기원으로 추정. 열매(상과)의 단면. 근연종인 빵나무와 마찬가지로 잭프루트는 화서 전체가 발달한 것이다. 열매의 맛있는 부분은 수정된 꽃의 화피가 발달한 것으로, 연하고 다소 가죽 느낌이 나는 덩어리로 되어 있다. 각 덩어리는 이와 마찬가지로 식용이 가능한 수과를 에워싸고 있는데, 이 수과는 길이 3cm에 밝은 갈색의 달걀 모양이다. 잭프루트는 인도에서 망고와 바나나 다음으로 가장 인기 있는 열매이다.

123쪽 아래: 잭프루트(뽕나무과) *Artocarpus heterophylus* (Moraceae) – jakfruit. 길이 90cm, 지름 50cm, 무게 40kg에 달하는 잭프루트는 나무에 열리는 열매로는 가장 크다고 할 수 있다. 다 익은 잭프루트는 전형적으로 포유동물에 의한 종자 산포를 하는 열매로서 썩은 양파 냄새 같은 퀴퀴하고 단 냄새를 풍긴다.

아래: 빵나무(뽕나무과) *Artocarpus altilis* (Moraceae) – breadfruit. 말레이 반도, 서태평양 원산. 열매(상과). 열매의 지름은 30cm에 달한다. 뽕나무의 열매처럼 빵나무의 열매도 암꽃 화서 전체가 발달한 것이다. 암꽃 화서에는 다수의 작은 꽃들이 달려 있으며, 통 모양의 화피들이 이 복과의 과육이 된다. 빵나무의 열매는 높은 탄수화물 함량 때문에 고대 시대부터 폴리네시아 사람들의 주된 작물이었다.

나무에 맺히는 가장 큰 열매

프로비던스호가 가져온 다른 귀한 식물 중에는 윌리엄 블라이 대위가 티모르 섬에서 수집한, 빵나무와 아주 가까운 종인 잭프루트(*Artocarpus heterophyllus*, 뽕나무과)가 있었다. 보통 "jack-fruit"라는 철자로 사용되지만, 현지의 말라얄람 어 "chakka"에서 유래된 포르투갈 어 "jaca"를 영어식으로 바꾼 것이기 때문에 일반적인 영어 이름의 정확한 철자는 "jakfruit"이 되어야 한다.

잭프루트는 빵나무와 마찬가지로 아시아의 열대 지역에서 오래전부터 재배되어 오고 있는 식물이다. 잭프루트의 기원은 인도 웨스턴 가트의 우림으로 추정되고 있다. 이곳에서 잭프루트는 망고와 바나나 다음으로 가장 인기 있는 열매로 여전히 최고의 인기를 누리고 있다. 잭프루트를 말레이 반도로 가져온 사람은 인도에서 온 이주민이었던 것으로 여겨진다. 잭프루트는 빵나무와는 다르게 소형의 둥근 잎을 가지며, 나무줄기와 가장 굵은 가지에 암꽃 화서가 달려 열매로 자란다. 수확기가 되면 암꽃 화서가 이렇게 줄기에 바로 붙어 열리는 이유를 알 수 있다. 이 나무에 맺히는 열매인 잭프루트가 길이 90cm, 지름 50cm에 무게가 40kg에 달하기 때문이다. 이 어마어마한 규모의 잭프루트는 지구상의 그 어떤 나무의 열매보다 크다. 잭프루트의 크기는 누구에게나 굉장해 보이지만, 식용으로서의 의견은 분분하다. 우선 매우 끈적끈적한 유액 때문에 이 열매의 껍질을 벗겨 먹기가 힘들 뿐만 아니라, 완전히 익은 열매는 썩은 양파를 떠올리게 하는 퀴퀴한 단내를 풍기기도 한다. 그래서 잭프루트에 대해 잘 모르는 사람은 좋지 않은 첫인상을 가지고 돌아선다. 그러나 화피의 말단이 단단해져 형성된, 녹색 내지 노란 갈색의 거친 껍질을 조심스레 벗기면 황금색의 맛있는 과육이 나온다. 멜론과 파인애플, 망고, 파파야, 그리고 바나나를 적절히 섞어 놓은 듯한 이 과육의 향기와 풍부한 맛은 좋지 않은 냄새의 첫인상을 모두 보상해 줄 만하다. 과육에 있는 부드럽지만 약간 고무 느낌이 나는 "둥근 덩어리들"은 수정된 꽃들의 화피가 발달한 것으로, 과육의 가장 맛있는 부분을 구성하고 있다. 각 덩어리는 3cm 길이의 달걀 모양인 밝은 갈색 수과를 감싸고 있는데, 잭넛(jaknut)이라 불리는 밤 맛이 나는 종자는 탄수화물과 단백질 함량이 높으며 생으로 혹은 굽거나 삶아서 먹기도 한다. 또한 덩어리들 사이사이에는 "래그(rag)"라는 질긴 섬유 조직이 있는데, 꼭꼭 씹어 먹어야 하는 래그는 수정하지 못한 꽃의 화피에서 유래한 것으로, 특유의 잼을 만들 수 있는 재료가 된다.

무화과, 각다귀 그리고 아첨꾼

잭프루트의 거대한 규모에 놀란 사람들에게 그의 사촌인 무화과(*Ficus carica*, 뽕나무과)는 그보다 왜소하여 다소 실망스러워 보일 수 있다. 하지만 무화과를 자세히 보면 생물에게 있어 크기가 전부는 아니라는 것을 실감하게 된다. 빵나무와 잭프루트가 보다 모험적인 과거사를 가졌다

복과

123

면, 무화과에 대한 인간의 탐닉의 역사는 훨씬 더 인상적이라고 할 수 있다. 무화과는 사실 성경에 기록된 바와 같이, 아담과 이브가 몸을 가리기 위해 사용한 잎으로 먼저 유명해졌다. 하지만 무화과가 수천 년 동안 재배되어 오면서 지중해 연안의 사람들에게 지대한 사랑을 받아 온 것은 그 열매 때문이다. 이집트 인들과 그리스 인들은 무화과 열매를 가장 맛있는 음식 중 하나라고 찬미했으며, 클레오파트라 여왕이 가장 좋아하는 열매도 무화과였고, 아테네 인들은 매우 자랑스러운 그들의 무화과를 아티카 밖으로 가지고 나가지 못하게 금지하기까지 했다. 그들은 무화과가 불법적으로 수출되는 것을 적발한 사람들을 "무화과 고발자"라는 의미로 "사이코판타이(syko-phantai)"라고 불렀다. 이들 중 몇몇이 교묘한 방법으로 그들의 영향력을 남용하였기 때문에, 그 이름은 후에 모든 고발자나 아첨꾼 거짓말쟁이, 사기꾼 그리고 기생충에 일반적으로 사용되었고, 결국 영어의 사이코판트(아첨꾼 sycophant)가 되었다. 또한 로마 인들에게도 큰 찬미의 대상이었던 무화과는 로마 제국 전체에 퍼지기도 하였다. 무화과의 변종을 29가지나 알고 있었던 로마의 플리니우스(Pliny, 서기 약 61~112년)는 무화과가 젊은 사람에게 힘을 주고, 노인에게는 건강한 삶과 주름이 사라진 외모를 준다는 것을 발견했다. 무화과는 오랜 시간 동안 재배되었기 때문에 정확한 기원이 알려져 있지는 않지만, 일반적으로 근동과 흑해 사이의 어딘가로 추정되고 있다. 이집트 인들이 6,000년 전에도 무화과를 재배하고 있었다는 것은 오래전부터 알려져 왔다. 그러나 최근에 11,200년에서 11,400년 전의 것으로 추정되는 식용의 무화과 화석이 요르단 계곡에 있는 한 고대 마을에서 발견되었다. 또한 이 무화과에 씨가 없다는 사실은 그것이 단위 생식으로(수정이 없이) 생겼다는 것, 즉 재배종에서 맺은 열매라는 사실을 분명히 보여 주고 있다. 이 획기적인 발견에 대한 해석이 옳다면, 무화과는 신석기 혁명기에 보리나 밀보다 천 년 이상 전에 인간에 의해 재배된 최초의 식물인 것이다. 무화과의 줄기만을 잘라 심어도 쉽게 번식된다는 사실이 초기 재배에 대한 견해를 뒷받침한다.

　무화과와 무화과속에 속하는 열대·아열대의 750여 종의 식물들은 잭프루트와 같은 뽕나무과에 속하지만 뽕나무과의 다른 식물들과 많이 다르다. 이 식물들은 무화과족(Ficeae)이라는 분리된 족으로 분류된다. 이러한 분류학적 구분은 수분 후에 우리가 일반적으로 무화과(fig, 그리스 어 sykon= 무화과)라고 부르는 열매로 성숙하는 은두화서(syconium)라는 특이한 화서에 기반을 둔다. 무화과는 단순한 용어로 속이 뒤집힌 소형의 잭프루트라고 할 수 있다. 또 과학적 용어로는 비대해진 화서 축이 깊게 함입하여 긴 타원형 혹은 배 모양이 되고, 내부의 벽에 소형의 무화과인 경우 2개 또는 3개, 가장 큰 무화과의 경우 수천 개의 작은 수꽃과 암꽃, 또는 암꽃이 달려 있는 것이라고 할 수 있다. 은두화서가 이론적으로 어떻게 형성되었는지에 대한 설명으로 해바라기 꽃의 가장자리가 둥글게 말려 올라가다가 결국엔 항아리 모양을 이루며 꼭대기에 매우 작은 구멍

125쪽: 무화과나무(뽕나무과) *Ficus carica* (Moraceae) - common fig. 매우 오래된 재배종으로, 아시아 남서부에서 기원한 것으로 추정된다. 은두화서의 입구(공구)를 확대한 것이다. 지름 1.1cm. 수많은 포들이 은두화서의 입구를 빽빽이 덮고 있다가 수분 시기가 오면 좁은 길을 내어 준다. 무화과나무의 수분 매개자인 무화과말벌은 이 길을 통해 꽃이 있는 안으로 들어갈 수 있다.

아래: 무화과나무(뽕나무과) *Ficus carica* (Moraceae) - common fig. 열매(은화과). 열매 지름 약 4cm. 이 종은 무화과속에 속하는 전 세계의 750여 종의 무화과 중 하나이다. 모든 무화과들은 은두화서라 불리는 특이한 화서 안에 작은 꽃들을 맺는다. 은두화서는 수분 후에 우리가 흔히 부르는 "무화과"로 자란다.

만을 남겨둔 것에 비유하기도 한다. 식물학적으로 좀 더 들여다보면 해바라기 꽃의 비유는 필요하지 않다. 그 예로 뽕나무과 도르스테니에(Dorstenieae) 족의 도르스테니아 콘트라제르바(*Dorstenia contrajerva*)는 해바라기 꽃처럼 접시 같은 평평한 화서 축에 극히 작은 꽃과 열매를 펼쳐서 보여 주고 있다. 이런 화서 또는 과서(성숙 시)가 형태학적으로 펼쳐진 무화과의 실제 모델이 되는 셈이다. 하지만 우리가 흔히 보는 무화과는 꼭대기의 작은 구멍(공구)만을 남겨 두고 닫혀져 있다. 그리고 그 구멍은 포들이 서로 빽빽하게 겹쳐져 막혀 있다. 또한 열대 지역의 어떤 무화과는 땅속 10cm 깊이까지 꽃을 맺는데, 이것들은 결국 이 꽃들의 수분이 어떻게 가능한지 설명이 필요한 부분이다. 이것의 답은 공진화의 가장 놀라운 예 중 하나로, 식물과 동물 간의 관계에서 서로의 파트너에게 필수적인 상호 의존에 대해서 말해 준다. 벌목 무화과말벌과에 속하는 작은 곤충들은 무화과 내부에서 그들의 생식 주기가 일어나게 진화되었다. 그리고 무화과가 서식처와 식량을 제공하는 대가로 1~2mm 길이의 이 말벌들은 무화과에게 매우 중요한 서비스인 수분을 해 준다. 무화과의 수분과 무화과말벌의 생식 주기는 수정란을 지닌 암컷 말벌이 종종 날개가 부러지면서까지 좁은 공구를 통해 무화과 안으로 들어가는 것으로 시작된다. 무화과 안으로 들어간 말벌은 다른 무화과꽃에서 가져온 꽃가루로 암술대가 긴 암꽃(생식력이 있는 암꽃)에 수분을 해 준다. 그리고는 무화과가 특별히 제공한 암술대가 짧은 암꽃의 씨방에 알을 낳는다. 문헌에서는 말벌이 알을 낳는 이 꽃을 "벌레혹꽃"이라고 하며, 생식력이 있는 긴 암술대를 갖는 꽃들과 달리 이 꽃을 생식력이 없는 것으로 여기곤 한다. 그러나 말벌이 자라고 있는 이 꽃의 씨방은 일반적인 벌레혹과는 다르게 비정상적인 조직 형성을 보이지도 않을 뿐만 아니라, 만약 말벌이 알을 낳지 않았다면 긴 암술대의 꽃처럼 정상적인 종자를 갖는 핵과로 발달할 수 있었을 것이다. 그래도 말벌에게 "제물로 바쳐지는" 짧은 암술대의 꽃 덕분에 긴 암술대의 꽃은 말벌의 침입으로부터 안전해질 수 있다. 그 이유는 말벌의 산란관이 짧은 암술대의 씨방에만 알을 낳을 정도의 길이를 가졌기 때문이다. 알을 낳은 후 쇠약해진 암컷 말벌은 무화과 내부에서 죽게 된다. 그리고 말벌의 알이 주입된 짧은 암술대의 꽃은 배아가 아닌 배젖 조직을 생산하게 된다. 그 후 2~3주 동안 단위 생식(즉, 밑씨의 수정 없이)으로 생겨난 배젖은 성장하는 말벌 유충의 먹이가 된다. 이로써 수정된 암꽃이 하나의 종자가 든 작은 핵과(무화과 안의 작은 핵들이 씹히는 이유)로 발달하는 것과는 다르게 짧은 암술대의 꽃들은 말벌이 부화하면 죽게 된다. 이 작은 곤충들의 부화는 그로부터 2~3개월 후에 시작되는데, 이것은 아마도 무화과 내부의 높은 이산화탄소 함량에 의해 조절되는 놀랍도록 정교한 계획에 따르는 것으로 보인다. 처음에 부화되는 것은 수컷 말벌이다. 암컷과는 달리 수컷은 무화과 안에서 절대 떠나는 법이 없으므로 날개도 없으며, 다리와 눈은 퇴화된 상태로 태어난다. 수컷 말벌의 짧은 생애와 세상으로 나온 후 겪는 고통은 가혹한

127쪽: 무화과좀벌(무화과말벌과) *Blastophaga psenes* (Agaonidae) – 암컷. 몸길이 1.7mm. 무화과(*Ficus carica*)의 수분 매개자. 무화과좀벌의 매끄러운 몸체에는 단 몇 개의 꽃가루만이 붙는다. 꽃가루는 말벌 흉부의 특수한 꽃가루 주머니로 옮겨지는데, 꽃가루를 담는 공간인 꽃가루 주머니(corbiculae)는 앞다리와 더듬이, 그리고 복부의 접혀진 마디 사이에 있다. 이 무화과좀벌의 암컷은 암꽃의 씨방에 알을 낳으며, 이곳에서 유충이 자라서 번데기가 된다. 그 후 날개가 없는 무화과좀벌의 수컷이 먼저 부화하여 아직 씨방 안에 있는 암컷과 교배를 한다.

아래: 무화과나무(뽕나무과) *Ficus carica* (Moraceae) – common fig. 매우 오래된 재배종으로, 아시아 남서부에서 기원한 것으로 추정된다. 무화과좀벌(*Blastophaga psenes*, 무화과말벌과)에 붙은 꽃가루. 길이 10.4μm.

열매 – 먹을 수 있는, 먹을 수 없는, 믿을 수 없는

성별 불평등으로 느껴지기도 하지만 사실 수컷 말벌의 생활은 달콤하기 그지없다. 수컷 말벌은 암컷보다 훨씬 강한 턱을 가지고 있으며, 이 턱을 가지고 아직 부화하지 않은 어린 암컷을 알집에서 구출시키면서 동시에 짝짓기를 한다. 다수의 무화과 종에서 짧은 생애를 사는 수컷 말벌은 무화과 벽에 구멍을 뚫기도 한다. 이 구멍을 통해 들어온 신선한 공기로 암컷이 깨어나 떠나게 된다. 또한 이 공기로 인한 무화과 내부의 대기 변화로 무화과는 성숙하여 커진다. 일반적인 식용 무화과를 포함한 다른 종들에서는 수컷이 뚫은 구멍이 아닌 성숙 시에 넓어진 공구를 통해 암컷이 나온다. 탈출 전략이 무엇이든지 간에, 날개 달린 암컷은 성숙한 무화과 내부의 수꽃들을 지나오면서 꽃가루 주머니에 꽃가루를 담아 다음 무화과로 가서 새로운 번식 주기를 시작한다.

무화과속 식물의 절반에 해당하는 암수한그루 종들에 이 수분 전략이 사용된다. 그리고 나머지 절반의 종들은 각기 다른 개체에 암꽃과 수꽃이 약간 복잡하게 분포된 암수딴그루 종들이다. 암수한그루의 경우 하나의 은두화서에 수꽃과 짧고 긴 암술대를 가진 두 종류의 암꽃이 함께 달린다. 반면에 암수딴그루 무화과는 암그루와 수그루 각각에 다른 두 종류의 은두화서가 달린다. 수그루에 있는 은두화서는 무화과말벌의 숙주 역할을 하는 짧은 암술대의 암꽃과 꽃가루를 만드는 수꽃을 맺기 때문에 기능적으로 수꽃의 역할만 한다. 그리고 암그루는 긴 암술대의 암꽃만을 갖는 순수 암꽃을 맺는다. 이처럼 같은 종 내에서 양성화를 갖는 개체(암수한몸 hermaphrodite)와 암꽃만을 갖는 개체가 있는 암수딴그루를 자성이주라고 한다. 이런 무화과에서는 수분과 종자 생산이 약간 다른 양상을 보인다. 암컷 말벌이 자신이 태어난 "수꽃" 은두화서를 떠난 후에 꽃가루를 가득 싣고는 숙주가 되는 다른 은두화서의 공구로 들어가려 할 것이다. 이 암컷 말벌이 들어가려는 은두화서가 알을 낳을 수 있는 짧은 암술대의 꽃이 있는 "수꽃" 은두화서일지도 모르지만, 운이 따르지 않는다면 암꽃 은두화서일 수도 있다. 그리고 이 말벌은 그곳에 있는 긴 암술대의 꽃에 알을 낳기에는 자신의 산란관이 짧다는 것을 알게 될 것이다. 짧은 암술대의 꽃을 찾는 데 실패한 말벌은 결국 은두화서의 내부에서 짧은 생을 마감하기 전까지 열심히 수분을 할 것이다. 비록 암꽃 은두화서로 들어간 말벌의 일생이 쓸모없어 보이기도 하지만, 어찌되었든 다른 말벌들은 "수꽃" 은두화서에 성공적으로 알을 낳을 것이고, 결국 종합적으로 보면 이것은 무화과와 무화과말벌 모두에게 이익인 셈이다. 이런 무화과종들에서 수꽃의 기능을 하는 나무는 전적으로 자신의 짝인 말벌에게 서식처를 제공한다. 수꽃 은두화서가 이론상으로 종자를 맺을 수 있기는 하지만, 암컷 무화과말벌은 이 은두화서에 있는 짧은 암술대의 꽃에 자신의 알을 많이 낳을 뿐만 아니라, 지금까지 종자를 맺은 짧은 암술대의 꽃이 있다고 하더라도 그런 경우는 극히 드물다. 따라서 종자를 생산하는 필수적인 일은 전적으로 암그루가 맡고 있다.

수천 년 동안 지중해 근방의 사람들이 즐겨 먹던 무화과(*Ficus carica*)도 이런 자성이주이다. 하

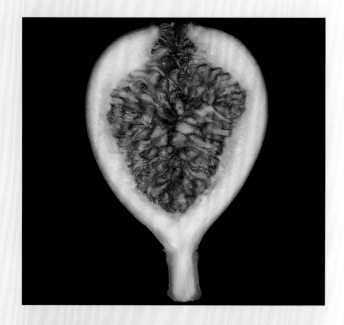

아래: 무화과나무(뽕나무과) *Ficus carica* (Moraceae) – common fig. 매우 오래된 재배종으로, 아시아 남서부에서 기원한 것으로 추정된다. 열매(은화과)의 종단면. 열매 지름 3.5cm. 식용할 수 있는 무화과는 씨방이 작은 핵과로 발달한 암꽃들이 들어찬 것이다.

맨 아래: 도르스테니아 콘트라제르바(뽕나무과) *Dorstenia contra-jerva* (Moraceae) – contrayerva. 멕시코 남부, 남아메리카 북부 원산. 열매(포엽복과). 열매 지름 3.5cm. 엄밀히 말해서 이 복과는 "펼쳐진 무화과"이다. 다수의 작은 핵과가 납작한 화서 축에 박혀 있다. 다 익으면 핵들은 강하게 튕겨져 나온다.

열매 – 먹을 수 있는, 먹을 수 없는, 믿을 수 없는

지만 식용 열매를 맺는 것은 오직 암그루뿐이다. 그리고 "수꽃" 나무가 맺는 열매는 "야생무화과" 또는 "카프리무화과(caprifig)"라고 하며, 그 안에는 무화과말벌이 가득하고 맛 또한 좋지 않다. 역사적으로 이 야생무화과를 먹는 동물은 오직 염소뿐이다. 그래서 수꽃의 무화과나무를 "염소의 무화과" 혹은 "카프리피쿠스(caprificus, 그리스 어: *caper*= 염소)"라고 한다. 무화과 재배에 있어서 수분과 열매를 위해서는 수그루가 필요하다는 사실을 아는 것은 필수적이다. 수분 없이는 은두화서가 성숙하지 않고 가지에서 떨어져 버리기 때문이다. 이런 수그루는 좀 더 복잡하게 매년 이탈리아 어 이름을 갖는 3세대의 꽃을 피운다. 먼저 6월에 익는 프로피치(profichi)라고 하는 여름세대는 짧은 암술대의 암꽃 2/3, 그리고 수꽃 1/3로 이루어져 있다. 그리고 그 뒤에는 가을에 익는 맘모니(mammoni)세대로, 이 은두화서는 짧은 암술대의 암꽃이 대부분이고 수꽃은 몇 개에 불과하다. 마지막으로 9월에 피어 이듬해 봄에 열매가 되는 맘메(mamme)세대는 말벌 애벌레가 겨울을 날 수 있도록 숙주 역할을 하는 짧은 암술대의 암꽃으로만 이루어져 있다.

페니키아 인들과 이집트 인들은 무화과좀벌(*Blastophaga psenes*)과 관련된 무화과의 복잡한 수분 메커니즘을 적어도 이론상으로 이미 알고 있었다. 2천 년보다 더 이전에 아리스토텔레스(Aristotle, 기원전 384~322)는 카프리무화과에서 나와 암꽃 은두화서의 공구로 들어가는 무화과말벌을 관찰하여 보고하였다. 그리고 아테네의 학원에서 그의 제자이자 후계자인 동시에 역사상 첫 식물분류학자로 여겨지는 에로소스 지역의 테오프라스토스(Theophrastus, 기원전 371~287)도 "무화과 수분 촉진법(caprification)"으로 불리는 무화과 수분의 복잡한 메커니즘을 보다 자세히 설명하였다. 그 후 로마의 역사가이자 자연철학자 플리니우스(Gaius Plinius Secundus, 서기 23~79)도 그의 저서 『자연사(*Natural History*)』에서 이 촉진법의 실행에 대해서 논의하였다. 사실 그 당시에는 플리니우스를 비롯한 다른 어떤 사람들도 식물의 성과 수분의 중요성을 이해하지 못했다. "야생무화과" 안에 있던 종자들이 자연스럽게 "각다귀(gnat)"로 변하여 종자가 사라졌다고 믿는 잘못된 가정과 다양한 다른 오해에도 불구하고, 플리니우스는 수그루 자체로는 식용의 열매를 맺을 수 없지만 재배되는 나무(암그루)에 그 능력을 전한다는 것을 이해하고 있었다. 따라서 이 촉진법의 원칙은 프로피치세대가 성숙하는 6월경 암그루 사이에 "수꽃" 카프리무화과가 든 바구니나 가지를 놓아두거나 암그루 농장에 "수꽃" 나무를 몇 그루 심는 것이다. 수 세기를 거치며 채택된 무화과 암그루의 수백 여 품종들은 더 이상 이런 수분을 필요로 하지 않는다. 이 품종들은 과학자들이 11,000년 전보다 더 이른 시기에 요르단 계곡에서 자랐다고 믿는 것들과 유사하다. 이것들은 카프리무화과 없이 단위 생식으로 맛있는 열매를 생산한다.

야생의 무화과가 생산한 종자들은 그 종의 생존을 보장하는 데 필수적이다. 이 목표를 달성하기 위해 야생무화과는 전적으로 무화과말벌과에 속하는 말벌의 수분에 의존한다. 사실 무화과와

열매 – 먹을 수 있는, 먹을 수 없는, 믿을 수 없는

무화과말벌의 관계는 매우 친밀하고 복잡해서 무화과속 식물 종마다 그 종만의 무화과말벌종이 있으며, 그 반대의 경우도 마찬가지이다. 무화과종이 또 하나의 말벌 종에게 수분을 요청하는 일은 매우 드물다. 최근의 DNA 염기 서열 분석 결과는 무화과의 수분이 적어도 8천만 년 전~9천만 년 전에 시작되었다는 것을 시사했다. 화석화된 무화과의 은두화서는 백악기(1억 4천2백만 년 전 ~6천5백만 년 전)의 것으로, 북아메리카의 퇴적물에서 발견된 것이었다. 이 긴 진화의 역사에서 무화과말벌은 자신의 짝인 숙주 무화과의 조건에 점점 적응되어 갔고, 무화과 역시 상대 말벌의 도움에 점점 더 적응되었다. 결국 이런 점진적인 상호 적응(공적응)은 마침내 무화과와 무화과말벌 간의 상호 종 분화를 이끌었다. 단일 종에 대한 특정 수분 매개자의 극단적인 특화는 무화과의 종간 잡종화를 막았을 뿐만 아니라, 뽕나무과에 속하는 다른 식물들에 비해 무화과속이 극히 다양한 종을 가질 수 있었던 이유이다.

솔방울을 맺는 피자식물?

세계적으로 유명한 복과들에 대한 찬사는 모든 복과가 즙이 많고 부드러우며 먹을 수 있다는 잘못된 인상에서 비롯된 것인 듯하다. 많은 복과가 장과나 핵과처럼 동물 산포자들을 유인하기 위해 맛있는 보상물을 가지고 있지만 먹을 수 없는 예도 상당히 많다. 구과식물이 맺는 구과가 오리나무에도 달려 있는 것을 궁금해한 독자라면 이제 이것에 대한 해답을 곧 찾을 수 있을 것이다.

자작나무과에 속하는 오리나무속(Alnus) 식물은 암꽃과 수꽃의 단성화를 맺는다. 이 단성화들은 바람에 의한 수분에 적응된 미상화서(catkin)에 배열되어 있다. 수꽃으로 이루어진 미상화서는 꽃가루를 흩뿌리고 나면 말라 버리고, 암꽃 미상화서는 솔방울처럼 생긴 소형의 복과로 발달한다. 이 복과에서 목질로 된 구과의 단단한 비늘 조각은 암꽃을 대하고 있던 포가 발달한 것이며, 암꽃의 씨방은 극히 작은 날개가 달린 수과로 발달한다. 이와 비슷한 예로 암수딴그루인 미국풍나무(Liquidambar styraciflua, 알팅기아과)에 달린 암꽃 두상화는 작은 샛별 같은 목질의 구과로 발달한다. 이 신기한 외형의 복과는 30~40개의 암꽃들이 만들어 낸 4~5mm 너비의 작고 뾰족한 삭과들로 이루어져 있다. 각 삭과는 양쪽으로 벌어지며, 4개의 날개 달린 길이 0.8mm의 작은 종자를 방출한다. 열매에서 보이는 뾰족한 것은 각 삭과의 숙존성 암술대가 딱딱해진 것이다.

구과를 맺는 피자식물 중 가장 인상적인 구과를 맺는 식물은 오스트레일리아의 방크시아속(Banksia) 식물이다. 이 속의 식물들이 맺는 화서는 솔처럼 생겼으며, 여기서 나온 풍부한 꿀은 원주민들이 즐겨 먹는 간식거리이다. 그리고 이 화서는 구과처럼 보이는 거대한 과서로 발달한다. 사실 구과의 비늘 조각처럼 보이는 것들은 단단한 목질의 축을 따라 빽빽하게 배열된 골돌과들이며, 이것을 포와 소포들이 뭉쳐 단단하게 둘러싸고 있다. 각 골돌과 안에 들어 있는 날개 달

130쪽: 멜라루카 아라우카리오이데스(도금양과) *Melaleuca araucarioides* (Myrtaceae) – 정식 이름이 없다(직역하면 "남양삼나무를 닮은 티트리 – Araucaria-like melaleuca"이다). 오스트레일리아 남서부 원산. 열매들(포배열개삭과). 송이 지름 8mm. 삭과들이 모여 구과와 같은 구조물을 형성하고 있으며, 이런 열매 유형은 삭과형 복과(capsiconum)로 분류되기도 한다. 각각의 삭과는 목질의 화통에 깊이 둘러싸인 채로 남아 있는 씨방하위에서 발달한 것이다. 화통의 가장자리에 빙 둘러진 5개의 삼각형 열편은 숙존성 꽃받침에 해당한다. 구과처럼 생긴 열매를 맺는 티트리속(*Melaleuca*)에 속하는 236종은 유칼립투스류와 근연 식물이며, 거의 대부분 오스트레일리아 특산이다.

미국풍나무(알팅기아과) *Liquidambar styraciflua* (Altingiaceae) – sweet gum. 북·중앙아메리카 원산. 열매(삭과형 복과). 열매 지름 3cm. 암수딴그루의 미국풍나무가 맺는 공 모양의 암꽃 화서는 샛별을 닮은 신기한 외형의 열매로 발달한다. 각 꽃은 4개의 날개 달린 작은 종자가 든 소형의 삭과가 된다. 복과에서 뾰족하게 튀어나온 것은 각 삭과의 숙존성 암술대가 딱딱해진 것이다.

린 2개의 종자는 산불이 난 후에만 산포된다. 이것은 산불이 많이 발생하는 오스트레일리아의 메마른 땅에서 살아가기 위해 방크시아속의 많은 식물들이 적응한 방식이다. 열매에서 종자를 맺지 않은 꽃들이 부싯깃 역할을 하여 끌어올린 불의 온도는 골돌과의 놀라운 열개 메커니즘을 작동하게 한다. 이 열개 메커니즘은 먼저 포식자인 동물과 산불로부터 종자를 보호하고 있던 과벽 내부의 두꺼운 조직에 장력이 쌓이는 것으로 시작된다. 골돌과가 성숙하면서 건조해짐에 따라 열매의 목질 섬유 층간에는 섬유질을 붙이고 있던 수지에 의해 생긴 장력이 쌓이게 된다. 그리고 이것이 수지를 녹일 수 있는 매우 강한 열에 노출되면 섬유질 각 층간의 장력이 해제되면서 골돌과들이 벌어지고 그 안에 있던 날개를 단 종자들이 방출되는 것이다. 산불이 없는 상황에서 열매는 수년 동안 벌어지지 않고 종자를 품은 채 식물에 남아 있게 된다. 산불에 대비한 종의 생명 보험이라고 할 수 있는 이 나무 위의 종자 은행은 해마다 또 다른 열매가 맺어져 늘어날 것이다.

구과처럼 생긴 목질의 열매에 "공중 종자 은행"을 갖는 전략을 추구하는 식물은 방크시아류와 산용안과의 다른 식물들[예: 오스트레일리아의 페트로필레속(*Petrophile*), 남아프리카의 아울락스속(*Aulax*), 프로테아속(*Protea*), 루카덴드론속(*Leucadendron*)]만이 아니다. 개과지연현상(serotiny)이라는 이 현상은 다른 과에서도 독립적으로 수차례 진화되어 왔다. 단 그들이 자라는 지역 역시 산불이 자주 발생하는 지역이다. 오스트레일리아는 유칼립투스속의 몇 종(예: 유칼립투스 페틸라 *Eucalyptus petila*)과 티트리속(예: 멜라루카 후텐시스 *Melaleuca huttensis*), 그리고 목마황과 식물을 포함해서 이런 현상을 나타내는 다양한 예의 온상이다. 특히 오스트레일리아에 대부분이 서식하고 있는 100여 종의 목마황과 식물은 신기하게도 속새처럼 생긴, 축 늘어진 가지를 갖는 늘푸른나무이다. 멀리서 보면 마치 구과식물처럼 보이는 기이한 목마황은 사실 참나무와 너도밤나무가 속해 있는 참나무목의 쌍떡잎식물에 속한다. 그럼에도 목마황은 다소 인상적인 구과 모양의 열매를 맺는다. 이 열매는 산용안과의 구과보다 약간 더 복잡한 방식이긴 하지만 역시 화서 전체가 발달한 것이다. 또한 목마황과 식물은 바람을 매개로 수분을 하는데, 한 개체(암수한그루)에 혹은 수그루와 암그루(암수딴그루)에 나눠서 꽃을 맺는다. 암꽃은 조밀하게 모여 화서를 이루고 있으며, 화피가 결여된 씨방으로만 이루어져 있다. 이 씨방의 아래에는 포가 대어져 있고, 양옆으로 소포가 배치되어 있다. 포와 소포의 이런 배열은 열매 표면에 흥미로운 무늬를 만든다. 씨방이 하나의 종자가 든 작은 시과로 발달해도 포와 소포가 씨방을 단단히 둘러싸고 있기 때문에 결국에는 이것이 목질의 구과를 형성하게 되는 것이다. 그 후 열매가 산불에 노출된 후에야 포와 소포가 분리되면서 내부의 시과가 공기 중으로 날아가게 된다.

마지막으로 개과지연현상은 북아메리카의 방크스소나무(*Pinus banksiana*)와 다른 많은 소나무종 같은 나자식물의 구과에서 나타난다. 이 현상은 주로 산불이 꽤 잦은 서식처에 사는 식물에

133쪽: 방크시아 멘지에시(산용안과) *Banksia menziesii* (Proteaceae) – firewood banksia. 웨스턴 오스트레일리아 주 원산. 열매(골돌과형 복과). 열매 길이 약 8cm. 화려한 솔처럼 생긴 화서에 있는 다수의 꽃 중에서 일부만이 발아 가능한 골돌과를 맺는다. 사진 속의 열매가 보여 주듯이, 방크시아 멘지에시의 "구과"는 수년 동안 모체에서 떨어지지 않고 붙어 있을 수 있다. 이 골돌과들은 산불에 노출된 후에야 비로소 벌어진다.

아래: 방크시아 칸돌레아나(산용안과) *Banksia candolleana* (Proteaceae) – propeller banksia. 웨스턴 오스트레일리아 주 원산. 열매(골돌과형 복과). 열매 지름 약 10cm. 오스트레일리아의 방크시아속 식물들은 구과식물의 것과 닮은 인상적인 구과 모양의 복과를 맺는다. 구과의 비늘 조각처럼 보이는 것은 골돌과들이 단단한 목질의 축을 따라 빽빽하게 배열되어 있는 것으로, 이 골돌과들은 다량의 포와 소포들로 촘촘하게 둘러싸여 있다. 골돌과들은 산불에 노출된 후에야 한 쌍의 날개가 달린 종자를 날려 보내기 위해 벌어지는데, 이것은 많은 방크시아 종들이 분포하는 오스트레일리아의 메마른 지역에 자주 발생하는 산불에 적응한 것이다. 사진에서 보여 주는 특정한 배열을 한 방크시아 칸돌레아나의 열매 모양은 높이 4cm의 황금색 솔처럼 생긴 화서에 있는 많은 꽃들 중에서 오직 3개만이 골돌과로 발달하여 만들어진 것이다.

서 나타나며, 이때 산불의 주기는 엽층부(canopy)에 있는 종자 은행의 수명을 넘지 않는다. 흥미롭게도 오랜 시간 동안 포식자와 산불로부터 종자를 보호하기 위해 비교적 육중하고 단단한 구조물에 종자를 맺는 것은 개과지연현상을 보이는 식물들에게 생긴 공통적인 평행 적응이며, 이것이 피자식물의 방크시아류와 나자식물의 소나무류의 구과 간에 나타난 외적 유사성을 설명해 준다.

우리는 복과 탐험으로 피자식물이 자신의 종자를 "포장"하는 면에서 얼마나 독창적일 수 있는지 그 정점을 볼 수 있었다. 종자를 담는 기관이 몇몇 피자식물과 나자식물에서 외적으로 비슷해 보인다는 것은 결국 우리로 하여금 "열매란 무엇인가?"라고 하는 원래의 질문을 다시 하게 한다.

열매분류학의 문제아

만약 지금까지 열매분류학의 경이로운 세계로의 여행이 무언가 밝혀낸 것이 있다면 그것은 바로 구조에 따라 열매를 분류하는 것이 매우 어려운 일이라는 것이다. 피자식물은 신중하게 공들여 만든 거의 모든 과학적 정의들에 대해 우리를 곤혹스럽게 만드는 다양한 예외를 만들어 왔으며, 이것은 열매에 대한 논리적·실용적인 분류 체계를 만들려는 모든 시도를 좌절시키곤 했다.

자연이 만들어 낸 열매 유형의 다양함에 맞서려는 식물학자들은 지난 두 세기가 넘게 150개 이상의 전문적인 열매 이름들을 만들어 내었다. 하지만 불행히도 그들은 이전에 정립되어 있던 용어들을 고려하지 않았고, 이것은 결국 혼란을 불러일으키는 많은 동의어를 만들어 내는 결과를 초래하였다. 더구나 그들은 기존의 용어들을 여러 차례 수정하기도 하였다. 이것은 모두 그 용어들이 형태학적인 것인지 혹은 발생학적인지, 조직학적인지, 생태학적인지, 생리학적인지에 대해 염두에 두지 않고 다양한 범위의 기준을 분별없이 사용한 데서 벌어진 일이다. 여기에 여전히 정착되지 않은 열매의 개념이 더해져 19세기 중반의 많은 식물학자들을 좌절에 빠뜨렸던 열매분류학 용어의 혼란은 가중되었다. 세포설의 공동 창시자인 독일의 생물학자 마티아스 슐라이덴(Matthias Jakob Schleiden, 1804~81)은 이를 맹렬히 비판하였다. 그는 1849년에 "열매 이론처럼 개략적인 이해가 일반적인 분야도 없다. 과학적으로 엄격하게 정의 내려야 하는 것에 일상의 언어나 한낱 반복적 단어를 쓰는 등 식물학자가 그리도 적게 노력하는 분야도 없다. 따라서 열매처럼 정의들 간에 용어가 갈팡질팡하는 것도 없다. … 요컨대, 이루 말할 수 없는 혼란이다. … 이 시점에서 나는 그저 말하려고 하는 것이다. … 전반적인 열매 이론을 다룰 때, 그들은 독자와 학생들을 데리고 바보 같은 게임을 하고 있다."라고 언급했다.

최근까지 열매 용어에 대한 종합적인 검토는 비숍(Bischoff, 1833)과 뒤모르티에(Dumortier, 1835), 린들리(Lindley, 1832·1848)의 것이 마지막이었다. 한데 뒤엉킨 용어에서 오는 혼란과 여전히 표준화되지 않은 열매 분류 체계의 상황에서 식물학자들은 열매분류학의 풀 수 없는 매듭

135쪽: 알로카수아리나 테셀라타(목마황과) *Allocasuarina tesselata* (Casuarinaceae) – she-oak. 웨스턴 오스트레일리아 주 원산. 확대한 열매(구과형 복과). 각 소과들의 대칭적 구조와 배열이 나타난다. 포들은 산불이 난 후에야 작은 시과들을 날려 보낸다.

아래: 알로카수아리나 테셀라타(목마황과) *Allocasuarina tesselata* (Casuarinaceae) – she-oak. 웨스턴 오스트레일리아 주 원산. 열매(구과형 복과). 열매 길이 4.5cm. 목마황류는 구과식물처럼 보일 뿐만 아니라 신기하게 열매도 구과식물의 구과와 닮은 것을 맺는다. 하지만 목마황과는 피자식물의 쌍떡잎식물에 속하며 자작나무과와 가깝다. 목마황과 식물은 바람을 이용하여 수분을 하며, 암꽃 화서와 수꽃 화서를 따로 맺는다. 암꽃은 씨방으로만 이루어져 있으며 화피가 없다. 씨방에는 포가 마주해 있고, 그 양옆에는 소포가 있다. 각 씨방들은 하나의 종자가 든 작은 시과로 발달한 후에도 포와 소포에 의해 단단히 둘러싸여 있기 때문에 열매 전체는 목질의 구과를 닮은 복과를 형성하게 된다.

열매 – 먹을 수 있는, 먹을 수 없는, 믿을 수 없는

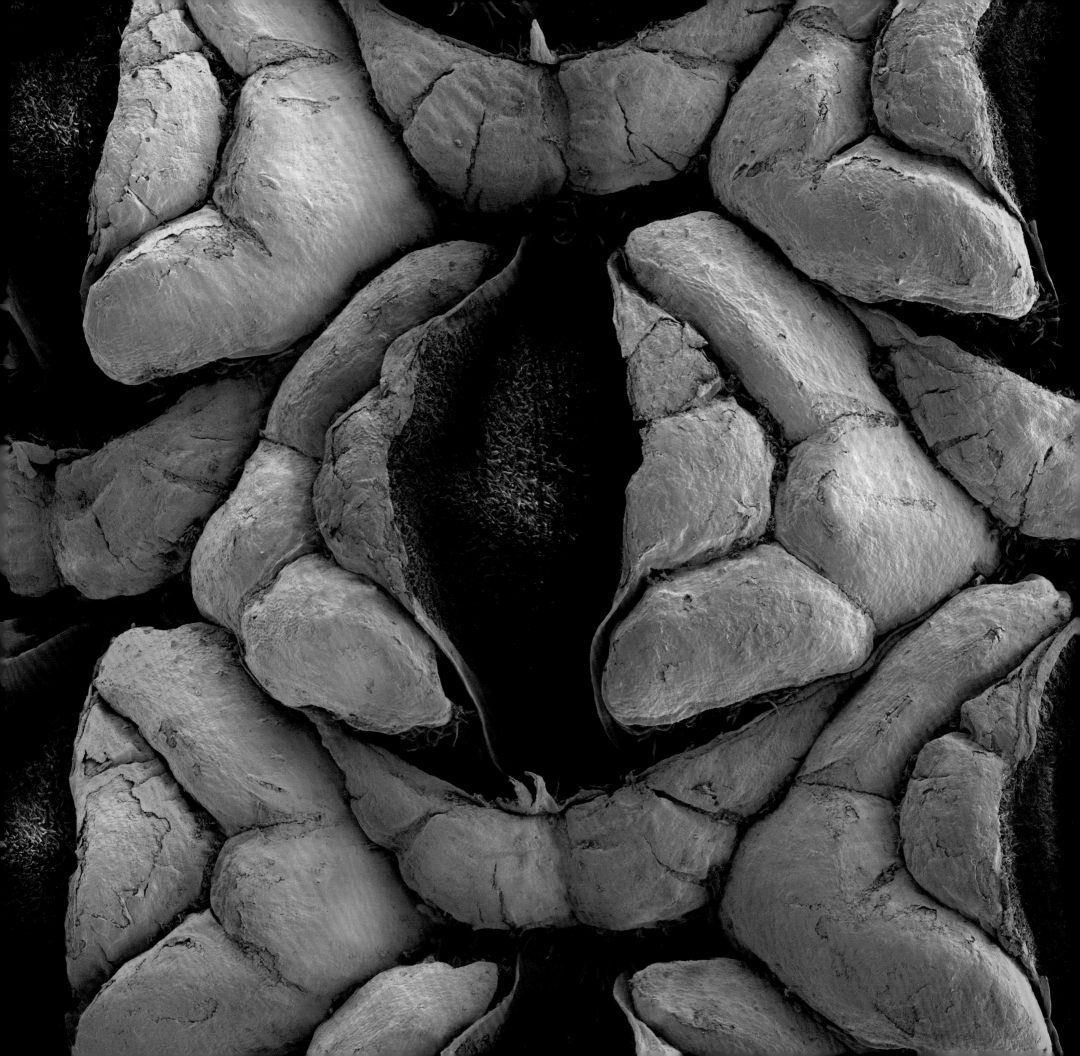

을 풀기 위한 최후의 절박한 시도로 그들만의 간단한 해결책을 개발해 내었다. 그것은 지나친 획일화로 적은 수의 정의들을 억지로 끼워 맞추는 것이었다. 이것으로 인해 온대 지역(특히 유럽)에서는 드물게 나타나지만 이외의 지역에서는 흔하게 볼 수 있는 열매 종류들을 "건핵과"나 "핵과스러운 견과", "열개하는 장과", 그리고 "벌어지지 않는 삭과" 같은 모순된 이름으로 부르게 만들었다. 그중에서도 가장 큰 문제아인 위과와 복과에는 더 극단적인 이름을 지어 주어야 하는 경우도 있었다. 대부분의 식물학자들이 진짜 열매로 여기지도 않는 문제의 열매들에게 말이다.

사기성 열매, 그들은 어떻게 부정되었나

놀랍게도 21세기 식물학의 저자 대부분은 여전히 열매에 대한 정의로 각각 성숙한 꽃 또는 성숙한 씨방을 이야기한 투른포르(Tournefort)나 게르트너(Gaertner)의 정의를 지지한다. 하지만 이 정의에는 위과와 복과가 여전히 배제되어 있다. 게르트너가 열매에 대한 자신의 생각을 출간한 후 얼마 지나지 않아 결국 위과와 복과는 열매가 아니라는 부정적 내용이 발표되었다. 이 "문제"를 처음으로 언급한 사람은 식물학자이자 베를린 식물원 원장이었던 칼 루드비히 빌데노브(Carl Ludwig Willdenow, 1765~1812)였다. 그는 그의 저서 『식물학 개요(Grundriß der Krauterkunde, 1802)』의 세 번째 판에서 성숙한 씨방만이 아닌 다른 것들로 구성된 열매는 "거짓된 열매(fructus spurius)"라고 부정하였다. 그 후 그는 씨방벽이라기보다 화탁이 부풀어 과육을 형성한 딸기를 "가짜 장과(bacca spuria)"라고 맹렬히 비난하였다(1811). 빌데노브의 견해를 지지한 사람 중에는 이것들을 "가짜 열매(pseudocarpien)"(1813)라 부른 프랑스의 열매분류학자 니케즈 드보(Nicaise Auguste Desvaux)가 있었다. 또한 다른 저자들은 위과에 대해 오늘날에도 여전히 널리 사용되는 "부과(accessory fruit)"라는 말을 쓰기도 하였다. 1868년 독일의 식물학자 율리우스 작스(Julius von Sachs, 1832~1897)는 이 그룹에 합류하여 씨방이 아닌 다른 부위가 포함된 모든 열매(위과)와 "사기성 열매(bogus fruit, Scheinfruchte)"로 취급되는 둘 이상의 암술군이 형성한 열매(복과)를 부정하였다. 많은 사람들이 이 견해를 받아들였으며, 그중에는 미국의 아사 그레이(Asa Gray, 1810~1888) 같은 저명한 식물학자도 있었다. 그럼에도 불구하고 19세기에 열매분류학의 세계는 여전히 유동적이었으며, 다수의 초기 열매분류학자들은 더 진보적인 생각을 하였다. 이런 자유사상가 중에는 역사상 가장 많은 저서를 남긴 식물학자 중 하나인 드 캉돌(Augustin Pyramus de Candolle, 1778~1841)이 있었다. 정통파인 그의 동시대 사람들은 위과나 복과를 받아들이지 않았으며, 열매분류학적 논의에 포함시키기에는 나자식물이 너무 원시적인 것이라고 여겼다. 하지만 드 캉돌은 열매란 나자식물을 포함한 하나 이상의 꽃에서 맺어질 수 있다고 주장함으로써 처음으로 체계적인 열매분류법을 제안했다(1813). 그리고 존

꾸지나무(뽕나무과) *Broussonetia papyrifera* (Moraceae) – paper mulberry. 동아시아 원산. 열매(상과). 열매 지름 1.5cm. 하나의 꽃이라기보다는 화서 전체가 발달한 꾸지나무 열매는 근연종인 검은뽕나무(*Morus nigra*)의 열매와 마찬가지로 분류학적으로 문제의 열매이다. 암수딴그루인 꾸지나무의 암꽃 화서는 공 모양으로 생겼으며, 이를 구성하고 있는 개개의 꽃들은 밝은색의 즙 많은 소과들로 자라난다. 각 소과는 작은 핵과 이를 둘러싸고 있는 다육질의 화피로 이루어져 있다. 이 열매는 과육의 비율이 적기는 하나 맛이 좋아 식용한다. 섬유질의 안쪽 수피를 천이나 종이를 만드는 데 사용하기 때문에 "페이퍼 멀베리(paper mulberry)"라는 이름이 붙여졌다.

린들리(John Lindley, 1848)를 포함한 다른 많은 이들이 이 주장에 동참했다. 하지만 20세기에 와서 피자식물에 적용되는 열매의 개념은 더 제한적인 경향을 띠게 되었다. 이것은 성숙한 암술의 산물로 과피를 규정한 게르트너 정의에 의한 영향으로 보이며, 이 정의는 후에 현대의 교과서에 나오는 열매의 정의에 대한 기초가 되었다. 또한 열매분류학이 점점 더 방치되고 있는 분야라는 사실도 이런 상황에 한몫을 하고 있다. 어쨌든 현대의 저자들 대부분은 학생들에게 열매란 성숙한 씨방이나 혹은 기껏해야 그와 관련된 조직이 포함된 성숙한 암술군이라는 17세기 개념을 가르치고 있다(예: Jackson 1928; Raven et al. 1999; Mauseth 2003).

그래서 열매란 무엇인가?

마침내 1994년 리처드 스퓨트(Richard Spjut)는 20세기 들어 가장 최신의 열매분류학적 분류법인『열매 유형의 분류학적 논의(Systematic Treatment of Fruit Types)』를 발간하였다. 300년이 넘은 열매 분류법의 혼돈을 체계적으로 정리하기 위해 그는 드 캉돌의 정의를 되살려서 "열매"라는 용어에 대해 과학적으로 정의하려고 하였다. 이로써 이전의 백년의 시간을 넘어 식물학자들이 구과식물이나 소철, 웰위치아의 구과뿐만 아니라 딸기, 파인애플, 무화과에도 "열매"라는 호칭을 처음으로 허용하였다. 분류 체계에 대한 리처드 스퓨트의 재조명은 나자식물과 피자식물을 동등한 위치에 오게 하였고, "가과(pseudocarp)"나 "가짜 열매(false fruit)", "부과(accessory fruit)" 같은 지나치게 획일적인 단어는 "위과(anthocarpous fruit)"와 "복과(compound fruit)"라는 용어로 대체되었다. 오늘날의 저자들은 리처드 스퓨트가 제안한 대부분의 열매 유형뿐만 아니라, 그의 열매에 대한 넓은 개념을 전적으로 수용한다. 하지만 이 책에서는 몇몇의 경우에서 비전문가인 독자들을 위해 "견과"나 "소견과" 같은 용어를 사용하였다.

열매와 종자의 생물학적 역할

우리를 혼란스럽게 만들었던 개요를 뒤로하고 이제 왜 열매가 그토록 다양한지에 대한 이유를 다시 살펴볼 시간이다. 열매가 놀랍도록 복잡한 생명 메커니즘을 갖는 것은 진화의 과정에서 그들의 산포 기능이 주어진 환경에 매우 잘 적응한 결과이다. 살기에 적당한 장소를 적극적으로 찾아다닐 수 있는 동물과는 달리, 식물은 한곳에 정착하여 뿌리를 내리고 살아간다. 일생 동안 식물이 이동할 수 있는 기회는 단 한 번, 그들이 매우 작은 배아로 종자 안에 안전하게 숨겨져 있을 때뿐이다. 종자가 핵과나 견과에서처럼 열매와 함께 산포되든 아니면 삭과에서처럼 열매에서 나와 자신이 가지고 있는 장치로 산포되든 간에 종자는 다른 곳에서 새 삶을 시작하기 위해 모식물체를 떠나야 한다. 이렇게 종자가 모식물체를 떠나야 하는 이유는 간단하다.

꽃딸기(장미과) *Fragaria × ananassa* (Rosaceae) – garden strawberry. 재배종으로만 알려져 있다. 열매(화탁복합과). 열매 길이 3cm. 은은한 맛과 높은 비타민 함량으로 유명한 딸기는 전 세계의 연간 생산량이 250만 톤이 넘을 정도로 인기 있는 열매 중 하나이다. 우리가 식용으로 먹는 과육은 암술군에서 발달한 것이 아니라 화경이 부풀어서 된 것으로, 이것이 딸기를 위과로 간주하게 한다. 암술군 자체는 분리된 다수의 소형 심피들로 이루어졌으며, 이것이 빨간 과육의 표면에 박혀 있는 갈색의 알갱이로 보이는 소형의 수과로 발달한다.

일반적으로 종자가 모식물체 및 자매 식물체와 함께 자라게 된다면 제한된 곳의 공간과 빛, 물, 양분에 대해 서로 경쟁해야 하므로 종자에 득이 되지 않는다. 또한 종자는 모식물체를 먹이로 하는 포식자나 질병 등 좋지 않은 상황이나 위험에 처할 수 있다. 다른 곳으로의 이동은 새로운 곳에 닿아 서식할 수 있는 종 확산의 기회를 제공해 주기도 한다. 결국 종자가 자라나서 성장하기에 적절한 장소로 이동하는 것에 그 개체뿐만 아니라 종 전체의 생존 여부가 달린 셈이다. 종자식물이 유성 생식을 하는 유일한 수단이 종자이기 때문에 종자의 산포는 진화에 있어서 중대한 역할을 한다. 다른 개체에서 꽃가루를 받는 것처럼 종자의 산포도 다른 개체군 간의 상호 유전자 교환을 촉진함으로써 근친 교배를 막는 데 도움을 주는 중요한 요소가 된다. 인간의 경우에서처럼 식물에서도 유성 생식은 유전자를 재조합하여 독특한, 때로는 더 나은 특징을 갖는 새로운 개체를 만들어 내기 때문에 결국 생물이 진화할 수 있는 바탕이 된다. 따라서 종의 생존이 종자와 열매의 양 어깨에 달려 있다는 것은 전혀 과장된 말이 아니다. 종자식물은 수백만 년이 넘게 생존에 필수적인 기회의 장을 제공하는 놀라우리만큼 다양한 종자 산포 전략을 발달시켜 오고 있다. 식물은 각 개체의 생활형이나 서식처에 따라 자신의 종자를 비바람에 내주거나, 멀리 튕겨 보내거나, 땅에 묻거나, 가장 중요하게는 동물이 이동시키게 한다.

종자 산포 – 그 다양한 방법

종자 산포를 위해 모식물체로부터 떨어져 나오는 개체인 산포체(diaspore)의 종류는 열매의 유형에 따라 다양하다. 열개과의 경우 산포체는 단순히 종자 자체가 되지만, 폐과의 경우에는 산포체 종류 자체가 다양해진다. 후자의 경우 산포체는 복합과에서는 한 개 혹은 다수의 종자가 들어 있는 소과일 수도 있고, 분열과에서는 열매의 조각일 수도 있으며, 단과에서는 열매 전체 혹은 복과에서처럼 화서 전체가 될 수도 있다. 그중 가장 극단적인 경우는 식물 전체가 산포체가 되는 회전초(tumbleweed)의 경우이다. 종자가 익어 산포 시기가 되면 회전초는 죽음을 택하고 가지는 점점 말라 간다. 그 후 마른 가지들은 뒤엉켜 공 모양이 되고, 결국 회전초는 뿌리째 뽑혀 바람에 나뒹굴게 된다. 이러한 특성을 나타내는 식물들은 주로 이들을 멀리 이동시킬 수 있는 바람이 많이 부는 대초원에서 발견된다. 그곳에서 회전초는 바람에 굴러다니면서 맺혀 있던 종자를 여기저기 흩뿌린다. 살솔라 칼리(*Salsola kali*)와 미국비름(*Amaranthus albus*), 호모초류(*Corispermum* spp.)와 같은 전형적인 회전초의 대부분이 비름과에 속한다. 또 모로코에서 이란 남부까지 걸쳐진 대초원이나 반사막 지역에서는 다소 특별한 회전초인 여리고장미(*Anastatica hierochuntica*)를 볼 수 있다. 십자화과에 속하는 이 식물은 꽃 가게에서도 볼 수 있는데, 주위 습도에 따라 수축과 팽창을 반복하는 특성으로 유명하다. 이 식물은 강인한 원뿌리로 땅에 박혀 있

141쪽: 사이노글로숨 너보숨(지치과) *Cynoglossum nervosum* (Boraginaceae) – hairy hound's tongue. 파키스탄, 인도 원산. 숙존성의 꽃받침이 받치고 있는 열매(반심피분열과). 지름 1.1cm. 지치과 식물은 2개의 심피가 합착된 합생심피 암술군을 갖는다. 이 합생심피는 각각 하나의 종자가 들어 있는 4개의 칸으로 나누어진다. 성숙기가 되면 암술군은 4개의 소과들(분과)로 분리된다. 각 소과에는 뒤쪽으로 휜 갈고리가 붙어 있어 종자 산포 시 동물의 몸에 효과적으로 붙을 수 있다.

아래: 에린지움 크레티쿰(산형과) *Eryngium creticum* (Apiaceae) – Crete eryngo. 유럽 동남부, 아시아 서부, 이집트 원산. 소과. 길이 8.8mm. 숙존성의 꽃받침은 2~3개의 날카로운 끝을 가진 뻣뻣한 날개를 형성하며, 이것은 바람과 동물에 의한 산포를 돕는다.

종자 산포 – 그 다양한 방법

142쪽: 살솔라 칼리(비름과) *Salsola kali* (Amaranthaceae) – Russian thistle. 미국의 데스밸리에 있는 전형적인 회전초. 유럽 원산이나 아메리카와 그 밖의 곳에 넓게 귀화하였다.

아래: 피스시디아 그란디폴리아 변종 젠트라이(콩과) *Piscidia grandifolia* var. *gentryi* (Fabaceae) – 멕시코 원산. 열매(시과). 열매 길이 약 3cm. 사과의 측면에 있는 4개의 날개는 바람에 의한 회전을 가능하게 한다.

맨 아래: 티푸아나 티푸(콩과) *Tipuana tipu* (Fabaceae) – tipu tree. 남아메리카 원산. 열매(시과). 열매 길이 약 5cm. 3개의 종자가 든 열매에 달려 있는 한쪽 방향의 날개는 헬리콥터와 같은 비행을 가능하게 한다.

기는 하지만 상황에 따라 바람에 뽑혀 회전초처럼 이동하기도 한다. 시들어 죽은 것처럼 보이는 여리고장미는 습기가 많은 환경이 되면 웅크렸던 가지를 펼치고 스스로 땅에 정착하여 종자를 떨어뜨린다. 다른 많은 반사막 식물들이 그러하듯, 여리고장미의 이런 건습운동은 서식처의 건조한 환경에 적응한 것으로서 물이 있는 지역으로 종자를 옮겨 발아할 수 있도록 한다.

회전초는 자신만의 방식으로 종자 산포에 성공했지만, 대부분의 식물들은 종자 산포에 자신 전부의 희생을 요구하지 않는 더 교묘한 전략을 쓴다. 산포체들은 자연의 수화를 읽을 수 있는 자들에게 그들이 자연에 적응하여 발달시킨 산포 전략을 보여 주기도 한다. 어떤 산포 전략은 너무나도 쉽고 단순하여 그것을 처음 보는 사람들조차도 쉽게 알아볼 수 있을 정도이다.

바람을 이용한 산포

산포체가 바람매개산포를 택했다면, 그것은 환경에 가장 확실히 적응한 것이라고 볼 수 있다. 바람을 이용하여 이동하려는 산포체의 다양성은 방대하며, 그 다양성은 나자식물과 피자식물을 포함한 종자식물 전반에 걸쳐 발견된다. 날개나 털, 깃털, 낙하산 심지어 풍선 같은 공기주머니는 – 공기의 흐름이나 부력을 증가시키는 그 어떤 것이라도 – 모두 공기에 의한 이동을 돕는다. 이런 특별한 기관들은 열개과 안의 종자에 있기도 하고, 폐과의 경우 열매 자체에 있기도 하다. 공학 기술의 걸작과 같은 구조는 때때로 미학적인 즐거움을 주므로 열매와 종자의 산포 전략이 오랜 시간 동안 과학자를 비롯한 일반인들의 마음을 사로잡은 것은 당연한 일인지도 모르겠다. 사실 바람이란 자손을 믿고 맡길 만큼 믿음직스럽다거나 예측이 가능한 요소는 아니다. 그럼에도 일반적으로 종자식물에서는 종자 산포를 위해 바람을 이용하려는 형태적 적응 구조물들이 많다. 그중에서도 얇은 막으로 된 날개는 매우 효율적인 구조물이라고 할 수 있다. 이것은 식물의 여러 과에서 날개를 단 산포체가 독립적으로 진화해 온 막대한 다양성에 의해 증명된다. 이런 다양성은 심지어 같은 과 안에서도 찾아볼 수 있다. 같은 과 식물이라 하더라도 한쪽 방향으로 된 날개를 발달시킨 무리(니솔리아 수프루티코사 *Nissolia suffruticosa*)가 있는가 하면, 종자를 빙 둘러싼 날개(프테로카르푸스류 *Pterocarpus* spp.)나 4개의 측면 날개를 발달시킨 무리(피스시디아류 *Piscidia* spp.)가 있는 콩과 식물의 예가 그것이다.

날개

나자식물 중에서도 특히 소나무속, 전나무속, 가문비나무속에 속하는 구과식물들은 바람에 흩어지는, 한쪽으로 치우친 날개가 달린 종자를 가지곤 한다. 피자식물의 시과(날개를 단 견과)에 비해 이런 산포체는 단순하고 획일적이라고 할 수 있다. 피자식물의 시과에는 한 개 또는 그 이상

열매 – 먹을 수 있는, 먹을 수 없는, 믿을 수 없는

푸이레나 무탈리(사초과) *Fuirena mutali* (Cyperaceae) – 케냐의 검정방동사니속에 속하는 식물로 아직 발표되지 않은 신종. 열매(하위수과). 열매 길이 0.95mm. 수과처럼 보이는 하나의 종자가 들어 있는 씨방은 변형된 화피에 둘러싸여 있다. 이 화피는 총 6장으로, 그중 좁은 까락처럼 생긴 3장은 가시로 된 바늘로 덮여 있다. 그리고 다른 3장의 화피는 흥미롭게도 가장자리의 아랫부분이 안으로 굽은 잎처럼 생겼다. 다른 많은 식물들처럼 이 식물도 이중 산포 전략을 발달시켰다.

144쪽: 다실리온 텍사눔(루스쿠스과) *Dasylirion texanum* (Ruscaceae) – Texas sotol. 미국의 텍사스, 멕시코 북부(코와윌라, 치와와) 원산. 열매(수과). 열매 길이 7.2mm. 날개를 달고 있는 이 열매는 분명히 바람을 이용한 산포에 적응한 것임에도 불구하고 날개가 종자 부분보다 짧다는 이유로 시과가 되지 못한다.

의 날개가 다양하게 배열되어 있기 때문이다. 그중에서도 다수의 시과에는 한 방향으로 된 한 개의 날개가 있는데, 이것이 종자가 있는 두꺼운 부분을 무게 중심으로 하여 회전하면서 헬리콥터와 같은 비행을 가능하게 한다. 이런 비행을 하는 것으로 가장 잘 알려진 것은 우리에게 친근한 단풍나무속(무환자나무과) 식물의 열매이다. 하지만 이와 비슷한 날개를 가진 산포체는 다른 여러 과의 식물에서도 만날 수 있다. 콩과 식물(예: 티푸아나 티푸 *Tipuana tipu*)과 목마황과 식물(예: 알로카수아리나 테셀라타 *Allocasuarina tesselata*), 물푸레나무속 식물(물푸레나무과), 그리고 백합나무(*Liriodendron tulipifera*, 목련과)가 이에 해당한다. 또 멀구슬나무과(예: 마호가니 *Swietenia mahogani*)에 속하는 많은 식물과 노박덩굴과(예: 히포크라테아류 *Hippocratea* spp.), 산용안과(예: 알록실론류 *Alloxylon* spp.)에 속하는 몇몇 식물에서도 이와 비슷한 모양의 산포체가 발견되는데, 그것들은 놀랍게도 열매가 아닌 종자이다.

단엽기

양쪽으로 평행한 2개의 날개가 달려 있는 종자는 북아메리카의 미국능소화(*Campsis radicans*)와 중앙아메리카의 피테코크테니움 크루시게룸(*Pithecoctenium crucigerum*)을 포함한 전형적인 능소화과 식물의 특징이다. 이런 날개를 가진 종자는 세로축을 중심으로 한 회전이나 부드러운 활공 비행을 할 수 있다. 이런 종자가 능소화과 식물들에서 자주 관찰되기는 하지만, 우리에게 친근하면서도 가장 큰 크기의 세계 기록을 보유한 종자는 박과 식물의 종자이다. 동남아시아 정글의 덩굴 식물인 알소미트라 마크로카르파(*Alsomitra macrocarpa*)가 맺는 종자는 겨우 0.2g의 무게에 불과하지만 12~15cm의 놀라운 날개 너비를 가진다. 이 종자가 보여 준 어마어마한 활공 비행은 오스트리아의 비행기 개척자인 이고 에트리히(Ignaz "Igo" Etrich, 1879~1967)에게 영감을 주어, 1910년에 단엽기 "에트리히 타우베(Etrich Taube, Etrich Dove)"의 디자인을 탄생시키기도 하였다. 이 비행기가 바로 1차 세계 대전에서 정찰기로 활동한 비행기이다.

3개 이상의 날개를 가진 산포체는 납작한 몸체 주위에 방사상의 날개 배열을 가진다. 이런 형태는 산형과(예: 아르테디아 스쿠아마타 *Artedia squamata*, 에린지움 패니쿨라툼 *Eryngium paniculatum*)나 아프리카 동부 열대의 목본성 덩굴 식물로 헬리콥터 모양의 열매를 맺는 트리스텔라테이아 아프리카나(*Tristellateia africana*, 금수휘나무과)에서 볼 수 있다.

원반

아르헨티나의 자카란다(*Jacaranda mimosifolia*)와 아프리카의 화염목(*Spathodea campanulata*), 그리고 브라질의 제이헤리아 몬타나(*Zeyheria montana*)에서 볼 수 있는 것처럼 많은 능소

147쪽: 아르테디아 스쿠아마타(산형과) *Artedia squamata* (Apiaceae) – crown flower. 키프로스, 지중해 동부 특산. 열매(시과형 분열과). 열매 길이 1cm. 열매는 하나의 종자를 가진 2개의 날 열매로 나누어진다. 사진 속 열매는 그중 하나이다.

아래: 알소미트라 마크로카르파(박과) *Alsomitra macrocarpa* (Cucurbitaceae) – 동남아시아의 우림에서 자라는 넝쿨 박(climbing gourd). 이 종자의 날개 너비는 12~15cm나 되지만 무게는 0.2g에 지나지 않는다.

맨 아래: 히포크라테아 파비폴리아(노박덩굴과) *Hippocratea parvifolia* (Celastraceae) – 아프리카 남부 원산. 분열과(협과형 분열과). 협과 길이 5.3cm. 3개의 심피가 합착된 합생심피 암술군은 3개의 납작한 협과들로 나누어진다. 그중 하나의 반을 잘라 그 안의 종자를 보여 주고 있다.

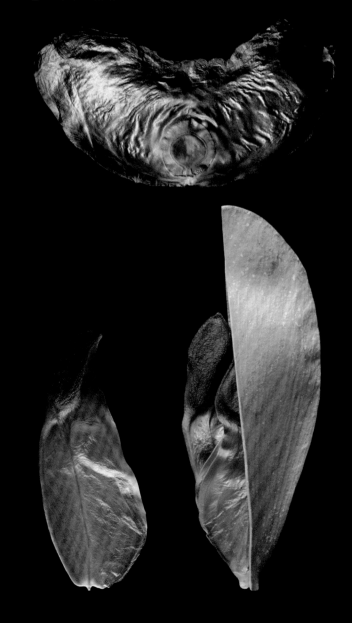

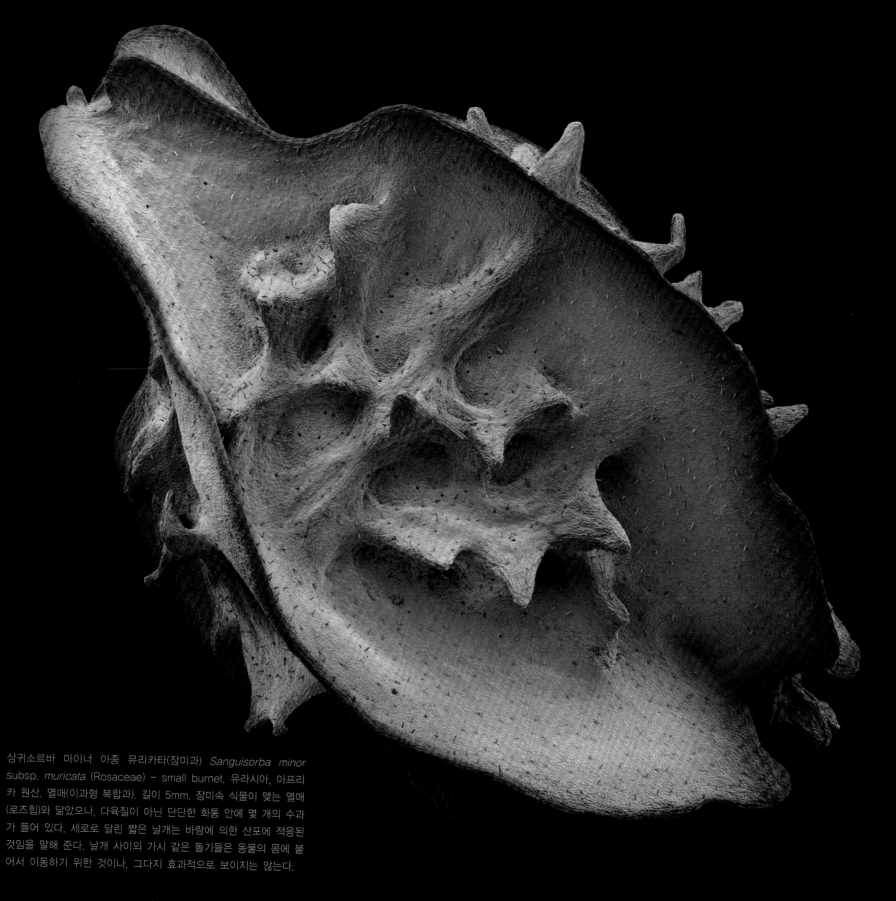

상귀소르바 마이너 아종 뮤리카타(장미과) *Sanguisorba minor* subsp. *muricata* (Rosaceae) – small burnet. 유라시아, 아프리카 원산. 열매(이과형 복합과). 길이 5mm. 장미속 식물이 맺는 열매(로즈힙)와 닮았으나, 다육질이 아닌 단단한 화통 안에 몇 개의 수과가 들어 있다. 세로로 달린 짧은 날개는 바람에 의한 산포에 적응된 것임을 말해 준다. 날개 사이의 가시 같은 돌기들은 동물의 몸에 붙어서 이동하기 위한 것이나, 그다지 효과적으로 보이지는 않는다.

열매 – 먹을 수 있는, 먹을 수 없는, 믿을 수 없는

africana (Malpighiaceae) − helicopter fruit. 케냐, 탄자니아 원산. 열매(가시과). 열매 지름 약 2.5cm. 꽃의 꽃받침을 이루는 5개의 꽃받침잎은 종자 주위의 날개로 남아 있다.

맨 아래: 팔리우루스 스피나-크리스티(갈매나무과) *Paliurus spina-christi* (Rhamnaceae) − Christ's thorn. 열매 지름 2~3.5cm. 지중해 연안, 아시아 서부 원산. 종자를 중심으로 빙 둘러쳐진 날개를 갖는 열매(시과). 전설에 따르면 매섭게 돋아난 가시를 가진 이 나무의 줄기로 예수의 가시 면류관을 만들었다고 한다.

화과 식물의 종자는 종자 부분을 중심으로 빙 둘러쳐진 날개를 가진다. 이런 날개는 반대 방향으로 붙은 2개의 매우 얇은 날개가 확장되면서 원반 모양으로 발달한 것으로, 바람을 이용해서 퍼져 나가는 산포체들의 일반적인 적응 형태이다. 이와 더불어 백합과(프리틸라리아 멜레아그리스, *Fritillaria meleagris*)와 붓꽃과(예: 노랑꽃창포), 석죽과(예: 스페르굴라리아 메디아 *Spergularia media*) 그리고 질경이과(예: 네메시아류 *Nemesia* spp.)에서도 종이처럼 얇고 평평한 종자를 볼 수 있다. 또 콩과(예: 프테로카르푸스류 *Pterocarpus* spp.), 갈매나무과(예: 팔리우루스 스피나-크리스티 *Paliurus spina-christi*), 운향과(예: 홉트리 *Ptelea trifoliata*), 느릅나무과(느릅나무속)에서는 일반적으로 종자가 아닌 열매가 바람에 의해 퍼지는 원반 모양을 이루고 있다.

회전통

바람이 특히 세게 부는 곳에서는 납작한 몸체보다 다소 두툼한 몸체에 세로로 평행한 여러 개의 날개를 가진 산포체가 회전 운동을 하기에 효과적이다. 장미과의 상귀소르바 마이너 아종 뮤리카타(*Sanguisorba minor* subsp. *muricata*)의 열매(4개의 작은 날개를 가진 견과)가 이런 운동을 하는 산포체이다. 하지만 열대 지방에는 이 온대 지방의 산포체보다 더 대단한 것들이 많이 있다. 콩과 식물은 하나의 꽃당 하나의 심피만을 가지고 있음에도 불구하고, 4개의 날개를 단 시과를 맺는 피스시디아 에리스리나(*Piscidia erythrina*)를 비롯한 많은 식물에서 다양한 형태의 날개를 가진 열매를 맺는다. 아프리카 남부의 콤브레툼 제이헤리(*Combretum zeyheri*, 사군자과)가 맺는 길이 8cm에 달하는 회전통(spinning cylinders)도 아마존 상부의 우림에 사는 거대 나무 카바닐레시아 하일로제이톤(*Cavanillesia hylogeiton*, 아욱과)의 열매에 비하면 굉장한 것이라고 할 수 없다. 종자가 있는 길쭉한 중심부에서 직각으로 뻗은 방사상의 얇은 5개의 반원형 날개를 달고 있는 이 열매는 지름 18cm, 길이 15cm에 달하지만 무게는 고작 10g에 불과하다.

셔틀콕

씨방벽이 아닌 숙존성의 화피(꽃받침잎 또는 꽃잎)가 발달하여 정단부의 날개를 형성한 위과의 경우는 그 모습이 유독 신기하고 아름답다. 바로 배드민턴의 셔틀콕과 닮은 가시과가 그런 경우이다. 이런 가시과 중에서도 가장 인상적인 열매는 아시아 남동부의 우림에 있는 큰키나무 딥테로카르푸스 그란디플로루스(*Dipterocarpus grandiflorus*)에서 볼 수 있다. 이 식물은 하나의 종자가 들어 있는 견과를 맺는데, 그 견과에는 숙존성의 꽃받침이 길이 25cm에 달하기도 하는 2~5개의 날개로 변형되어 있다. 그리고 자이로카르푸스 아메리카누스(*Gyrocarpus americanus*, 헤르난디아과)에 있는 이와 매우 유사한 날개는 마주 보는 2개의 화피편에서 발달한 것이다.

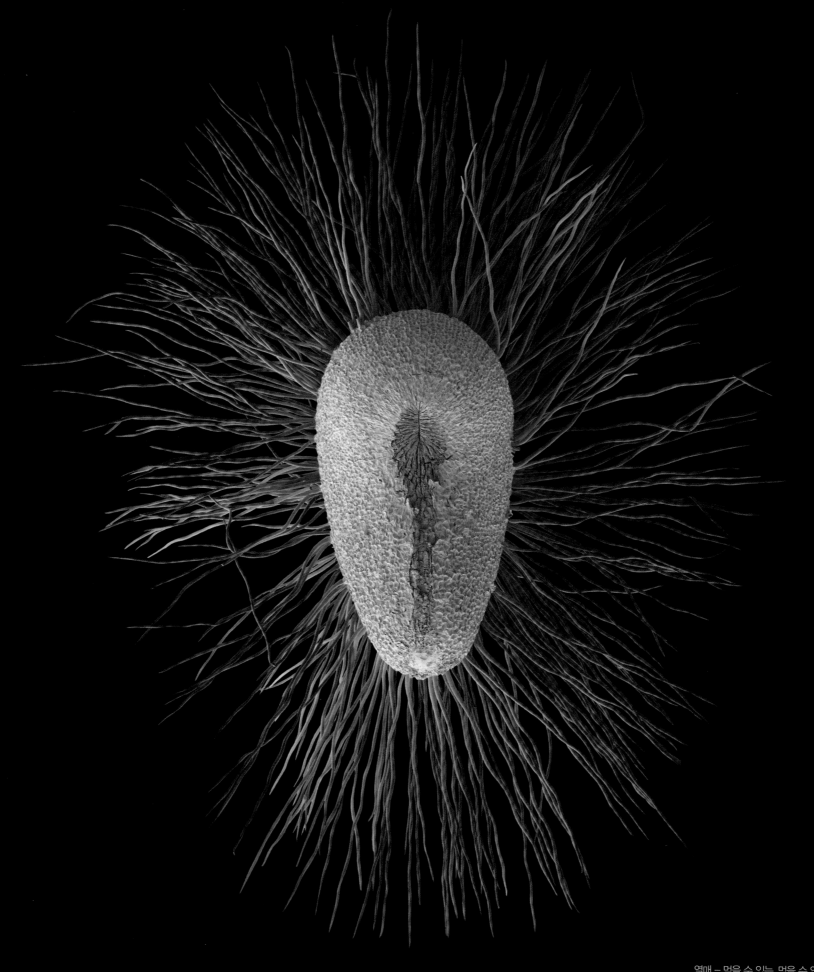

열매 – 먹을 수 있는, 먹을 수 없는, 믿을 수 없는

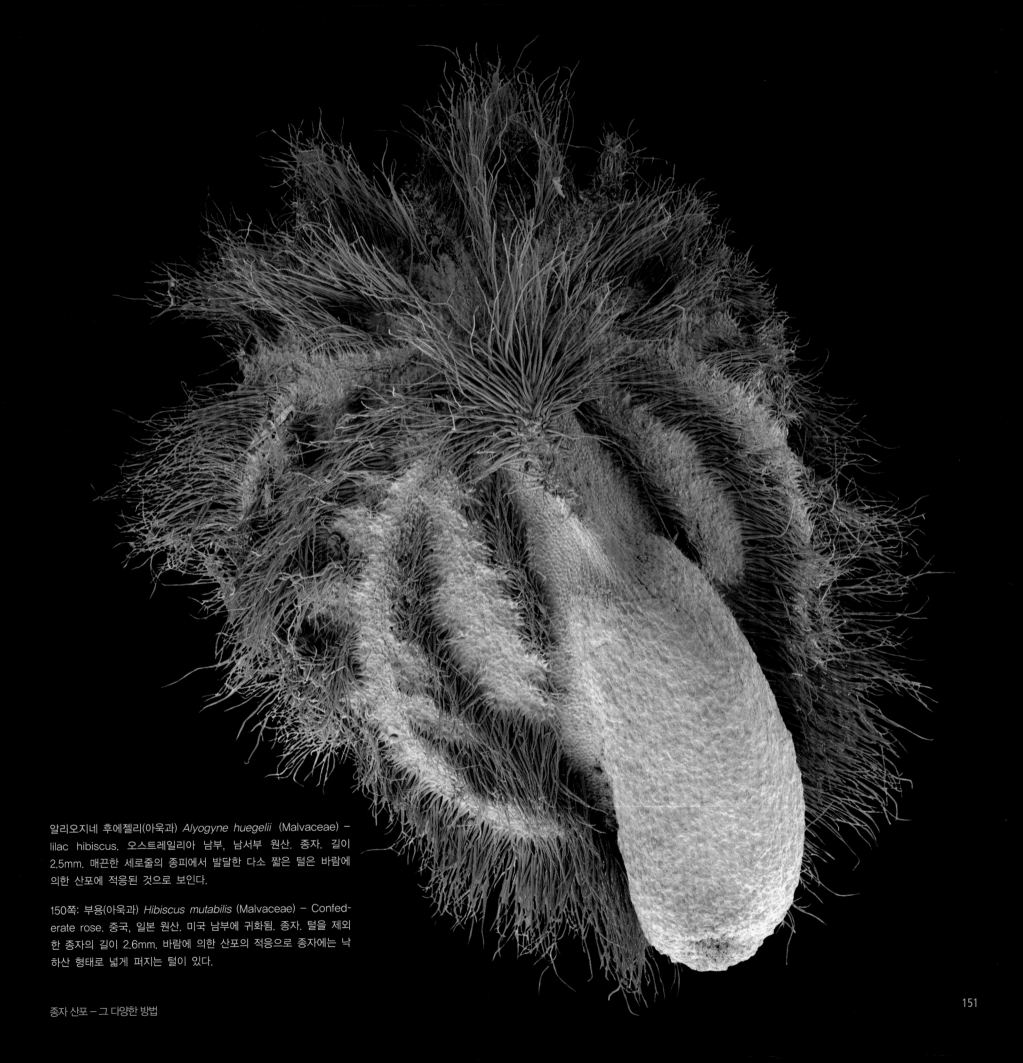

알리오지네 후에젤리(아욱과) *Alyogyne huegelii* (Malvaceae) – lilac hibiscus. 오스트레일리아 남부, 남서부 원산. 종자. 길이 2.5mm. 매끈한 세로줄의 종피에서 발달한 다소 짧은 털은 바람에 의한 산포에 적응된 것으로 보인다.

150쪽: 부용(아욱과) *Hibiscus mutabilis* (Malvaceae) – Confederate rose. 중국, 일본 원산. 미국 남부에 귀화됨. 종자. 털을 제외한 종자의 길이 2.6mm. 바람에 의한 산포의 적응으로 종자에는 낙하산 형태로 넓게 퍼지는 털이 있다.

종자 산포 – 그 다양한 방법

그리고 이들보다 작은 셔틀콕을 가진 열매는 열대에 사는 호말리움(*Homalium*, 버드나무과)속 과 스리랑카의 아욱과에 속하는 디셀로스틸레스 주주비폴리아(*D. jujubifolia*)의 단일종으로 구성된 디셀로스틸레스(*Dicellostyles*)속 식물에서 볼 수 있다. 또 가장 작은 셔틀콕은 국화과의 하위수과인데, 이들의 꽃받침은 날개(예: 산티스마 텍사눔 *Xanthisma texanum*), 깃털(예: 류코크리숨 몰레 *Leucochrysum molle*) 또는 낙하산(예: 민들레)으로 변형되어 있다.

미나리아재비과(예: 클레마티스 비탈바 *Clematis vitalba*)와 장미과의 몇몇 복합과에서는 각각의 소견과에 있는 암술대가 깃털 모양의 기다란 부속물로 발달하기도 하였다.

털북숭이 여행자

단순하지만, 일반적으로 바람을 이용한 산포에 적응한 산포체의 형태는 다양하게 배열되어 있는 털이다. 고르게 분포된 털을 갖는 산포체는 비교적 드물지만, 흰색의 긴 털로 면을 얻을 수 있는 목화의 종자가 가장 잘 알려져 있는 예이다. 그리고 아욱과에 속하는 다른 식물들의 종자에서는 여러 개의 세로줄(예: 알리오지네 후에젤리 *Alyogyne huegelii*)이나 낙하산을 형성하며 퍼지는 형태(예: 부용), 또는 이로쿼이 족(Iroquois)의 헤어스타일을 연상시키는 한 줄로 된 긴 털이 둘러쳐진 형태(예: 무궁화)로 배열된 털을 볼 수 있다. 또 아프리카와 오스트레일리아에 있는 많은 산용안과 식물(예: 류카덴드론류 *Leucadendron* spp.)들의 작은 수과는 털로 덮여 있다.

하지만 이보다 더 많은 경우에는 협죽도과(예: 풍선식물 *Asclepias physocarpa*, 협죽도 *Nerium oleander*)와 바늘꽃류(*Epilobium* spp., 바늘꽃과)의 종자에서처럼 털이 어떤 부분에 국한되어 다발로 배열되는 것이 일반적이다. 이 털들은 주로 열매 안에서 단단히 접혀 있다가 열매가 벌어지면서 종자가 밖으로 나오게 되면 숨겨 왔던 낙하산을 활짝 펼친다.

풍선덩굴 그리고 풍선 여행자들

공기 중으로 날기 위한 또 다른 전략으로 산포체는 자신의 비중량을 줄이고 공기 저항력을 증가시킬 수 있는 기실(air space)을 발달시켰다. 씨방이 열매로 발달함에 따라 이 기실은 종자 주변에 얇거나 투명한 주머니 또는 풍선을 만들면서 엄청나게 부푼다. 이런 풍선을 단 열매는 바람에 날려 땅에 떨어지게 되고, 이때 과벽이 산산조각이 나면서 종자들이 밖으로 튀어나오게 된다. 이러한 유형의 열매는 멜리안투스 미노르(*Melianthus minor*)와 고추나무(*Staphylea trifolia*), 그리고 무환자나무과의 모감주나무(*Koelreuteria paniculata*)와 풍선덩굴(*Cardiospermum halicacabum*)에서 볼 수 있다. 하지만 무엇보다도 풍선이 달린 열매의 무한한 독창성은 콩과 식물에서 가장 잘 볼 수 있다. 지중해의 콜루테아 아르보레센스(*Colutea arborescens*)와 남아프리카의 수세르란디아

아래: 수세르란디아 프루테센스(콩과) *Sutherlandia frutescens* (Fabaceae) – balloon pea. 남아프리카 원산. 열매(협과). 열매 길이 약 4~5cm. 이 열매는 종이처럼 얇은 과피를 풍선처럼 부풀려 바람을 따라 날아간다.

맨 아래: 목화(아욱과) *Gossypium hirsutum* 'Bravo' (Malvaceae) – upland cotton. 멕시코 원산인 야생종의 재배 품종. 열매(포배열개삭과). 열매 지름 5cm. 털 달린 종자는 바람을 이용한 산포에 적응한 것이다. 전 세계 목화의 약 90%가 이 식물의 종자에서 생산된다.

열매 – 먹을 수 있는, 먹을 수 없는, 믿을 수 없는

아래: 풍선덩굴(무환자나무과) *Cardiospermum halicacabum* (Sapindaceae) – love-in-a-puff, balloon vine. 열대 아메리카 원산. 열매(포축열개삭과). 열매 지름 약 2.5cm. 주머니처럼 생긴 열매는 바람을 타고 산포된다. 포축을 따라 열리는 열매 안에는 태좌에 붙어 있는 종자가 있다.

맨 아래: 풍선식물(협죽도과) *Asclepias physocarpa* (Apocynaceae) – balloon cottonbush. 아프리카 남동부 원산. 열매(골돌과형 분열과). 열매 길이 5~8cm. 수정 후에 심피는 분리되어 2개의 소과(골돌과)를 이루는 분열과로 발달한다. 사진 속의 열매에서는 심피 중 1개가 덜 발달한 것으로 보인다.

프루테센스(*Sutherlandia frutescens*)가 보여 주는 것처럼 말이다.

간접풍매개산포

바람은 열개과를 흔들어서 종자를 흩뿌리거나 방출되게 함으로써 종자 산포를 간접적으로 도울 수 있다. 이런 형태의 산포를 간접풍매개산포(anemoballism)라고 하며, 이것은 길고 유연한 줄기에 달려 있는 포공열개삭과나 정단거치열개삭과를 갖는 많은 초본 식물이 쓰는 전략이다. 양귀비류(*Papaver* spp., 양귀비과)가 맺는 삭과에서는 후추 통에서 후추가 나오는 것처럼 바람에 흔들릴 때 다수의 작은 종자들이 방출된다. 이때 암술머리가 남아 있는 열매의 위쪽에 가장자리가 바깥으로 넓게 퍼져 있는 것은 종자가 나오는 구멍들 안으로 빗물이 들어가는 것을 막아 준다. 패랭이꽃류(예: 페트로라기아 난테우일리 *Petrorhagia nanteuilii*)나 끈끈이장구채류, 카네이션류, 앵초류들도 이런 전략을 쓰지만, 이들의 정단거치열개삭과들은 종자들이 밖으로 나갈 수 있는 좁은 구멍만을 남겨둔 채 정단부가 치아 모양으로 벌어진다. 또 금어초류(*Antirrhinum* spp., 질경이과)의 독특한 형태의 주두공열개삭과(foraminicidal capsule)에서는 과피 조각이 위로 젖혀지면서 꼭대기의 불규칙한 3개의 구멍이 벌어진다. 더구나 금어초속의 가는금어초(*Antirrhinum orontium*)에서는 흥미롭게도 긴 암술대가 남아서 뻣뻣하게 돌출된 막대의 형태를 하고 있다. 이것은 아마도 바람보다 훨씬 효과적으로 열매를 흔들 수 있는 동물에 닿게 하려는 적응 형태로 보인다. 간접적으로 바람을 이용하여 산포하는 많은 종자들이 화려하게 장식된 표면 무늬를 가지고 있지만, 보통의 경우 종자에는 2차적인 산포에 도움이 될 만한 뚜렷한 해부학적 특징이 없다. 그러나 이 종자들의 크기가 작기 때문에 잎을 뜯어 먹으려는 동물에 우연히 함께 먹히거나 동물의 발에 달라붙게 되면 꽤 먼 곳까지 이동할 수도 있다.

물을 이용한 산포

물은 다양한 방법으로 산포를 돕는다. 풍선을 단 열매의 공기주머니와 바람에 의해 산포된 다수의 작은 산포체들이 갖는 높은 무게 대비 표면적 비율은 모두 물에 잘 뜰 수 있는 조건이다. 또한 털이 달린 열매와 종자는 물에 대한 표면 장력 덕분에 물에 뜬 채로 있을 수 있다. 하지만 이렇게 바람을 이용하는 산포체가 다시 물을 이용해서 산포되는 경우는 우연히 발생하는 일이다. 물을 이용한 산포(물매개산포)에 특정하게 적응한 식물은 수생 식물이나 습지 및 늪지 식물, 그리고 물가 근처에 사는 식물들이다. 물을 이용하는 산포체의 가장 중요한 성질은 물에 뜨는 부유도이다. 그리고 이 부유도는 산포체가 갖는 물이 스며들지 않는 성질인 발수성 표면에 의해 증대되곤 한다. 또한 물이 통과되지 않는 성질은 종자의 조기 발아를 억제하며, 해류를 따라 산포되는 산포

열매 – 먹을 수 있는, 먹을 수 없는, 믿을 수 없는

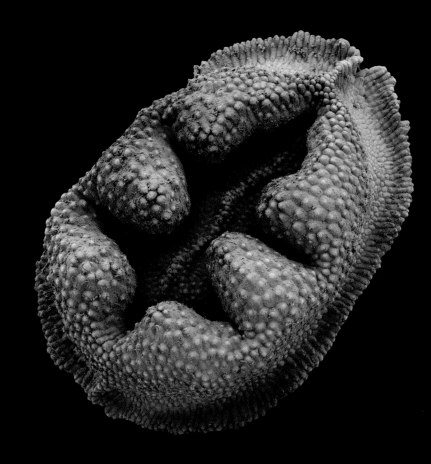

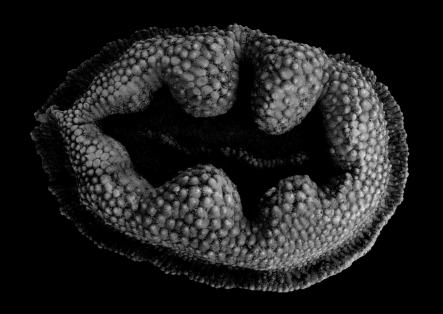

가는금어초(질경이과) *Antirrhinum orontium* (Plantaginaceae) –
lesser snapdragon. 유럽 원산. 열매(주두공열개삭과)와 종자. 열
매 길이 7mm. 종자 길이 1.1mm. 종자가 방출되는 꼭대기의 구멍들
은 불규칙적으로 파열되는 과피에 의해 형성된 것이다. 바람이나 지
나가는 동물에 의해 삭과가 좌우로 흔들리면서 종자가 방출된다. 뻣
뻣한 가시 같은 암술대는 지나가는 동물에 의해 산포되는 것을 돕
는다.

체를 소금기 있는 바닷물로부터 보호하게 한다.

 대부분의 경우 부력은 밀폐된 공기층이나 방수가 되는 코르크질의 조직에 의해 증가된다. 이런 코르크질의 부상 조직은 사초과(예: 매자기 *Scirpus maritimus*)나 붓꽃과(예: 노랑꽃창포 *Iris pseudacorus*), 택사과(벗풀 *Sagittaria sagittifolia*) 등 습지 식물의 산포체에 존재한다. 이와 유사한 산포체의 적응은 개발나물(*Sium suave*)이나 독미나리(*Cicuta virosa*), 오에난테 아쿠아티카(*Oenanthe aquatica*)와 같이 습지에서 서식하는 산형과의 소과들에서 쉽게 찾아볼 수 있다. 산형과에 속하는 식물들 중 가장 눈에 띄는 코르크질의 돌기가 있는 식물은 크림 반도에 사는 루미아속의 단일종인 루미아 크리스미폴리아(*Rumia crithmifolia*)이다. 이 식물은 건조하고 비탈진 지역에서 자라는데, 열매에 있는 구불구불하게 부푼 돌기가 첫 번째로는 바람, 두 번째로는 빗물을 이용한 산포에 적응한 것으로 보인다. 깃털처럼 가볍지만 다소 크고 둥근 이 열매는 대지를 가로질러 쉽게 날아가곤 한다. 지중해와 서아시아의 건조한 지역에 사는 또 다른 산형과 식물도 바람을 이용하여 산포되는 부푼 열매를 갖는다(예: 카크리스 알피나 *Cachrys alpina*).

 열대 지역의 섬과 해안에는 바다의 소금물에서도 떠다닐 수 있는 열매를 가진 식물들이 많다. 해류를 이용한 산포에 적응한 열대의 열매 중에는 종자를 감싸는 스펀지나 코르크질의 두꺼운 부상 조직이 있는 핵을 가진 핵과가 있다. 이런 유형의 열매는 바다 위를 떠다니기에 적합한 동시에 박쥐의 먹이가 되기도 하는 터미날리아 카타파(*Terminalia catappa*, 사군자과)의 경우처럼 동물이나 바다에 의해 산포될 수 있다. 더 일반적인 예는 크기가 큰 폐과로, 이것은 핵과와 구조적으로 유사하지만 스펀지 재질의 섬유질로 된 단단한 방수 부상 조직으로 이루어진 중과피를 갖는다. 이 유형의 열매들은 니파야자와 코코넛 같은 야자수에서 볼 수 있다. 니파야자(*Nypa fruticans*)는 인도양과 태평양 주변의 맹그로브 습지와 강 어귀에 흔한 식물이다. 풋볼 공만 한 니파야자의 복과는 소철의 구과처럼 생겼으며, 익으면 거꿀달걀꼴의 각진 소과들로 나뉜다. 각 소과 안에 들어 있는 1개의 종자는 산포 전에 발아하는데, 이때 새로 돋아난 싹은 열매가 분리되는 것을 돕는다. 니파야자 열매의 단단한 외과피와 그 안쪽에 있는 스펀지 재질의 섬유질로 된 내과피 덕분에 소과들은 바닷물에 잘 적응할 수 있었다. 하지만 뭐니 뭐니 해도 이런 유형의 열매 중에서 가장 성공한 모델은 코코넛야자(*Cocos nucifera*)로, 코코넛은 배젖의 큰 공간에 기포를 더해 니파야자보다 더 큰 부력을 가질 수 있었다. 코코넛은 해류를 타고 5,000km에 달하는 거리를 이동할 수 있을 만큼 해수를 이용한 산포에 완벽히 적응하였다. 이것은 코코넛야자가 열대 지방 전역에 걸쳐 존재하는 이유이기도 하다. 마침내 해안에 다다른 코코넛은 표류하는 동안 껍질에 축적되었던 소금이 빗물에 씻겨 나가면 천천히 발아하기 시작한다. 이때 건조하고 배수가 잘되는 바다의 모래에 뿌리가 자라 지하수에 도달할 때까지 흔히 "코코넛 워터"라고 불리는 코코넛 내부의

아래: 터미날리아 카타파(사군자과) *Terminalia catappa* (Combretaceae) – sea almond. 인도네시아와 말레이시아에서 유래된 것으로 보이나 열대 지역에서 넓게 재배된다. 열매(핵과)와 화서. 열매 길이 7cm. 바다를 통해 산포되는 스펀지 재질의 내과피는 열대 해안에서 흔하게 볼 수 있다.

맨 아래: 니파야자(야자나무과) *Nypa fruticans* (Arecaceae) – nipa palm. 아시아 남부, 오스트레일리아 북부 원산. 열매. 거대한 풋볼 공 크기의 복과는 거꿀달걀꼴의 각진 열매(건핵과)들로 나누어진다. 이런 유형의 복과를 일컫는 전문 용어는 아직 만들어지지 않았다.

니파야자(야자나무과) *Nypa fruticans* (Arecaceae) Nipa palm.
소과(건핵과) 한 개의 종단면. 길이 12cm. 바닷물에 떠서 산포되는
이 소과는 마치 소형의 코코넛처럼 스펀지 재질의 섬유질로 된 중
과피와 단단한 내과피를 가지고 있다.

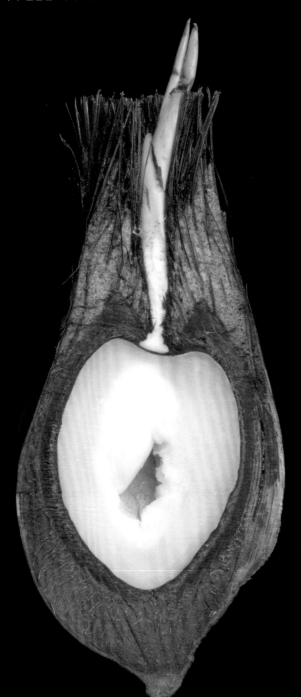

액체성 배젖이 생명 유지에 필요한 수분을 공급해 준다.

빗방울에 의한 산포

간접풍매개산포에서 바람이 종자의 산포를 간접적으로 도울 수 있었던 것처럼 떨어지는 빗물이나 이슬방울의 운동 에너지도 열매에서 종자가 나오게 할 수 있다. 떨어지는 물을 이용하여 산포되는 것(낙수매개산포)은 크게 두 가지로 나누어진다.

먼저 땅에 철벅철벅 내리는 빗물을 이용해서 산포되는 것이다. 이것은 번행초과 식물에서 볼 수 있다. 열개과를 갖는 번행초과의 많은 식물들(예: 리톱스 *Lithops* spp.)에서는 삭과 안에 있던 종자가 떨어지는 빗방울에 의해 씻겨 나온다. 대부분의 삭과가 마르면서 벌어지는 반면에, 번행초과 식물의 삭과는 물이 닿으면 벌어졌다가 마르면 다시 닫힌다. 드물게 나타나는 이런 습열개(hygrochasy) 메커니즘은 대부분의 번행초과 식물이 살고 있는 아프리카 남부의 건조한 기후에 적응한 형태로, 발아가 가능할 만큼 충분한 물이 있을 때에만 종자가 산포되도록 하는 것이다.

두 번째로는 습열개삭과보다는 흔하지만 여전히 드물게 나타나는 것으로, 열매에 있는 발판에 떨어지는 물방울의 힘이 가해지면서 산포체가 밖으로 튕겨져 나오게 되는 산포 형태이다. 빗물에 의한 도리깨 운동(rain ballism)이라고도 하는 이 메커니즘은 숙존성의 꽃받침이 씨방에서 만들어진 4개의 소과(분과)를 담은 컵 모양의 꿀풀과 식물에서 가장 잘 나타난다. 꿀풀과의 바질(*Ocimum basilicum*)이나 꿀풀류(*Prunella* spp.), 황금류(*Scutellaria* spp.)에서 5개로 갈라진 꽃받침의 윗입술은 떨어지는 빗방울을 잘 받을 수 있도록 숟가락 모양의 판으로 확장되어 있다. 우리가 사는 온대 지역은 겨울 동안에 빗물이나 바람을 이용한 탄도비행 종자 산포 메커니즘이 일어난다.

자가산포

바람이나 물을 이용한 산포 전략을 보면 식물이 스스로 종자를 산포시키는 것은 덜 발달된 것으로 보이지만 사실은 정반대이다. 자가산포(자동산포)는 식물이 종자를 튀어나오게 하는 매우 복잡한 메커니즘이 관련되어 있다. 폭발적으로 벌어지는 삭과나 에너지가 갑자기 발산되게 하는 장치로 인해 산포체가 탄도를 그리며 날아가게 하는 장치들이 그것이다.

폭발적으로 벌어지는 열매의 메커니즘은 열매가 마르면서 죽은 세포가 하는 수동적인 운동(건습운동)이나 살아 있는 세포가 높은 수압에 의해 하는 능동적 운동으로 촉발될 수 있다.

건습장력

삭과, 골돌과 다른 열개과들은 과피가 죽거나 줄어 가면서 줄어들 때 미리 만들어진 선을 따라

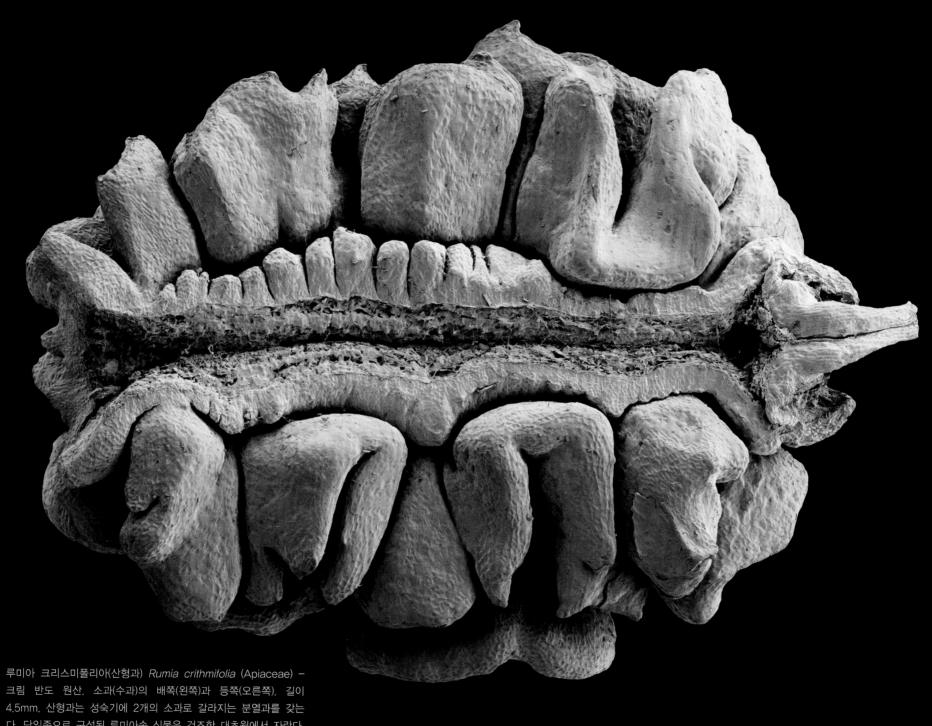

루미아 크리스미폴리아(산형과) *Rumia crithmifolia* (Apiaceae) − 크림 반도 원산. 소과(수과)의 배쪽(왼쪽)과 등쪽(오른쪽). 길이 4.5mm. 산형과는 성숙기에 2개의 소과로 갈라지는 분열과를 갖는다. 단일종으로 구성된 루미아속 식물은 건조한 대초원에서 자란다. 뇌처럼 구불구불한 모양을 한 스펀지 재질의 과벽은 소과의 비중을 떨어뜨려 바람에 의한 산포를 돕는 동시에 종자가 물(빗물)에 떠 있을 수 있게 한다.

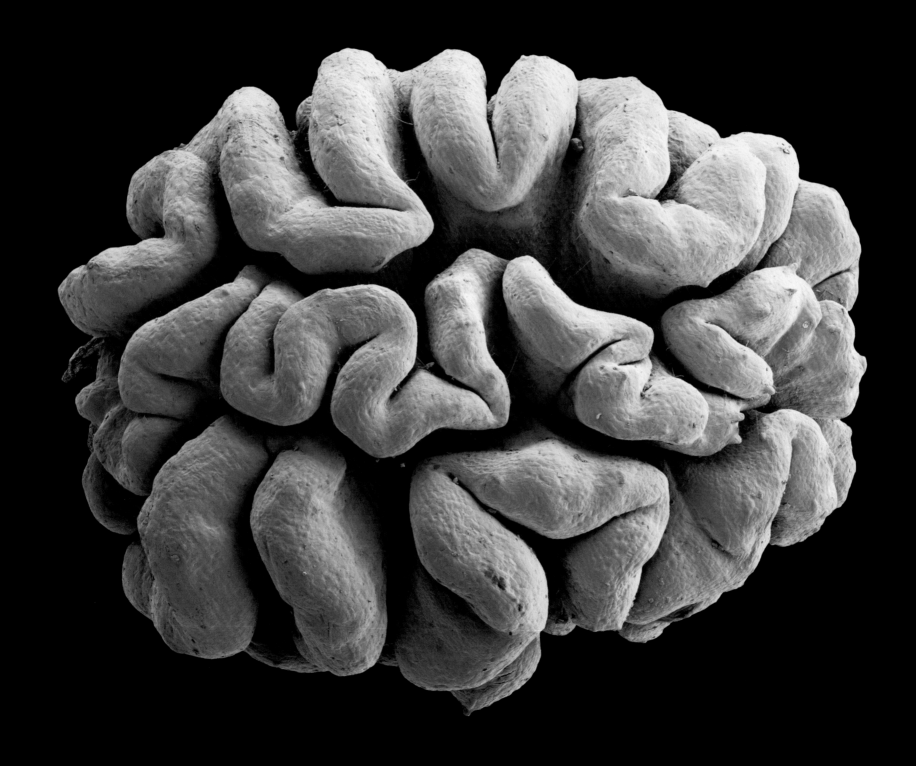

서 서서히 벌어진다. 하지만 폭발적으로 벌어지는 열개과에서는 이보다 강한 봉합선으로 인해 열매의 에너지가 천천히 끊임없이 발산되는 것을 막아 준다. 열매가 건조되면서 조직에서 물이 빠져나가면 이 강한 봉합선으로 인해 과벽 조직에서는 인접한 층에 있는 교차 방향의 두꺼운 섬유 세포들이 높은 기계적 장력을 만든다. 일반적으로 열매가 하나의 심피 전체나 절반에 해당하는 조각으로 부서지기 전까지 교차된 섬유들은 인접한 과피층에서 반대로 당기는 힘을 만든다.

콩과 식물의 열매인 두과는 폭발적으로 터지곤 한다. 하나의 심피를 이루고 있는 두과의 반쪽이 서로 반대 방향으로 비틀어지다가 분리되면서 종자들이 밖으로 튀어나오는 것이다. 이러한 유형의 열매 중 가장 흔한 예로는 언제나 호기심 많은 아이들의 관심을 끄는 루피누스류(*Lupinus* spp.), 중국등나무(*Wisteria sinensis*), 양골담초(*Cytisus scoparius*), 울렉스(*Ulex europaeus*), 그리고 스위트피(*Lathyrus odoratus*)가 있다. 일반적으로 이들의 종자가 산포되는 거리는 최대 2~3m로 꽤 짧지만, 언제나 그러하듯 열대 지역에는 최상급의 경우가 있다. 아프리카 가봉의 서부와 카메론의 남서부에 걸쳐 있는 우림에 사는 콩과 식물 테트라베를리니아 모렐리아나(*Tetraberlinia moreliana*)는 키가 큰 덕에 종자를 60m에 달하는 거리로 날려 보낼 수 있다. 이것은 가장 멀리 탄도를 그리며 산포되는 세계 기록이기도 하다.

테트라베를리니아 모렐리아나 다음으로 종자를 멀리 산포하는 식물은 폭발적으로 열개하는 삭과를 특징으로 하는 대극과의 후라 크레피탄스(*Hura crepitans*)이다. 이 나무의 열매는 귤 크기의 작은 늙은 호박처럼 생겼는데, 이것이 강한 힘으로 터지면서 종자를 14m(어떤 자료에는 45m까지로 나와 있다) 높이까지 튀어 오르게 한다. 우리가 사는 온대 지역에는 이것의 축소형인 대극과의 초본 식물들로 머큐리알리스 페렌니스(*Euphorbia peplus*)와 등대풀(*Euphorbia helioscopia*), 머큐리알리스 페렌니스(*Mercurialis perennis*), 머큐리알리스 아누아(*Mercurialis annua*) 등이 있다.

폭발적인 힘으로 튕겨 나가는 산포체는 멕시코의 에센벡키아 마크란타(*Esenbeckia macrantha*)에서 볼 수 있다. 이 식물은 감귤류를 맺는 운향과에 속하지만 같은 과의 다른 식물에서는 볼 수 없는 생소한 열매를 맺는다. 이 열매는 울퉁불퉁한 혹이 달린 회갈색의 삭과로 천천히 벌어진다. 하지만 양피지 두께의 단단한 내과피는 종자를 오래도록 감싸고 있다가 멕시코의 뜨거운 햇볕을 받아 갑자기 펑 터진다. 열매가 터지면서 방출된 종자들은 새들에 의해 2차로 산포된다.

이처럼 특화된 내과피가 종자를 튀어나오게 하는 것은 조록나무과에서도 볼 수 있다. 에센벡키아 마크란타처럼 풍년화류(*Hamamelis* spp.)와 히어리류(*Corylopsis* spp.)도 천천히 벌어지는 열매(삭과)를 맺는다. 이들의 열매가 천천히 벌어진 후 건조되면서 단단한 내과피는 2개의 심실에 들어 있는 각각의 종자를 양옆으로 강하게 움켜쥐는 형태로 변하게 된다. 이렇게 종자에 강한 힘이 계속 작용하다 보면 단단하고 매끄러운 종자를 감싸고 있던 내과피가 일시에 벗겨지면서 종

161쪽: 중국히어리(조록나무과) *Corylopsis sinensis* var. *calvescens* (Hamamelidaceae) – Chinese winter hazel. 중국 원산. 포배열개, 포간열개, 포축열개를 동시에 보여 주는 열매(협과형 분열과). 열매 지름 7mm. 조록나무과의 조록나무아과 식물은 각각 하나의 종자가 들어 있는 2개의 심피가 합착된 합생심피의 암술군을 갖는다. 열매가 천천히 벌어지고 난 후 건조화가 일어나면 매우 단단한 내과피는 심실에 있는 종자를 혀처럼 말아 움켜쥐는 형태로 변한다. 건조화가 진행될수록 커진 압력은 결국 단단하고 매끈한 방추형의 종자를 힘차게 방출시킨다.

미국제비꽃(제비꽃과) *Viola sororia* (Violaceae) – common blue violet. 북아메리카 동부 원산. 열매(포배열개삭과). 열매 지름 2.5cm. 열매에 있는 3개의 심피가 중심맥을 따라 서서히 벌어지면서, 그 가장자리가 접혀 종자가 드러난다. 그 후 심피가 마르면서 가장자리는 종자를 양옆으로 꽉 움켜쥐게 된다. 결국 이 압력으로 인해 종자는 폭발적으로 튕겨져 나간다.

열매 – 먹을 수 있는, 먹을 수 없는, 믿을 수 없는

자는 탄도를 그리며 날아가게 된다. 이러한 압력의 원리는 야생팬지(Viola arvensis)와 비올라 카니나(Viola canina), 미국제비꽃(Viola sororia) 등이 맺는 3개의 심피로 된 삭과에서도 볼 수 있다. 이들의 심피가 중심맥을 따라 서서히 벌어지면서 그 가장자리가 접혀 종자가 드러나고, 심피가 마르면서 가장자리는 종자를 양옆으로 꽉 움켜쥐는 형태로 접히는데, 이렇게 양쪽 측면에서 가해지는 압력으로 결국 가운데에 있던 종자가 폭발적으로 튕겨 나가게 된다.

수압

죽은 세포의 수동적인 움직임(건습운동)으로 벌어지는 삭과가 있는 반면, 살아 있는 세포에 능동적으로 수압을 높여 터지는 다육과가 있다. 열매가 다 익었을 때 약간의 흔들림에도 터지는 다육과의 대표적인 예로는 물봉선류(Impatiens spp., 봉선화과)와 지중해 연안의 분출오이(Ecballium elaterium, 박과), 그리고 아메리카 대륙의 시클란테라 브라키스타키야(Cyclanthera brachystachya, 박과) 등의 열매가 있다.

물봉선의 방추형 열매(삭과)를 이루고 있는 조각들은 즉각적으로 위로 말려 올라가면서 종자를 사방으로 튕겨 보낸다. 이 열매는 접촉에 매우 민감해서 지나가는 동물이나 빗방울, 바람, 심지어 옆에 있던 다른 열매에서 튕겨져 나온 종자에 의해서도 터질 수 있다. 분출오이 열매는 이와는 다른 전략을 쓴다. 샴페인 병에서 코르크 뚜껑이 뽑혀 나오듯, 이 열매의 자루가 열매에서 뽑히면서 생긴 작은 구멍으로 종자와 윤활제 역할을 하는 액체가 뿜어져 나온다. 수압을 이용하기는 하지만 시클란테라 브라키스타키야의 메커니즘은 또 다르다. 이 열매에서는 과벽에 축적된 압력으로 인해 열매가 폭발하듯 찢어지면서 마치 새총으로 쏜 것처럼 종자가 수 미터를 날아간다.

이러한 효과적인 사출 메커니즘의 또 다른 예는 앞서 이야기했던 양옆에서 주어지는 압력에 의한 것이다. 열대 아메리카에 분포하며 무화과와 가까운 도르스테니아 콘트라제르바(Dorstenia contrajerva, 뽕나무과)의 열매(복과)는 형태적으로 "펼쳐진 무화과"와 같다. 접시처럼 펼쳐진 과서의 표면에는 다수의 작은 핵과가 박혀 있다. 핵과에 있는 다육질의 외과피는 작은 크기의 핵을 마치 펜치로 꽉 물고 있는 것처럼 윗부분은 얇고 아래로 내려갈수록 두껍게 둘러싸고 있다. 핵 아래에 있는 조직이 팽창하면서 핵에는 펜치가 다물어지는 듯한 압력이 가해지고, 결국 외과피의 맨 윗부분이 파열되면서 핵은 높이 4m까지 튀어 오를 수 있게 된다. 이것은 마치 엄지와 다른 손가락으로 체리를 잡고 힘껏 힘을 가하면 안에 있던 핵이 쏙 빠지는 것과 같다.

동물을 이용한 산포

무생물을 이용한 산포 전략은 일부 서식처에서 유리하게 작용할 수 있어 많은 식물의 생활형에

아래: 분출오이(박과) Ecballium elaterium (Cucurbitaceae) – squirting cucumber. 지중해 연안 원산. 열매(횡선열개삭과). 열매 길이 약 3~4cm. 열매가 익어 감에 따라 조직의 내부에는 매우 약한 접촉이나 움직임에도 병마개 같은 과병이 뽑혀 나갈 때까지 거대한 수압이 쌓인다.

맨 아래: 시클란테라 브라키스타키야(박과) Cyclanthera brachystachya (Cucurbitaceae) – seed-spitting gourd. 중앙·남아메리카 원산. 열매(주두공열개삭과), 열매 길이 약 3~4cm. 수압으로 인해 열매는 더 약하고 볼록한 부분을 중심으로 터지게 되는데, 이때 새총으로 쏜 것처럼 종자가 날아간다.

열매 – 먹을 수 있는, 먹을 수 없는, 믿을 수 없는

아래: 은행나무(은행나무과) *Ginkgo biloba* (Ginkgoaceae) – ginkgo, maidenhair tree. 중국 원산. 노란 핵과처럼 보이는 것은 자루에 달려 있는 나출된 종자들이다. 진정한 살아 있는 화석인 은행나무는 2억 7천만 년이나 된 은행나무속 식물에서 마지막으로 살아남은 종이다. 열매 지름 약 2.5cm

맨 아래: 주목(주목과) *Taxus baccata* (Taxaceae) – Englshyew. 유럽, 지중해 연안 원산. 열매(가종피과). 열매 지름 약 1cm. 주목의 "베리"는 컵 모양의 다육질 부속물에 하나의 종자가 싸여 있는 것이다. 주목에서 가종피는 유일하게 독성이 없는 부위이다.

적합하다. 북아메리카의 온대 낙엽수림에 사는 모든 목본 식물 중 약 35%가 바람을 이용한 산포 전략을 사용하는 것도 그러한 이유에서이다. 이런 경우 바람을 이용한 전략이 분명 성공적인 것이라고 볼 수 있지만, 바람이나 물을 이용하는 것은 예측 불가능한 것인 동시에 다소 낭비적이다. 바람이나 물에 의해 무작위로 흩어진 대부분의 종자가 발아에 적당하지 않은 곳에 닿아 쓸모없어지기 때문이다. 탄도를 그리며 산포되는 경우도 산포의 거리가 짧다는 것을 제외하면 무작위적이라는 것은 같다. 반면에, 동물을 포함한 생물을 이용한 산포는 무생물에 의한 산포와 관련된 불확실성을 줄이고 전략적인 면에서의 다양함을 크게 늘렸다. 동물의 움직임은 바람이나 물보다는 덜 임의적이기 때문에 적은 수의 종자로도 발아하기 적당한 장소에 충분히 산포된다.

동물을 매개로 하는 산포가 이롭다는 것은 나자식물(마황속, 매마등속, 은행나무, 구과식물 일부와 소철류)의 50%가 이 산포 전략을 이용한다는 사실에서 알 수 있다. 이들은 다육질의 종자(소철류, 은행나무)나 식용의 종자 부속물(마황속, 나한송과 주목 같은 구과식물) 또는 종자 자체(예: 분산 저장을 하는 동물을 이용한 산포 전략을 쓰는 소나무속 식물)를 동물의 먹이로 제공한다. 은행나무 종자의 경우 현존하는 어떤 동물도 이 지독한 냄새가 나는 종자를 먹으려 하지 않지만, 분명 누군가의 먹이였을 것이다. 이 종자의 다육성 종피와 땅에 떨어져서 풍기는 지독한 냄새는 땅에 살며 썩은 고기를 먹는 공룡들이 한때 은행나무의 산포자였음을 시사한다. 은행나무는 2억 5천만 년이 넘게 지구상에 존재해 오고 있는 진정한 살아 있는 화석이다. 은행나무속의 일부 종들은 쥐라기 중기와 백악기 간의 약 1억 7천5백만 년 전~6천5백만 년 전 사이에 고대 로라시아 대륙(오늘날의 북아메리카와 유라시아)에 넓게 분포했다. 그토록 오랜 세월을 살아오고 있기 때문에 은행나무는 현시대에 뒤진 생활양식을 일부 가지고 있는 것이다.

동물을 이용한 산포에서 피자식물은 나자식물보다 훨씬 더 발달된 전략을 쓴다. 피자식물은 여러 면에서 나자식물보다 더 독창적인 동물매개산포 전략을 써서 다른 어떤 방식보다 더 많은 산포의 기회를 갖는다. 이들은 수백만 년이 넘게 자신들의 산포체가 동물과 함께 이동할 수 있게 하기 위해 다양한 전략들을 발달시키고 완성해 왔다. 이 전략들에는 동물의 피부나 털에 붙는 편승 전략이나 동물의 입이나 소화관 안에 담아 운반되도록 하는 속임수 전략 등이 포함된다.

달라붙기

지나가는 동물에 편승하는 것은 비용 대비 효율이 매우 높은 산포 방법이다. 동물부착산포(epizoochory)라 하는 이런 방식의 산포는 심지어 특정한 적응 형태가 필요하지 않는 경우도 있다. 특정한 산포 메커니즘을 가능하게 하는 어떠한 기관도 가지고 있지 않은 작은 산포체의 경우가 그러하다. 그들은 물가에 사는 새의 진흙 묻은 발이나 깃털에 몰래 붙어서 이동하고는 한다.

열매 – 먹을 수 있는, 먹을 수 없는, 믿을 수 없는

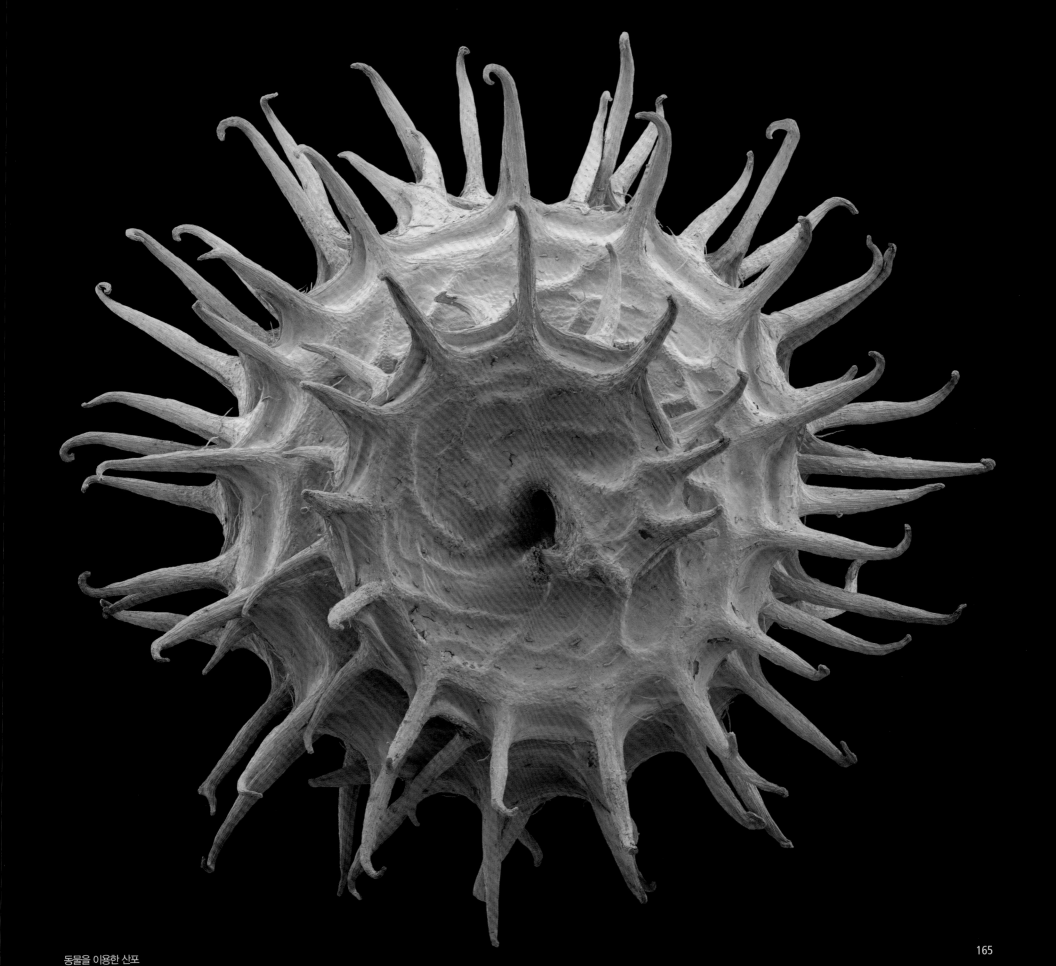

찰스 다윈은 이렇게 단순하고 효과적인 이동 방법에 관심을 두고 이러한 산포체들을 수집하여 심었다. 동물이든 사람이든 진흙이 묻어 있다면 이와 비슷한 산포를 가능하게 할 수 있다.

털이 달린 동물이 지나가면서 닿을 수 있는 정도로 낮게 자라는 식물들은 동물에 달라붙을 수 있게 변형된 산포체를 가지고 있다. 이런 부착성 산포체에는 다른 동물매개산포와는 다르게 동물의 관심을 끌 만한 영양가 많은 유인물이 없다. 이것은 동물이 자신의 의도와는 상관없이 우연히 산포체를 몸에 붙여 이동시켜 주는 것을 의미한다. 다시 말해, 접착성의 열매는 차비도 내지 않고 동물에 편승하는 것이다. 이것은 그리 확실한 산포 방법은 아니지만 어떤 경우보다도 비용 대비 효율이 높은 이동 방법이라고 할 수 있다. 게다가 생리학적으로 값싼 이런 방식의 산포는 또 다른 큰 장점을 가지고 있다. 이런 경우 산포체가 산포되는 거리는 다육질의 산포체와는 다르게 동물의 소화관에 머무는 시간 등의 요인에 제한되지 않는다는 것이다. 대부분의 이런 무임 승객들은 스스로 떨어져 나오기도 하지만, 그 밖에는 동물이 털을 손질하거나 털갈이를 하거나 아니면 죽을 때까지 먼 거리를 이동할 수도 있다.

전형적인 동물부착산포의 산포체들은 갈고리나 가시, 또는 끈끈한 물질로 뒤덮여 있다. 늦여름에서 가을에 시골길을 산책하고 온 후 양말이나 바지를 살펴보면 그 예를 찾을 수 있다. 온대 지역에서 자주 볼 수 있으며, 가장 집요하게 붙어 있는 이런 산포체는 팔선초(*Galium aparine*, 꼭두서니과), 섬꽃마리류(*Cynoglossum* spp., 지치과), 야생당근(*Daucus carota*, 산형과)과 뚝지치류(*Hackelia* spp., 지치과)의 소견과와 아그리모니(*Agrimonia eupatoria*, 장미과)의 위과(이과형 복합과), 그리고 훨씬 큰 크기를 가진 우엉(*Arctium lappa*, 국화과)의 까끌까끌한 종자 등이다. 이들이 접착성을 띠는 이유는 포유동물의 털이나 옷 섬유의 고리에 쉽게 얽힐 수 있는 갈고리를 가지고 있기 때문이다. 1950년대에 스위스의 전기 기술자 조지 드 메스트랄(George de Mestral)은 이런 산포체의 미시적 구조에 영감을 받아 벨크로(Velcro 프랑스 어 *velour* 벨벳 + *crochet*= 갈고리)라는 이름으로 잘 알려진 "떼고 붙이는 파스너(hook and loop fastener)"를 발명하게 되었다.

벨크로 같은 갈고리를 갖는 산포체는 일부 미나리아재비류(예: 좀미나리아재비 *Ranunculus arvensis*, 미나리아재비과), 뱀무(*Geum urbanum*, 장미과), 참반디류(*Sanicula* spp., 산형과)의 소견과와 크라메리아 에렉타(*Krameria erecta*, 크라메리아과)의 특이한 심장 모양의 열매, 그리고 콩과에 속하는 일부 식물의 열매에서 볼 수 있다. 예를 들어, 콩과의 개자리(*Medicago polymorpha*)와 개자리속에 속하는 다른 식물들이 맺는 폐협과(열개하지 않는 꼬투리)는 공처럼 둥글게 말린 형태로 갈고리를 달고 있다. 하지만 산포체가 동물에 달라붙는 방법은 이런 온유한 방법만 있는 것은 아니다. 식물들은 종자를 산포시키기 위해 다소 가학적인 방법을 발달시키기도 했다.

164쪽: 아그리모니(장미과) *Agrimonia eupatoria* (Rosaceae) – common agrimony, cockleburr. 구대륙 원산. 열매(이과형 복합과). 열매 길이 7.5mm. 다육질이라기보다 다소 단단한 로즈힙과 비슷한 아그리모니의 열매에는 수과처럼 생긴 몇 개의 씨방들(사진에 보이지는 않는다)을 둘러싸고 있는 화통이 있다. 굴곡진 화통의 둘레에 나 있는 가시에는 갈고리가 있어 옷이나 동물의 털에 쉽게 달라붙을 수 있기 때문에 산포에 매우 효과적이다.

165쪽: 개자리(콩과) *Medicago polymorpha* (Fabaceae) – bur-clover. 유라시아, 북아프리카 원산. 열매(폐협과). 가시를 포함한 열매의 지름 9.6mm. 모든 콩과 식물의 열매가 그러하듯, 개자리의 열매는 하나의 심피에서 발달한 것이다. 전형적인 개자리속 식물의 심피는 4~6바퀴의 나선형으로 꼬여 있다. 갈고리가 달린 동그란 모양의 열매는 동물의 털이나 깃털에 잘 달라붙을 수 있다.

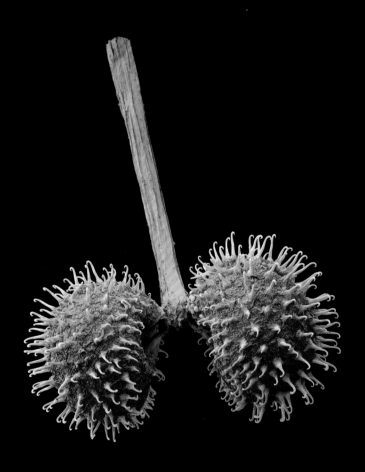

열매 – 먹을 수 있는, 먹을 수 없는, 믿을 수 없는

팔선초(꼭두서니과) *Galium aparine* (Rubiaceae) – stickywilly.
유라시아, 아메리카 대륙 원산
166쪽: 열매(수과형 분열과). 성숙한 수과 길이 5mm. 합착된 2개의
심피에서 발달한 열매는 익고 나면 2개의 수과로 갈라진다. 오른쪽
의 작은 가지에 발달하고 있는 2개의 열매는 갈라지고 있지만 아직
은 하나의 씨방인 상태이다. 씨방하위의 작은 꽃봉오리는 4개의 화
피로 닫혀 있다. 작은 갈고리들이 촘촘하게 박힌 팔선초의 수과는
동물의 털에 잘 붙는 산포체 중의 하나이다.

동물을 이용한 산포

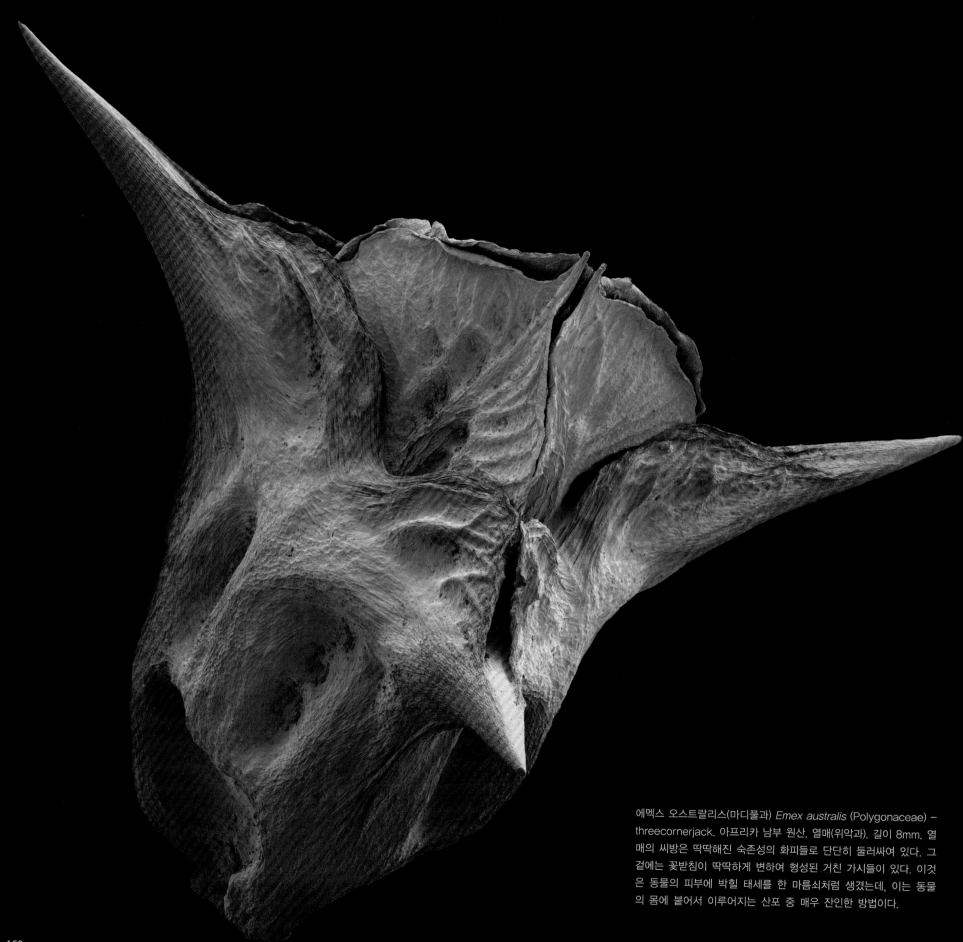

에멕스 오스트랄리스(마디풀과) *Emex australis* (Polygonaceae) – threecornerjack. 아프리카 남부 원산. 열매(위악과). 길이 8mm. 열매의 씨방은 딱딱해진 숙존성의 화피들로 단단히 둘러싸여 있다. 그 겉에는 꽃받침이 딱딱하게 변하여 형성된 거친 가시들이 있다. 이것은 동물의 피부에 박힐 태세를 한 마름쇠처럼 생겼는데, 이는 동물의 몸에 붙어서 이루어지는 산포 중 매우 잔인한 방법이다.

열매 – 먹을 수 있는, 먹을 수 없는, 믿을 수 없는

남가새(남가새과) *Tribulus terrestris* (Zygophyllaceae) – puncture vine, devil's thorn. 구대륙 원산. 소과(수과). 길이 6mm. 이 식물의 열매(수과형 분열과)는 종자가 하나씩 들어 있는 5개의 소과(수과)로 분리된다. 사진 속의 것은 그중 하나로 익어도 벌어지지 않는다. 각 소과는 마름쇠처럼 2개의 큰 가시와 여러 개의 작은 가시들로 둘러싸여 있는데, 이 중 하나는 금방이라도 동물이나 사람의 피부를 뚫을 태세로 항상 위를 향하고 있다.

아래: 마르티니아 아누아(마르티니아과) *Martynia annu* (Martynia-ceae) – small-fruited devil's claw. 아메리카 대륙 원산. 열매(삭과). 열매 길이 약 2.5~3cm. 구조적으로나 기능적으로나 프로보스시데아 알타에이폴리아를 닮았으나 크기가 작다.

맨 아래: 우엉(국화과) *Arctium lappa* (Asteraceae) – greater burdock. 온대 유라시아 원산. 화서. 전형적인 국화과의 꽃으로 두상화서이다. 결실기가 오면 갈고리가 달린 바늘 같은 포들이 두상화 전체를 둘러싸며, 이것이 동물의 털이나 사람의 옷에 달라붙는다. 열매(수과들)는 그 안에 들어 있다. 열매 지름 약 3cm.

가학적인 트리불루스(*Tribulus*)에 관한 이야기

피부를 파고들 수도 있는 사나운 가시를 가진 산포체는 서로 관계가 없는 다양한 과의 식물에서 볼 수 있다. 그 한 가지 예는 유럽과 아프리카, 아시아의 따뜻한 지역에 살고 있는 남가새(*Tribulus terrestris*, 남가새과)이다. 남가새는 열매가 흉악하게 생겨서 악마의 가시나 마름쇠로 더 잘 알려져 있다. 남가새의 열매(분열과)는 익으면 5개의 소과들로 분리되는데, 익어도 벌어지지 않는 소과에는 2개의 큰 가시와 여러 개의 작은 가시가 나 있다. 이 소과가 땅에 떨어지면 어느 가시가 위로 올라가든 가시의 일부는 마치 중세 시대의 마름쇠처럼 동물의 피부나 사람의 발을 뚫고 들어갈 태세로 위쪽을 향하고 있다. 헝가리의 평원에서는 이것이 양에게 걸을 수 없을 정도의 심한 상처를 주기 때문에 문제가 되기도 한다. 확실히 성공적인 전략인 이 마름쇠 모델은 마디풀과의 한해살이풀 에멕스 오스트랄리스(*Emex australis*)에서 절정을 이룬다. 아프리카 남부가 원산지인 이 식물은 따뜻한 지역에 넓게 분포하며, 심각한 위해 식물로 지정되어 있다. 정확히 위악과(diclesium)라고 하는 이 식물의 열매(위과)는 수과와 같은 씨방으로 이루어져 있으며, 딱딱해진 숙존성의 화피가 이를 단단히 둘러싸고 있다. 꽃받침은 3개의 곧은 큰 가시로 변형되어 동물이나 사람에 심각한 부상을 입힐 태세로 완벽한 마름쇠 모양을 하고 있다.

악마의 발톱

이른바 악마의 발톱이라는 가장 크고 악명 높은 열매를 보기 위해서는 열대나 아열대의 준사막 그리고 아메리카, 아프리카, 마다가스카르의 사바나와 초지에 가야 한다. 신대륙에 사는 악마의 발톱은 프로보스시데아속(*Proboscidea*)에 속하며, 유연관계가 가까운 식물인 마르티니아 아누아(*Martynia annua*)와 함께 마르티니아과에 속한다. 남아메리카에서 이비셀라(*Ibicella*)속의 식충식물은 악마의 발톱과 유사한, 또는 유니콘 열매라 불리는 열매를 맺는다(예: 이비셀라 루테아 *Ibicella lutea*). 이 열매가 덜 익었을 때는 해를 끼칠 것 같아 보이지 않지만, 다 익은 후 다육질의 바깥층이 벗겨지면 내과피가 나오면서 이들의 속내가 드러난다. 이 내과피의 끝에는 휘어지고 날카로운 끝을 가진 두 갈래의 발톱이 나 있는데, 사나운 발톱이 펴지면 이 열매가 털이나 발굽에 매달릴 수 있을 뿐만 아니라 심지어 피부를 뚫기도 한다.

구대륙에 사는 악마의 발톱은 참깨과에 속한다. 놀라울 것도 없지만 이들은 마르티니아과와 가까운 유연관계를 갖는다. 마다가스카르의 운카리나(*Uncarina*)속 식물이 그러한데, 이들은 길고 날카로운 가시가 돋친 작은 수뢰처럼 생긴 열매를 맺는다. 하지만 잔혹함에 대해서라면 아프리카 남부에 분포하는 쥐꼬리망초과 하르파고피툼 프로쿰벤스(*Harpagophytum procumbens*)의 열매를 따라올 것이 없다. 이 열매는 천천히 벌어지는 목질의 삭과이며 날카로운 끝을 가진 굵은 가시

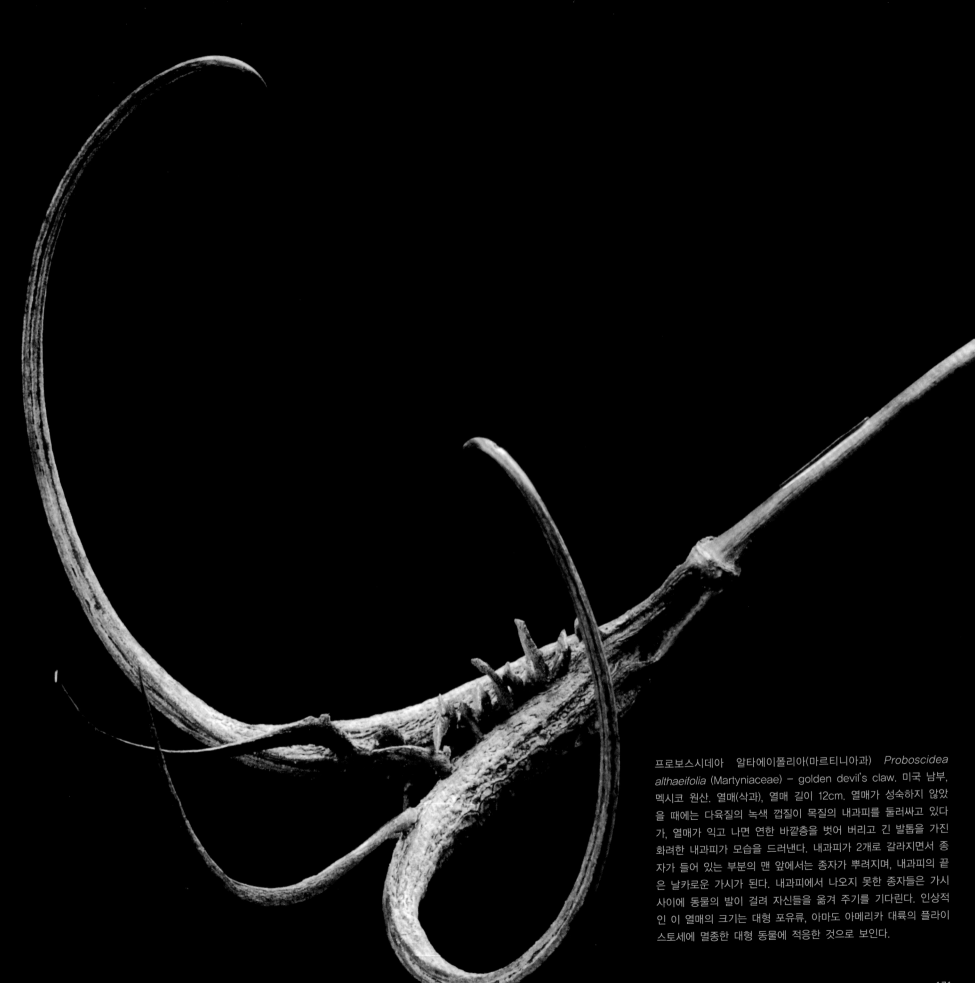

프로보스시데아 알타에이폴리아(마르티니아과) *Proboscidea althaeifolia* (Martyniaceae) – golden devil's claw. 미국 남부, 멕시코 원산. 열매(삭과), 열매 길이 12cm. 열매가 성숙하지 않았을 때에는 다육질의 녹색 껍질이 목질의 내과피를 둘러싸고 있다가, 열매가 익고 나면 연한 바깥층을 벗어 버리고 긴 발톱을 가진 화려한 내과피가 모습을 드러낸다. 내과피가 2개로 갈라지면서 종자가 들어 있는 부분의 맨 앞에서는 종자가 뿌려지며, 내과피의 끝은 날카로운 가시가 된다. 내과피에서 나오지 못한 종자들은 가시 사이에 동물의 발이 걸려 자신들을 옮겨 주기를 기다린다. 인상적인 이 열매의 크기는 대형 포유류, 아마도 아메리카 대륙의 플라이스토세에 멸종한 대형 동물에 적응한 것으로 보인다.

열매 – 먹을 수 있는, 먹을 수 없는, 믿을 수 없는

가 달린 갈고리가 여러 개 나 있다. 운이 나빠 이 열매를 밟기라도 하면 심각한 부상을 입게 된다.

새를 붙잡는 법

동물의 몸에 붙어서 이동하는 산포체에서 갈고리를 대신하여 접착제를 사용하는 경우는 드물다. 이 희귀한 전략을 쓰는 것 중에서 가장 악명 높은 식물은 피소니아(*Pisonia*)속의 일부 종(예: 피소니아 브루노니아나 *P. brunoniana* · 피소니아 움벨리페라 *P. umbellifera*, 분꽃과)으로, 이 식물들은 새 잡는 나무라는 이름을 가지고 있다. 피소니아 브루노니아나는 뉴질랜드, 노퍽 섬, 로드하우 섬과 하와이 섬에 자생하고 있고, 이와 매우 비슷한 피소니아 움벨리페라는 인도양과 태평양의 열대 지역에 넓게 분포하고 있다. 이들의 길쭉한 열매는 숙존성의 꽃받침에 싸여 있으며, 이 꽃받침에 있는 5개의 세로로 볼록하게 나온 부분을 따라 점착성 물질이 분비된다. 식물은 파리잡이 끈끈이처럼 끈적끈적한 이 물질을 이용해서 새를 유인한다. 식물에 달라붙은 곤충을 먹으러 온 새들이 끈끈한 이 열매에 얽히게 되는 것이다. 새가 이 열매에서 벗어나기 위해 발버둥치면 칠수록 더 많은 열매가 새의 몸에 붙게 된다. 그 후 열매가 목표로 하는 산포자들 – 슴새나 부비새 같은 큰 바닷새들 – 은 열매를 잔뜩 붙이고 탈출하여 열매를 산포시킨다. 하지만 이 과정에서 큰 새들도 다칠 수 있으며 작은 새들은 끈끈이에 꼼짝없이 갇혀 죽기까지 한다.

분산 저장 동물에 의한 산포

동물을 이용하여 산포를 하는 식물들의 대다수는 단순히 동물의 이동성을 이용하기보다는 동물들과 서로 이익이 되는 협력 관계를 발달시켜 왔다. 그 결과, 동물들은 식물의 산포를 돕는 대신 먹이를 보상으로 받게 되었다. 그중에서도 특별한 적응 형태가 필요 없이 가장 단순하게 동물에게 보상하는 방법은 분산 저장을 하는 동물들에게 종자의 일부를 먹이로 내어 주는 것이다. 다람쥐나 다른 설치류들은 먹이가 거의 없는 겨울을 나기 위해서 도토리류(*Quercus* spp.)와 너도밤나무 열매(*Fagus* spp.), 밤류(*Castanea* spp.), 호두류(*Juglans* spp.) 등을 땅속에 저장해 놓는 습성이 있다. 큰어치(*Cyanocitta cristata*) 같은 새들 또한 나무줄기의 틈이나 푸석푸석한 흙 속에 도토리, 너도밤나무 열매 등을 숨겨 둔다. 플라이스토세 후기에 참나무와 다른 종들이 빠르게 북쪽으로 확산될 수 있었던 이유도 바로 이런 어치에 의한 산포로 추정된다.

나자식물 중에는 분산 저장을 하는 어치와 잣까마귀에 의해 산포되는 20여 종의 소나무들(*Pinus* spp., 소나무과)이 있다. 그리고 다른 소나무들 대부분은 1차적으로 바람을 이용하여 종자를 산포시키며, 그중 일부가 분산 저장을 하는 동물들에 의해 2차적으로 산포되기도 한다. 북아메리카 서부의 반건조 지대 숲에 자생하는 소나무의 일부 종들 중에 피누스 토레야나(*Pinus*

172쪽: 센치루스 스피니펙스(벼과) *Cenchrus spinifex* (Poaceae) - coastal sandbur. 아메리카 대륙 원산. 열매(유착이삭). 가시를 포함한 길이 9.5mm. 밤송이처럼 생긴 이 식물 열매는 복합적인 구조를 가지고 있다. 이 열매는 1개 또는 몇 개의 가임성 작은이삭(spikelet)으로 구성되어 있고, 이는 불임성 원추형의 총포에 싸여 있다. 열매가 익으면 불임성의 가지는 동물에 붙어 이동할 수 있도록 단단한 가시로 변한다.

피소니아 브루노니아나(분꽃과) *Pisonia brunoniana* (Nyctaginaceae) – bird catcher tree. 오스트레일리아, 뉴질랜드와 태평양의 섬 원산. 열매(위약과). 열매 길이 약 3cm. 다 자라서 길게 늘어진 씨방은 대롱 모양의 숙존성 꽃받침에 싸여 있다. 이 꽃받침에 있는 5개의 세로로 약간 볼록하게 나온 부분을 따라 점착성 물질이 분비된다. 이 접착제로 곤충을 붙잡아 두며, 결국 이것이 의심 없이 다가오는 새를 끌어들인다. 새들 역시 매우 끈끈한 이 열매에 얽히게 된다. 슴새나 부비새 같은 크기가 큰 새들은 이 식물이 의도한 대로 열매를 잔뜩 붙이고 빠져나올 수 있지만 불행하게도 크기가 작은 새들은 나무에 꼼짝없이 갇혀 죽기도 한다.

174쪽: 큰어치(까마귀과) *Cyanocitta cristata* (Corvidae) – bluejay. 북아메리카 원산. 큰어치는 하루에 100개가 넘는 도토리를 분산 저장할 수 있다.

아래: 피누스 사비니아나(소나무과) *Pinus sabiniana* (Pinaceae) – digger pine. 미국 캘리포니아 주 원산. 날개 달린 무거운 종자는 처음에 바람에 의해 산포된 후 분산 저장을 하는 동물에 의해 2차로 산포된다. 날개를 포함한 종자 길이 3.5cm

맨 아래: 동부회색다람쥐(다람쥐과) *Sciurus carolinensis* (Sciuridae) – eastern grey squirrel. 미국, 캐나다 원산. 가을이 오면 다람쥐들은 긴 겨울을 나기 위해 영양가 많은 종자와 열매들을 분산하여 저장한다.

torreyana)와 피누스 사비니아나(*P. sabiniana*)는 종자의 날개가 너무 작고 무거워서 바람을 이용한 산포에는 효과적이지 않다. 종자들은 날개가 있긴 해도 무게 때문에 거의 땅에 곧바로 떨어지게 되는데, 설치류나 어치들이 이것을 주워 땅속에 분산 저장을 한다. 진화의 역사상 소나무들의 종자 산포는 바람을 이용한 것과 동물을 이용한 것이 여러 차례 뒤바뀌어 왔다고 알려져 있다. 따라서 이 두 종이 분산 저장을 하는 동물에 의해 산포되는 쪽으로 진화되면서 전적으로 날개를 잃어 가고 있는 것인지, 아니면 현재의 선택압(selection pressure)이 날개를 연장시켜 공기 역학적 특성을 갖게 하는 쪽으로 진행되고 있는 것인지 확신할 수 없다. 어쨌거나 흥미롭게도 이 소나무들은 분산 저장을 하는 동물에 의한 산포에 적응한 형태로서, 종자의 날개가 미리 만들어진 선을 따라서 매우 쉽게 분리된다. 이것은 마치 동물들이 종자를 수집해서 자신만의 장소에 숨기기 편하도록 종자에서 날개가 분리되는 것으로 보인다. 더구나 이 날개는 시간이 지나면 스스로 떨어져 버리기까지 한다. 분산 저장을 하는 동물에게 종자의 일부를 먹이로 내주는 전략은 그들이 숨겨 둔 종자들을 모두 먹어 버리지는 않는다는 사실에 근거한다. 동물들이 종자를 저장해 놓고 죽거나 그 사실을 잊어버리기 때문에 상당수의 종자들은 항상 온전한 상태로 살아남아 모식물체의 그늘에서 벗어난 적당한 곳에 정착할 수 있다.

참나무, 너도밤나무, 그리고 대나무처럼 수명이 긴 식물들은 예측할 수 없는 양상으로 몇 년에 한 번씩 많은 양의 열매를 맺는다. 개체군 내에서 이렇게 많은 양의 수확이 동시에 발생하는 현상을 "매스팅(masting)"이라고 한다. 생태학자들은 지난 20년 동안 매스팅 현상에 많은 관심을 가지고 연구하여 이를 설명할 수 있는 수많은 가설들을 내놓았다. 이런 현상이 가능할 수 있었던 한 가지 이유는 한꺼번에 많은 양의 열매를 맺는 종들이 바람에 의한 수분을 한다는 사실과 관련되어 있다. 한꺼번에 많은 종자가 뿌려진다는 것은 그만큼 많은 꽃들이 피었다는 것이며, 결국 많은 꽃이 피어 성공적인 수분의 기회가 높아진 것이다. 두 번째 가설은 식물이 자신의 종자가 정착할 수 있는 가장 좋은 해가 언제인지 예측할 수 있다는 것이다. 이 가설은, 일례로 산불이 자주 발생하는 오스트레일리아의 서식처에서 산토로이아류(*Xanthorrhoea* spp., 산토로이아과)가 산불이 발생한 후에 대량의 꽃을 피우는 경우에 적용될 수 있다. 주위에 있는 식물들이 타 버리고 나면 경쟁은 줄어들며 타고 남은 식물의 재로 인해 양분의 유용성은 증가하게 된다. 하지만 단단한 열매 안에 종자를 품고 있다가 산불이 난 후에 종자를 퍼뜨리는 개과지연현상을 보이는 쌍떡잎식물과 구과식물들이 이런 기회를 훨씬 더 빨리 활용한다고 볼 수 있다.

매스팅 현상을 설명하는 또 다른 이론으로 잘 받아들여지는 것은 일반적으로 식물들이 맺는 보통의 양보다 어쩌다가 한 번씩 대량으로 종자를 생산하는 것이 식물이 들인 노력과 종자의 생존을 따져 보았을 때 전자보다 더 경제적이라는 것이다. 한 해에 대량의 열매를 맺게 되면 포식자들

(예: 분산 저장하는 동물, 종자를 먹이로 하는 곤충)이 소비할 수 있는 양보다 더 많은 종자를 생산하기 때문에 더 많은 양의 종자가 온전하게 산포될 수 있다. 더구나 종자의 생산량이 해마다 크게 다르면 그 종자를 먹고 사는 동물의 개체군에 큰 영향을 끼치게 되어 결국 그 식물의 개체군에도 영향을 주게 된다. 대량의 열매를 맺는 해 중간에는 먹이가 부족해지기 때문에 포식자들은 다음 대수확기가 되어 먹이가 풍부해질 때까지 굶주림에 시달리며 그 수가 감소하게 되는 것이다. 따라서 종자의 양에 비해 포식자들은 감소되어 더 많은 종자가 생존할 수 있게 된다. 하지만 이 전략의 성공 여부는 포식자들의 부응에 달려 있다. 대수확기 사이에 먹이가 감소되면 그 종자에만 전적으로 의존하는 포식자들은 심한 타격을 받겠지만, 그렇지 않은 포식자들(예: 도토리를 먹는 사슴이나 돼지)은 개체군의 수에 별 영향을 받지 않기 때문이다. 하지만 때론 전자들도 이렇게 교활한 계략을 짜는 식물보다 한 수 앞설 때가 있다.

세계에서 가장 무거운 앵무새(몸무게 3.5kg에 달하는)이면서 날지 못하는 뉴질랜드의 올빼미앵무는 오직 먹이가 풍부한 해에만 알을 낳는 새로 예부터 알려져 왔다. 올빼미앵무는 구과식물인 나한송과의 리무나무(*Dacrydium cupressinum*)가 대량의 열매를 맺으면 알을 낳는다. 일반적으로 올빼미앵무는 초식성으로서 다양한 식물을 먹고 살기는 하지만, 특히 리무나무 열매를 즐겨 먹는다. 더구나 리무나무가 2~5년 간격으로 매스팅 현상을 보이는 해가 되면 이 야행성 새는 오로지 리무나무의 열매만을 먹이로 한다. 식물이 맺는 대량의 열매에 적응한 또 다른 동물은 2006년 권위 있는 학술지인 「사이언스」에 발표되었다. 과학자들은 미국붉은다람쥐와 유럽붉은다람쥐가 자신들의 먹이가 되는 공급원(예: 가문비나무 *Picea* spp.)이 언제 대량의 종자를 생산하는지 예측하는 방법을 알고 있으며, 그래서 이 다람쥐들은 종자가 추가적으로 더 있을 것을 예상하여 새끼를 한 번 더 출산한다고 밝혔다. 또한 이들은 먹이로 하는 다른 꽃이나 화분구과(pollen cone)의 풍부함으로도 매스팅 현상을 연초에 알아차릴 수 있다고 하였다.

대량의 종자를 맺는 전략은 종자의 일부가 희생되더라도 자손의 손실을 최대한 줄일 수 있기 때문에 분산 저장을 하는 동물에게 종자 산포를 의존하는 식물로서는 도움이 될 수 있을 것이다. 하지만 종자 산포를 돕는 동물들에게 보답하는 훨씬 더 일반적인 방법은 종자에게 관심을 쏟게 하기보다는 먹을 수 있는 별개의 보상을 주는 것이다.

개미에 의한 산포

특히 건조한 서식처에 사는 많은 식물들의 종자를 자세히 관찰해 보면 노란빛을 띠는 흰색의 기름진 자그마한 혹을 볼 수 있다. 1906년 스위스의 생물학자 루트거 세르난더(Rutger Sernander)는 이 신기한 부속물 뒤에 숨겨진 전략을 개미매개산포(myrmecochory, 그리스 어

아래: 올빼미앵무(앵무과) *Strigops habroptilus* (Psittacidae) – kakapo. 뉴질랜드 특산. 세계에서 가장 무거우며(몸무게 3.5kg에 달하는) 유일하게 날지 못하는 앵무새. 이 새는 이들의 먹이가 되는 열매가 대량으로 생산되는 해에만 알을 낳는다.

맨 아래: 리무나무(나한송과) *Dacrydium cupressinum* (Podocarpaceae) – rimu. 뉴질랜드 특산. 열매(외종피과). 과육 부분의 길이 5~10mm, 종자 길이 4mm. 이 열매는 산포를 위해 동물들(특히 새)을 유인하는 밝은색의 과육이 붙은 종자 1~2개로 이루어져 있다.

myrmex = 개미+choreo= 산포)라고 했다. 루트거 세르난더는 개미들이 이런 "지방체" 또는 그가 그리스 어로 부른 엘라이오좀을 갖는 종자들을 열심히 모아서 자신들의 집으로 가져가는 것을 관찰했다. 개미들로 하여금 틀에 박힌 듯 종자를 실어 나르게 하는 것은 지방체에 있는 리시놀레산이다. 수백만 년 동안 이루어진 공적응의 결과, 개미를 이용해 산포하는 식물들은 자신의 지방체 조직 안에 개미 유충의 분비물에서 발견되는 것과 동일한 불포화 지방산을 만들어 내도록 진화하였다. 이 지방산을 포착한 개미가 자신의 집으로 종자를 끌고 오면 영양가 있는 부속물은 해체하고 단단한 종피에 싸인 종자는 그대로 남겨 둔다. 지방과 당분, 단백질, 비타민이 풍부한 지방체의 조직은 개미가 아닌 개미 유충들의 먹이가 된다. 그리고 지방체가 제거되어 더 이상 개미에게 쓸모없어진 종자는 땅속이나 땅 위의 배설물 창고에 버려진다. 이 쓰레기 더미에는 영양이 풍부한 유기 물질이 있어 주위의 다른 흙보다 종자가 발아하여 정착하는 데 더 나은 조건이 된다.

개미에 의해 산포되는 산포체는 80개가 넘는 식물의 과에서 독립적으로 수차례 진화되었다. 유럽이나 북아메리카의 온대 낙엽수림에 있는 초본성 식물 사이에서 개미매개산포에 적응한 형태를 흔하게 볼 수 있다. 오스트레일리아의 황야 지대나 남아프리카 케이프 지역의 경엽관목림같이 산불이 자주 발생하는 건조한 서식처에서도 개미매개산포가 더없이 중요한 역할을 한다. 땅속에 있는 개미집에 저장된 종자는 산불에 의한 피해뿐만 아니라 설치류처럼 종자를 먹는 동물로부터도 벗어날 수 있는 기회가 많아진다. 당연한 이야기이겠지만 개미에 의해 산포되는 종자는 개미의 체력에 맞게 크기가 작아야 한다. 지방체가 가진 다양한 진화적 기원 때문에 지방체의 형성에 관여하고 있는 기관들은 매우 다양하다. 대부분의 경우 지방체는 종피의 다른 부분이나 주병(밑씨자루)에서 유래된 종자의 부속물(가종피)이다. 대극과와 원지과 식물의 지방체는 주공 주위의 종피에서 자라나 형성된 것이다. 북아메리카의 아사룸 카나덴세(*Asarum canadense*)와 유럽의 구족도리풀(*Asarum europaeum*) 같은 쥐방울덩굴과의 식물과 애기똥풀(*Chelidonium majus*, 양귀비과)의 종자에서는 제조(raphe)가 기름지고 부푼 부속물로 자라난다.

주병에서 기원한 지방체는 개미에 의해 산포되는 종자에서 매우 흔한 것이다. 콩과 식물의 종자에 다육질의 부속물이 있는 경우가 많은데, 이런 경우는 주병의 일부가 변형되어 발달한 것이다. 울렉스, 양골담초와 오스트레일리아의 아카시아속 식물 등에서 개미를 유인하는 수단으로 주병에서 발달한 가종피를 볼 수 있다. 석죽과 식물과 선인장 일부(예: 아즈테키움속 *Aztekium*, 블로스펠디아속 *Blossfeldia*)도 주병의 기원을 가지는 지방체를 가지고 있다.

또 다른 많은 식물에서는 종자 부속물의 대체품으로 자신들의 작은 열매나 소과에 식용의 혹을 만들어 개미를 유인한다. 예를 들어, 노루귀(*Hepatica nobilis*) 같은 미나리아재비과의 열매나 조개나물류, 광대수염류 같은 꿀풀과의 소과들에는 짧은 과병(열매자루)이나 과피에서 발달한 지방

177쪽: 크니도스콜루스류(대극과) *Cnidoscolus* sp. (Euphorbiaceae) – 개미를 유인하는 지방체를 가진 종자. 종자 길이 약 1cm. 멕시코 북부에서 촬영. 개미매개산포의 전형적인 산포체는 개미를 유인하는 지방 덩어리(지방체)를 가지고 있다. 이 전략은 독립적으로 수차례 진화된 80개가 넘는 식물의 과에서 볼 수 있다. 지방체는 다양한 진화적 기원을 갖기 때문에 지방체의 형성에 관여하고 있는 기관들은 상당히 다양하다. 대극과 식물의 지방체는 주공 주위의 종피에서 자라나 형성된 것이다.

179쪽: 개미에 의해 산포되며 과피의 일부분에서 형성된 지방체(녹색)를 갖는 꿀풀과 식물의 분과들(소견과) – 흰색: 왜광대수염(꿀풀과) *Lamium album* (Lamiaceae) – white deadnettle. 유라시아 원산. 길이 약 3mm, 노란색: 라미움 갈레오브돌론(꿀풀과) *Lamium galeobdolon* (Lamiaceae) – yellow archangel. 유라시아 원산. 길이 약 4mm

왜광대수염(꿀풀과) *Lamium album* (Lamiaceae) – white deadnettle. 유라시아 원산. 꽃이 핀 식물. 톱니 모양의 거치를 가진 연하고 털 많은 잎은 서양쐐기풀(*Urtica dioica*, 쐐기풀과)의 잎과 닮았으나 따끔거리지 않아 "dead(죽은)+nettle(쐐기풀)"이라 부른다.

열매 – 먹을 수 있는, 먹을 수 없는, 믿을 수 없는

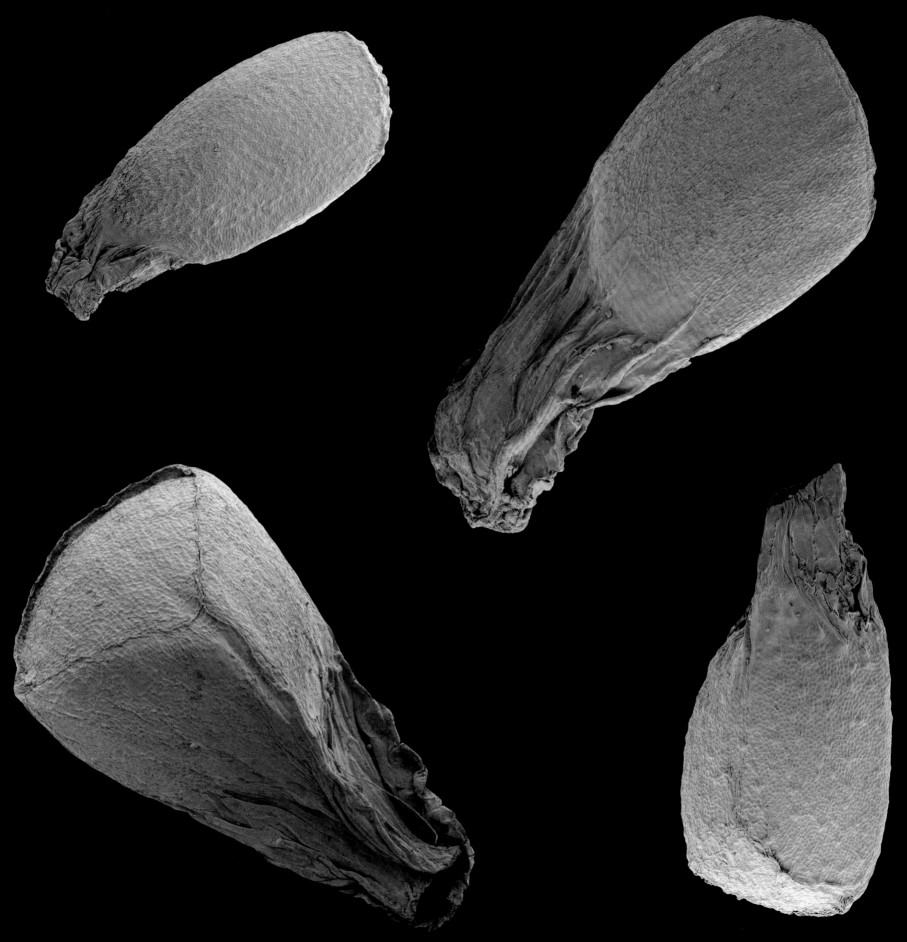

체가 있다. 개미를 유인하는 지방체가 열매에 붙어 있는 경우는 지치과 식물의 일부(예: 풀모나리아 오피시날리스 *Pulmonaria officinalis*, 컴프리 *Symphytum officinale*)와 국화과 식물의 일부(예: 지느러미엉겅퀴류, 엉겅퀴류)에서도 볼 수 있다. 흥미롭게도 국화과의 일부 종에 있는 이런 하위수과에서는 바람에 의한 산포를 돕던 관모들이 자신의 기능을 잃은 채 크게 축소되어 있다. 수레국화(*Centaurea cyanus*)의 관모는 주위 환경의 습도에 따라 움직일 수 있어 땅 위를 천천히 기게 해 주는 비늘 조각으로 변형되어 있기도 하다. 하지만 형태적으로 가장 특이한 지방체는 벼과 식물에서 찾을 수 있다. 개쇠치기풀(*Rottboellia cochinchinensis*)과 그 근연종인 하케로클로아 그라눌라리스(*Hackelochloa granularis*)에서 열매가 달린 각각의 작은이삭은 줄기 축에 완전히 묻혀 있는데, 이것이 성숙기가 되면 줄기의 마디마디가 해체되면서 하나의 열매가 달린 조각들(마디 사이들)로 분리된다. 이 조각에서는 줄기의 내부에 있는 격벽의 조직에서 형성된 지방체가 밖으로 모습을 드러내고 있다.

산포 전략의 결합

종자 산포를 위한 전략으로 개미를 이용하는 식물들은 그 전략에 탄도학을 결합시키기도 한다. 예를 들어, 일부 제비꽃(*Viola* spp., 제비꽃과)이나 등대풀(*Euphorbia* spp., 대극과), 분출오이(*Ecballium elaterium*, 박과)를 비롯하여 남아프리카와 오스트레일리아의 건조한 지역에 사는 관목이나 나무들의 종자는 일단 열매에서 튕겨져 나온 후 종자에 있는 지방체로 개미들을 유인해 산포된다. 또 다육질의 열매는 개미뿐 아니라 새나 포유류를 함께 이용하는 전략을 쓰기도 하는데, 이런 열매의 종자에는 동물의 소화관을 거쳐도 소화되지 않는 지방체가 붙어 있다. 그래서 종자가 동물의 배설물로 나온 후에도 개미에 의해 산포될 수 있는 것이다. 개미가 동물의 배설물에서 종자를 수집하는 이런 형태의 이중산포는 대부분 열대 지방에서 볼 수 있지만, 미국 남동부 그레이트 스모키 산맥의 애기나리속 식물(*Disporum lanuginosum*, 루스쿠스과)의 경우처럼 온대 식물에서도 찾아볼 수 있다. 여기에 또 다른 산포 단계를 결합시켜 개미의 수고를 덜어 주는 식물도 있다. 오스트레일리아의 페탈로스티그마 푸베센스(*Petalostigma pubescens*, 피크로덴드론과)는 에뮤와 개미를 이용하는 산포 전략 사이에 탄도학을 결합시켰다. 이 식물의 열매에 있는 내과피는 부드러운 과육에 비해 씹기가 힘들기 때문에 에뮤는 그것을 그냥 삼켜 버린다. 그 후 에뮤의 배설물로 나온 내과피는 오스트레일리아의 내리쬐는 햇볕에 지글거리면서 줄어들다가 결국 터지게 되고, 안에 있던 종자는 공기 중으로 3m나 튕겨져 나온다. 이로써 종자에 있는 지방체를 먹으려는 개미는 배설물 속에서 힘들게 종자를 꺼내 오지 않아도 되는 것이다.

또 다른 산포체들은 바람과 동물을 이용한 산포 전략을 결합시킬 수 있는 구조를 가지고 있기

페탈로스티그마 푸베센스(피크로덴드론과) *Petalostigma pubescens* (Picrodendraceae) – quinine bush. 말레이시아, 오스트레일리아 원산

아래: 종자. 길이 1.2cm

맨 아래: 열매(핵과). 열매 지름 1.5~2cm. 페탈로스티그마 푸베센스의 종자 산포는 각기 다른 3 단계로 되어 있다. 먼저 에뮤(*Dromaius novaehollandiae*)가 이 열매를 먹고 딱딱한 내과피를 배설물로 내보낸다. 그 후 밖으로 나온 내과피는 오스트레일리아의 내리쬐는 햇볕에 마르다가 결국 터지게 되고, 안에 있던 종자는 공기 중으로 3m나 솟아오른다. 그러고 나면 개미가 종자의 지방체를 먹기 위해 종자를 서식처로 옮긴다.

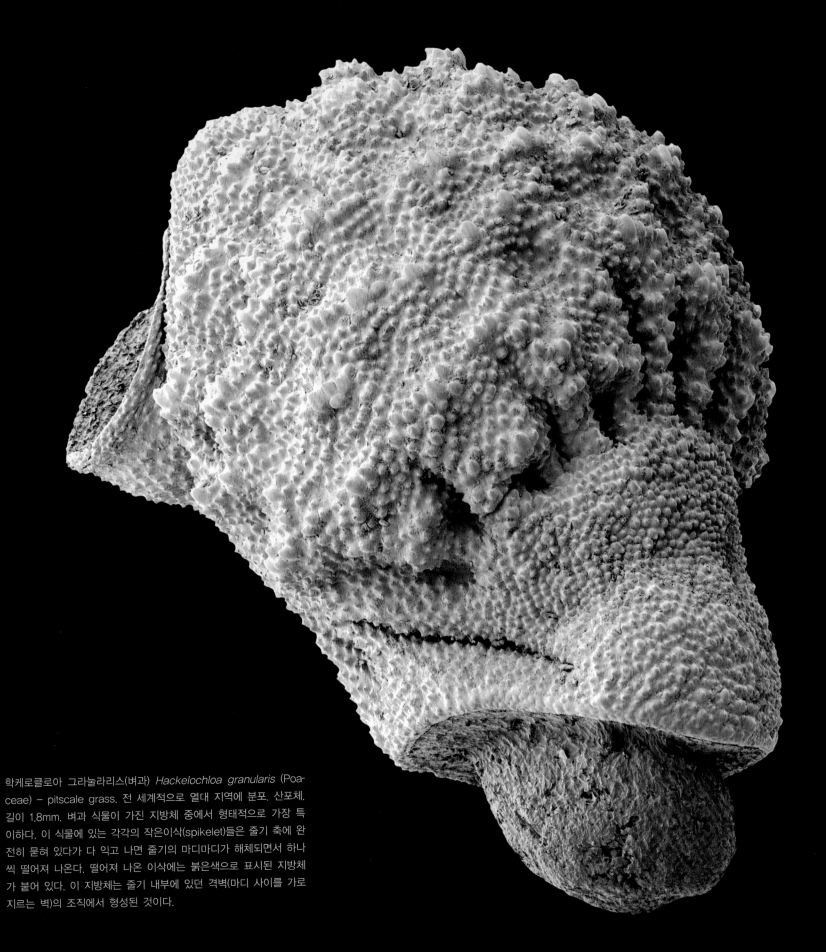

학케로클로아 그라눌라리스(벼과) *Hackelochloa granularis* (Poaceae) – pitscale grass. 전 세계적으로 열대 지역에 분포. 산포체. 길이 1.8mm. 벼과 식물이 가진 지방체 중에서 형태적으로 가장 특이하다. 이 식물에 있는 각각의 작은이삭(spikelet)들은 줄기 축에 완전히 묻혀 있다가 다 익고 나면 줄기의 마디마디가 해체되면서 하나씩 떨어져 나온다. 떨어져 나온 이삭에는 붉은색으로 표시된 지방체가 붙어 있다. 이 지방체는 줄기 내부에 있던 격벽(마디 사이를 가로지르는 벽)의 조직에서 형성된 것이다.

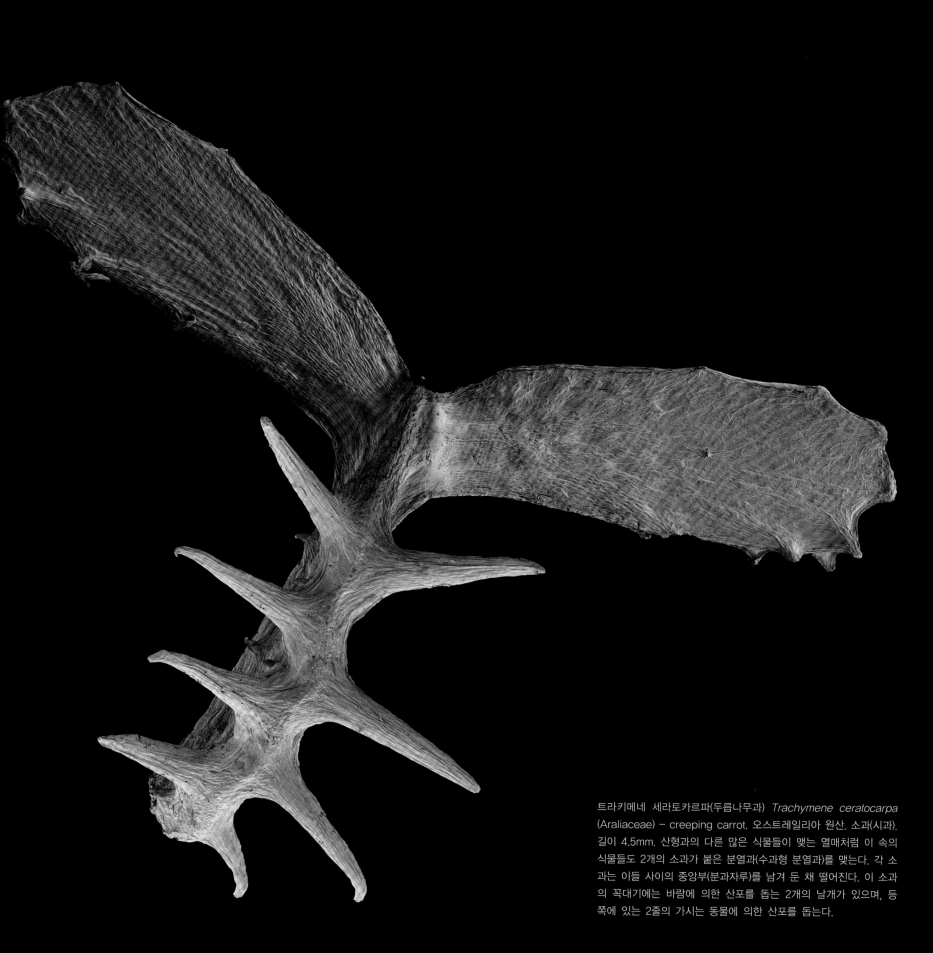

트라키메네 세라토카르파(두릅나무과) *Trachymene ceratocarpa* (Araliaceae) – creeping carrot. 오스트레일리아 원산. 소과(시과). 길이 4.5mm. 산형과의 다른 많은 식물들이 맺는 열매처럼 이 속의 식물들도 2개의 소과가 붙은 분열과(수과형 분열과)를 맺는다. 각 소과는 이들 사이의 중앙부(분과자루)를 남겨 둔 채 떨어진다. 이 소과의 꼭대기에는 바람에 의한 산포를 돕는 2개의 날개가 있으며, 등쪽에 있는 2줄의 가시는 동물에 의한 산포를 돕는다.

열매 – 먹을 수 있는, 먹을 수 없는, 믿을 수 없는

히드로코틸레 쿠로웬시스(두릅나무과)
Hydrocotyle coorowensis (Araliaceae) –
오스트레일리아 남서부 원산. 열매. 너비 2.6mm.
트라키메네속 식물과는 다르게, 이 속 식물은 분과자루가 없다.
따라서 열매도 수과형 분열과가 아니다. 놀랍게도 하나의 열매를 이
루고 있는 2개의 소과들이 형태적으로 다른데, 이것은 열매의 종류
를 결정하기 어렵게 한다. 이들 중 하나는 날개(바람에 의한 산포)
를, 다른 하나는 가시(동물에 의한 산포)를 달고 있다. 하지만 두 경
우 모두 단단해진 암술대가 동물의 털에 붙어 이동할 수 있는 갈고
리를 형성하고 있다.

산포 전략의 결합

도 하다. 북아메리카의 소나무(예: 피누스 람베르티아나 *P. lambertiana*, 피누스 토레야나 *P. torreyana*)들의 종자는 무거운 몸체에 날개를 단 구조를 지니고 있다. 무게 때문에 다소 비효율적으로 보이기는 하지만 이 종자들은 날개를 이용하여 바람을 타고 이동한 다음, 이 종자를 먹는 동물에 의해 추가적으로 산포된다. 아프리카의 프테로카르푸스 안고렌시스(*Pterocarpus angolensis*, 콩과)와 센트로로비움 로부스툼(*Centrolobium robustum*)의 큰 시과 역시 이런 이중 전략을 쓴다. 그리고 온대 지방에 분포하는 산토끼꽃과 식물의 열매(하위수과)에서는 꽃이 아닌 4개의 포가 합착하여 형성된 바깥 꽃받침이 "에어백" 역할을 하여 바람에 의한 산포를 돕고, 뻣뻣한 까락으로 변형된 실제 꽃받침이 지나가는 동물의 털에 붙어 산포되도록 한다. 국화과의 하위수과와 킬링가 스쿠아무라타(*Kyllinga squamulata*, 사초과)의 작은 가수과(pseudanthecium: 변형된 포가 합착하여 감싸진 수과)와 두릅나무과(예: 트라키메네 세라토카르파 *Trachymene ceratocarpa*)에 속하는 일부 종의 소과들도 날개와 갈고리를 이용하여 이중산포 전략을 쓴다.

유도된 산포

각기 다른 산포 매개체가 포함된 두 단계 이상의 종자 산포를 이중산포(diplochory)라 한다. 온대나 열대 지역에 사는 많은 식물들이 이중산포 전략을 쓰고 있으며, 이 전략은 서로 다른 산포 매개체가 주는 이점을 활용하도록 진화하였다. 산포의 첫 번째 단계는 종자가 제대로 클 수 없는 부모의 그늘에서 벗어나는 것이다. 그리고 두 번째 단계에서 특히 동물이 연관되어 있다면, 종자는 주로 예상될 수 있는 장소로 이동된다. 예를 들어, 산불이 자주 나는 지역에서는 개미 그리고 어치와 잣까마귀처럼 종자를 분산하여 저장하는 동물들이 땅 위보다 생존하여 자라날 수 있는 확률이 더 높은 땅속에 종자를 저장한다. 하지만 무작위의 장소보다는 생존율이 더 높은 곳에 종자를 옮겨 주는 특별한 생활 습관을 가진 산포자를 끌어들임으로써 식물은 하나의 산포 단계만으로도 종자 산포를 유도할 수 있다. 이렇게 유도된 산포의 진화적 이점은 명백하다. 최근까지만 하더라도 식물은 유도된 산포를 성공시킬 만큼 동물과 밀접한 산포 관계를 발달시킬 수 없다고 여겼지만, 그 반대를 입증하는 사례가 점점 더 많이 발견되고 있다. 개미와 분산 저장 동물을 이용한 산포 외에 이런 예로 가장 잘 알려져 있는 것은 겨우살이와 그 열매를 먹고 사는 새에 관한 것이다.

겨우살이는 나뭇가지에 붙어사는 기생식물로서 분류학적으로 3개의 과에 걸쳐 속해 있으며, 그 중에서 가장 큰 과는 900여 종이 속해 있는 겨우살이과이다. 전 세계적으로 분포하는 겨우살이는 자신의 열매 대부분을 먹는 과식동물인 작은 새와 밀접한 관계를 맺고 있다. 유럽겨우살이개똥지빠귀(*Turdus viscivorus*, 지빠귀과)는 이름에서 알 수 있듯이 유럽겨우살이(*Viscum album*, 단향과)의 열매를 주로 먹는다. 겨우살이 열매에는 과육과 종자가 소화관을 통과한 뒤에도 좀처

185쪽: 유럽겨우살이(단향과) *Viscum album* (Santalaceae) – European mistletoe. 유라시아 원산. 열매(장과)가 달린 가지. 겨우살이는 그 열매를 주로 먹는 과식동물인 소형의 새와 밀접한 관계를 갖는다. 유럽겨우살이개똥지빠귀(*Turdus viscivorus*, 지빠귀과)는 유럽겨우살이를 즐겨 먹는 식습관 때문에 붙여진 이름이다. 이 새가 겨우살이 열매 외에 다른 것은 거의 먹지 않기 때문에 종자는 알맞은 서식 장소에 닿을 수 있는 기회를 갖는다.

까치밥나무(까치밥나무과) *Ribes rubrum* (Grossulariaceae) – redcurrant. 유라시아 원산. 열매(장과). 까치밥나무 열매와 같은 다육질의 작은 열매는 새들에 의해 산포되는 전형적인 열매이다.

열매 – 먹을 수 있는, 먹을 수 없는, 믿을 수 없는

유도된 산포

186쪽: 마크로자미아 프라세리(멕시코소철과) *Macrozamia fraseri* (Zamiaceae) – 웨스턴 오스트레일리아 주 특산. 사진 속 식물은 마크로자미아 프라세리(*Macrozamia fraseri*)의 북부 지방 형태로, 어떤 이는 이를 별개로 분리하여 마크로자미아 에네아바(*Macrozamia* sp. Eneabba)라고 하기도 한다. 소철류는 야자류와 비슷하게 생겼음에도 나자식물이며, 페름기 초기(2억 9천만 년 전~2억 4천8백만 년 전)부터 존재해 왔음을 알 수 있는 화석 기록이 있다. 2억 년이 넘는 기간 동안 소철류의 약 290여 종은 거의 변하지 않는 모습으로 생존해 오고 있다. 웨스턴 오스트레일리아 주와 같은 일부 지역에서 소철류는 여전히 우위를 점하고 있다. 이 "살아 있는 화석"이 다육질의 종피를 갖는 종자를 생산한다는 사실은 동물 산포자를 유인하기 위해 식용의 다육외층을 만드는 것이 원시부터 내려오는 산포 전략임을 말해 준다.

아래: 마크로자미아 루시다(멕시코소철과) *Macrozamia lucida* (Zamiaceae) – 오스트레일리아 동부(퀸즐랜드, 뉴사우스웨일) 특산. 종자구과. 길이 약 20cm, 지름 9cm. 소철류의 종자구과는 익으면 동물 산포자들을 유인하기 위해 밝은색의 큰 종자들을 드러내며 분리된다. 오스트레일리아에서는 소철의 다육질 종자가 새, 작은 유대류들, 그리고 큰박쥐 같은 다양한 동물들의 먹이가 된다. 웨스턴 오스트레일리아 주에서 마크로자미아속 식물의 종자는 주로 이것을 그대로 삼키는 에뮤에 의해 산포된다. 회색캥거루(grey kangaroo), 왈라비(brush wallaby), 쿼카(quokka) 그리고 주머니고양이(quoll) 또한 이 종자의 산포자이지만 다육질로 된 바깥층(다육외층)만 먹고 나머지는 버리기 때문에 종자를 먼 거리로 산포시키지는 못한다. 퀸즐랜드에서는 화식조(cassowary)가 레피도자미아 호페이(*Lepidozamia hopei*)의 종자를 먼 곳까지 옮겨 준다. 소철류들은 오랜 진화의 역사를 거치면서 많은 산포자들을 맞이하고 떠나보냈을 것이다. 예를 들어, 약 5만 년 전까지 오스트레일리아에는 몸무게가 500kg에 육박하는 날지 못하는 거대 조류의 유일한 집단이 살고 있었다. 미히룽(mihirung, 드로모르니스과)이라는 이 새들은 그 당시 소철류의 종자를 산포시키는 가장 중요한 산포자였을 것으로 보인다.

럼 서로 떨어지지 못하게 하는 점액성의 비스신(viscin)이 들어 있다. 이 때문에 열매를 먹고 난 후 개똥지빠귀는 몸에 붙은 끈적끈적한 종자를 떨어내기 위해 부리나 엉덩이를 가지에 비비게 된다. 그러면 이번에는 종자가 가지에 달라붙는다. 숙주가 되는 나무의 가지만이 겨우살이 종자가 싹 틔울 수 있는 유일한 장소이기는 하지만, 이 새가 겨우살이 열매 이외에 다른 것은 거의 먹지 않기 때문에 종자는 알맞은 서식 장소에 닿을 수 있는 기회를 얻는다.

다육과

겨우살이 열매는 열매를 먹고 이동한 후 배설하여 종자를 옮겨 주는 동물에 맞게 진화한 많은 다육과 중 한 예에 불과하다. 이렇게 동물이 산포자가 되어 종자를 섭취하게 하는 전략을 이용해 이루어지는 산포를 동물소화산포(endozoochory)라 한다. 비록 개미도 종자 산포에 중요한 역할을 하지만, 그들은 종자를 고작 몇 미터 옮기는 것에 불과하다. 또 다른 무척추동물들은 때때로 열매를 먹거나(예: 딸기를 먹는 달팽이), 우연히 흙과 함께 삼키거나(예: 지렁이) 혹은 초식동물의 배설물로 만든 경단을 땅에 묻어서(소똥구리) 작은 크기의 종자를 산포시키기도 한다. 그리고 좀 더 큰 동물들은 더 큰 종자를 더 멀리 나른다. 사실 종자식물의 역사에 있어서 척추동물에 의한 동물소화산포보다 더 성공적인 산포는 없었다. 오늘날 온대 낙엽수림에서는 척추동물에 의해 산포되는 다육과를 맺는 종이 3분의 1이나 된다. 또 동물의 섭취를 통해 산포되는 종의 비율은 지중해 연안의 관목지와 신열대의 건조림에서 50%에 이르며, 아열대의 습한 수림에서는 70%에 이른다. 열대 우림 지역에서는 모든 식물종의 80~95%가 열매를 먹는 척추동물에 의해 종자 산포를 이룬다. 이런 역할을 하는 동물에는 새와 포유류가 가장 많지만, 열대 지방에서는 적게나마 물고기나 파충류도 이런 역할을 한다.

피자식물과 과식동물 사이에 발달시켜 온 상호 이익 관계의 성공은 피자식물의 진화적 성공에 큰 공헌을 해 왔다. 피자식물에게 다육질의 열매는 동물과 더불어 살아갈 수 있는 무궁한 가능성을 주었다. 그런 의미에서 다음 단원은 열매의 자연사에서 가장 흥미진진한 면이 될 것이다.

다육과의 진화

척추동물(어류, 양서류, 파충류, 조류, 포유류)을 통한 열매와 종자의 산포는 많은 나자식물이나 오늘날의 피자식물에서 흔하게 볼 수 있다. 모든 산포 전략 중에서도 동물소화산포는 가장 효율적이라고 할 수 있다. 동물의 소화관으로 들어간 종자는 먼 거리를 이동하게 되는 것은 물론이고, 장을 통과한 종자는 발아도 더 잘되기 때문이다.

수백만 년 전 식물과 과식동물이 어떻게 밀접한 관계를 맺기 시작하였는지를 말해 주는 화석 기록은 거의 알려진 것이 없다. 그리고 대부분이 그러하듯이 그 모든 것은 공룡이 지구상에 살던 동물 중 가장 큰 동물이 될 수 있었던 이유인 "초식동물"의 진화와 함께 시작되었다. 첫 종자식물은 공룡이 등장하기 훨씬 전인 데본기 말, 약 3억 6천만 년 전에 등장하였다. 이어서 석탄기(3억 5천4백만 년 전~2억 9천만 년 전)에 첫 육상 파충류가 등장했고, 페름기(2억 9천만 년 전~2억 4천8백만 년 전)가 되기 전까지는 초식동물이 다양화되지 않았다. 처음으로 등장한 초식동물은 작은 파충류 집단(쌍궁류)에 속한 동물로, 이들은 트라이아스기(2억 4천8백만 년 전~2억 6백만 년 전)에 번창하기 시작하여 공룡의 조상이 되었다. 또한 화석 기록은 척추동물을 통한 종자 산포가 늦어도 페름기 말에 일어났음을 나타낸다. 이것은 동물과 식물 간의 꾸준한 산포 관계를 발달시킨 초기 초식동물의 시작이었다. 동물을 이용한 산포임을 말해 주는 가장 일반적인 유형인 다육질의 바깥층이나 부속물들은 상하기 쉽기 때문에 화석화되기가 어렵다. 따라서 화석으로부터의 산포 증거는 분석(coprolite)이라고 하는 동물 배설물의 화석 안에 있는 종자나 특별히 잘 보존된 화석에 남아 있는 소화관 같은 간접적인 경우일 수밖에 없다. 종자가 들어 있는 가장 오래된 화석으로 알려진 것은 페름기 말부터 살았던 도마뱀의 일종인 프로토로사우루스의 것이다. 하지만 이 종자는 바람을 이용한 산포를 하는 수도볼치아(Pseudovoltzia)속의 원시 구과식물의 것으로 밝혀졌다. 이 경우 아마도 이 동물이 나무의 잎을 뜯어 먹다가 우연히 종자를 먹은 것으로 보인다.

페름기 다음은 트라이아스기(2억 4천8백만 년 전~2억 6백만 년 전)와 쥐라기(2억 6백만 년 전~1억 4천2백만 년 전), 백악기(1억 4천2백만 년 전~6천5백만 년 전)로 이루어진 중생대이다. 중생대는 나자식물의 천국이었으며, 그들 중 상당수는 동물에 의한 산포에 적응하도록 다육질의 바깥층을 가진 큰 종자를 맺었다. 그중에서도 가장 특이한 것은 살아 있는 화석으로서 지금까지 살아오고 있는 소철과 은행나무이다. 중생대의 전성기 때 그들의 산포자가 공룡이었다는 것은 거의 확실하다. 이 공룡의 무리에는 몸무게가 30,000~60,000kg인 쥐라기의 브라키오사우루스와 지금까지 발견된 가장 큰 육상 동물로서 몸무게가 70,000~100,000kg이 나간 것으로 알려진 백악기의 아르젠티노사우루스같이 어마어마한 초식동물이 속해 있었다. 트라이아스기 후기인 약 2억 2천만 년 전에 처음으로 공룡의 무리에 진짜 포유류가 합류했다. 그리고 쥐라기에 와서 가장 초기의 조류와 첫 피자식물이 출현했다. 그때부터 동시대를 살고 있는 동물과 식물의 모든 주요 집단과 함께 나자식물과 피자식물 모두에서 산포 메커니즘이 자리 잡는 기회가 많아졌다.

하지만 식물이 어떻게 종자를 산포시키기 위해 영양가 풍부한 열매를 만들어 내게 되었을까? 이에 대한 대표적인 추측은 종자와 열매가 "공진화"에 의해 동물 산포자를 유인하기 위한 식용의 과육 보상물을 생산하게 되었다는 것이다. 공진화는 산포자가 산포체의 발달에 영향을 주고 그 반대도 성립하는 상호 관계를 통한 진화적 변화를 말한다. 그러나 소철과 은행나무의 다육질 종

종자식물이 진화하는 동안 내내 포식자에 대한 방어는 가장 중요한 사안이 되어 왔다. 따라서 많은 장미과 식물의 종자는 유독한 시안 배당체(cyanogenic glycosides)를 가지고 있다.

아래: 살구나무(장미과) *Prunus armeniaca* (Rosaceae) – apricot. 중국 북부 원산으로, 기원전 2천 년경부터 중국에서 재배되었다. 열매(핵과). 열매 지름 약 3.5cm

맨 아래: 사과(장미과) *Malus pumila* 'Katy' (Rosaceae) – 재배종. 오늘날의 사과는 아시아에서 기원한 것이다. 열매(이과). 열매 지름 약 7cm

열매 – 먹을 수 있는, 먹을 수 없는, 믿을 수 없는

아래: 야생자두(장미과) *Prunus spinosa* (Rosaceae) – sloe. 유라시아 원산. 열매(핵과). 열매 지름 약 1.3cm

맨 아래: 서양배(장미과) *Pyrus communis* 'Louise Bonne de Jersey'(Rosaceae) – 유럽 배 품종. 유라시아 원산. 열매(이과). 열매 길이 약 10cm

자와 피자식물의 영양가 많은 과육이 동물 산포자들을 유인하려는 목적을 가지고 발달하였다는 추정은 목적론적일 수 있다. 닭이 먼저냐 달걀이 먼저냐 하는 문제처럼 열매를 먹고 사는 동물들은 다육질의 종자와 열매가 생겨나기 전에는 존재하지 않았을지도 모른다. 훨씬 더 그럴듯한 시나리오는 처음에 곤충 같은 포식자나 균, 박테리아로부터 발생되는 질병 방어를 위한 장벽으로 열매에 다육층이 발달하였다는 것이다. 다육층은 주로 물로 이루어져 있기 때문에 단단하고 조밀한 조직을 만드는 데 쓰이는 에너지나 물질보다 훨씬 적은 비용으로 만들 수 있는 장점이 있다. 또한 다육층이 약한 물리적 보호의 역할만 하는 것처럼 보이지만, 다육층에는 불쾌하거나 심지어 독성의 화학 물질이 있는 경우도 있어 잎을 먹는 동안 종자를 해칠 수 있는 초식동물로부터 종자를 보호할 수도 있다. 오늘날에도 특히 덜 익은 열매와 종자가 이와 같은 전략을 쓴다.

다육질의 종자와 열매가 진화된 다음 단계에서 초식동물들이 종자와 열매를 먹음으로써 그들은 "최초의 과식동물"이 되었을 것이다. 처음에 식물들은 초식동물로부터 종자를 보호할 목적으로 다육질의 종자와 열매를 맺었고, 결과적으로 종자의 산포 효율이 높아지고 식물에게 이득이 되자 종자 또는 열매와 과식동물 간의 공적응이 확대되기 시작하였을 것이다. 식물은 동물들에게 더 맛있고 영양가 있게 보이는 과육을 만들었고, 열매를 먹고 사는 동물들은 그 안의 종자를 해치지 않는 상태로 과육만을 먹는 식습관에 적응되어 온 것이다. 오늘날에도 식물은 단단한 종피나 내과피로 종자를 감싸거나 쓴맛이나 독성 물질을 종자에 두어 동물들이 이런 식습관에 적응하도록 하고 있다. 그 예로 많은 장미과 식물들의 종자에는 시안배당체가 함유되어 있다(예: 사과, 자두, 살구, 아몬드). 또 주목(*Taxus baccata*, 주목과)에서는 다육질의 가종피와 종자 자체에는 독성이 없지만, 종피와 식물 생장에 관련된 모든 부분에 유독한 시안배당체가 들어 있다.

이런 공진화 시나리오 속에서 열매의 과육은 처음에는 보호를 목적으로 생겨났으며, 그 후 기능에 변화를 겪으면서 동물에 의한 산포 기능에 편입되었다. 물론 열매와 관련된 이런 과육의 보상물이 식물의 역사에서 한 번만 진화한 것은 아니다. 데본기 후기의 원시 나자식물부터 석탄기의 피자식물에 이르는 다양한 식물 그룹에서 이와 같거나 비슷한 진화적 단계가 여러 번 있었다. 식물과 동물 간에 상호 이익의 관계가 형성되기 시작하면서 분화의 기회는 많아졌고, 이것은 식물과 동물 모두에서 진화의 폭발을 가져왔다. 이런 진화 과정 중 비교적 후기인 제3기 초기(6천5백만 년 전~2백만 년 전)에 피자식물은 종자의 산포자로서 조류와 포유류가 가진 가능성을 이용하였다. 아마도 그것은 백악기와 제3기의 경계에서 일어난 육상 공룡의 미스터리한 멸종 후 새로운 생태적 지위를 우연히 발견함으로써 비롯된 것일지도 모른다. 이 발견으로 식물은 동물들과 새로운 공진화의 관계를 발달시킬 수 있었다. 이로 인해 많아진 공적응의 기회는 열매와 종자의 산포 전략에서도 빠른 확산을 가져왔을 뿐만 아니라, 조류와 포유동물들의 폭발적인 적응 방산

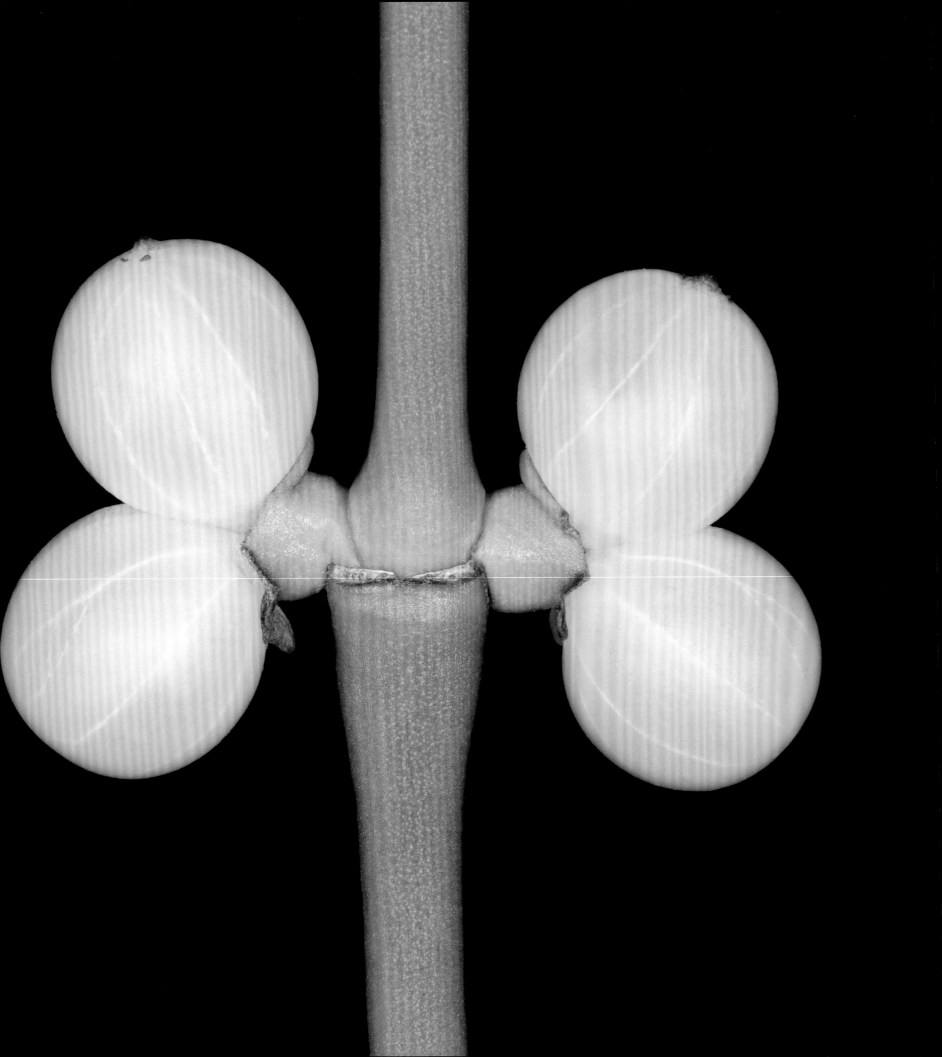

(adaptive radiation)을 가져왔다. 그 결과, 이 기간 동안 열매와 종자를 먹는 많은 조류(특히 연작류)가 출현하게 되었다. 그리고 이와 동시에 근대의 많은 피자식물속이 출현하였으며, 그중 일부는 오늘날 살아 있는 후손들과 매우 비슷한 열매와 종자를 맺기도 했다.

　공진화에 대한 전통적인 개념은 공적응이 진행 중이라면 한 상대의 멸종이 다른 상대에게 큰 해가 되거나 극단적인 경우 함께 멸종하는 상황을 가져온다는 것이다. 무화과와 무화과말벌에서 증명되었듯이, 이런 독점적인 공진화는 꽃과 수분 매개자 사이에서 일어날 수 있다. 하지만 새로운 증거들에 의하면 열매와 과식동물 간에는 이와 비슷한 관계가 드물다고 한다. 열매가 하나의 특정한 산포자에게만 계속 의지하는 것은 그 동물이 한때 다양했던 산포자 그룹에서 마지막으로 남아 있는 동물을 의미한다는 것이다. 화석 기록과 최근의 연구 결과는 다육과와 그들의 산포자 간의 공진화가 식물과 한 종의 산포자 사이라기보다 식물과 동물의 강(綱), 예를 들어 조류강이나 포유동물강 사이에 분산되어 있음을 보여 주고 있다. 이렇게 분산되어 있는 공진화에서는 산포자가 되는 동물이 산포체의 특성에 영향을 줄 수는 있지만, 산포자와 산포체 둘 사이에만 독점적인 적응이 이루어지는 것은 아니다. 다시 말해, 어떤 열매에 그것을 소비하는 여러 산포자들이 필요로 하는 생태적 조건이 상충되다 보면 한 방향으로의 선택압(selection pressure)은 모호해지는 것이다. 그 결과 대부분의 열매들이 갖는 특성은 하나가 아닌 더 많은 종의 동물을 유인하는 방향으로 진화되어 왔다. 대신에 대부분의 과식동물은 일 년 내내 열매를 맺는 식물이 거의 없다는 단순한 이유만으로도 한 종의 식물이 맺는 열매에만 의존해서 살아가지 않는다. 따라서 분산된 공진화는 그 식물 종에게 확실한 진화적 이점이 되는 "생태계의 중복성(redundancy)"을 만들어 내었다. 이것으로 하나 혹은 둘의 산포자 또는 아예 한 그룹의 산포자가 사라지더라도 그 식물의 산포 시스템이 완전히 무너지지 않을 수 있는 것이다.

좋은 열매, 나쁜 열매, 못난 열매 혹은 열매가 독성인 이유

　다육질의 종자와 열매가 처음에는 방어의 목적으로 생겨났다가 그것을 먹고 배설하여 자신도 모르는 사이에 종자를 산포시키는 배고픈 동물들을 유인하기 위한 미끼로 전환되었다는 가설은 그럴듯하다. 오늘날의 다육과는 수백만 년이라는 진화의 시간을 거치면서 자신을 먹음직스럽게 만드는 기술을 완성하고 우리에게 맛있는 것들을 줄 충분한 시간을 가져왔어야 했다. 어쨌든 다육과는 먹히게끔 디자인된 것이다. 그럼에도 불구하고 야생의 다육과를 시험 삼아 먹어 보는 모험심 강한 사람들은 예외 없이 그 열매의 맛이 시큼하다는 것을 알게 될 것이다. 그리고 맛이 없는 열매라고 치워 버리지 않는 사람들에게는 더 잊지 못할 경험, 바로 맹독이 기다리고 있다. 우리는 때로 야외에서 놀 때 장과와 꼬투리, 그리고 다른 열매들이 아무리 맛있어 보이더라도 함부

유럽겨우살이(단향과) *Viscum album* (Santalaceae) – European mistletoe. 유라시아 원산. 열매(장과). 유럽겨우살이개똥지빠귀(*Turdus viscivorus*, 지빠귀과) 같은 작은 새가 유럽겨우살이의 열매를 모두 먹어버리는데도 불구하고, 이 열매는 사람을 비롯한 포유동물에 매우 유독하다. 이 열매에 가장 많이 중독되는 사람들 중에는 겉모양을 보고 해가 없고 맛있을 것으로 여기는 5살 미만의 어린아이들이 포함된다. 중독 증상은 나른함과 메스꺼움, 그리고 복통과 구토, 경련 등이며 심한 경우 혼수상태나 사망에 이르기도 한다. 수 세기 동안 유럽겨우살이는 악마나 신으로 간주되어 왔다. 영국의 드루이드 교인들은 동지 즈음에 맺히는 이 열매를 불멸의 상징으로 여겼다. 번개와 화재로부터 집을 지키는 뜻으로 집에 겨우살이 가지를 걸어 두는 것은 친근한 크리스마스 풍습이다. 또 겨우살이 가지 아래에서 남녀가 만나면 키스를 해도 된다는 전통도 있다. 이 전통에서는 겨우살이 가지에 붙어 있는 열매의 수만큼 키스를 할 수 있는 특권도 있다. 과학적인 측면에서는 자연적 치료법의 하나로 겨우살이 추출물이 암 치료에 효과가 있음이 증명되었다.

로 먹지 말라는 부모님의 말씀을 들은 적이 있을 것이다. 어린 아이들은 너무나 쉽게 빨갛고 검은 색으로 반짝이는 열매들을 대자연이 주는 달콤한 선물이라고 판단한다. 하지만 이 열매가 쥐똥나무(*Ligustrum vulgare*), 벨라돈나(*Atropa belladonna*), 미국담쟁이덩굴(*Parthenocissus quinquefolia*), 브리오니아 디오이카(*Bryonia dioica*), 서향(*Daphne mezereum*) 또는 유럽겨우살이(*Viscum album*)의 것이라면 이런 실수는 치명적인 결과를 가져올 수 있다.

열매와 과식동물 간의 공진화가 동물에게 열매를 더 매력적으로 느끼게 만들었다면 대체 왜 맛있어 보이는 야생의 많은 열매가 맛이 없거나 유독하기까지 한 것일까? 그것은 진화의 역설이거나 자연의 고약한 장난인지도 모른다. 무언가를 오해했을 때 전체의 이야기를 들어 봐야 하는 것처럼 이 경우에도 그러하다. 이에 대한 진실은 열매가 여전히 모든 포식자들로부터 자신을 지켜야 한다는 것이다. 이 점에서는 거의 변화가 없다. 애초에 열매와 산포자 사이는 문제가 일어날 가능성이 없는 관계가 아니었다. 초파리에서 인간에 이르는 모든 창조물은 종자를 퍼뜨려 주지 않고 열매가 주는 영양가 있는 보상만 취하는 법을 익혔기 때문이다. 이런 과육 도둑들은 초파리나 라쿤처럼 입이 너무 작거나 일부 앵무새, 원숭이, 유인원처럼 열매에서 소화되지 않는 부분을 구별하여 제거할 정도의 지능과 재주를 가졌기에 과육만 먹고 종자는 삼키지 않는 것이다. 서비스는 없이 보상만 취하려는 과육 도둑들은 이전의 공생 체제 안에서는 사실상 기생생물이 되었다.

다른 절도범들은 달콤한 과육에는 별로 관심을 두지 않는다. 예를 들어, 곤충 집단은 열매의 가장 중요한 부분인 종자를 먹도록 특화되어 왔다. 종자를 이렇게 가치 있는 목표물로 만든 것은 작은 싹이 발아하는 동안 제공될 고영양의 비축물 때문이다. 그중에서도 가장 나쁜 종자 포식자들로는 딱정벌레를 들 수 있다. 그 생김새 때문에 스나우트비틀(snout beetle, 주둥이딱정벌레)이라고도 하는 바구미들은 분류학적으로 딱정벌레의 가장 큰 그룹인 바구미상과(Curculionoidea)에 속한다. 5만 종이 넘는 바구미들은 거의 대부분 식물의 잎, 줄기, 뿌리, 형성층, 목재, 꽃, 그리고 열매와 종자를 먹는 식물 포식자들이다. 이렇게 압도적으로 다양한 포식자들 앞에서 식물이 한 종의 바구미가 침입하는 것조차 허용하지 않기는 힘든 일이다. 바구미들은 로스트럼(rostrum)이라는 긴 주둥이로 쉽게 구별된다. 그리고 주둥이 끝에는 식물 조직을 뚫고 씹을 수 있는 입 부분이 있다. 바구미들의 많은 종은 심각한 농해충들이다. 이들 중 곡식을 먹고 사는 것들은 열매와 종자에 알을 낳는다. 암컷은 어린 열매와 잎을 먹고 긴 주둥이를 이용하여 과벽을 뚫어 그 구멍으로 알을 삽입한다. 알에서 깨어난 바구미의 유충은 성숙하지 않은 열매 안에서 발달하고 있는 종자를 먹고 자란다. 그 후 그들은 성충이 되어 열매에서 나오거나, 아니면 유충인 상태로 열매를 갉아먹고 나와 번데기를 거쳐 바구미로 될 흙 속으로 들어간다. 가장 무서운 해충으로는 쿠르쿨리오 누쿰(*Curculio nucum*)과 곡물바구미(*Sitophilus granarius*), 목화바구미(*Anthonomus*

193쪽: 종자를 먹이로 하는 별창주둥이바구미과(Nanophyidae)의 주둥이딱정벌레류. 길이 4.8mm. 사진 속의 표본은 마다가스카르에서 밀레니엄 종자은행으로 보내진 종자에서 채집되었다.

아래: 알비지아 버니에리(콩과) *Albizia bernieri* (Fabaceae) – silk tree. 마다가스카르 특산. 밀레니엄 종자은행을 위해 채집된 종자의 엑스레이 사진에 곤충의 유충이 들어 있는 4개의 종자가 보인다.

grandis)가 있다. 쿠르쿨리오 누쿰은 유럽과 터키의 헤이즐넛 과수원에 막대한 피해를 주는 주범이다. 또 길이 3~4mm인 곡물바구미는 저장된 곡물, 특히 밀, 옥수수, 보리를 습격해 곡물 저장고를 황폐화시키기도 한다. 가정에서는 밀가루 포대나 시리얼 통에서 이 바구미들을 발견할 수 있다. 마지막으로, 목화바구미는 어린 목화 열매의 속을 갉아먹어 미국 남부에서 목화를 재배하는 사람들에게는 두려움의 대상이다.

콩바구미는 오로지 종자에만 전적으로 기생하는 딱정벌레 그룹이다. 종자바구미라고도 하지만 그들은 진짜 바구미와는 밀접한 관계가 없다. 그들은 콩바구미아과(Bruchinae)를 이루는 딱정벌레의 다른 과인 잎벌레과(Chrysomelidae)에 속한다. 콩바구미의 성충은 숙주식물의 꽃가루와 꿀을 먹고 씨방에 알을 낳는다. 그리고 부화한 유충은 씨방벽을 뚫고 발달하고 있는 종자에 들어가 그 조직을 먹어 치운다. 유충은 그 안에서 번데기가 된 후 어린 성충이 되어 나오는데, 이때 콩바구미가 침입했었다는 흔적이 되는 특유의 탈출 구멍을 종피와 과벽에 남긴다. 크기가 1mm에서 2cm가 되는 콩바구미류가 1300종 이상이라는 사실은 그들의 파괴적인 전략이 성공하였다는 증거이다. 콩바구미들은 종자 중에서도 특히 콩을 전문적으로 먹는다. 그들은 세계적으로 가장 가난한 나라들의 강낭콩(*Phaseolus vulgaris*), 완두콩(*Pisum sativum*), 병아리콩(*Cicer arietinum*), 동부콩(*Vigna unguiculata*), 그리고 다른 콩류의 수확물 전체를 초토화시킬 수 있다.

하지만 종자를 먹이로 하는 동물은 곡류를 먹고 사는 곤충만 있는 것이 아니다. 조류와 포유류 역시 곡류를 먹는 동물의 큰 그룹임을 자랑할 만하다. 되새는 전문적으로 종자를 먹으며 포유류의 가장 큰 목인 설치목의 설치류들(생쥐, 들쥐, 햄스터, 다람쥐)도 그러하다. 도토리가 있으면 도토리를 먹기도 하는 사슴이나 돼지처럼 종자는 다른 많은 동물들의 최소한의 먹이가 된다.

종자를 먹으려 하는 곤충, 조류, 그리고 포유류 외에도, 자연에는 스스로를 방어할 수 없는 유기물을 먹어 치우기 위해 준비된 훨씬 작은 포식자들(곰팡이와 박테리아)이 매우 많다. 공기 중이나 물, 토양 어디에나 존재하는 끈질긴 포자를 가지고 있는 이 위험한 적은 모든 종류의 질병을 야기할 수 있다. 곰팡이나 미생물의 감염으로 구멍이 숭숭 뚫린 열매는 완전히 썩지는 않았다고 해도 산포자의 눈에 맛있게 보이지는 않을 것이다. 이 경우 열매는 종자를 산포시키는 필수 임무에 실패한 것이 된다. 아주 오래된 이 공격과 역공격의 게임은 동물과 식물 사이에 불길한 유형의 공진화인 진화적 군비 경쟁을 불러왔다. 식물이 종자와 열매뿐 아니라 식물체 전체에서 지속적으로 물리적이고 화학적인 방어술을 향상시키는 동안 포식자들은 이에 대한 끊임없는 적응으로 식물을 이기려 분투했다. 예를 들어, 콩과 식물의 종자에는 청산글리코사이드(cyanogenic glycoside), 타닌, 그리고 유독한 아미노산에서부터 렉틴(당결합 단백질), 트립신저해제(장에서 단백질 소화효소를 억제함), 그리고 쓴맛의 알칼로이드에 이르는 전 범위의 유독 억제물이 들어 있다. 금사슬

195쪽 위: 벨라돈나(가지과) *Atropa belladonna* (Solanaceae) – deadly nightshade. 유럽, 북아프리카, 아시아 서부 원산. 벨라돈나의 열매는 식용이 가능해 보이는 외형과 달콤한 맛을 가지고 있을 뿐만 아니라 들쥐와 사슴을 비롯한 일부 포유류와 야생의 조류들이 아무런 부작용 없이 먹을 수 있음에도 불구하고 인간에게는 매우 유독하다.

아래: 홍두(콩과) *Abrus precatorius* (Fabaceae) – crab's eye. 모든 열대 지역에서 발견된다. 열매(두과), 종자 지름 4mm. 열대 지역 전반에 걸쳐 자란다. 빨강과 검정의 멋진 색을 가진 종자를 맺는 덩굴 식물인 이 식물은 코랄빈(coral bean), 제퀴리티빈(jequirity bean), 패터노스터빈(paternoster bean), 그리고 로자리빈(rosary bean) 등의 다양한 이름을 가지고 있다. 이 식물이 맺는 종자는 빼어난 모습을 가지고 있으며 식물로 장신구를 만드는 사람들에게 인기가 있지만 맹독을 가지고 있다. 이 종자를 비롯해서 우리가 먹는 많은 콩과 식물의 종자들이 유독한 것은 진화 과정에서 특히 주둥이딱정벌레와 콩바구미 같은 종자 포식자를 막는 화학 방어막을 발달시켜야 했기 때문이다. 많은 콩바구미들은 콩과 식물의 종자를 전문적으로 다루며 식물이 만들어 놓은 화학 방어막을 극복하기 위해 자신들의 생리를 적응시키며 살아가고 있다. 콩바구미들은 세계적으로 가장 가난한 나라들의 강낭콩(*Phaseolus vulgaris*), 완두콩(*Pisum sativum*), 병아리콩(*Cicer arietinum*), 그리고 다른 콩류의 수확물 전체를 초토화시켜 심각한 문제를 일으킬 수도 있다.

열매 – 먹을 수 있는, 먹을 수 없는, 믿을 수 없는

맨 아래: 4종류의 강낭콩(콩과) *Phaseolus vulgaris* var. *vulgaris* (Fabaceae) - 먹을 수 있는 다양한 콩. 레드키드니빈(red kidney bean, 붉은강낭콩, 암적색), 알루비아빈(alubia bean, 흰색의 중간 크기), 해리코빈(haricot bean, 흰색의 작은 크기), 더치브라운빈 (Dutch brown bean, 갈색)과 두 종류의 리마콩(*Phaseolus lunatus*) - 베이비리마빈(baby Lima bean, 녹색), 버터빈(butter bean, 흰색의 큰 크기), 그리고 동부(*Vigna unguiculata* subsp. *unguiculata*, 검은 무늬가 있는 작은 크기). 콩과 식물의 종자는 주둥이바구미와 콩바구미 같은 종자 포식자의 가장 좋은 표적이 되곤 한다. 그래서 대부분의 콩들이 날것일 때 독성을 가지고 있다. 하지만 이 독성은 열에 의해 파괴되기 때문에 삶은 콩은 먹을 수 있다.

나무(*Laburnum anagyroides*), 루피누스류(*Lupinus* spp.) 또는 홍두(*Abrus precatorius*)가 맺는 종자에 있는 이런 유독 물질은 적은 양으로도 동물과 인간 모두에게 치명적인 중독 증상을 일으킬 수 있다. 몇 세기 동안이나 인간의 소비를 위해 재배되었던 콩조차도 먹기 전에 독성을 중화시키기 위해 물에 담가 놓거나 삶거나 싹을 틔우거나 발효시키는 등 여전히 주의를 기울여야 한다.

하지만 이런 화학 무기로 콩바구미까지 막을 수는 없다. 콩바구미는 콩과 식물과의 오랜 공진화 관계를 통해 다른 동물들에게는 유독한 종자의 독성 화합물에 대한 저항성을 갖게 되었다. 진화의 과정에서 점점 더 정교해진 콩과 식물의 무기는 오늘날 바구미 한 종이 오로지 콩과 식물 몇 종만 상대할 수 있는 정도로 바구미를 극단적으로 특수화시켰다. 이와 비슷한 숙주 - 특정 관계는 오스트레일리아의 아카시아류와 바구미류 사이에서도 볼 수 있다. 또 일부 바구미는 원시 소철류의 화학적으로 잘 방어된 종자만 먹기도 한다. 그 예로 침봉바구미과에 속하는 안틀리아누스 자미아에 (*Antliarhinus zamiae*)는 오로지 소철 종자만 먹고 산다.

열매는 종자를 갉아먹어 버리는 것들에 맞서 화학전을 치러야 하는 동시에 선의의 산포자들에게 줄 보상을 준비해야 한다. 이렇게 여러 기생동물이 대립되는 선택압에 영향을 주기 때문에 다육과의 특성은 나빠지고 못생겨지기 위해 충분히 혐오스럽게 되는 것과 좋게 되기 위해 매력적으로 남게 되는 상층 관계의 균형의 결과일 것으로 생각된다. 따라서 열매와 열매를 먹고 사는 척추동물의 생태적 관계는 열매를 맺는 식물과 그들의 공생자들, 그리고 곡식을 먹는 동물을 포함한 포식자와 기생자 간의 진화적인 삼각관계를 고려할 때 비로소 이해될 수 있다. 열매와 종자의 독성 화학 물질은 거의 확실하게 종자를 보호할 수 있다는 이점과 산포자를 잃게 되는 손해의 균형에 의한 이런 상호 작용을 중재하도록 진화하였다. 좋은 소식은 기생동물뿐 아니라 공생자들도 이런 열매와 종자에 공적응했다는 것이다. 식물이 가진 어떤 화합물이 유독한지 아닌지가 그것을 먹는 동물 종에 따라 다르다는 사실은 악랄한 콩바구미에 의해서만 밝혀진 것은 아니다. 예를 들어, 동물 산포자 중 가장 중요한 그룹인 새는 사람이나 다른 많은 포유동물에게는 유독한 열매를 먹을 수 있다. 유럽겨우살이개똥지빠귀 같은 새들이 포유동물에 상당히 유독한 단백질을 포함하고 있는 유럽겨우살이(*Viscum album*) 열매를 먹는 것처럼 말이다. 또 단맛이 나는 가지과의 벨라돈나(*Atropa belladonna*)와 사리풀(*Hyoscyamus niger*)의 검은색 열매의 경우도 그러하다. 이 열매에는 신경계에서 아세틸콜린 수용체를 간섭하는 매우 강한 트로판 알칼로이드 혼합물(예: 히오시아민, 스코폴라민, 아트로핀)이 들어 있다. 특히 아트로핀은 사람에게서는 발한, 구토, 호흡 곤란, 정신 착란, 불안, 환각, 등의 심각한 증상을 나타내며 결국엔 혼수상태 및 사망에 이르게도 한다. 또 이것은 동공을 확대시키는 효과가 있는데, 이는 벨라돈나(이탈리아 어로 "아름다운 여성") 추출물이 동공을 크게 보이려 한 여자들에게 자주 사용되었던 고대 그리스에서도 이미 알려졌던 것이다. 로맨틱한 만남에서 각성에 의해 커진 동공은 남자들의 시선을 끌 수 있었다. 또 중세 유럽에서 벨라돈나와 사리풀은 마녀에게 하늘을 나는 기분을 느끼게 해 주는 "비행용 연고"를 포함한 환각제를 만드는 주재료로 사용되었다. 일찍이 이런 종류의 약물 남용은 화형에 처해지는 것 외에도 많은 위험성을 안고 있었다. 서반구에서 가장 독성이 강한 식물에 속하는 벨라돈나와 사리풀은 단 3개의 열매로도 어린아이뿐만 아니라 고양이, 개, 가축 등 사육 동물들까지도 심각한 중독을 일으킬 정도로 위험한 식물이기 때문이다. 그러나 야생 조류나 토끼, 사슴 같은 일부 포유동물은 아무런 부작용 없이 이 열매나 식물의 다른 부위를 먹을 수 있다.

식물에게 있어 어떤 동물에게는 해롭지 않지만 다른 동물에는 해로운 독성이 존재한다는 것은 포식자를 막을 수 있게 할 뿐만 아니라 과식동물들 중에서 선호하는 산포자를 고를 수 있게 한다.

부족하지 않으면 충분하다

어떤 새와 포유동물이 다른 동물이나 사람에게는 유독한 열매를 먹을 수 있다고 하여 그 독성이 그들에게 아무런 영향을 주지 않는 것은 아니다. 온대 유럽에 자생하며 사람에게는 유독한 서양산사나무(*Crataegus monogyna*)와 송악(*Hedera helix*), 서양호랑가시나무(*Ilex aquifolium*)를 관찰한 결과, 서로 다른 종류의 새들이 이 식물에 머물러 있는 시간도 비슷할 뿐더러 한 번의 섭식 활동에서 열매의 수에 제한을 두어 거의 10개가 넘지 않게 먹는다는 것을 알 수 있었다. 새의 이런 본능적인 행동은 그들이 독성에 완전한 면역을 가지고 있는 것이 아니라 단지 덜 민감하다는 것을 나타낸다. 모든 것이 그러하듯 무엇이든지 과하면 해로운 것이다. 동물조차도 이것을 깨닫고 있는 것처럼 보인다. 사실 대부분의 과식동물들인 새나 다른 동물들은 열매에 부분적으로만 의존하거나 전혀 의존하지 않은 채로 살아간다. 특히 주기적으로 열매가 없는 기간(겨울)이 있는 온대 지역에서 그러하다. 또 심각한 중독 증상을 일으키는 열매가 몇 종류밖에 없다고 하더라도 그 외의 것들은 대신 변비나 설사를 일으키기도 한다. 예를 들어 무화과, 자두, 그리고 딱 맞는 이름(배출갈매나무)의 람누스 카타르티카(*Rhamnus cathartica*) 열매는 오래전부터 배변 효과를 가진 것으로 알려져 천연 설사제로 사용되었다. 열매에 변비나 설사를 나게 하는 성분(예: 장미과의 소르비톨, 갈매나무과의 에모딘)이 있다는 것은 식물이 과식동물의 장을 통과하는 종자의 속도를 조절할 수 있음을 의미한다. 느리게 걸어 다니는 포유동물에서는 소화를 늦추는 것이 산포의 거리를 늘리는 것이며, 연작류(참새목)처럼 빠르게 이동하는 동물들에서는 종자를 빨리 통과시키는 것이 모래주머니나 효소에 의한 종자 손상을 줄일 수 있다.

열매가 이런 부작용을 가지고 있음에도 불구하고 오로지 열매만을 먹고 사는 동물들이 있다. "절대적인 과식동물"이라 하는 이 동물들은 일 년 내내 열매를 구할 수 있는 열대 지역에서 주로 볼

벨라돈나(가지과) *Atropa belladonna* (Solanaceae) – deadly nightshade. 유럽, 북아프리카, 아시아 서부 원산. 유럽에서 가장 유독한 식물 중 하나인 벨라돈나는 유명한 이력을 가지고 있다. 이 식물에 들어 있는 아트로핀은 치명적인 증상을 일으키거나 심한 경우 사망을 부르는 독으로, 고대 그리스에서는 동공을 확대하려는 목적으로 쓰이기도 했다. 그 시대의 여성들은 벨라돈나(이탈리아 어로 "아름다운 여성"을 뜻한다)의 추출물을 눈에 바르면 로맨틱한 만남에서 남성들의 시선을 잘 끌 수 있다고 믿었다.

아래와 197쪽: 쾰러(Köhler, F.E.)의 석판화 도판(1887) *Köhlers Medizinal-Pflanzen in naturgetreuen Abbildungen mit kurz erläuterndem Texte*, Vol. 1. Gera-Untermhaus, Leipzig, Germany

열매 – 먹을 수 있는, 먹을 수 없는, 믿을 수 없는

수 있다. 열매만 먹는 동물들의 대부분은 새(예: 마코앵무새, 과일비둘기, 큰부리새, 코뿔새, 화식조)와 포유동물(예: 여우박쥐, 목도리리머, 거미원숭이)이지만 드물게 파충류(두 종의 왕도마뱀)도 있다. 이들은 편식으로 인해 쌓이는 많은 양의 독성에 대처하는 방법을 찾아냈다. 절대적인 과식 동물들이 체내에 쌓이는 해로운 물질을 어떻게 해독하는지는 많이 알려져 있지 않지만 일부 동물은 자가 치료를 한다고 알려져 있다. 예를 들어, 남아프리카의 마코앵무새는 거의 매일 아침이면 페루의 마누 강둑에 모여 들어 강기슭에 있는 흙을 먹는다. 그들이 먹는 것은 오래된 흙이 아니라 강기슭을 따라 노출된 특정한 층에 있는 아주 미세한 점토이다. 점토는 식물의 열매, 잎, 줄기, 그리고 뿌리에 있는 타닌과 알칼로이드 같은 독성을 비활성화시킬 수 있으며, 질병을 일으키는 박테리아나 바이러스들을 흡수할 수도 있다. 점토의 유익한 작용은 수 세기 동안 이식증(흙을 먹는 것)이 행해지고 있는 유럽, 아시아, 아프리카와 아메리카의 많은 원주민들에게 알려져 있었다. 예를 들어, 아메리칸 인디언들은 도토리에 들어 있는 쓴맛의 타닌과 야생종 감자에 들어 있는 독성의 알칼로이드를 중화시키기 위해 점토를 사용하였다. 오늘날에도 약국에서 고령토가 설사의 천연 치료제로 팔린다. 우림이 선사하는 풍부한 열매와 종자를 먹고 사는 마코앵무새에게 그들이 매일 먹는 점토는 열매의 섭취에 따른 부작용을 완화시키는 치료약이다. 하지만 과식동물들만 자가 치료 방식으로 이식증을 보이는 것은 아니다. 열매에 있는 화학 물질은 식물체 전체에도 있는 경우가 많기 때문에 과식동물처럼 초식동물들도 소화에 문제가 있을 수 있다. 따라서 침팬지나 고릴라뿐만 아니라 양, 소, 엘크, 기린, 얼룩말 그리고 코끼리들이 특히 아플 때 흙을 먹는 것은 놀라운 일이 아니다. 동물이 스스로를 치료하는 또 다른 예는 거위, 개, 곰, 그리고 고릴라들이 장내 기생충을 몰아내기 위해서 본능적으로 거친 털을 가진 잎을 먹는 것에서 볼 수 있다.

어리면 위험하다

열매의 화학적 방어는 열매가 발달하는 동안이 가장 중요하다. 열매가 완전히 익지 않는 한 종자도 독자적으로 생존할 수 없기 때문이다. 미성숙 열매에서는 종피가 연약하며 배아의 발육도 불량하고, 배젖도 아직 에너지가 풍부한 지방이나 단백질 또는 탄수화물로 채워지지 않은 상태이다. 따라서 적당한 산포자가 미성숙 단계에 있는 열매를 먹는 경우 그것은 마치 포식자와 질병에 의한 공격만큼 종의 생존 전략에 불리하게 작용한다. 이것은 익지 않은 열매가 높은 화학적 방어 수준을 유지하는 동시에 녹색의 딱딱한 상태로 모식물체에 단단히 붙어 있는 등 왜 스스로를 볼품없게 만드는지를 설명해 준다. 예를 들어 엘더베리(*Sambucus nigra*), 가지속(*Solanum* spp.)과 박과의 많은 식물들의 열매는 익었을 때에도 독성을 가지고 있지만 아직 녹색일 때 더 강한 독성을 띠는 경향이 있다. 박과의 모모르디카 발사미나(*Momordica balsamina*)의 미성숙 열매는

사리풀(가지과) *Hyoscyamus niger* (Solanaceae) – henbane. 온대 유라시아 원산. 사리풀과 그 근연종인 벨라돈나는 3개의 열매로도 어린아이뿐만 아니라 고양이, 개, 가축 같은 사육 동물들에게까지 심각한 중독을 일으킬 만큼 서반구에서 가장 독성이 강한 식물에 속한다. 중독의 증상은 대부분 불쾌한 것들이지만, 트로판 알칼로이드의 매우 강한 혼합물(예: 히오시아민, 스코폴라민, 아트로핀)은 환각을 유발시키기도 한다. 이 환각 작용은 중세 시대의 "마녀"도 알고 있었던 것으로, 그들은 벨라돈나와 사리풀의 열매를 가지고 하늘을 나는 느낌이 나는 "비행용 연고"를 포함한 환각제를 만들었다고 한다. 마법을 부렸다는 명목으로 재판에 회부되었던 마녀들은 자신들이 정말로 하늘을 날 수 있다고 인정했기에 화형에 처해졌다고 한다.

지금까지도 나이지리아의 베뉴 지역 부족이 화살독으로 사용할 정도로 독성이 강하다.

익지 않았을 때는 치명적이지만 다 익고 나면 완벽하게 먹을 수 있는 열매가 되는 패션프루트 (Passiflora edulis, 시계꽃과)와 가지과의 많은 열매[예: 꽈리(Physalis alkekengi), 케이프구즈베리(Physalis peruviana)], 그리고 북아메리카의 포도필룸 펠타툼(Podophyllum peltatum, 매자나무과)에서 입증되었듯이 발달 중에는 독성을 띠지만 성숙하고 나면 먹을 수 있는 열매도 있다. 덜 성숙했을 때 먹으면 위험한 열매로 가장 유명한 것은 아키(ackee)이다. 1793년 런던의 큐 식물원에 이 식물을 처음으로 소개한 윌리엄 블라이(William Bligh) 함장의 이름을 따서 블라이아 사피다(Blighia sapida)라는 학명을 가진 아키는 리치(Litchi chinensis subsp. chinensis)와 람부탄(Nephelium lappaceum)과 마찬가지로 무환자나무과에 속한다. 원산지인 서아프리카에서 앙케 또는 아키푸푸오로 불리던 이 열매는 자메이카에까지 닿아 자메이카의 대표 음식인 아키앤드솔트피쉬(ackee and saltfish)의 주재료가 되었다. 어떤 자료에는 1793년 2월에 블라이 함장이 구대륙에서 1,200그루의 빵나무와 다른 귀한 작물들을 자메이카로 들여올 때 아키를 가져온 것이라고 실려 있다. 하지만 역사적 기록에는 1778년에 그 당시 자메이카 식물원의 식물학자이자 관리자였던 토마스 클락(Thomas Clarke)이 노예선에서 아키를 사들였다고 한다. 어떤 식이었든 간에 아키는 익지 않았을 때 매우 유독한데도 불구하고 대서양을 넘어와 서인도에서 큰 인기를 누렸다. 선홍색 내지 오렌지색의 아름다운 서양배 크기의 아키는 엄밀히 따져서 심실의 배봉선을 따라 벌어지는 삭과(포배열개삭과)이다. 아키가 익어 벌어지면 노란색의 연한 가종피에 일부분이 덮인 3개의 반짝이는 검은색 종자가 모습을 드러낸다. 종자의 부속물은 스크램블에그나 "채소 뇌"라는 이름처럼 익힌 뇌 같은 질감이다. 맛있는 가종피는 열매에서 유일하게 먹을 수 있는 부분이며 고열량의 영양가 많은 기름으로 가득 차 있다. 따라서 거부할 수 없는 이 가종피의 맛을 발견한 새나 아키의 산포자들이 아키앤드솔트피쉬를 즐기려는 사람들과 경쟁하는 것은 당연한 일이다. 이 경쟁에서 사람들은 다 익어 벌어지기 전에 열매를 거둬들여서 새를 이길 수는 있지만 이것은 때로 죽음을 초래하기도 한다. 열매가 익지 않아 닫혀 있는 한 가종피에도 종자를 포함한 열매의 나머지 부분을 먹지 못하게 하는 방어적 화학 물질이 똑같이 들어 있다. 이 독성은 단백질 구성원이 아닌 아미노산, 히포글리신(hypoglycin)에 의해 생기며, 히포글리신은 그 이름에서 알 수 있듯이 동물이나 사람에게 심각한 저혈당증(hypoglycaemia)을 일으키는 물질이다. 아키의 유독 성분이 알려지기도 전인 1880년과 1955년 사이에 자메이카에서는 5천여 명에 달하는 사망자가 나온 알 수 없는 병이 생겨났다. 자메이카 구토병 혹은 저혈당 중독증이라는 이 병은 심한 구토, 복통, 산뇨증, 저혈당증과 혼수상태를 야기했으며 심한 경우 사망에 이르게 하였다. 일찍이 19세기에 아키의 독성이 의심되기는 했지만 많은 사람들이 이 열매를 먹고도 아무런 부작용을 겪지 않았기에

아래: 솔라눔 루테움 아종 루테움(가지과) *Solanum luteum* subsp. *luteum* (Solanaceae) – yellow nightshade. 지중해 연안 원산. 열매(장과), 열매 지름 약 2cm. 전형적인 조류매개산포 열매이다. 열매가 익으면 녹색에서 빨간색으로 바뀐다.

맨 아래: 블라이아 사피다(무환자나무과) *Blighia sapida* (Sapindaceae) – ackee. 서아프리카 원산. 열매(포배열개삭과), 열매 길이 약 8~10cm. 가죽질의 배 모양 열매가 벌어지면서 3개의 반짝이는 종자가 드러나며, 이 종자는 유일하게 식용할 수 있는 노랗고 연한 가종피에 싸인다. 주홍색의 과피와 노란색의 가종피, 그리고 검은색의 종자는 전형적인 조류매개산포의 다채로운 색감을 보인다.

열매 – 먹을 수 있는, 먹을 수 없는, 믿을 수 없는

아래: 감나무(감나무과) *Diospyros kaki* (Ebenaceae) – Japanese persimmon. 아시아 동부 원산. 열매(장과). 열매 지름 약 8cm. 완전히 성숙한 감은 무척이나 달콤하다. 감이 아주 연해지고 거의 상해 갈 무렵이 되면 익지 않았을 때 특유의 강한 떫은맛은 사라진다. 이것은 너무 이른 시기에 열매를 따 먹으려는 산포자나 포식자에 대처하는 적응 방식이다.

맨 아래: 서양호랑가시나무(감탕나무과) *Ilex aquifolium* (Aquifoliaceae) – holly. 유럽, 지중해 연안 원산. 열매(핵과). 열매 지름 7~9mm. 서양호랑가시나무가 맺는 유독한 열매를 먹고 종자를 산포시키는 새들은 열매의 독성에 면역을 가지고 있는 것이 아니라 그저 덜 민감할 뿐이다.

연구자들이 그 질환의 원인을 아키로 보기에는 어려운 상황이었다. 서아프리카에서 어린아이들이 어떤 이유에서인지 모르게 사망한 것도 덜 익은 아키를 섭취한 것으로 추정된다.

다행히도 우리가 좋아하는 열매들은 생명을 위협할 정도의 부작용은 없다. 그러나 독성이 있고 없고를 떠나 일반적으로 덜 익은 열매는 맛이 없다. 미성숙한 열매는 강한 독소를 포함하지 않더라도 좋지 않은 맛으로 화학적 방어를 한다. 열매에 들어 있는 고농도의 산이나 타닌과 리기닌은 떫으며 시고 쓴맛을 내서 열매를 먹으려고 하는 이들을 단념시킨다. 우리가 재배하는 많은 열매의 조상종을 포함한 야생종들은 다 익었을 때에도 이런 화합물을 비교적 높은 수준으로 유지하기 때문에 그 열매들은 일반적으로 맛이 없다. 과육이나 식물의 다른 부분을 맛없게 만드는 화합물의 주된 화학 성분은 농축된 타닌이다. 타닌은 단백질과 결합하여 변성 작용을 일으키는 폴리페놀 복합체로 오래전부터 동물의 표피를 가죽으로 무두질할 때 사용되어 왔다. 타닌은 침에 있는 뮤코단백질과 작용하여 익지 않은 열매의 전형적인 떫은맛을 낸다. 또 이것이 장으로 들어가면 단백질의 가용성을 떨어뜨려 소화를 방해한다. 우리의 입안을 즐겁게 해 주는 사과, 배, 바나나, 자두, 복숭아, 감, 포도 그리고 우리가 좋아하는 더 많은 열매들조차도 익지 않았을 때에는 고농도의 타닌을 함유하고 있다. 열매가 익으면서 타닌은 펙틴과 결합해 큰 복합체를 이루며 비활성화된다. 그러나 떫은맛이 줄어드는 것은 덜 익은 열매가 즙이 많고 연하며 달콤하게, 즉 맛있는 것이 되기 위해 겪어야 하는 많은 복잡한 변화 중 하나일 뿐이다.

호흡급상승과

다육과는 성숙하여 익는 동안 산포자들을 유인할 수 있도록 눈에 보이는 변화와 보이지 않는 많은 변화를 겪는다. 이런 변화들은 지속적으로 서서히 일어나기도 하고, 호르몬에 의한 신호의 결과처럼 빠르게 일어나기도 한다. 호르몬에 의해 조절되는 열매 또는 호흡급상승과(climacteric fruit, 라틴 어 *climactericus*: 삶의 위기 혹은 전환기)라고 하는 열매는 호흡률(산소 소비)과 온도가 증가하는 동안에 빠르게 익는 열매를 말한다. 이런 급등적인 숙성은 열매 자체가 생산하는 에틸렌이 폭발적으로 증가함에 따라 유발된다. 구조적으로 매우 단순한 기체 형태의 탄화수소($H_2C = CH_2$)인 에틸렌은 식물 호르몬의 일종이다. 이 호르몬의 신호가 한 번 받아들여지면 많은 변화를 일으키는 새로운 효소들이 전부 생산된다. 그리고 타닌과 유기산, 그리고 시안화배당체와 알칼로이드 같은 다른 화학적 억제 물질들이 비활성화되면서 그 농도가 빠르게 감소된다. 아밀라아제(녹말가수분해효소)는 녹말을 흡수가 빠른 당으로 전환시키기 때문에 파슬파슬하고 건조한 과육을 달콤한 즙으로 바꾼다. 또한 열매의 종류에 따라 단백질이나 지질(예로 아보카도의 경우) 같은 영양가 많은 물질들의 농도도 올라간다. 과육이 더 식용에 가깝게 됨에 따라 펙티나아제

(펙틴가수분해효소)는 세포를 붙여 단단한 조직으로 만드는 물질인 펙틴을 가수분해함으로써 과육을 부드럽게 한다. 또 이 효소는 열매꼭지에 있는 특정 세포층을 약하게 만든다. 이렇게 형성된 "탈리대"는 열매가 자신의 무게만으로도 줄기에서 떨어지게 만들어 그 흔적을 남긴다. 다른 숙성 효소들은 유기산과 알코올이 반응하여 생성된 화합물인 에스테르를 혼합해 열매 특유의 향을 만들어 낸다. 또 에틸렌은 엽록소를 파괴하고 새로운 색소를 합성하는 효소들을 촉진시키기도 한다. 그 결과로 열매의 껍질은 녹색에서 전형적인 성숙한 열매의 색을 나타내게 된다.

썩은 사과 하나가 한 통의 사과를 망친다

사과와 토마토 그리고 특히 바나나는 다량의 에틸렌을 만들어 내는 호흡급상승과이다. 이 열매들이 발산하는 에틸렌은 다른 호흡급상승과들을 익게 하는 기체 형태의 호르몬이다. 이것은 익지 않은 열매를 파는 마트에서 유용하게 쓰인다. 잘 익은 바나나나 사과를 안 익은 아보카도나 복숭아, 배, 살구, 망고, 파파야, 무화과, 구아바, 또는 멜론이 든 봉지에 넣으면 그것들은 며칠 안에 먹기 좋게 익을 것이다. 익으면 쉽게 물러지고 상하는 토마토나 바나나, 배를 익지 않은 상태로 수확하여 운송한 후 동시에 숙성시키는 데에 인공적으로 만든 에틸렌을 산업적으로 이용한다. 이때 에틸렌을 처리하는 시기는 매우 중요하다. "썩은 사과 하나가 한 통의 사과를 망친다."라는 영국의 오래된 속담처럼 일단 호흡급상승과가 익기 시작하면 그 속도를 늦추기가 어렵기 때문이다. 겨우내 신선한 사과를 가족에게 선사하기 위해서는 시원한 지하실의 나무통에 사과를 넣어 두고는 했다. 이때에도 상처 입은 열매를 모두 제거하는 것이 중요한데, 그 이유는 식물 조직 역시 상처 입거나 질병에 감염되면 에틸렌을 발산하기 때문이다. 벌레 먹거나 썩은 사과 하나가 같은 통속의 다른 사과 모두를 너무 이른 시기에 익게 해서 결국 한 통을 다 망칠 수 있다. 그러나 모든 열매가 에틸렌에 민감한 것은 아니다. 체리나 포도, 딸기와 대부분의 감귤류 같은 비급등형 열매는 매우 적은 양의 에틸렌을 만들어 낸다. 숙성하는 동안 이 열매들은 호르몬에 영향을 받지 않은 채로 호흡급상승과가 겪는 것과 같은 변화를 서서히 겪는다.

산포 신드롬, 열매의 수화

다육과가 녹색의 딱딱하고 파슬파슬하며 시큼털털하고 향기가 없는 덩어리에서 선명한 색의 부드럽고 달콤하며 즙이 많고 향기로운 음식이 되는 숙성 과정은 적당한 산포자를 끌어들이는 필수적인 전략이다. 광고 캠페인이 성공적이려면 그 메시지가 목표로 하는 소비 집단에 통하는 방법으로 전달되어야 한다. 다육과를 맺는 식물의 소비자는 동물 산포자들이다. 다육과가 잠재 고객의 관심을 끌기 위해 사용하는 수화는 폭넓은 청중에게 통하도록 진화되었기에 고도로 특수화

배종으로만 알려져 있으며, 정확한 원산지는 확실하지는 않지만 인도와 말레이 반도 사이의 어디쯤으로 추정된다. 열매(핵과). 열매 길이 약 10cm. 열매(위)와 열매의 종단면(아래). 망고는 천 년 동안 재배되어 오고 있으며 세계적으로 가장 인기 있는 열매 순위에 들어 있다. 망고의 종자 산포자는 동물 중에서도 망고를 즐겨 먹는 큰박쥐인 것으로 보인다. 하지만 과육(산포자로 하여금 삼키게끔 만들어진 전략)으로부터 분리하기가 힘든 커다란 핵은 일반적으로 큰 체구를 가진 산포자에 적응한 형태임을 내포하고 있다. 그 예로 코끼리가 망고를 즐겨 먹는 것을 들 수 있다. 내과피는 코끼리의 소화 기관을 통과하여 온전한 상태로 나오게 되는데, 이때 밖으로 나온 내과피에는 발아하는 배아에게 해가 될 수 있는 박테리아와 균을 끌어들이는 과육이 제거되어 있다.

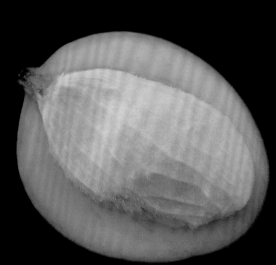

쿠쿠미스 멜로 아종 멜로 변종 칸타루펜시스(박과) *Cucumis melo* subsp. *melo* var. *cantalupensis* 'Galia' (Cucurbitaceae) – Galia muskmelon. 열매. 지름 약 16cm. 멜론은 망고와 마찬가지로 기체 형태의 식물 호르몬 에틸렌에 의해 막을 수 없는 빠른 숙성 단계로 들어가는 호흡급상승과이다. 초록색을 띠는 망고와 멜론을 빠르게 숙성시키려면 역시나 에틸렌을 발산하는 호흡급상승과인 익은 바나나와 함께 넣어 두면 된다. 이 변종이 커다란 열매를 맺도록 개량한 것이기는 하지만 야생에도 큰 멜론을 맺는 종이 있다. 일반적으로 열매가 그들과 공적응을 한 산포자의 입 크기보다 더 크게 자라지 않는다고 한다면, 자연 속의 멜론 산포자는 아마도 대부분 마지막 빙하기에 멸종된 대형 포유동물일 것이다.

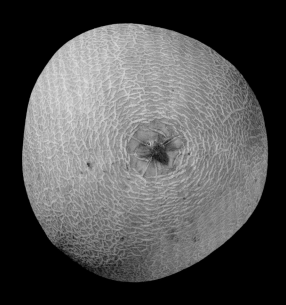

되어 있지 않다. 이것의 결과로 분산된 선택압은 열매와 동물 간의 밀접한 공적응적 관계로 진화하는 것을 막는다는 점을 기억하자. 그럼에도 불구하고 수백만 년 동안의 공적응을 통해 과식동물 산포자들(주로 새와 포유동물)은 열매의 특성에 강한 영향을 받아 왔다. 새와 포유동물에 의해 산포되는 두 종류의 열매가 갖는 특징은 크기와 양분 함량에서 차이가 난다는 것이 여러 번 관찰되었다. 일반적으로 새에 의해 산포되는 식물의 열매는 포유동물에 의해 산포되는 식물의 열매보다 크기가 작다. 크기가 큰 열매일수록 더 많은 포유동물이 산포자로 선호되는 동시에 입이 작고 이빨이 없는 새들은 점점 덜 효과적인 산포자가 된다. 열매의 크기가 불연속적이지 않고 이어진 범위를 갖는다는 것은 중간 크기의 열매가 새와 포유동물 모두를 산포자로 이용한다는 것을 의미한다. 식물 종 전반에 걸쳐 열매가 클수록 과육의 건조 중량도 크기 때문에 새에서부터 포유동물에 의해 산포되는 식물 종 방향으로 그들의 산포자에게 보상으로 주는 총 에너지의 비율도 증가한다. 그러나 새가 산포하는 열매는 새와 동물이 함께 산포하는 열매에 비해서 더 많은 지방질을 함유하는 경향을 보이기 때문에 그들의 무게에 비해서 더 높은 에너지 함량을 갖기도 한다.

이것은 다육과가 갖는 특성의 진화에 특정한 산포자 그룹이 영향을 줄 수 있음을 의미한다. 물론 일반적인 견해는 종의 생존에 "진짜" 산포자들보다 더 큰 영향을 미치는 다른 요소들이 많다는 것이다. 열매와 상리 공생하는 과식동물 간의 더 밀접한 공진화적 관계를 방해하는 주된 장애물은 유전적인 제약과 일관되지 않는 방향으로의 선택압, 그리고 산포 후 일어나는 예측할 수 없는 사건들(예: 2차 산포, 종자 포식자들)로 인한 불확실성 등으로 여겨진다. 그러나 1970~80년대에 종자 산포의 생태가 과학 과목으로 발달하기 시작하였을 때, 생태학자들은 다육과의 방대한 다양성과 과식동물들의 행위에 대한 적절한 설명에 시각적, 후각적, 그리고 계량할 수 없는 다른 특징들을 조심스레 포함시켰다. 열매와 그 열매가 선호하는 공생자 간의 공적응은 형태적, 물리적, 생화학적 그리고 행동학적인 특징을 이끌어 낼 것이라는 가정하에 생태학자들은 "특수화된" 그리고 "일반화된" 산포 신드롬들을 만들었다. 산포 신드롬의 이론적 기초에 대한 최근의 비판에도 불구하고 많은 생태학 연구는 색, 크기 및 보호물 같은 열매의 특성들이 분명히 새나 포유동물의 산포와 관련이 있음을 제시하고 있다. 열매의 색, 질감과 향은 대체로 그 열매가 어떤 산포자를 선호하는지, 산포자로 새나 포유동물을 선호하는지에 대한 최고의 단서가 된다.

조류 산포 신드롬

하늘을 날 수 있는 새는 단연코 가장 중요한 종자 산포자이다. 비행 능력은 그들에게 뛰어난 이동성을 주었으며, 종자를 먼 거리까지 빠르게 운송할 수 있게 했다. 종자 산포자로서 그들이 갖는 효율성에서 보면 새에 필적하는 것은 큰박쥐(fruit bat)밖에 없을 것이다. 대부분이 주행성인 새는 뛰어난 색각을 가졌지만 씹을 수 있는 이빨이 없으며 둔한 후각을 가지고 있기 때문에 코보다는 눈에 의존해서 먹이의 위치를 찾는다. 앵무새, 까마귀, 그리고 신대륙의 블랙버드(찌르레기사촌과)를 포함한 작은 그룹의 새들만이 과육과 종자를 먹기 위해 발과 부리를 사용해서 열매의 억센 껍질을 깰 수 있다. 대부분의 다른 새들은 열매를 통째로 삼킨다. 그래서 이 새들은 사람의 입맛에는 맞지 않는 쓰고 신맛을 가진 열매를 먹을 수 있다. 그렇기는 하지만 새들은 특정 열매에 대한 분명한 선호도를 가지고 있으며 그것이 완전히 익은 상태를 더 선호한다. 새에 의해 산포되는 열매의 색은 아마도 새의 감각적 선호도에 따른 공적응적 반응의 결과일 것이다. 열매에 있어서 색의 역할은 열매가 안심할 수 있는 영양가 많은 보상임을 나타내는, 눈에 잘 띄고 믿을 수 있는 신호를 주는 것이다. 주금류(타조, 에뮤, 레아, 화식조)처럼 땅에 살며 날지 못하는 특별한 경우를 제외한 일반적인 새의 강점과 한계가 모두 고려된 예측 가능한 산포의 양식은 조류 산포 신드롬이라는 용어와 함께 공식화된다. 전형적으로 새에 의해 산포되는 열매는 소형이며, 익고 나면 새의 주의를 끌 만한 선명한 색을 가지고 있지만 향기가 없는 식용 부위를 갖는다. 새의 먹이가 되는 이 부위는 장과의 단단한 종피나 핵과의 내과피에 의해 보호받는 독성을 가진 쓴맛의 종자를 둘러싸고 있다. 또 딱딱한 바깥 껍질이 없는 열매는 새가 먹을 때까지 식물체에 붙어 있다. 물론 조류 산포 신드롬의 이런 모든 특징들이 꼭 동시에 나타나는 것은 아니다.

새에 의해 산포되는 열매가 보내는 신호 중 산포자의 감각 능력을 가장 충족시키는 것은 바로 색이다. 조류매개산포 열매의 대다수가 빨간색이나 검은색이며 노란색이나 주황색, 파란색, 흰색, 녹색인 경우와 이 색들이 섞여 있는 경우는 그보다 적다. 비록 새들이 녹색의 잎과 비교해 가장 잘 구별할 수 있는 색은 빨간색으로 추정되나 이를 뒷받침하는 증거는 거의 없다. 게다가 새의 시감도(visual sensitivity)는 400~800nm 사이의 파장만 감지할 수 있는 인간이나 다른 영장류는 접근할 수 없는 영역인 자외선 파장(320~400nm)에까지 이어진다. 검은색과 보라색의 장과나 핵과가 갖는 UV-반사율은 새들에게 보내는 중요한 신호로 보인다. 이와 같은 현상은 사람의 눈에는 특별히 띄지 않는 스노베리(*Symphoricarpos albus*, 인동과) 같은 흰 열매의 존재를 설명해 줄 수 있을 것이다. 야생자두(*Prunus spinosa*, 장미과)와 블루베리(*Vaccinium corymbosum*, *V. myrtillus*, 진달래과) 같은 분백의 열매가 갖는 왁스층 또한 높은 UV-반사율을 보여 준다.

색이 조류매개산포 열매의 가장 중요한 신호이기는 하지만 새들은 칙칙한 색을 가진 열매(예: 서양팽나무 *Celtis occidentalis*, 느릅나무과)를 완벽하게 찾아내기도 한다. 따라서 새들이 어떠한 색을 선호한다는 것은 선천적인 시감도의 영향이 아닌 학습의 결과일지도 모른다. 많은 열매가 완전히 익었을 때 빨간색을 띠기도 하지만 일부는 덜 익어 맛이 없을 때에도 같은 색을 띤다는 사실(예: 블랙베리)은 새들이 정확한 열매를 선택하는 법을 배워야 한다는 것을 말해 준다. 대

토코투칸(큰부리새과) *Ramphastos toco* (Ramphastidae) - toco toucan. 열대 남아메리카 원산. 토코투칸은 큰부리새과에서 가장 큰 새이다. 토코투칸과 다른 큰부리새 종들은 주로 열매를 먹고 살기 때문에 중앙 · 남아메리카의 열대 지역에서 종자 산포자로서 중요한 역할을 하고 있다.

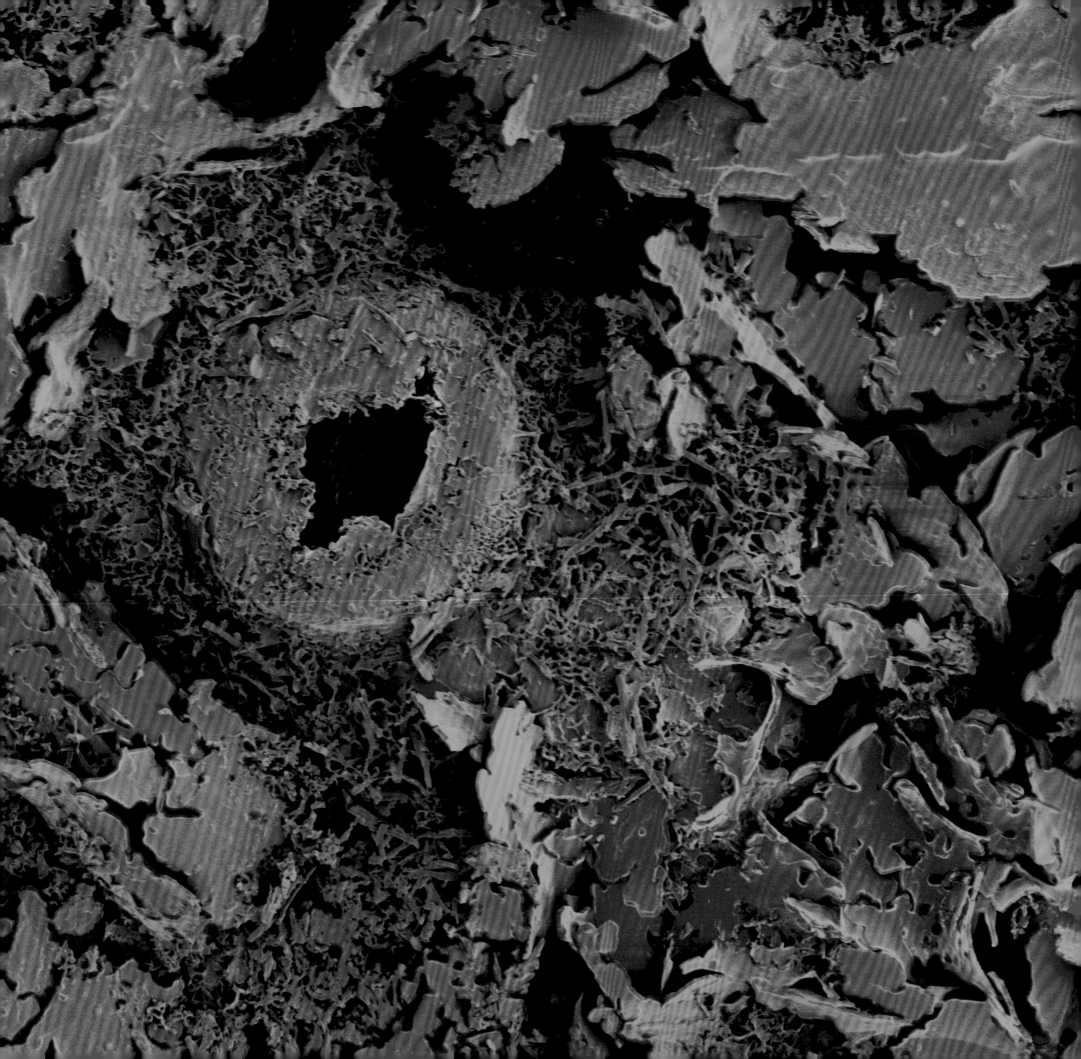

부분의 새에서 색 선호는 심지어 같은 종 내에서도 일관성이 없으며, 나이에 따라 변할 수 있다는 것이 여러 실험에서 입증되었다. 예를 들어 검은머리명금(*Sylvia atricapilla*, 휘파람새과)의 어린 개체는 본능적으로 빨간색 열매를 선호하지만 성체가 되면 경험을 통해 이런 습성은 사라진다. 조류 사이에서의 이러한 일관되지 않은 색 선호의 결과로 열매는 자신을 눈에 더 잘 띄게 하는 장거리 신호로써 색을 발달시켰을 것이다. 그리고 이런 이유로 새들이 그 열매를 선택하는 것이라면 열매가 가진 자체의 색보다 배경이 되는 색과의 대비가 더 중요한 역할을 하게 된다. 하지만 이것 역시 왜 조류매개산포 열매 중에 빨간색이 압도적으로 많은가 하는 질문을 남겨 놓는다. 이것은 아마도 새들의 타고난 본능과 색 민감성, 그리고 색 조합을 해석하는 방법과 관련된 그들의 학습 능력 및 잎을 배경으로 강화된 대조가 포함된 복합적인 영향의 결과일 것이다.

어떻게 새의 눈을 사로잡나

온대 지역에서 새에 의해 산포되는 열매의 색은 화려한 경우도 있지만 대부분의 경우 일관된 빨간색처럼 밋밋하다. 반면에, 열대 지역에서는 많은 열매가 빨간색, 보라색, 노란색, 파란색, 검정색을 가지고 대비되는 색 조합을 만들어 화려하게 꾸미고 있다. 성숙한 씨방은 이런 색 대비를 얻기 위해 다른 기관의 도움을 받을 수 있다. 먼저 오크나속(오크나과) 식물이 갖는 다육질의 화탁은 화탁분열과의 검은 소핵과(소과)에 대비되는 선홍색이다. 또 트로파에올룸 스페시오숨(*Tropaeolum speciosum*, 한련과)이 맺는 분열과(장과형 분열과)의 소장과(소과)들과 헤이스테리아 카울리플로라(*Heisteria cauliflora*, 철청수과)가 맺는 검은색 핵과, 그리고 일부 누리장나무속 식물(예: 클레로덴드룸 인디쿰 *Clerodendrum indicum*, 클레로덴드룸 미나하사에 *C. minahassae*, 누리장나무 *C. trichotomum*, 마편초과)이 맺는 파란색 핵과는 숙존성의 빨간 꽃받침에 의해 두드러져 보인다. 그리고 열대 지역에 서식하는 헤르난디아속(헤르난디아과) 식물의 검은색 견과는 잎이 변형되어 만들어진 2~3개의 소포로 느슨하게 감싸져 있는데, 이 다육질의 소포들은 검은색과 대비되는 밝은색이다. 이 소포들은 헤르난디아 님페이폴리아(*Hernandia nymphaeifolia*, 헤르난디아과)에서처럼 이어져 있을 수도 있고, 헤르난디아 비발비스(*Hernandia bivalvis*)에서처럼 서로 떨어져 있을 수도 있다. 헛개나무(*Hovenia dulcis*, 갈매나무과)에서는 갈색의 작은 핵과와 함께 울룩불룩하게 살이 찐 과병이 새의 눈길을 끈다. 서리가 내린 후 검붉은 색으로 변하며 즙이 많아지고 달콤해지는 이 다육성의 줄기는 배처럼 약간 떫은맛으로 식용이 가능하다. 이것은 열매를 더 잘 보이게 하기도 하지만 동물과 인간 모두에게 먹을 수 있는 종자 산포의 보상이기도 하다. 이와는 반대로, 미나리아재비과의 노루삼속에 속하는 북아메리카의 악타이아 파키포다(*Actaea pachypoda*)에는 유독한 열매를 눈에 잘 띄게 하는 빨간색의 두꺼운 과병이 있는데, 이것은 달콤

블루베리(진달래과) *Vaccinium corymbosum* (Ericaceae) – American blueberry. 북아메리카 동부 원산
아래: 열매(장과)
왼쪽: 현미경으로 자세히 본 열매의 표면. 숨구멍(기공)의 지름 20 ㎛. 블루베리는 주로 조류매개산포(새에 의해 산포되는) 열매이지만 조류 산포 신드롬의 전형적인 특징의 색인 선명하고 화려한 색을 보여 주지는 않는다. 하지만 새들은 다른 시각에서 접근한다. 새의 시감도는 인간이 접근할 수 없는 범위의 자외선 파장(320~400nm)에까지 이어진다. 블루베리와 야생자두, 그리고 자두 같은 분백의 열매들은 높은 UV-반사율을 보이는 왁스 결정체(wax crystalloid)로 이루어진 흰 가루층에 덮여 있다. 그 결과, 사람의 눈에 검푸른 색으로 보이는 블루베리가 새에게는 선홍색으로 보일 것이다.

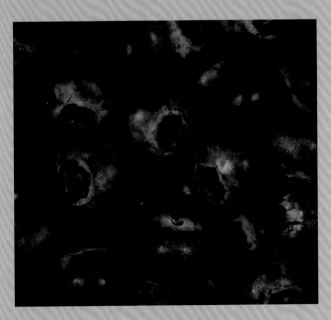

한 간식으로의 초대라기보다 독성이 있음을 경고하는 신호이다.

미나리아재비과 중에서도 하나의 암술군으로 이루어진 이 식물의 꽃들은 각각 흰색의 장과를 맺는다. 그리고 이 열매의 꼭대기에는 암술머리에 의해 남겨진 검은색 흔적이 있다. 이것은 과서를 매우 눈에 띄게 만들며, 식물의 또 다른 이름인 "인형의 눈"이라는 이름을 갖게 하였다. 마지막으로, 오스트레일리아의 열대 다우림에 사는 아열대의 덩굴식물 팔메리아 스칸덴스(*Palmeria scandens*, 모니미아과)의 위과는 다소 과감한 방법으로 새를 유인한다. 폭발적으로 벌어지는 로즈힙처럼 이 열매의 다육질 화통은 분홍색이 감도는 빨간 화통벽과 대조되어 눈길을 끄는 빨간색의 핵과들을 드러내며 활짝 벌어진다.

지금까지 언급한 것들은 피자식물의 무한한 독창성을 알게 해 주는 몇 가지 예에 지나지 않는다. 피자식물은 모든 종류의 부속 기관을 동원하여 열매를 돋보이게 한다. 하지만 이 시각적 향연은 다육질의 핵과나 장과에서 끝나지 않고 벌어진 열매에서 드러나는 종자로까지 이어진다.

다육질의 종자

새에 의해 산포되는 열개과에서 열매 전체보다 종자가 산포체가 되는 경우에는 종자와 종자 부속물의 색을 대비시켜 이와 비슷한 효과를 얻는다. 다육질의 종피를 가진 종자(다육외층 종자)는 아마도 척추동물을 산포자로 이용하려는 식물의 가장 오래된 전략일 것이다. 원시 나자식물인 소철이 그들의 유일한 산포 전략으로 써 오고 있는 이 방법은 새(예: 아프리카의 코뿔새, 오스트레일리아의 에뮤)뿐만 아니라 오스트레일리아의 유대류(포썸, 쿼카, 주머니고양이, 왈라비, 회색캥거루)를 포함한 포유동물(박쥐, 설치류, 원숭이)을 유인하는 데 쓰이고 있다.

다육외층을 갖는 종자는 피자식물에서도 독립적으로 여러 번 진화되어 왔다. 이것의 익숙한 예는 목련류(*Magnolia* spp., 목련과)이다. 목련류의 원시적인 이생심피 암술군은 녹색과 갈색 또는 빨간색의 골돌과 무리로 발달한다. 열매가 익으면 이 골돌과들은 배 쪽을 따라 갈라지며 반짝이는 선홍색의 종자를 드러낸다. 그리고 종피의 다육외층은 종자를 이동시켜 주는 동물의 먹이가 된다. 눈에 잘 띄기 위해서 종자는 명주실 같은 탯줄(주병)에 매달려 바람에 달랑거린다. 작약속(예: 파에오니아 브로데로이 *Paeonia broteroi*, 파에오니아 캄베세데시 *P. cambessedesii*, 작약과)의 식물은 이보다 훨씬 더 화려한 골돌과를 보여 준다. 이 열매들은 빨간색의 심피벽을 바탕으로 하여 다육외층을 갖는 불임성의 빨간 종자와 가임성의 검은 종자를 보여 줌으로써 색 대조를 상당히 높였다. 이와 비슷한 방식으로 유럽 및 북아프리카 원산인 아이리스 포에티디시마(*Iris foetidissima*, 붓꽃과)는 가을이 되면 자신의 포배열개삭과를 벌리며 밝은 주황색의 종자를 드러낸다. 다육질 종자의 더 많은 예는 특히 열대와 아열대 지역의 박과(예: 여주속), 대극과(예: 사람

아래: 헤르난디아 비발비스(헤르난디아과) *Hernandia bivalvis* (Hernandiaceae) − grease nut. 오스트레일리아의 퀸즐랜드 원산. 열매(각과). 열매 길이 2.5cm. 다 익은 열매는 검은색의 기름진 "견과"와 그것을 느슨하게 감싸는 2~3개의 소포로 이루어져 있다. 이 소포들은 밝은 주홍빛의 다육질이다. 이 색은 이 열매가 새에 의해 산포된다는 것을 시사한다.

맨 아래: 오크나 나탈리티아(오크나과) *Ochna natalitia* (Ochnaceae) − coast boxwood. 아프리카 남부 원산. 열매(화탁분열과). 열매 지름 약 2.5~3cm. 기부만 서로 붙어 있는 5개의 심피는 분리된 소핵과들로 성숙하는데, 이 소과들은 빨간색의 커진 꽃대 위에 눈에 띄게 드러나 있다. 이렇게 대비되는 색 조합은 이 열매가 새에 의해 산포된다는 것을 시사한다.

naceae) – harlequin glory bower. 일본 원산. 열매(각과). 열매 지름 3.5cm. 푸른색의 핵과는 선홍색의 꽃받침과 대비되어 새의 관심을 끈다.

맨 아래: 악타이아 파키포다(미나리아재비과) *Actaea pachypoda* (Ranunculaceae) – white baneberry, doll's eyes. 북아메리카 동부 원산. 열매(장과). 열매 길이 약 1cm. 빨간색의 과병은 흰색의 장과를 돋보이게 한다. 열매에 있는 검은 점은 열매를 도자기 느낌의 눈으로 보이게 하여 "인형의 눈"이라는 이름을 갖게 했다. 이 식물의 모든 부위는 매우 유독하다.

주나무속 *Sapium*), 그리고 자리공과(예: 아포루사속 *Aporusa*) 식물에 많이 있다. 조류뿐만 아니라 영장류도 일부 다육질의 종자를 즐겨 먹는다. 예를 들어 파나마 우림의 붉은짖는원숭이(*Alouatta seniculus*)와 꼬리감기원숭이(*Cebus apella*)는 테트라가느트리스 파나멘시스(*Tetragastris panamensis*, 감람과) 나무가 맺는 다육질의 흰 종자를 먹는다.

다육질의 종자로 문화적으로나 경제적으로 큰 중요성을 갖는 열매의 드문 예는 석류(*Punica granatum*, 부처꽃과)이다. 올리브와 포도, 무화과, 대추야자와 더불어 석류는 인간이 처음으로 재배했던 5개의 열매 중 하나이다. 야생 석류의 기원은 아마도 소아시아와 이란 사이의 어딘가일 것이다. 석류는 오래전 그곳에서 지중해 연안으로 전해져 귀화되었다. 석류가 재배되고 있었음을 증명하는 가장 오래된 고고학적 증거는 기원전 3천년경의 청동기 시대 예리코의 것이다. 역사를 통틀어 맛있는 석류는 건강의 샘으로 여겨졌으며, 다량의 종자는 다산의 상징으로 여겨졌다. 그래서 솔로몬 왕이 지었다고 전해지는 유명한 아가(song of songs)에서는 연인의 아름다움과 매력을 이 신비스러운 나무의 꽃과 열매에 비유하기도 하였다. 사과 크기의 주홍색 열매를 꾸미고 있는 숙존성의 꽃받침은 솔로몬 왕의 왕관을 만드는 데 영감을 주었고, 그 후 모든 왕관의 모델이 되었다고 한다. 플리니로 더 잘 알려져 있는 플리니우스(Gaius Plinius Secundus, 서기 23~79)는 석류를 가장 귀한 약초와 관상용 식물의 하나라고 했다. 실제로 식용이 가능한 열매 중에서 석류는 심장병과 암의 위험을 줄이는 항산화 물질의 농도가 가장 높다는 연구 결과가 있다. 일부 재배종도 그렇지만 야생의 석류는 특히 건조한 해가 되면 껍질이 벌어진다. 이렇게 열매가 벌어지면 루비색의 종자들이 드러나는데, 새들은 이 종자를 모두 먹어 치운다. 그리고 땅에 떨어진 종자는 개미와 쥐, 호저, 멧돼지를 포함한 과육 도둑들과 종자 포식자들의 먹이가 된다.

반짝이는 종자

양쪽 모두에게 이익이 되는 관계가 있는 곳이면 어디든 자신이 받는 서비스나 산물에 대한 보상 없이 이득만을 취하려는 사기꾼도 있을 것이다. 이러한 비용 절감 전략은 인간 사회의 슬픈 자화상인 동시에 자연계의 일반적인 양상이다. 물질과 에너지의 절약은 진화적인 이점을 주기 때문이다. 열매를 먹고 사는 새와 원숭이 일부가 나무 아래에서 열매를 따 먹고 그 자리에 종자를 떨어뜨리면 그들은 과육만 먹는 도둑이 된다. 다른 한편으로 일부 식물들은 별다른 먹이를 주는 것 없이 자신의 종자를 삼키도록 동물을 속이는 전략을 발달시켜 왔다. 자신의 작고 건조한 열매를 잎 사이에 숨겨서 덩치가 큰 초식동물들을 속이는 풀의 전략은 생태학자인 다니엘 얀첸(Daniel Janzen)이 1984년에 만든 구절, "잎이 열매다(foliage is the fruit)"에 나오는 술책이다. 얀첸은 토끼풀류(*Medicago* spp., *Trifolium* spp.), 명아주류(*Chenopodium* spp.), 질경이류(*Plantago* spp.)

처럼 중력이나 바람, 지표수의 움직임을 제외한 다른 특정한 산포자와 관계없으며, 눈에 좀처럼 띄지 않는 열매를 맺는 쌍떡잎의 초본 식물들이 이 같은 속임수를 쓴다고 하였다. 또 다른 식물들은 대비되는 색을 가지고 새에 의해 산포되는 다육질의 산포체(예: 장과, 핵과, 그리고 다육외층이나 가종피를 갖는 종자)를 흉내 내는 열매를 맺는다. 이 산포체들의 겉모습은 식용이 가능한 것으로 보이지만, 사실 그들은 동물에게 영양가도 없으며 그것을 만들어 내는 데 많은 에너지가 드는 것도 아니다.

열매의 모방 개념은 논란을 남기기는 하지만 적어도 일부 순진한 새들은 그 열매의 종자를 다육질의 번식체인 줄로 잘못 알고 먹는다. 다른 열매를 따라하는 열매의 예는 드물기는 하지만 주로 콩과 식물에서 볼 수 있으며, 가끔 무환자나무과나 자리공과, 오크나과에서도 볼 수 있다. 이런 콩과 식물의 일반적인 전략은 검은색이나 빨간색 또는 검정과 빨강의 대조로 이루어진 색의 종자를 베이지색이나 연한 노란색에서부터 진한 주홍색에 이르는 심피 내벽과 대비시키는 것이다. 오스트레일리아 우림의 작은 나무 파라르치덴드론 프루이노숨(*Pararchidendron pruinosum*)은 눈길을 사로잡는 꼬투리 때문에 원숭이의 귀걸이라는 이름도 가지고 있다. 이 꼬투리는 과벽 안쪽의 화려한 빨강에 대비되는 반짝이는 검은 종자를 뽐내며 뒤틀려 있다. 뉴질랜드에 사는 카르미챌리아 알리제라(*Carmichaelia aligera*)의 특이한 열매 역시 사기성이 있다. 이 열매의 심피벽은 골격만 남겨 둔 채 떨어져 버리는데, 남겨진 검은색의 틀은 검은 점이 가끔 박혀 있는 빨간색의 반짝이는 종자와 색 대비를 이루고 있다.

오스트레일리아의 파라르치덴드론 프루이노숨과 뉴질랜드의 카르미카엘리아 알리제라, 그리고 이들과 비슷한 다른 사기성 열매와 종자는 눈길을 끄는 외모에도 불구하고 언제나 딱딱하게 말라 있다. 이것은 열매를 먹고 사는 새들에게는 쓸모없는 것이지만 식물성 보석에 열광하는 사람들에게는 보물이다. 그중에서도 인기 있는 것은 동남아시아와 오스트레일리아의 산호나무 (coral tree, *Erythrina*)와 해홍두(*Adenanthera pavonina*), 그리고 미국 남서부와 멕시코 원산의 소포라 세쿤디플로라(*Sophora secundiflora*)와 파나마의 오르모시아 크루엔타(*Ormosia cruenta*)가 맺는 새빨간 종자들이다. 이에 더해서 크랩아이(crab's eye), 제퀴리티빈(jequirity bean) 또는 패터노스터빈(paternoster bean)으로도 불리는 아열대 지역의 홍두(*Abrus precatorius*)와 남아메리카와 카리브해 연안의 오르모시아 모노스페르마(*Ormosia monosperma*), 그리고 아메리카 대륙의 린초시아 프레카토리아(*Rhynchosia precatoria*)가 맺는 빨간색과 검은색을 모두 가진 종자는 더 많은 사람들이 가지고 싶어 하는 보석들이다. 마다가스카르의 에리트리나 마다라스카리엔시스(*Erythrina madagascariensis*)와 같은 산호나무 역시 빨간색과 검은색을 지닌 종자를 맺는다.

아래: 목련류(목련과) *Magnolia* sp. (Magnoliaceae) – 중국 연남에서 촬영. 열매(골돌과형 복합과). 종자 길이 약 6~8mm. 종자는 새의 눈에 더 잘 보이기 위해 명주실에 매달려 움직이면서 자신의 색을 보여 준다.

맨 아래: 팔메리아 스칸덴스(모니미아과) *Palmeria scandens* (Monimiaceae) – pomegranate vine. 오스트레일리아 동부 원산. 열매(화통복합과). 열매 지름 3cm. 오스트레일리아 퀸즐랜드의 열대 우림에 사는 이 식물의 다육질 화통은 빨간색의 핵과들을 드러내며 활짝 벌어진다. 이 열매들은 화려한 색을 가진 세리쿨루스 크리소세팔루스(*Sericulus chrysocephalus*) 새에 의해 산포된다.

홍두가 맺는 종자는 매우 아름다움에도 불구하고 가장 강한 식물 독의 하나를 함유하고 있다. 아브린이라는 이 유독 성분은 진핵생물의 세포 내에서 단백질을 합성하는 공장인 리보솜을 공격하는 렉틴(당단백질)이다. 인간에 대한 치사량은 몸무게 1kg당 0.1~1㎛으로, 어린이의 경우 0.003gm으로도 사망에 이를 수 있다. 다행인 것은 이 종자가 매우 단단한 종피에 싸여 있어서 그 것이 부서지지 않는 한 삼켜도 해롭지 않다는 것이다. 그러나 식물성 보석 제조에 있어서 홍두에 구멍을 뚫어 가공하는 작업은 무척이나 위험할 수 있다. 종자에서 나온 먼지가 눈에 닿으면 실명을 초래할 수 있으며, 그것을 흡입하거나 상처에 닿게 하면 훨씬 더 나쁜 상황을 불러올 수 있다. 감염 후 몇 시간 또는 며칠 후에 나타나는 중독 증상으로는 메스꺼움과 구토, 극심한 복통, 설사와 타는 듯한 목의 통증이 있다. 그 후 졸음, 입 및 식도 내피의 궤양성 병변, 그리고 경련과 쇼크에 이르러 결국 혼수상태나 사망에 이르기도 한다. 이렇게 위험한 종자의 독성을 파괴하는 방법은 간단하게도 열을 가하는 것이다. 아브린은 65℃ 이상의 온도에서 변성되기 때문에 홍두를 한 번 끓이게 되면 식용이 가능해진다.

형형색색의 부속물

아키(*Blighia sapida*)에서 보았듯이, 유인 물질로 식용의 가종피(종자 부속물)를 내어 주는 것은 다육외층을 가진 종자로서는 효과적인 대안이 될 수 있다. 가종피는 종피의 일부분이 자라서 형성되기도 하지만 대부분의 경우 주병이 부분적으로 혹은 전체적으로 부풀어 다육질이 된 것이다. 많은 수의 소형 종자에서 연한 색의 작은 가종피는 개미에 의한 산포에 적응하여 발달되어 왔다. 아키의 경우처럼 크기가 더 큰 종자는 새를 유인하기 위해서 이와 비슷하지만 더 큰 부속물을 갖는다. 조류 산포자들을 유인해야 하는 상황에서 가종피가 그 역할을 맡았다면, 동물의 예리한 시각에 맞설 수 있는 극명한 대비가 다시 한 번 가장 중요한 것이 된다. 북온대 지역에서 가종피를 내어 주는 현란한 색을 가진 열매의 드문 예는 유오니무스 유로파에우스(*Euonymus europaeus*, 노박덩굴과)의 열매이다. 화살나무의 일종인 이 나무가 맺는 선홍색의 열매(포배열개삭과)는 가톨릭 성직자의 마이터(주교관) 모양을 하고 있으며, 진한 주황색의 가종피로 감싸진 3~4개의 종자를 드러내며 벌어진다. 대롱거리는 열매가 완전히 벌어지면 종자가 빠져나와 짧은 주병에 매달려 달랑거린다. 이것은 목련과 다른 식물들도 취하는 계략으로, 산포자의 눈에 더 잘 띄기 위한 움직임이다. 온대 유럽에서 스핀들트리의 열매는 보는 이로 하여금 인상적일 수 있으나 늘 그렇듯이 열대 지역에는 더 크고 훨씬 다채로운 색을 가진 열매가 있다.

서아프리카의 아키가 화려한 색을 보여 주는 것은 새를 끌어들이는 종자의 부속물을 포함한 열

209쪽: 아이리스 포에티디씨마(붓꽃과) *Iris foetidissima* (Iridaceae) – stinking iris. 유럽, 아프리카 북부 원산. 열매(포배열개삭과). 종자 지름 약 8mm. 다육질의 종자(다육외층 종자)는 장과나 핵과, 그리고 다른 다육과에 대안이 되는 산포 전략이다. 이 식물은 자신의 다육외층 종자를 펼쳐진 열매 조각 위에 드러내 보인다. 이 종자는 밝은 주황색의 종피를 가지고 있어 열매 조각 위에서 새의 눈에 확실히 띌 수 있다.

211쪽: 파라르치덴드론 프루이노숨(콩과) *Pararchidendron pruinosum* (Fabaceae) – snow wood. 말레이시아, 뉴기니, 오스트레일리아 동부 원산. 열매(두과). 열매 길이 8~12cm. 파라르치덴드론 속의 유일한 종인 이 식물이 맺는 현란한 열매는 심피가 뒤틀리면서 벌어지고, 이를 통해 종자를 드러낸다. 열매가 보여 주는 색은 분명 새에 의해 산포되는 열매임이 분명하나, 이 열매는 새에게 내어 줄 어떠한 식용의 보상도 가지고 있지 않다. 다른 열매의 외형을 모방하는 열매라는 "열매 모방 개념"은 여전히 논란이 많은 개념이지만, 이것은 적어도 경험이 없고 어린 일부 새들을 속여 단단한 종자를 삼키게 할 것이다.

아래: 하르풀리아 펜둘라(무환자나무과) *Harpullia pendula* (Sapindaceae) – tulipwood. 오스트레일리아(퀸즐랜드, 뉴사우스웨일) 원산. 열매(포배열개삭과). 종자 지름 약 1.5cm. 이 식물이 맺는 열매는 새에 의해 산포되는 다육질의 열매임을 암시하는 매력적인 겉모습에도 불구하고 산포자에게 먹이가 되는 아무런 보상도 주지 않는다.

대의 열매들이 쓰는 전략의 좋은 예이다. 주홍색의 삭과에 노란색을 띠는 흰색의 가종피와 검은 색의 반짝이는 종자가 보여 주는 빼어난 색 조합은 아마존 우림에 사는 덩굴 식물인 과라나(guarana, *Paullinia cupana*) 같은 일부 아키의 근연종에서 모사된다. 이 식물이 맺는 밝은 주홍빛의 열매가 벌어지면 사람의 눈처럼 보이는 하얀 가종피에 싸인 1~3개의 검은 종자가 드러난다. 특히 이 종자는 높은 함량의 카페인을 가진 것으로 유명하다. 그래서 과라나는 청량음료에 사용되기도 하고, 선진국에서는 최신 유행하는 각성제로 쓰이기도 한다. 빨간색의 과벽에 대비되는 하얀색 가종피와 검은색 종자는 성공적인 산포 전략으로 보이며, 이 전략은 번련지과(*Xylopia aethiopica*, 열대 아프리카 분포), 제룬도과(*Dillenia alata*, 말레이시아~오스트레일리아 분포, 종자는 흰색의 가종피에 거의 다 덮여 있다), 그리고 콩과(예: *Pithecellobium dulce*, 중앙아메리카 분포, *Swartzia auriculata*, 남아메리카 분포) 등 다양한 과의 식물에서 독립적으로 진화해 왔다.

조류 산포 신드롬의 또 다른 전형적인 형태는 밝은색의 과벽을 배경으로 주황색 또는 빨간색 부속물을 갖는 검은색 종자를 보여 주는 것이다. 이런 양식은 남아프리카의 극락조화(*Strelitzia reginae*, 극락조화과)가 맺는 포배열개삭과에서 볼 수 있으며, 이 열매 안의 종자는 텁수룩한 주황색 가발처럼 보이는 특이한 가종피를 달고 있다. 또 이보다는 덜 유별나지만 아프리카의 마호가니(*Afzelia africana*)와 오스트레일리아의 아카시아류(*Acacia* spp.) 등 새에 의해 산포되는 콩과식물의 열매에서도 이 같은 것을 볼 수 있다. 마호가니의 경우에는 주병에서 발달한 가종피가 상당히 단단한 덩어리를 이루면서 종자를 부분적으로 감싸고 있는 반면, 아카시아 시클롭스(*Acacia cyclops*)나 아카시아 멜라노실론(*A. melanoxylon*), 아카시아 테트라고노필라(*A. tetragonophylla*)의 경우에는 주병에서 발달한 다육질의 매우 긴 가종피가 두 겹으로 접혀 종자 둘레를 감싸고 있다. 또 다른 오스트레일리아의 아카시아류인 아카시아 아우리쿨리포르미스(*Acacia auriculiformis*)와 아카시아 만지움(*A. mangium*)은 이처럼 길게 늘어진 식용의 주병이 있으나, 이 주병들은 열매가 벌어지면 펼쳐져 화살나무류나 목련류처럼 공중에 종자를 매달게 된다.

열대와 아열대 지역의 일부 식물들은 눈에 띄지 않는 칙칙한 색의 열매 안에 화려한 가종피가 있는 종자를 숨겨 놓는다. 그러다가 화려한 가종피에 대비되는 검은색 종자를 갑자기 드러내며 산포를 위한 준비를 한다. 그 예로 뉴질랜드에 사는 무환자나무과의 알렉트리온 엑셀수스(*Alectryon excelsus*)가 맺는 녹갈색의 열매는 벌컥 열리면서 다육질의 아주 빨간 가종피에 절반이 덮인 하나의 검은 종자를 드러낸다. 새들은 이 식물의 사촌인 아키와 과라나가 갖는 연한 색의 가종피 못지않게 이 빨간색 가종피에도 열광한다. 사실 새에 의해 산포되는 열매에서는 연한 색보다 빨간색의 가종피가 훨씬 더 일반적이다. 그들 중 하나는 역사의 흐름을 바꾸어 놓기도 하였다.

카르미챌리아 알리제라(콩과) *Carmichaelia aligera* (Fabaceae) – North Island broom. 뉴질랜드 원산. 열매(아직 정의되지 않은 종류). 열매 길이 약 1cm. 열매분류학자들은 카르미챌리아속 식물이 맺는 특이한 모양의 열매에 맞는 전문 용어를 아직 만들어 내지 못했다. 변과(craspedium)에서처럼 열매의 심피는 검은색의 골격만 남겨 둔 채 두 쪽으로 떨어져 버린다. 하지만 변과와는 다르게 빨간색의 종자는 검은색의 틀에 붙은 채로 남아 있다. 단단하지만 밝은 색을 가진 1~2개의 종자를 유난히 눈에 띄는 방식으로 드러내는 것은 새에 의해 산포되는 열매임을 강하게 시사한다. 하지만 이 열매가 먹이가 될 수 있는 보상을 아무것도 가지고 있지 않다는 사실은 사기 혐의를 받기에 충분하다.

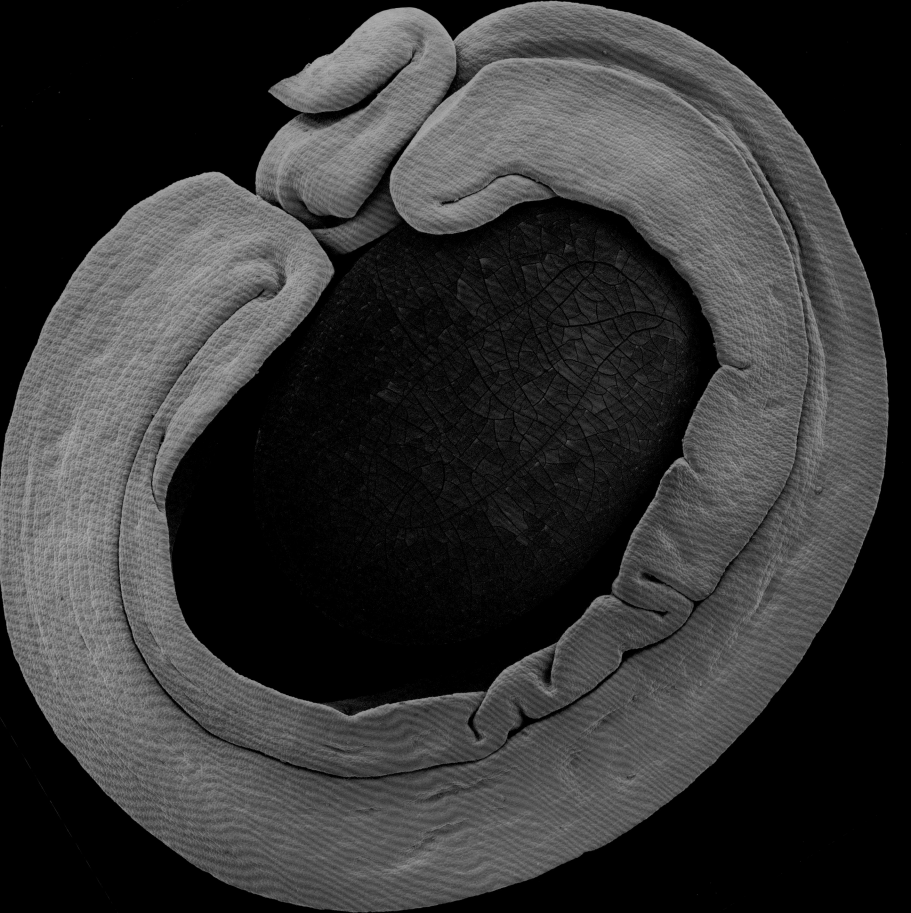

가종피가 있는 종자와 뉴욕의 운명

인류 역사상 가장 귀하고 가치 있는 빨간색의 가종피는 다소 보잘것없는 열매 안에서 생겨났다. 처음에는 녹색이었다가 나중에 연한 노란색에서 밝은 갈색으로 변하는 육두구(nutmeg, *Myristica fragrans*, 육두구과)의 열매(협과)가 그것이다. 이 열매의 가운데가 갈라지면 진홍색의 화려한 레이스로 된 가종피로 둘러싸인 큰 종자 하나가 모습을 드러낸다. 넛맥과 메이스로 알려진 이 식물의 종자와 가종피는 모두 향신료 무역에서 수백 년 동안 가장 값비싼 물건 중 하나로 꼽히고 있다. 원래 이 식물의 원산지는 향료섬이라고도 하는 인도네시아의 유명한 몰루카 제도(Moluccas)에 속하는 섬들의 작은 그룹인 반다 제도(Banda Islands)였다. 1512년 유럽 인으로서는 처음으로 포르투갈 인이 반다 제도에 첫발을 내디딜 때까지 육두구의 정확한 기원은 오래도록 잘 간직된 비밀이었다. 그 당시 유럽에서는 육두구를 흑사병이나 발기 부전을 포함한 모든 질병의 만병통치약으로 여겼다. 따라서 유럽에서는 육두구가 같은 무게의 금과 맞먹을 정도로 고가였다. 포르투갈 인이 원주민에게 육두구와 다른 향신료들을 비싸게 샀을지라도, 유럽에 돌아와서는 그보다 훨씬 비싸게 팔 수 있었다. 이렇게 수익성이 좋은 향신료 무역은 자연스레 유럽의 다른 해군 국가들, 특히 영국과 네덜란드의 이목을 끌었다. 17세기에 네덜란드는 반다 제도를 제외한 모든 곳을 장악하고 있었다. 그러던 중 영국이 반다 제도의 가장 서쪽에 있는 런 섬(Run island)에 주둔하게 되었는데, 네덜란드는 이에 대해 상당히 불쾌해했다. 결국 몇 번의 충돌 끝에 영국과 네덜란드는 1667년 7월 31일에 브레다 조약(Treaty of Breda)을 체결하며 분쟁에 종지부를 찍었다. 이 거래에 있어서 역사적으로 가장 흥미로운 점은 영국이 네덜란드에게 런 섬을 돌려주며 대신 받은 것이 그 당시 신대륙의 작은 네덜란드 교역소에 불과했던 맨해튼 섬이라는 것이다. 어찌되었든 네덜란드는 영토의 교환으로 육두구 교역을 독점할 수 있었고, 이를 지키기 위해 무자비한 짓을 서슴지 않았다. 육두구가 반다 제도를 나갈 때에는 항상 석회 소독 작업을 거쳐야 했는데, 그렇게 하면 싹이 나지 않아 아무도 다른 곳에서 경쟁이 되는 농장을 차릴 수 없었다. 또 석회 처리를 하지 않은 육두구 종자의 밀수는 사형에 처해지기도 했다. 이런 네덜란드의 독점은 19세기 초 영국이 일시적으로 지배권을 가지고 카리브 해 동쪽 그레나다(Grenada)의 섬을 포함한 식민지 일부에 육두구 농장을 세우면서 끝이 났다. 오늘날 그레나다는 인도네시아의 뒤를 이어 두 번째로 큰 육두구 생산지이다.

넛맥과 메이스는 비슷하면서도 강한 향미를 가지고 있지만 가종피의 향이 더 세련되고 은은한 것으로 여겨진다. 한때 사람들은 넛맥에 마법의 힘이 있다고 믿었으며, 이것을 약이나 최음제, 환각제로 사용하기도 했다. 사실 종자에는 환각 효과가 있는 페닐프로파노이드(phyenylpropanoid) 계열의 미리스티신(myristicin)이 들어 있다. 환각을 경험하기 위해서는 반 개 내지 2개의 종자가

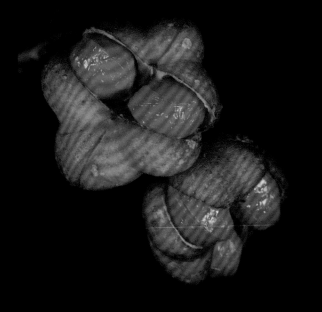

아래: 유오니무스 유로파에우스(노박덩굴과) *Euonymus europaeus* (Celastraceae) – spindle tree. 유럽에서 아시아 서부까지 분포. 열매(포배열개삭과). 열매 지름 약 1~1.5cm. 선홍색 열매(삭과)는 주 황색 가종피로 싸인 3~4개의 종자를 드러내며 벌어진다. 새에 의해 산포되는 이 열매는 인간에게 유독하다.

맨 아래: 육두구(육두구과) *Myristica fragrans* (Myristicaceae) – nutmeg. 몰루카 제도 원산. 가종피를 갖는 종자가 들어 있는 열매 (협과). 종자 길이 약 3cm. 열개하는 하나의 심피에서 발달한 종자 는 다육질의 진홍색 가종피를 갖는다. 이 종자는 제왕비둘기류 (imperial pigeon, *Ducula* spp.)와 코뿔새(코뿔새과) 등의 새에 의 해 산포된다.

알렉트리온 엑셀수스(무환자나무과) *Alectryon excelsus* (Sapindaceae) – titoki tree. 뉴질랜드 원산. 열매(폐협과). 이 식물의 암술군은 3~4개의 심피가 합착되어 이루어졌으나 이들 중 1개만 종자를 맺을 수 있다. 이 심피는 하나의 종자가 들어 있는 8~12mm 길이의 열매(폐협과)로 발달하게 되는데, 열매는 불규칙한 틈으로 벌어지면서 다육질의 새빨간 가종피에 둘러싸인 검은색 종자를 드러낸다. 새들이 종자를 발견하고 채 가는 속도는 이 식물의 조류매개산포 전략이 성공적임을 말해 준다. 1788년 요제프 게르트너(Joseph Gaertner)는 이 속(알렉트리온)을 기재할 때, 이 열매를 보고 닭의 벼슬을 떠올렸다. 전쟁의 신 아레스는 미의 여신 아프로디테와 밀애를 나누는 동안 알렉트리온이라는 소년에게 그의 문을 지키고 있으라고 하였다. 그러나 알렉트리온이 깜빡 조는 동안 태양의 신 헬리오스가 아레스를 목격하였고, 그 벌로 아레스는 소년을 수탉으로 만들어 버렸다. 그때부터 수탉은 해가 떠오르는 것을 알리는 일을 잊지 않았다고 한다.

필요하다. 육두구가 가득 실린 배에 탄 노예들은 고통이 진정되면서 기분 좋은 쾌감을 느낄 수 있었다고 한다. 그러나 육두구의 과잉 복용은 빠른 심장 박동과 시력 저하, 그리고 극도의 메스꺼움 등 매우 나쁜 부작용을 일으키며, 심한 경우 혼수상태 및 사망에 이르게도 한다. 오늘날 육두구와 메이스는 주로 식품 업계나 가정의 요리에서 향신료로 쓰인다. 육두구를 갈아 적정량 사용하면 해롭지 않을 뿐만 아니라 시금치나 으깬 감자, 스프 그리고 소시지 같은 일상의 요리에 은은한 풍미를 더할 수 있다.

육두구 열매의 색 대비는 그것이 새에 의해 산포되는 것임을 암시한다. 인도네시아에서는 큰 종자를 삼킬 수 있는 제왕비둘기속(*Ducula*)의 비둘기와 코뿔새(코뿔새과)가 아마도 가장 중요한 산포자일 것이다. 남아메리카에서는 구안(guan, *Penelope* spp.)과 트로곤(trogon, *Trogon* spp.), 큰부리새(*Ramphastos* spp.)들이 육두구와 근연종인 비롤라속(*Virola*) 식물의 종자를 산포시킨다.

포유동물에 의한 산포

조류는 단연코 전 세계에서 가장 중요한 척추동물 종자 산포자이다. 새에 의해 산포되는 형형색색의 열매가 갖는 놀라운 다양성은 이 열매들이 많은 식물의 삶에 있어서 중심적인 역할을 한다는 것을 말해 준다. 하지만 특히 열대 지역에서는 열매를 먹고 사는 포유동물 또한 별개로 열매와의 공적응 관계를 이어 가고 있다. 초창기의 탐험가에서부터 오늘날의 관광객에 이르기까지 열대 지역의 나라들을 방문한 사람들은 항상 북반구의 온대 지역에서 자라는 그 어떤 열매와도 다른 외모와 향기를 가진 그곳 열매의 다양함에 항상 매료되고는 한다. 열대 지역 열매들의 큰 크기와 특이한 외형, 그리고 향(유럽 인들은 동의하지 않을지도 모르지만)은 사람들에게 인상적으로 다가온다. 하지만 대부분의 사람들은 열대 지역에 있는 많은 열매들의 이국적인 모습이 그것을 먹어치우는 포유동물에게 뇌물로 주는 음모의 일부분이라는 것을 눈치채지 못한다. 사람도 그렇지만 포유동물은 아보카도와 바나나, 커스터드애플, 대추야자, 무화과, 구아바, 잭프루트, 리치, 망고, 망고스틴, 멜론, 파파야, 패션프루트, 파인애플, 람부탄, 가시여지 등의 많은 열매들의 유혹적인 술책에 스스로 속아 넘어간다.

일반적으로 포유동물매개산포(mammaliochory)에 적응된 산포체의 일련의 과정은 조류매개산포의 경우와 비슷하다. 그러나 포유동물은 새와는 다른 생활형과 감각을 가지고 있기 때문에 새와는 다른 다육과와의 공적응적 진화를 이루어 왔다. 포유동물은 날지 못하는 거대 조류인 타조, 에뮤, 화식조, 그리고 다른 주금류를 제외한 새보다 평균적으로 더 무겁다. 대부분의 포유동물은 강한 후각을 가진 색맹이며, 밤에 먹이를 먹기 때문에 나무 위보다 땅에 사는 것이 특징이다.

열매 – 먹을 수 있는, 먹을 수 없는, 믿을 수 없는

이들은 발톱과 이빨로 먹이를 잘 다루고 씹을 수 있다. 이런 포유동물과의 공적응으로 열매는 큰 크기, 두껍거나 불쾌한 화학 물질(예: 감귤 껍질에 있는 에센셜 오일)로 채워진 단단한 껍질, 그리고 이빨에 의해 종자가 부서지는 것을 막는 강한 물리·화학적 보호물 등을 갖게 되었다. 새에 의해 산포되는 열매에서 가장 강력한 도구였던 색은 색맹인 동물들에서는 그 힘을 잃었으며, 대신 동물들의 민감한 코를 유혹하는 강한 냄새가 그 자리를 차지했다. 따라서 포유동물에 의해 산포되는 열매는 녹색, 갈색, 연한 노랑에서 어두운 주황에 이르는 단조로운 색과 달콤하고 진하며 종종 퀴퀴하고 시큼하거나 썩은 듯한 냄새를 갖는 경향이 있다. 또 땅에 사는 산포자를 이용하는 열매들은 익자마자 떨어져 동물이 쉽게 접근하도록 하였다. 이것의 예로 온대 지역에는 우리가 늘 즐겨 먹는 사과(*Malus pumila*)와 그 사촌이면서 달콤한 향이 나는 퀸스(*Cydonia oblonga*)가 있다. 이 둘의 원산지는 아시아 서부이다. 이 열매들은 오랜 재배의 역사에도 불구하고 여전히 칙칙한 녹색이나 노란색이며 전형적인 포유동물 열매의 냄새를 풍긴다(일부 빨간 사과 품종은 제외). 야생형의 그들 조상처럼 이 열매들은 곰처럼 큰 열매를 먹을 수 있는 동물이 긴 겨울잠을 준비하기 위해 되도록 많이 먹는 시기에 맞추어 익는다.

포유동물매개산포의 많은 열매가 이렇게 쉽게 식별될 수 있음에도 불구하고, 완벽한 포유동물 산포 신드롬을 정의하는 특징을 모두 갖춘 경우가 흔한 것은 아니다. 늘 그렇듯이, 이 특징들은 유전적인 영향을 받으며 분산된 선택압에 의해 조절된다. 특히 분산된 선택압은 적당한 산포자를 끌어오고 원하지 않는 동물들(종자 포식자나 과육 도둑들)을 쫓아내는 것 간의 균형을 이루게 한다. 많은 열매들이 새, 박쥐, 원숭이, 그리고 다른 포유동물에게 먹힌다는 사실은 각기 다른 산포 신드롬 사이에 경계선을 그을 수 없다는 것이다. 이것은 주로 육식을 하는 많은 동물들이 먹이가 될 만한 다른 동물이 없을 때 상당량의 열매를 먹기도 하는 온대 지역에서 더 확연하게 드러난다. 사실 곰과 라쿤, 링테일(ringtail), 족제비, 페럿, 담비, 수달, 오소리, 개, 늑대, 여우는 북반구의 온대 지역에서 가장 중요한 포유동물 산포자들에 속한다.

개별의 동물 산포 신드롬들과 연관된 많은 특징들을 계량화하는 것은 어려운 일임에도 불구하고, 생태학자들은 그 특징들을 과학적으로 연구하여 포유동물매개산포 신드롬 안에서 더 세부적인 분류가 가능하게 하고 있다.

박쥐 산포 신드롬

큰박쥐는 새와 원숭이에 이어 열대 우림에서 가장 중요한 종자 산포 동물이다. 새와 마찬가지로 그들의 비행 능력은 종자 산포의 효율을 높게 한다. 큰박쥐들은 먹이를 먹을 때 반드시 열매 전체를 먹지는 않으며, 보통 어떤 열매라도 먹기 전에 자신의 집이나 근처의 다른 안전한 장소로

216쪽: 피테셀로비움 엑셀숨(콩과) *Pithecellobium excelsum*(Fabaceae) – chaquiro. 남아메리카(에콰도르, 페루) 원산. 열매(두과). 열매 길이 약 8~10cm. 근연종인 피테셀로비움 둘세(*Pithecellobium dulce*)에서처럼 새를 이용하여 산포하려는 이 식물의 전략은 빨간색의 과벽에 대비되는 식용의 흰색 가종피에 달린 검은색 종자이다.

퀸스(장미과) *Cydonia oblonga* (Rosaceae) – quince. 고대 시대부터 재배되어 왔으며, 이라크 북부와 터키 원산으로 추정된다. 열매(이과). 열매 길이 약 10cm. 전형적으로 포유동물에 의해 산포되는 이 열매는 칙칙한 황갈색이며 진하고 달콤한 향을 풍긴다. 열매는 익자마자 떨어져 땅에 사는 산포자에게 쉽게 발견될 수 있다. 아시아의 야생형 조상종들처럼 재배종도 덩치 큰 동물들(예: 곰)이 동면에 대비하여 살을 찌우기 위해 먹이를 많이 먹는 가을에 익는다.

가져간다. 대부분의 경우 그들은 과육의 즙을 빨아 먹고 종자를 포함한 나머지는 버린다. 따라서 일부 큰박쥐 종들이 자신들의 보금자리로부터 40km에 이르는 곳까지 먹이 활동을 한다고 알려져 있기는 하지만 평균적인 종자 산포 거리는 수백 미터에 지나지 않는다. 무화과의 종자처럼 매우 작은 종자만이 과육과 함께 삼켜져 배설물로 나오기 전까지 수 킬로미터를 이동하게 된다.

박쥐목(Chiroptera) 중에서 열매를 먹고 사는 박쥐는 구대륙과 신대륙에서 각각 독립적으로 진화하였다. 구대륙의 큰박쥐들은 모두 큰박쥐아목(Megachiroptera=세계적으로 가장 큰 박쥐여서 붙은 이름)의 유일한 과인 과일박쥐과(Pteropodidae)에 속한다. 이 과에서는 가장 작은 박쥐의 길이가 머리에서 꼬리까지 6~7cm밖에 되지 않지만, 여우박쥐류(*Pteropus* spp.)의 경우 길이 40cm에 1.7m의 날개 폭을 가질 수도 있다. 과일박쥐과는 열대와 아열대 지역의 아프리카, 아시아, 오스트레일리아 등지에 넓게 분포하고 있으며 160여 종에 이른다. 열매를 먹고 사는 신대륙의 박쥐들은 일반적으로 크기가 더 작으며 작은박쥐아목(Microchiroptera)의 아메리카잎코박쥐과(Phyllostomatidae)에 속한다. 비교적 단순한 귀를 가진 구대륙의 큰박쥐와는 반대로 신대륙의 큰박쥐는 길을 찾을 때 정교한 음파 탐지 기술을 사용한다. 한 종만 제외하고 과일박쥐과의 큰박쥐들은 음파 탐지 능력이 없으며, 장애물을 피하는 데는 시각을, 열매의 위치를 파악하는 데는 후각을 사용한다. 신대륙과 구대륙 이 두 그룹의 큰박쥐들은 식성도 약간 다르다. 구대륙의 큰박쥐는 전적으로 열매와 꿀을 먹고 살지만, 열매와의 공적응적 관계가 덜 발달된 신대륙의 유사종들은 곤충에서 많은 양의 단백질을 얻는다. 이런 차이점에도 불구하고 상정된 박쥐 산포 신드롬은 과식동물 박쥐의 양쪽 그룹의 큰박쥐들에게 모두 적용된다.

박쥐매개산포(chiropterochory)에 적응된 열매는 일반적인 포유동물 산포 신드롬의 많은 특징을 갖는다. 퀴퀴하고 시큼하며 심지어 발효된 열매를 떠올리게 하는 썩은 듯한 냄새는 특히 박쥐와 관련된 것으로, 지중해 연안의 캐롭나무(carob tree, *Ceratonia siliqua*, 콩과) 열매에 들어 있는 뷰티르산(butyric acid)이 좋은 예이다. 박쥐가 이런 종류의 냄새를 좋아하는 것은 아마도 자신이 가진 냄새의 영향인 것으로 보인다. 이것은 박쥐에 의해 산포되는 모든 열매의 냄새가 지독하다는 것을 뜻하지는 않는다. 말라바플럼(Malabar plum)이라고도 하는 로즈애플(rose apple, *Syzygium jambos*, 도금양과)처럼 좋은 향기를 가진 예도 많다. 동남아시아의 이 인기 있는 열매를 맺는 나무는 열대 지역에 관상용으로 심어지기도 하며, 한 지역에 급속도로 퍼지기도 한다. 연한 노란색의 배 모양을 한 작은 열매는 수박의 맛과 장미의 향이 난다. 그래서 산스크리트 어로는 "잠부(jambu, 장미-사과나무)"라고 한다. 향은 약하지만 박쥐에게 인기 있는 또 다른 열매로는 무화과(*Ficus carica*, 뽕나무과)와 대추야자(*Phoenix dactylifera*, 야자나무과), 캐슈애플(*Anacardium occidentale*, 옻나무과)이 있다.

코스라에날여우박쥐(과일박쥐과) *Pteropus ualanus* (Pteropodidae) - 아단(screwpine, *Pandanus* sp., 판다나과)의 열매를 먹고 있다. 미크로네시아의 코스래 섬에서 촬영. 일반적으로 여우박쥐 또는 큰박쥐로 알려져 있는 프테로푸스속(*Pteropus*)의 박쥐들은 세계에서 가장 큰 박쥐들이다. 열대 지역에서 큰박쥐들은 조류 다음으로 열매의 가장 중요한 소비자이자 산포자이다.

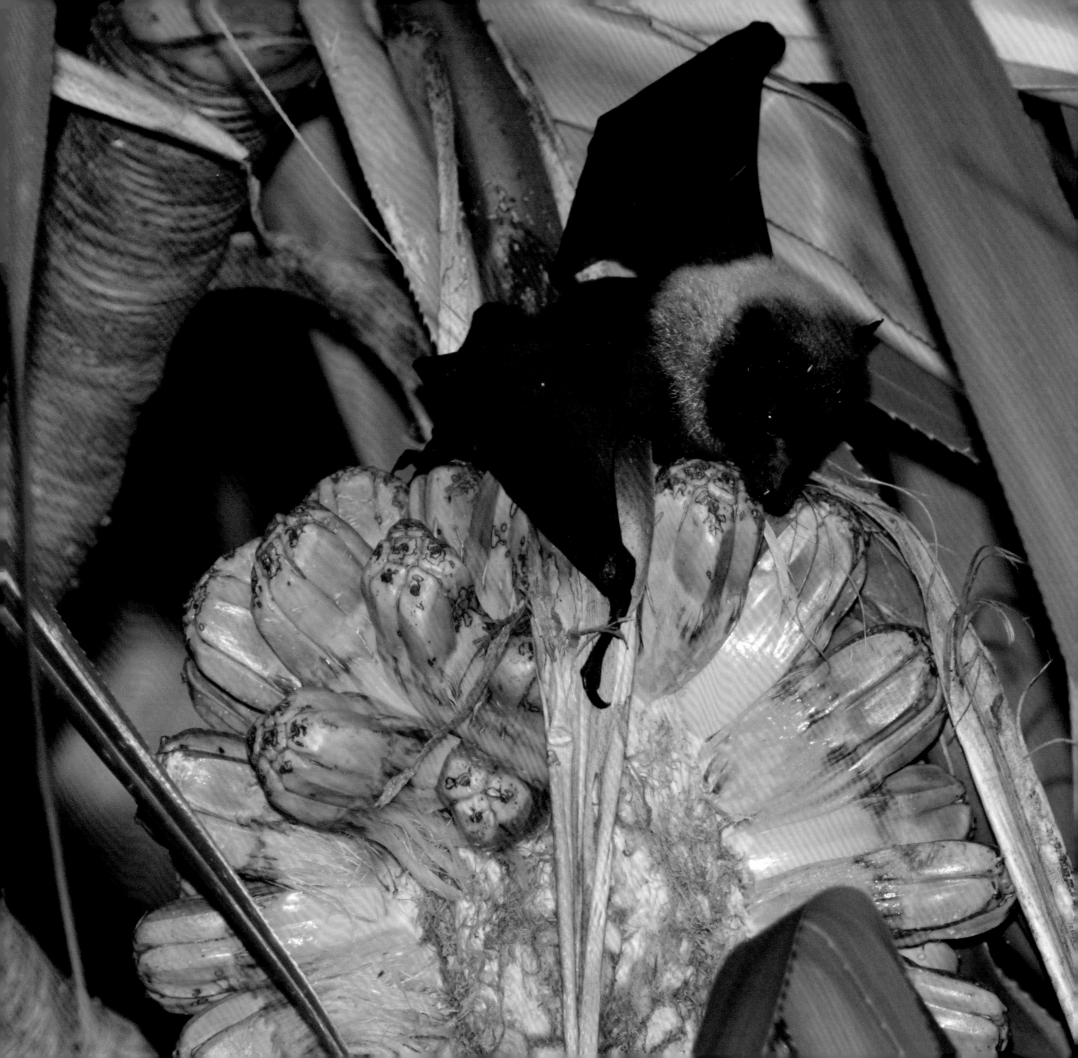

박쥐에 의해 산포되는 열매들은 하늘을 나는 색맹의 야행성 동물인 박쥐의 눈에 잘 띄기 위해서 모식물체에 오래도록 붙어 있으며, 빽빽한 나뭇잎 밖으로 노출되려는 경향을 보인다. 잎이 달린 어린 줄기보다 큰 가지에 직접 달려 있는 무화과와 긴 자루에 대롱거리며 달려 있는 망고는 이와 관련된 가시성을 높이는 적응 형태이다. 크기와 질감이 다양하기는 하지만 주로 박쥐에 의해 산포되는 열매는 크기가 크고 물리적으로 약하게 보호되어 있으며 크기가 큰 종자를 갖는다. 또 새에 의해 산포되는 열매가 대체로 기름진 반면, 박쥐에 의해 산포되는 열매는 달고 부드러우며 즙이 많아서 박쥐들이 좋아한다.

박쥐매개산포 열매들 중 좋지 않은 냄새를 풍기는 일부를 제외한 나머지는 사람들도 무척 좋아하는 열매들이다. 사실 우리는 수백만 년이 넘게 큰박쥐가 가한 공적응적 영향력 덕분에 이런 이국적인 맛있는 열매들을 맛볼 수 있는지도 모른다. 이런 열매들에는 바나나(*Musa* spp., 파초과), 로즈애플(*Syzygium jambos*, 도금양과), 커스터드애플(*Annona reticulata*, *A. squamosa*, 번련지과), 잭프루트(*Artocarpus heterophyllus*, 뽕나무과), 구아바(*Psidium guajava*, 도금양과)와 패션프루트류(*Passiflora edulis*, *P. ligularis*, *P. quadrangularis*)가 있다. 박쥐와 함께 인간 및 새, 영장류를 포함한 다른 동물들이 맛있고 영양가 많으며 쉽게 소화되는 이 열매들을 먹으려고 하는 것은 당연한 일이겠다.

원숭이에 의해 산포되는 열매 - 영장류 산포 신드롬

영장류가 먹이를 찾아다니는 행동 양식이 대부분 파괴적이긴 하지만 열대 우림에서 영장류는 종자를 산포시켜 주는 포유동물 중 큰박쥐 다음으로 가장 중요한 존재이다. 원숭이와 유인원들은 곤충, 알, 그리고 심지어 고기뿐만 아니라 식물의 잎, 꽃, 열매, 종자 등 먹을 수 있다고 판단되는 모든 것들을 먹는다. 그들은 식성 외에도 색각, 덜 발달된 후각, 그리고 대단한 손재주를 가질 수 있게 한 "마주보는 엄지손가락" 등 인간과 비슷한 면을 많이 가지고 있다. 이런 영장류가 주로 새나 박쥐에 의해 산포되고 연하거나 단단한 껍질을 가진 모든 종류의 열매를 먹는다고는 하지만, 영장류 산포 신드롬은 그들만의 특징을 가지고 있다. 그것은 포유동물에 의해 산포되는 열매의 전형적 특징인 칙칙한 색감과 진하고 기분 나쁜 냄새, 먹기 위해서는 힘과 기술적인 조작이 필요한 단단한 겉껍질 등의 특징들을 말한다. 영장류가 먹는 이런 단단한 열매에는 스트리크노스 스피노사(*Strychnos spinosa*, 마전과), 망고스틴(*Garcinia mangostana*, 물레나물과), 카카오(*Theobroma cacao*, 아욱과), 바오밥(*Adansonia digitata*, 아욱과), 그리고 유명한(또는 악명 높은) 두리안(*Durio zibethinus*, 아욱과) 등이 있다.

사이미리 오에르스테디 시트리넬루스(꼬리감는원숭이과) *Saimiri oerstedii citrinellus* (Cebidae) – Costa Rican squirrel monkey. 코스타리카 특산의 멸종 위기종. 원숭이다람쥐들과 다른 영장류들은 주로 열매와 곤충을 먹지만 보통 식물의 꽃, 잎, 새싹, 종자뿐만 아니라 알 그리고 심지어 고기에 이르기까지 먹을 수 있다고 판단되는 모든 것들을 먹는다. 유인원과 원숭이들은 대부분 열매를 먹이로 하기 때문에 조류 및 박쥐와 함께 열대 우림에서 가장 중요한 종자 산포자이다. 영장류 산포 신드롬이 다른 신드롬과 별개의 것으로 구분되어 왔으나, 그 열매가 주로 박쥐나 새에 의해 산포되는 것일지라도 영장류들은 지능과 손재주를 가지고 모든 종류의 열매에서 소화가 잘 되지 않는 부위를 구별하여 제거할 수 있다.

멍키애플

카피르오렌지 또는 나탈오렌지라고도 하는 멍키애플(monkey apple, *Strychnos spinosa*, 마전과)은 열대와 아열대 지역의 아프리카 원산이며 잎과 뿌리, 열매가 약용으로 쓰이기도 한다. 그리 단단하게 보호되어 있지는 않으나 독성이 있으며, 크고 납작한 많은 수의 종자는 부드럽고 즙이 많은 식용의 과육에 싸여 있다. 그리고 그 바깥을 녹색 내지 노란색의 매끈하고 단단한 껍질이 덮고 있다. 멧돼지와 일랜드 안텔로프(eland antelope)를 포함한 원숭이들과 개코원숭이들은 작은 오렌지 크기의 이 열매(반전핵과)를 즐겨 먹는다. 또 아프리카 원주민들은 목질의 빈 껍질로 장식용 공이나 마림바 같은 악기를 만든다.

과일의 여왕

연하지만 매우 두껍고 쓴맛이 나는 진한 보라색의 겉껍질을 가진 망고스틴 안에는 5~10개의 납작한 종자가 눈처럼 하얗거나 분홍빛이 감도는 즙 많은 과육에 싸여 있는데, 이는 영장류 산포 신드롬의 전형적인 특징들이다. 종자를 감싸고 있는 것은 가종피나 다육외층으로 보이지만 사실 이것은 각 종자들을 감싸는 다육질로 된 안쪽의 과벽(내과피)이다. 이 과육은 종자에서 발달한 것은 아니지만 종자에 단단히 붙어 있어 따로 떼어 내기가 어렵다. 이것은 과육만 취하려는 동물들에게 종자를 삼키게 하려는 전략이다. 망고스틴과 관련된 종은 아니지만 망고(*Mangifera indica*, 옻나무과)도 종자가 들어 있는 핵 표면에 기다란 털을 덮어 과육과 섞어 놓는 이와 같은 전략을 사용한다.

망고스틴의 겉모습에서 예상할 수 있듯이, 사람처럼 원숭이도 이 열매를 좋아한다. 수 세기 동안 과일의 여왕으로 찬사된 망고스틴은 가장 맛있는 열대 과일 중 하나이다. 원산지인 동남아시아를 비롯해서 이 열매가 재배되는 열대의 다른 나라 사람들은 망고스틴을 즐겨 먹는다. 그리고 요즘에는 유럽 인들도 망고스틴의 매력, 특히 다른 많은 열대의 열매에서 나는 퀴퀴한 냄새가 없다는 매력에 푹 빠져들고 있다. 하지만 불행하게도 테니스 공 크기의 망고스틴의 유통 기한은 익고 난 후 2~3일밖에 되지 않는다. 그래서 서양의 마트에서 팔기 위해서는 덜 익은 상태의 망고스틴을 따야 한다. 이것은 상업적으로는 좋을지 몰라도 망고스틴의 맛에는 좋지 않다. 자연스레 익은 망고스틴을 나무에서 바로 따서 먹을 정도의 운 좋은 사람이라면 파인애플과 복숭아, 또는 딸기와 오렌지를 섞어 놓은 맛 등으로 다양하게 묘사되는 망고스틴의 환상적인 맛과 향긋한 과일 향에 취할 수 있을 것이다. 영국의 빅토리아 여왕은 이 전설적인 열매에 대해 듣고는 망고스틴을 가져오는 자에게 큰 상금을 내리겠노라고 했다고 전한다.

222쪽 위: 바오밥나무(아욱과) *Adansonia rubrostipa* (Malva-
ceae) – baobab. 마다가스카르 원산. 열매(반전핵과). 열매 길이
11cm. 익어도 벌어지지 않는 목질의 열매 안에는 신맛과 단맛을 내
는 푸석푸석한 하얀 과육과 수많은 종자가 들어 있다.

222쪽 아래: 망고스틴(물레나물과) *Garcinia mangostana* (Clusia-
ceae) – mangosteen. 동남아시아 원산. 열매(반전핵과). 열매 지
름 6cm. 가장 맛있는 열대의 열매 중 하나로 상당히 맛있는 과육을
가지고 있다.

아래: 카카오나무(아욱과) *Theobroma cacao* (Malvaceae) – ca-
cao. 아마존의 우림 원산으로 콜럼버스 시대 이전에 이미 재배되었
다. 열매(반전핵과). 열매 길이 18cm

맨 아래: 카카오나무(아욱과) *Theobroma cacao* (Malvaceae) –
cacao. 꽃. 카카오나무가 오래된 나무줄기나 주요 가지에 바로 꽃을
맺는 이유는 무거운 열매를 지탱해야 하기 때문이다.

카카오 – 신의 음식

원숭이는 아마존의 우림에서 카카오나무(*Theobroma cacao*, 아욱과)가 맺는 열매(폐과인 꼬투
리, 반전핵과)의 주요 산포자이다. 진한 노란색에서 주황색을 띠는 이 열매는 전형적인 영장류 산
포 열매의 특징인 두껍고 튼튼한 껍질에 싸여 있다. 망고스틴처럼 안쪽의 식용 가능한 부분은 큰
종자를 둘러싼 즙이 많고 달콤한 하얀색 과육으로 되어 있다. 하지만 망고스틴과는 달리 이것은
진짜 다육외층이다. 종자에는 화학적인 보호 용도의 쓴맛이 있어 원숭이들은 먹기를 꺼려 하지
만, 그럼에도 원숭이는 이 종자를 산포시키는 동물이다. 그들은 열매에 있는 50여 개의 종자에서
감미로운 다육외층을 떼어 내 나무의 안전한 장소로 가져가 만찬을 즐긴다. 카카오 열매가 나무
의 큰 줄기에 바로 열린다는 사실은 이것이 박쥐에 의해 산포되는 열매임을 가리키는 것일 수도
있지만, 박쥐는 카카오의 껍질을 깨지는 못한다. 카카오 열매가 줄기에 바로 달리는 이유는 아마
도 그 열매가 갖는 크기와 무게 때문인 것으로 보인다.

카카오의 기원은 아마존의 우림이지만, 수천 년 동안 이곳 원주민들은 카카오를 재배해 중앙·
남아메리카에 유통시켜 왔다. 카카오의 열매는 콜럼버스 시대 이전에 이미 중요한 상품이었던 초
콜릿의 원료이다. 아즈텍의 황제 몬테주마 2세는 바닐라와 향신료로 맛을 낸 거품이 떠 있는 뜨
거운 초콜릿 음료 말고는 아무것도 마시지 않았다고 한다. 스페인 인들 역시 아즈텍의 초콜릿에
빠져 그것을 유럽에 전파했고, 초콜릿은 단숨에 많은 사랑을 받았다. 오늘날에도 초콜릿의 인기
는 식지 않았다. 유명한 학자 린네(Carl von Linne)가 지은 카카오의 라틴 어 이름에는 초콜릿에
대한 크나큰 찬양이 잘 반영되어 있다. 린네는 카카오에게 "신의 음식"을 의미하는 테오브로마
(*Theobroma*)라는 라틴명을 지어 주었다.

초콜릿의 주재료인 카카오는 카카오나무의 종자에서 얻어진다. 카카오콩이라고 하는 종자는
발효를 거친 후 으깨어 가루로 만들어지는데, 이때 나오는 지방은 코코아버터가 된다. 마른 코코
아가루는 초콜릿 음료에 쓰이며, 코코아가루에 코코아버터, 설탕, 향료를 섞어 고형의 초콜릿을
만든다. 고가의 식물성 지방인 카카오버터도 과자, 비누, 화장품 그리고 연고를 만드는 데 쓰이며,
녹는점이 낮아 좌약의 기본 재료로 쓰이기도 한다.

카카오에는 건강에 좋은 항산화 물질도 있지만 일부 향정신성 물질도 포함되어 있다. 그래서 초
콜릿을 먹으면 흥분성 에너지가 나온다. 하지만 최근의 연구에 따르면 초콜릿에 들어 있는 이런
화학 물질의 농도가 심각한 효과를 낼 정도로 높지 않다고 한다. 초콜릿이 행복감을 느끼게 하는
이유는 아마도 다른 달콤한 음식이 그러하듯 단순히 맛, 질감 그리고 향이 만들어 내는 독특한 조
합이 우리의 뇌에서 엔도르핀의 분비를 촉진하기 때문일 것이다. 엔도르핀은 우리 몸에서 나오
는 쾌감 호르몬들을 일컫는 말로, 고통을 줄여 주거나 행복과 희열을 느끼게 해 준다.

바오밥

　아프리카와 마다가스카르 그리고 오스트레일리아의 건조한 기후의 상징이 되는 나무인 바오밥나무(*Adansonia* spp., 아욱과)는 건기에 대비하여 물을 넣어 두기 위한 크게 부푼 줄기를 가졌으며, 8종만이 알려져 있다. 그들은 모두 크기가 크고 벨벳 느낌이 나며 벌어지지 않는 목질의 갈색 열매(반전핵과)를 맺는다. 열매의 내부에는 파슬파슬하고 하얀 다량의 과육에 싸인 수많은 종자가 있다. 영양가 많고 맛 좋은 과육에는 비타민 C가 풍부하다. 이 과육은 달콤한 간식거리가 되기도 하고, 말린 사과의 신 과일 맛이 나는 청량음료에 쓰이기도 한다.

　바오밥나무속에서 가장 잘 알려진 종은 아프리카바오밥나무(*Adansonia digitata*)이다. 일찍이 유럽 인 여행객들은 다 자란 나무의 거대한 줄기를 보고 많은 나이와 역사적 중요성을 짐작했다. 하지만 이 줄기는 대부분 물을 저장하고 있는 연한 조직으로 이루어져 있으며, 비슷한 크기의 줄기를 갖는 잉글리쉬참나무(English oak)보다 훨씬 어린 나무의 것이다. 이곳 원주민 문화에 있어 크게 중요한 부분을 차지하고 있는 아프리카바오밥나무는 기괴한 외형 때문에 "거꾸로 된 나무"라는 이름을 가지고 있다. 작은 동물들은 열매의 딱딱한 껍질이 깨져 있는 것을 찾아 안쪽의 부드러운 부분을 먹는다. 그리고 온전한 상태의 열매는 주로 원숭이와 개코원숭이를 포함한 이 열매의 산포자들이 먹는다. 또 코끼리와 일랜드(eland), 임팔라(impala)들도 이 열매를 먹는다고 한다.

두리안 – 과일의 왕

　28종이 속한 동남아시아의 두리오속(*Durio*) 식물 중 식용 가능한 열매를 맺는 것은 8종이다. 그중에서도 경제적으로 가장 중요한 종인 두리안(*Durio zibethinus*, 말레이시아 어로 "가시를 가진 열매")은 수 세기 동안 동남아시아에서 재배되어 왔다. 두리안의 높은 가격은 풋볼만한 크기와 3kg에 달하는 무게 때문일 것이다. 겉으로 보면 사나운 가시가 달린 연노란 색의 껍질이 열매를 보호하고 있다. 열매(포배열개삭과)는 익고 나면 나무에서 떨어지면서 정단부에서 아래로 미리 형성되어 있던 선을 따라 약간 벌어진다. 이때 열매는 배설물과 빨지 않은 양말 그리고 썩은 마늘을 섞어 놓은 듯한 악명 높은 악취를 풍긴다. 당연히 두리안에 대해 특별한 경험이 없는 대부분의 유럽 인들은 이에 거부 반응을 보이며, 싱가포르의 지하철에서는 두리안의 반입이 금지되기도 했지만, 아시아 인들은 두리안을 과일의 왕으로 부르며 즐겨 먹는다. 이것은 이들의 후각이 왜곡된 것이 아니라 냄새나는 열매 안에 숨어져 있는 놀랍도록 좋은 맛 때문이다. 열매에서 먹을 수 있는 부분은 주병이 발달하여 형성된 흰색에서 노란색을 띠는 가종피와 그 안에 들어 있는 몇 개의 큰 밤갈색 종자이다. 덜 성숙한 열매의 가종피는 맛이 없고 단단하지만, 열매가 다 익어 나무에서 떨어지는 시기가 오면 단단했던 가종피는 커스터드크림처럼 걸쭉해지면서 견과류와 향신료, 바나

두리안(아욱과) *Durio zibethinus* (Malvaceae) – durian. 재배종. 동남아시아 원산. 열매(포배열개삭과). 열매 길이 약 25cm

아래: 열매 전체

225쪽: 맛있는 크림 같은 가종피에 싸인 커다란 종자를 드러내고 있는 열매. 포유동물에 의해 산포되는 전형적인 열매인 두리안은 다 익어 나무에서 떨어지면 퀴퀴한 냄새를 진하게 풍긴다. 두리안은 열매분류학적으로 열개하지 않는 협과(반전핵과)와 포배열개삭과의 중간이다. 나무에서 떨어진 후 두리안의 맨 끝은 아주 조금만 벌어지는데, 이것을 통해 동물들은 사나운 가시가 돋친 열매를 5개의 조각으로 쪼갤 수 있게 된다. 야생의 두리안은 오랑우탄, 곰, 판다, 맥(tapir), 코뿔소, 그리고 코끼리를 포함한 덩치 큰 포유동물을 유인한다. 서양 사람들이 역겹다고 느끼는 냄새에도 불구하고 두리안은 원산지인 동남아시아에서 "과일의 왕"으로 불린다. 완전히 성숙한 두리안 속은 처음에 질기고 단단했던 가종피가 커스터드와 견과류, 향신료, 바나나와 양파를 섞은 듯한 형용할 수 없는 맛의 커스터드크림처럼 변해 있다.

나, 바닐라 그리고 특이하게도 양파를 섞은 맛이 난다. 19세기의 유명한 박물학자인 알프레드 월리스(Alfred Russel Wallace)는 두리안에 대해 이렇게 서술하였다. "그것의 맛과 밀도는 말로 표현할 수가 없다. 아몬드 맛이 많이 나는 진한 버터 같은 커스터드크림이 그나마 적절한 표현인 듯하지만, 크림치즈와 양파소스, 브라운셰리(포도주의 일종) 및 기타 서로 안 어울리는 것들을 떠올리게 하는 향이 섞여 있다."

두리안은 포유동물에 의한 산포에 적응한 열매 중 최고가 되는 예이다. 두리안의 무게와 껍질 때문에 작은 동물들은 종자나 과육을 먹어 치우지 못한다. 동남아시아에서는 가장 덩치가 크고 카리스마 있는 야생의 동물들만이 이 열매를 종자가 들어 있는 조각들로 나눌 수 있는 힘과 기술을 가지고 있다. 멀리까지 닿는 두리안의 냄새를 맡은 오랑우탄은 이 진미를 차지하기 위해서 숲을 가로지르며 먼 길을 달려올 것이다. 조금이라도 지체하게 되면 코뿔소와 코끼리뿐만 아니라 곰이나 호랑이, 사향고양이, 사슴, 맥(tapir) 들이 그 열매를 차지하게 될 것이다.

두리안의 커다란 종자는 삶거나 구워서 먹을 수 있기는 하지만, 종자에는 화학적인 보호를 위한 독성이 있다. 그래서 동물들은 종자를 버리거나(예: 오랑우탄) 삼킨 후 바로 배설한다.

코뿔소와 코끼리 같은 거대동물들은 영장류나 다른 동물들이 즐겨 먹는 열매를 먹기도 하지만, 이들과 같이 특히나 큰 체구를 가지고 있는 포유동물들과 공적응을 이룬 열매들을 먹는다.

큰 열매에는 큰 입이 필요하다 - 거대동물 산포 신드롬

크기가 큰 포유동물에 의한 산포에 적응한 열매들은 전체적으로 봤을 때 포유동물에 의한 산포와 같은 일련의 과정을 거친다. 하지만 이 열매들은 큰 체구의 산포자들을 선호하는 특수화된 모습을 나타내기도 한다. 1982년 다니엘 얀첸(Daniel Janzen)과 페일 마틴(Pail Martin)은 이런 특성을 거대동물 산포 신드롬이라고 하였다. 그들은 45kg이 넘는 몸무게를 가진 모든 동물을 거대동물이라고 정의했다. 거대동물 산포 신드롬을 말해 주는 가장 확실한 특징은 열매의 크기가 크다는 것이다. 다육과는 조각이 아닌 열매 전체가 입의 크기에 맞는 동물에 의해 종자의 손실 없이 먹히도록 발달해 왔다. 따라서 소형 동물에게는 너무 커 보이는 폐과의 다육과가 거대동물 산포 신드롬의 특성이 될 수 있다. 그들의 종자는 아보카도(*Persea americana*, 녹나무과)와 망고(*Mangifera indica*, 옻나무과)의 것처럼 크거나 파파야(*Carica papaya*, 번목과)의 것처럼 작기도 하다. 하지만 어떤 경우라도 그 종자들은 동물의 어금니에 부서지지 않도록 두껍고 단단한 내과피나 종피에 의해 물리적으로 보호되어 있거나(예: 커스터드애플과 그 근연종, *Annona* spp., 번련지과), 떫거나 쓴맛이 나는 독으로 동물의 입맛을 떨어뜨려 화학적으로 보호된다. 전자는 대부분 오래도록 씹어야 하는 단단한 껍질을 가진 열매의 경우(예: 타마린드 *Tamarindus indica*,

파파야(번목과) *Carica papaya* (Caricaceae) - papaya. 재배 품종. 열대 아메리카 원산. 열매(박과)
아래: 열매의 종단면. 열매 길이 12cm
227쪽: 종자(다육외층은 제거됨). 종자 길이 6mm. 가죽질의 껍질을 가진 커다란 열매 안에는 떫은맛을 가진 다수의 작은 종자들이 들어 있다. 이것은 동물의 입맛을 떨어뜨리며 거대동물 산포 신드롬의 특성을 나타낸다. 종피는 미끌미끌한 젤리 형태의 다육외층으로 분화되어 동물이 쉽게 삼키게 만든다. 또한 날카로운 가시를 가진 단단한 내부층은 동물이 씹기 힘들다.

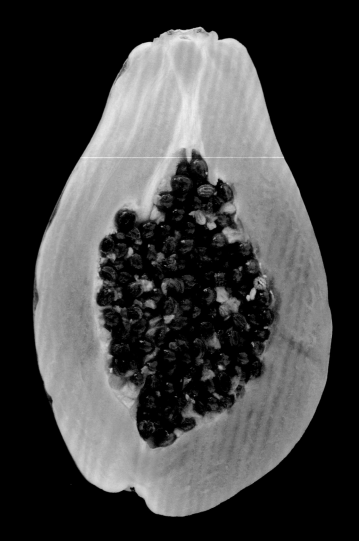

콩과)이며, 후자는 동물의 입 안에서 혀에 의해서도 쉽게 으깨질 수 있는 부드러운 열매의 경우 (예: 파파야)이다. 거대동물에 의한 산포에 적응한 식물의 종자는 동물의 소화관을 통과한 후 더 잘 발아하기도 한다. 육상의 큰 산포자들의 먹이가 되도록 하기 위해서 나무들은 익자마자 혹은 익기 직전에 열매를 떨어뜨려 그 존재를 알린다. 거대동물에 의해 산포되는 열매를 맺는 작은 나무들은 상당한 위협으로 다가오는 설치류 같은 땅 위의 포식자들이 있는 곳에서는 몇 달이고 열매를 매달고 있기도 한다.

아프리카의 대형 동물과 그들이 먹는 열매

오늘날 살아 있는 가장 큰 육상 동물은 코끼리와 코뿔소, 하마이다. 따라서 이런 동물들이 아직도 살고 있는 아프리카와 아시아에 거대동물 산포 신드롬이 가장 잘 나타나 있다. 특히 아프리카에는 열매를 먹이로 하는 큰 초식동물이 많이 있다. 사실 기린과 영양 같은 반추동물들과 코끼리와 코뿔소 같은 비반추동물들은 아프리카의 대초원에서 가장 중요한 종자 산포자들이다.

많은 콩과 식물의 열매, 그중에서도 특히 아카시아류(*Acacia* spp., 5개의 속으로 다시 나누어지는 큰 속)는 이런 동물들을 유인하는 데에 적응되어 있다. 보통 먹이가 되는 풀이 별로 없을 때가 되면 이 식물들은 무게 50g이 넘는 큰 꼬투리(폐협과)를 맺는다. 이 열매는 가죽질로 된 갈색의 껍질을 가지고 있으며, 때로는 소를 유혹하기도 하는 특유의 냄새를 풍긴다. 초식동물들은 색맹이기 때문에 갈색의 이 열매가 눈에 확 띄는 편은 아니지만, 이 열매에는 소화가 잘되는 탄수화물과 풍부한 단백질, 그리고 동물의 강한 어금니에 견딜 수 있는 극도로 단단하고 매끄러운 종자가 들어 있다. 이 열매는 나무 위에 계속 붙어 있기도 하지만 주로 땅에 사는 덩치 큰 동물들의 쉬운 접근을 위해 익자마자 땅에 떨어진다. 벌어지지 않는 열매를 먹고 소화시키면서 동물들은 종자의 껍질을 벗겨 주기도 하고, 산포되기 전에 열매에 침입해 있었던 종자를 먹는 곤충(예: 바구미)을 죽이기도 한다. 코끼리에 의해 산포되는 일부 콩과 식물은 동물의 소화관이 해 주는 생물학적 해충 박멸 서비스에 의존하는 것으로 알려져 있다. 이 서비스가 없었다면 많은 종자가 대부분 곤충의 침입에 속수무책으로 당했을 것이다. 또한 코끼리의 소화관을 통과한 종자는 발아가 훨씬 더 잘된다고 한다. 이런 현상은 새나 포유동물의 소화관을 거쳐 산포되는 다른 많은 열매에서도 나타난다. 소화를 돕는 효소와 산성의 소화액은 부패하기 쉬운 과육을 제거하여 균과 박테리아의 침입을 막고 단단한 종피를 약하게 해 배아가 더 쉽게 싹틀 수 있도록 한다.

둥근귀코끼리(*Loxodonta cyclotis*)와 아프리카부시코끼리(*Loxodonta africana*)는 모두 그들의 서식처에서 주요한 육상 산포자들이다. 일부 식물들은 주로 혹은 전적으로 이 멸종 위기종인 동물들에게 자신의 종자 산포를 의지하고 있다.

나무에 달리는 소시지

열대 아프리카의 건조한 대초원과 삼림 지역에는 매우 신기하게 생긴 산포체를 가진 나무가 있다. 소시지나무로 알려진 키젤리아 아프리카나(*Kigelia africana*, 능소화과)는 길고 억센 끈에 거대한 소시지가 달린 것처럼 나무에 큰 열매를 매달고 있다. 이 낯선 열매는 길이가 1m에 달하고 지름이 18cm이며 무게는 10kg이나 된다. 이 열매가 갖는 거대한 크기와 회갈색의 색 그리고 섬유질과 셀룰로오스가 많은 과육은 이것이 셀룰로오스를 소화시킬 수 있는 매우 큰 초식동물에 의해 산포된다는 것을 말해 준다. 부시피그(bushpig), 호저(porcupine), 원숭이와 개코원숭이뿐만 아니라 코끼리와 하마가 이 열매를 먹는다고 한다. 이들 중에서 아프리카부시코끼리는 생활 반경이 넓고 소화 시간이 길기 때문에 가장 효과적인 산포자일 것이다. 하지만 지금까지 소시지나무가 종자 산포를 코끼리에게 어느 정도로 의존하고 있는지에 대한 자세한 과학적 연구 결과는 없다.

그러나 아프리카에는 자신의 열매 산포를 전적으로 코끼리에 의존하는 나무가 있다. 그 주인공은 남가새과에 속하는 발라니테스 윌소니아나(*Balanites wilsoniana*)이다.

코끼리만이 좋아하는 열매

발라니테스 윌소니아나(*Balanites wilsoniana*)는 코트디부아르에서 케냐에 걸쳐 있는 아프리카의 우림에 사는 낙엽성 큰키나무이다. 이 나무는 40m에 달하는 키와 넓게 퍼진 상층부를 가지고 있어 숲의 수관을 형성한다. 이것이 맺는 열매는 9×6cm 정도의 크기에 녹색빛이 도는 갈색의 큰 핵과이다. 다 익은 열매는 불쾌한 효모 냄새를 풍기며 땅으로 떨어지는데, 그 후 모식물체 아래에서 산포자를 기다리며 한 달 가량을 신선한 상태로 있게 된다. 이 열매는 자신의 산포자를 고를 수 있는 선택권이 별로 없다. 왜냐하면 열매 안에 들어 있는 하나의 종자가 8.8×4.7cm 크기로, 이것은 동물소화산포의 산포자가 될 수 있는 대부분의 초식동물들에게는 너무 크다. 뿐만 아니라 열매에는 다육이나 종자만을 취하는 동물을 막기 위한 독성 물질이 들어 있다.

카메라 트랩과 간접적인 관찰을 통한 과학적 연구에 따르면, 이 식물의 열매를 먹고 산포시켜 주는 유일한 동물은 둥근귀코끼리(*Loxodonta cyclotis*)라고 한다. 열매가 익는 때는 싱싱한 잎이나 초본 식물이 많지 않은 여름의 건기와 일치한다. 코끼리가 단백질과 지방이 풍부한 과육이 든 열매를 먹기 위해 수풀을 찾아다니는 때가 바로 이때이다.

산포 과정을 거치지 않은 종자의 3%는 발아될 수 있지만, 어린 개체의 생존 비율은 16%로 매우 낮다. 그러나 코끼리의 장을 통과한 종자는 더 빨리 발아할 수 있을 뿐만 아니라, 발아 비율도 55%로 높아진다. 게다가 산포된 종자로부터 자란 어린 개체는 생존의 기회도 훨씬 많다. 분산 저장을 하는 설치류들도 발라니테스 윌소니아나의 종자 산포를 도와주기도 하지만 그 기여도는 미

228쪽: 키젤리아 아프리카나(능소화과) *Kigelia africana* (Bignoniaceae) – sausage tree. 열대 아프리카 원산. 열매. 열매 길이 60cm. 얇고 단단한 껍질과 섬유질로 된 고체의 과육을 가진 이 낯선 열매는 반전핵과의 열매 유형을 가장 잘 나타낸다. 이 열매는 길이 1m, 무게는 10kg에 달한다. 크기가 크고 셀룰로오스가 풍부한 과육은 코끼리와 하마 같은 매우 큰 초식동물들에 의한 산포에 적응된 것임을 말해 준다.

발라니테스 윌소니아나(*Balanites wilsoniana*, 남가새과)의 열매를 먹고 있는 둥근귀코끼리(*Loxodonta cyclotis*). 과학적 연구에 의하면 코끼리만이 아프리카에 있는 이 희귀한 나무의 열매를 효과적으로 산포시켜 준다고 한다. 코끼리는 녹갈색의 열매 안에 들어 있는 매우 큰 핵을 삼키고 과육을 제거하며, 이것을 먼 거리로 산포시킬 수 있는 유일한 동물이다. 이때 과육의 제거는 발아한 싹의 생존에 상당히 중요하다. 종자가 그대로 발아하게 되면 썩은 과육에 박테리아와 균이 번식하여 새싹은 그들의 먹이가 되고 만다.

다육과

미하다. 오직 둥근귀코끼리만이 이 희귀한 나무의 종자를 효과적으로 산포해 주어 현존하는 개체군을 유지시켜 주는 동시에 새로운 개체군으로 확장시킬 수 있다. 산포 과정을 거치지 않은 종자에서의 낮은 생존율만으로는 그들의 개체군을 현재의 밀도로 유지할 수 없다.

코끼리가 사라진다면

  발라니테스 윌소니아나가 종자 산포에 있어 둥근귀코끼리에 전적으로 의존하는 것은 이 종의 생존 기간이 곧 이 동물의 존재에 의지하게 됨을 강하게 시사한다. 코끼리와 멸종된 그들의 근연종들은 5천만 년이 넘는 동안 아프리카 동물상의 일부였다. 지난 100년에 걸쳐 아프리카 코끼리의 개체군은 남획과 서식처의 파괴 그리고 계속 늘어나는 호모 사피엔스(*Homo sapiens*, 인류)의 개체군에 의해 초래된 많은 어려움 때문에 빠른 속도로 그리고 지속적으로 감소되었다. 많은 서식처에서 코끼리가 사라지면서 발라니테스 윌소니아나는 공적응을 이루었던 산포자가 해 주는 종자의 산포 없이 남겨지게 되었다. 이 경우 외에도 코끼리의 멸종과 관련되어 개체군이 감소하고 있는 식물의 또 다른 예가 있다. 서아프리카의 사코글로티스 가보넨시스(*Sacoglottis gabonensis*, 후미리아과)와 얼빈지아 가보넨시스(*Irvingia gabonensis*, 얼빈지아과)는 모두 발라니테스 윌소니아나와 같은 이유로 코끼리에 의존한다. 그들은 코끼리만큼 큰 목구멍을 가져야 통과시킬 수 있는 크기의 핵이 들어 있는 열매(핵과)를 맺는다. 흥미롭게도 발라니테스 윌소니아나처럼 이들의 다 익은 열매는 땅에 떨어져 효모 냄새를 풍기는데, 이 특이한 후각 신호는 섬유질로 된 과육과 큰 종자(또는 핵)와 더불어 전형적인 코끼리 산포를 나타낸다.

  열대 아프리카에는 그곳에 코끼리가 백만 년간 존재해 왔다는 것을 말해 주듯 코끼리에 의해 산포되는 매우 큰 종자를 가진 열매가 많이 있다. 그중에는 사포타과(티에그헤멜라 헥켈리 *Tieghemella heckelii*, 바일로넬라 톡시스페르마 *Baillonella toxisperma*)와 야자나무과(예: 보라수스 아에티오품 *Borassus aethiopum*, 포에닉스 레클리나 *Phoenix reclinata*)에 속하는 식물과 클라이네독사 가보넨시스(*Klainedoxa gabonensis*, 얼빈지아과), 판다 올레오사(*Panda oleosa*, 판다과), 망고스틴의 근연종인 맘메아 아프리카나(*Mammea africana*, 물레나물과)가 있다. 현장 조사에 따르면, 만약 코끼리가 사라질 경우 코끼리에 의해 산포되는 열매를 맺는 아프리카 나무의 개체군들이 10년 안에 감소될 것이라고 한다. 감소하는 코끼리의 개체군 보존을 위해서는 이 나무들과 그들의 상호 공생자와의 관계를 이해하는 것이 필수적이다.

  진화의 과정에서 코끼리만이 종자 산포자로서 대단히 중요한 아프리카의 유일한 거대동물은 아니다. 40~65kg 무게의 땅돼지(aardvark)는 거대동물 중에서 가벼운 편에 속하지만, 이 특이한 외모를 가진 동물은 아드바크큐컴버(땅돼지오이, aardvark cucumber)라는 식물의 이름에서

보라수스 아에티오품(야자나무과) *Borassus aethiopum* (Arecaceae) – elephant palm. 아프리카 원산. 열매(핵과)의 핵. 길이 약 6cm. 30m에 달하는 키를 가진 이 식물은 아프리카의 건조한 대초원에서 자라며 가장 키가 큰 나무에 속한다. 그 열매는 커다란 주황색의 핵과로, 다 익고 나면 송정유(turpentine)를 연상시키는 강한 냄새를 풍긴다. 그 특유한 냄새와 거대한 핵을 감싸는 섬유질로 된 다육성 과육은 이 열매가 코끼리에 의한 산포에 적응된 형태임을 말해 준다. 사실 아프리카부시코끼리(*Loxodonta africana*)는 이 열매를 상당히 좋아하며 산포자로서 중요한 역할을 한다. 개코원숭이(*Papio anubis*) 또한 이 열매를 먹지만 입 크기가 작아서 그들은 유효한 산포자라기보다 과육만 먹는 과육 도둑이라는 쪽이 더 맞다.

도 알 수 있듯이, 이 식물이 생존할 수 있는 유일한 희망이다.

땅돼지와 큐컴버

남아프리카의 건조한 대초원에 자라는 아드바크큐컴버 또는 아드바크펌킨(aardvark pumpkin, *Cucumis humifructus*)은 매우 특이한 행동을 하는 식물이다. 이 식물은 박과에서는 유일하게 땅속에 열매를 숨겨 둔다. 꽃에서 수분이 이루어지면 줄기는 빠르게 성장하여 씨방을 땅 밑으로 밀어 버리고, 그 밑에서 열매가 성숙하게 된다. 이것만으로는 특이하지 않을 수 있겠지만, 아드바크큐컴버는 땅돼지(아드바크, *Orycteropus afer*, "땅 파는 발"이라는 뜻)와 상당히 독점적인 관계를 발달시켜 온 것으로 보인다. 이 식물은 한해살이풀이며, 크기가 크고(5cm) 울퉁불퉁하며 연한 갈색을 띠는 열매를 땅 밑 10~30cm 사이에 묻어 둔다. 그리고 건기의 적절한 시기에 맞추어 식물의 지상부는 사라지고 열매는 무르익는다. 이 열매는 튼튼한 방수 껍질을 가지고 있어 땅속에서 부패 없이 몇 달을 온전히 잠복해 있을 수 있다. 또 열매가 풍기는 냄새는 흙을 통해 퍼질 수 있다. 땅돼지는 그 냄새를 맡을 수 있는 코와 메마른 흙에서 열매를 파낼 수 있는 강한 발톱을 지닌 유일한 동물이다. 아드바크큐컴버의 결실기 외의 기간에 땅돼지는 개미만을 먹고 산다. 그러나 드물게 남아 있는 물웅덩이를 찾으러 나가는 것이 매우 위험해지는 건기가 되면, 이 즙이 많은 박과의 열매는 땅돼지에게 더없이 소중한 물 공급원이 된다. 그 대신 땅돼지는 자신의 배설물을 땅속에 묻는 행동 양식을 가지고 있는데, 이것은 즙 많은 과육과 함께 온전한 상태로 삼켜진 종자가 적당한 양의 비료와 함께 심어지는 것을 의미한다. 종자 산포에 있어서 하나의 동물 종에 의존하는 것이 강력한 공적응의 결과인지 아니면 막다른 진화적 선택이었는지는 몰라도 아드바크큐컴버는 가장 낭비가 적은 산포 전략을 발달시킨 것이다. 그러나 이것은 위험이 따르는데, 만약 땅돼지가 멸종할 경우 아드바크큐컴버 역시 똑같은 운명에 놓이게 될 것이기 때문이다.

코끼리에 의해서만 산포되는 소수의 열매들과 아드바크큐컴버의 열매는 거대동물을 포함한 과식동물과 그에 극단적으로 특수화된 열매의 드문 예이다. 이런 예는 아프리카 밖에도 있다.

말로투스 누디플로루스(*Mallotus nudiflorus*)와 인도코뿔소

말로투스 누디플로루스(*Mallotus nudiflorus*, 대극과)는 인도와 네팔 그리고 중국 남부의 리버린 숲에서 주로 발견되는 낙엽성 큰키나무이다. 이 식물의 열매는 크고 단단하며 색이 칙칙하여 원숭이와 박쥐, 새를 포함한 그 지역 과식동물에게 별다른 매력을 주지 못한다. 동물학자 에릭 다이너스테인(Eric Dinerstein)과 크리스 웸머(Chris Wemmer)는 수수께끼 같은 이 식물의 산포자를 찾기 위한 연구 끝에 1988년, 인도코뿔소만이 쓴맛의 이 열매(핵과)를 먹는다고 발표하였다.

땅돼지(땅돼지과) *Orycteropus afer* (Orycteropodidae) – aardvark. 아프리카 원산. 이 야행성의 독특한 포유동물은 아프리카 어로 "땅돼지"라는 뜻의 이름을 가졌지만 돼지와는 관련이 없다. 땅돼지는 대부분 개미만을 먹고 살지만 단 하나의 특정한 열매인 아드바크큐컴버를 먹기도 한다. 박과에 속하는 한해살이풀 아드바크큐컴버(*Cucumis humifructus*)는 부패 없이 몇 달을 지낼 수 있는 땅속에 자신의 다육과를 숨겨 둔다. 물이 부족해지는 건기가 되면 아드바크큐컴버는 특별히 땅돼지를 유인하는 냄새를 풍기고, 즙이 많은 열매는 땅돼지에게 소중한 물 공급원이 된다. 땅돼지는 이 열매를 찾아내고 땅을 파낼 수 있는 유일한 동물이기 때문에 아드바크큐컴버는 전적으로 자신의 종자 산포를 이 동물에게 의존한다.

말로투스 누디플로루스는 인도코뿔소가 이 식물의 열매를 즐겨 먹게 되는 우기인 몬순 계절(6~10월)에 열매를 땅으로 떨어뜨린다. 해를 좋아하는 이 나무는 일정하게 정해진 장소에 배설을 하는 코뿔소의 습관으로 큰 이득을 얻는다. 코뿔소는 이 열매를 먹고 대부분 탁 트인 초원에 배설을 하는데, 햇볕이 풍부한 이곳에서 종자는 영양가 있는 코뿔소의 배설물 속에서 발아하여 잘 자랄 수 있게 된다. 코뿔소의 먹이가 되지 않은 열매의 종자는 대부분 모식물체 아래에서 썩게 되고, 발아하게 되더라도 나무의 그늘에 가려 생존할 확률이 낮다. 따라서 말로투스 누디플로루스 개체군의 분포와 번영 및 유지는 전적으로 인도코뿔소 단일 동물종에 달려 있다. 이러한 필수적이고 독점적인 역할을 하는 인도코뿔소의 예는 거대동물 산포의 중요성을 다시 한 번 증명해 준다.

니터부시와 에뮤

딜런부시(Dillon bush) 또는 니터부시(nitre bush)라고도 하는 오스트레일리아의 니트라리아 빌라르디에레이(*Nitraria billardierei*, 니트라리아과)는 염분에 강한 내성을 보이는 관목 식물이다. 이 식물은 염분이 함유된 토양에서 자라기 때문에, 이것이 맺는 빨갛고 노란 소형 열매(핵과)의 과육에도 염분이 많다. 식용의 이 열매는 짭짤한 포도 같은 맛이 나며, 원주민들은 이것을 전통 음식(부시터커)으로 만들어 먹기도 한다. 이 식물의 주된 산포자는 에뮤라고 기록되어 있다. 포유동물들도 이 열매를 먹기는 하지만, 에뮤의 소화관을 통과한 종자가 발아 성공률이 가장 높다.

갈라파고스 토마토와 코끼리거북

두 종의 토마토, 솔라눔 치스마니애(*Solanum cheesmaniae*)와 솔라눔 갈라파겐스(*Solanum galapagense*)는 모두 갈라파고스 섬의 특산 식물이다. 이 2종이 단일종으로 취급되던 1960년 대에 한 연구에서 이들과 갈라파고스코끼리거북과 매우 밀접한 관계가 있다는 것이 밝혀졌다. 이 토마토의 종자는 발아를 막는 매우 두꺼운 종피 때문에 무기한적인 휴면에 들어가고는 하는데, 이것은 오로지 갈라파고스코끼리거북(*Geochelone elephantopus*)의 소화관에서 1~3주간의 여정을 마치고 나온 후에만 발아가 된다고 한다. 다양한 동물들이 갈라파고스의 토마토를 먹기는 하지만, 종피를 녹일 수 있는 강한 차아염소산나트륨 용액에 담근 것과 같은 효과를 내는 것은 갈라파고스코끼리거북의 소화관뿐이었다. 따라서 그 연구는 종자의 휴면을 깨고 산포시켜 줄 갈라파고스코끼리거북이 갈라파고스 토마토의 중요한 동반자일 것이라고 결론지었다.

더 떨어질 수 없는 커플

전 세계적으로 보더라도 종자 산포에 있어서 동물의 크기가 크든지 작든지 간에 하나의 식물종

말로투스 누디플로루스(대극과) *Mallotus nudiflorus* (Euphorbiaceae) – 동아시아, 동남아시아 원산. 열매(핵과). 몬순 계절이 되어 열매의 크기가 4.5cm로 단단하고 쓴맛이 나는 핵과로 익게 되면 인도코뿔소(*Rhinoceros unicornis*)가 즐겨 먹는 먹이가 된다. 코뿔소가 먹지 않은 열매들이 대개 나무 밑에서 썩어 버린다는 사실은 이 식물의 유일하고도 유효한 산포자가 코뿔소임을 말해 준다. 사진 속의 열매는 큐 식물원의 표본실에 있는 미성숙 건조과로 캄보디아에서 채집된 것이다.

아래: 니트라리아 빌라르디에레이(니트라리아과) *Nitraria billardierei* (Nitrariaceae) – nitre bush. 오스트레일리아 원산. 열매(핵과)가 달린 식물. 이 다육과의 주요 산포자는 에뮤(*Dromaius novaehollandiae*)이다. 식용의 열매는 원주민의 전통 음식 부시터 커에 사용된다. 이 식물은 대부분 염분이 많은 토양에서 자라기 때문에, 검붉은 색으로 익는 열매는 달콤하고 맛있지만 약간 짠맛이 난다.

맨 아래: 갈라파고스코끼리거북(땅거북과) *Geochelone elephantopus* (Testudinidae) – Galapagos tortoise. 갈라파고스 섬 특산. 지구상에 살아 있는 가장 큰 거북인 이 거북은 채식을 하기 때문에 섬의 중요한 종자 산포자이다.

이 하나의 동물종에 의지하는 것으로 알려진 예는 이제 다룰 예 이외에는 별로 없다. 앞에서 언급했던 브라질넛(*Bertholletia excelsa*, 오예과)과 아구티(*Dasyprocta agouti*)가 살고 있는 남아메리카에서 최근에 또 다른 불가피한 공생 관계의 놀라운 예가 보고되었다. 그것은 독특한 겨우살이와 그보다 훨씬 더 독특한 포유동물의 특이한 커플에 관한 것이다. 대부분의 겨우살이는 나무의 가지에 반기생하며 분류학적으로 단향목의 단향과(겨우살이과 포함), 꼬리겨우살이과, 미소덴드라과(Misodendraceae)에 걸쳐 분포한다. 또 겨우살이가 종자 산포를 위해 동물을 이용한다면 – 그리고 대부분이 그렇다 – 그들은 전적으로 새를 이용한다. 높이 평가되는 과학 저널인 네이처 2000년 12월 호에 매우 특이한 하나의 예외가 실릴 때까지 적어도 그것은 일반적인 견해였다. 과학자들은 아르헨티나 남부에 있는 레이크 디스트릭트(Lake District)의 온대 삼림에서 꼬리겨우살이과의 트리스테릭스 코림보수스(*Tristerix corymbosus*)의 녹색 열매가 드로미시옵스 아우스트랄리스(*Dromiciops australis*)라는 유대목에 속하는 야생형의 특산종에 의해서만 산포되는 것을 발견했다. 대체로 쥐보다 크기가 작은 드로미시옵스 아우스트랄리스는 겨우살이의 종자 산포를 돕기도 하지만, 겨우살이 종자는 이 동물의 소화관을 거쳐야 발아 성공률이 높아진다고 한다. 손으로 다듬은 종자는 발아에 실패하는 반면, 이 유대류의 배설물에서 나온 종자는 90%가 넘게 발아에 성공한 것이다. 흥미롭게도 드로미시옵스 아우스트랄리스는 유대목 계통의 미크로비오테리과(Microbiotheridae)에서 유일하게 살아남은 종이며, 이 과의 기원은 지금으로부터 약 5억 년 전에 형성되어 1억 6천5백만 년 전에 남부의 초대륙인 곤드와나가 깨지기 시작한 때로 추정된다. 그리고 트리스테릭스속은 백악기(1억 4천2백만 년 전~6천5백만 년 전) 중기에 출현한 꼬리겨우살이과에서 현존하는 가장 원시적인 속 중의 하나로 여겨진다. 이 태고적 커플의 조합은 우연 같지는 않다. 드로미시옵스 아우스트랄리스와 트리스테릭스 코림보수스 간의 밀접한 상리 공생은 한때 번창했던 유대류와 꼬리겨우살이 간의 공적응적 관계가 지금까지 남아 있음을 나타내는 것이다. 꼬리겨우살이의 종자 산포에 관여하는 조류의 계통이 겨우 약 2천만 년 전~2천5백만 년 전에 비롯되었음을 감안해 보면, 드로미시옵스 아우스트랄리스의 조상은 조류가 그것을 이어받기 전 수백만 년 동안 겨우살이의 종자를 산포시켜 왔을 것으로 생각된다.

죽음이 우리를 갈라놓을 때까지

앞에서 언급했듯이, 다육과와 과식동물 간의 공진화는 항상 분산되는 방향으로 이루어져 왔고 그렇기 때문에 강력한 일대일의 열매–동물 간 상리 공생은 저해되어 왔다. 따라서 식물종이 열매 산포에 있어서 단일 동물종에게 의존하는 대부분의 경우는 지금은 멸종된, 하나가 아닌 여럿의 동물 산포자들이 관련된 이전의 더 다양한 협력 관계에서 유일하게 남은 것임이 분명하다. 그렇다면 산포자의 마지막 남은 동물종이 멸종하게 되면 어떤 일이 벌어지게 되는 것일까? 땅돼지에 의해 산포되지 않으면 새로운 개체로 자라날 수 없는 땅속에 열매를 맺는 아드바크큐컴버(Cucumis humifructus)의 경우 땅돼지의 멸종은 곧 이 식물의 종말을 의미할 것이다. 하지만 만약 이보다 덜 복잡한 번식 메커니즘을 가졌다 하더라도 동물에 의존하고 있는 식물종이 야생의 산포자들을 모두 잃게 된다면 그들의 생존 가능성은 결코 높아질 수 없을 것이다.

도도새와 탐발라코크나무 - 동화 교과서

인도양 서쪽의 모리셔스 섬에는 탐발라코크(tambalacoque)라는 희귀한 특산식물이 자라고 있다. 사포타과에 속하는 이 나무는 1973년에 13그루만이 남았다고 전해져 멸종에 처한 종으로 여겨졌다. 1977년, 이 희귀한 나무의 슬픈 현실을 알게 된 스탠리 템플(Stanley Temple)은 탐발라코크(Sideroxylon grandiflorum, 이전의 Calvaria major)의 종말이 17세기에 있었던 도도새(Raphus cucculatus)의 멸종 때문이라고 주장했다. 도도새는 모리셔스 섬과 그 인근의 섬에만 서식하는 날지 못하는 특이한 새 중 하나로, 천적이 없는 섬에 오랜 시간 고립됨으로써 비행 능력뿐만 아니라 자신을 방어하는 능력도 잃어버렸다. 네덜란드 어 "도도르(dodoor, 게으름뱅이)"에서 유래된 새의 이름은 몸무게 23kg에 달하는 다부진 새가 좀처럼 달아나지 않아 선원들의 쉬운 먹잇감이 되었음을 말해 준다. 또 외부에서 유입된 고양이, 쥐, 돼지 같은 동물들도 느리고 포식자에게 무방비한 도도새의 알을 마구 먹어 치웠다. 1690년 마지막 개체가 사라지기 전에 도도새는 탐발라코크나무의 열매를 먹이로 하였다고 전해진다. 이 열매는 길이 5cm의 핵과로, 녹색의 질기고 두께가 얇은(5mm) 다육질 층으로 둘러싸인 매우 단단한 핵을 가지고 있다. 모리셔스의 민속학 자료를 보면 도도새는 이 열매의 유일한 산포자로서 열매의 핵이 도도새의 소화관을 거친 후에만 발아할 수 있다고 한다. 이것을 과학적인 방법으로 증명하고자 했던 템플은 탐발라코크 나무 열매에 있는 13개의 핵을 칠면조에게 먹이는 간단한 실험을 했는데, 이 중 10개의 종자가 온전한 상태로 나왔으며, 그중 3개는 발아하였다. 과학적 측면에서 봤을 때, 그의 결과는 표본 수도 적을 뿐만 아니라 대조군(소화되지 않은 핵)이 없어 의미가 없는 것이다. 그럼에도 그는 도도새와 탐발라코크나무 간의 공진화로 이루어진 절대적인 상리 공생을 제시했으며, 이 나무의 내과피가 도도새의 모래주머니 안에서 연마되는 과정을 거쳐야만 종자가 발아할 수 있다고 주장했다. 결함이 있었던 템플의 연구는 유명한 도도새를 다룬 것이어서인지 세계에서 가장 명망 있는 과학 저널에 실리게 되었고, 그 후 수많은 교과서에 인용되는 절대적인 열매-과식동물 간 상리 공생의 기본 예가 되었다. 템플의 주장 전후에 다른 이들은 야생에 탐발라코크나무의 어린 개체가 몇 그루 존재한다는 것을 보고하였으며, 열매의 핵이 연마되지 않은 상태에서도 종자의 발아

가 이루어진다는 것을 발표하였다. 야생에 이 나무의 어린 개체가 있다는 것은 도입된 동물일 수도 있지만, 여전히 동물 산포자가 탐발라코크나무를 산포시켜 주고 있음을 시사한다. 또 다육질의 중과피를 제거하지 않으면 썩은 과육에 침입한 박테리아와 균으로 인해 탐발라코크의 종자는 확실히 파괴되겠지만, 이런 취약성은 탐발라코크 종자에만 적용되는 것은 아니다. 성공적인 종자의 발아를 위해서 과육을 완전히 제거해야 한다는 것은 다육과를 맺는 많은 식물에서도 증명되어 왔다. 더구나 도도새가 이 식물의 열매를 먹었다면, 열매의 핵은 도도새의 강한 모래주머니에 대부분이 부서졌을지도 모른다. 도도새가 무엇을 먹이로 하였는지는 알려진 바가 거의 없지만, 도도새는 아마도 곡식을 주로 먹었을 것으로 추정된다. 게다가 지금은 멸종된 로폽시타쿠스 마우리티아누스(*Lophopsittacus mauritianus*)와 자이언트거북류(*Geochelone* sp.)가 탐발라코크의 중요한 산포자였을 수도 있다고 한다. 이런 주장들에 템플의 학설이 근거 없는 설로 거부되기도 하지만, 도도새의 영원한 부재와 그 슬픈 운명을 같이하는 다른 많은 모리셔스의 특이한 특산종들을 보면 그의 주장이 전적으로 틀렸다고 할 수는 없을 것이다.

템플은 도도새와 탐발라코크나무라는 좋지 않은 예를 선택했던 것인지도 모른다. 그러나 그의 핵심이 되는 주장, 즉 자신의 산포자를 잃어버린 나무가 쇠락의 길로 접어든다는 것은 모리셔스 섬의 자생 동물상을 무너뜨린 대멸종의 결과 앞에서 설득력을 얻는다. 그 이후로 한 식물종의 감소가 한 동물의 멸종과 연관된 것일 수 있다는 두려운 생각은 많은 논란을 불러일으켰다. 오늘날 우리는 그 어느 때보다도 기하급수적으로 늘어난 세계 인구로 인해 초래된 멸종 위기에 대해 인식하고 있다. 인구 증가의 속도는 증가하는 인구 밀도가 불러온 부작용의 발생 속도와 맞먹는다. 즉, 서식지의 파괴와 대기 오염, 자원의 과잉 개발 등은 모두 "호모 사피엔스 사피엔스(*Homo sapiens sapiens*, 현대 인류)"에 의해 더 빨리 이루어지고 있는 것이다. 따라서 템플이 묘사한 일반적인 시나리오가 더 많은 식물과 그들의 공생 동물에 적용된다고 하더라도 놀라운 일은 아니다. 특히 덩치가 큰 포유동물들은 먹이 소비량이 많고 한 세대의 기간이 길기 때문에 넓은 생활 반경과 그에 따른 낮은 개체군 밀도를 필요로 한다. 따라서 그들은 인간이 미치는 폐해에 더 취약하다. 그 결과 어떤 서식처에서라도 동물의 몸체가 커질수록 그 종의 다양성과 풍부성은 모두 떨어진다. 따라서 거대동물과 공적응 관계를 가지는 식물들은 아프리카에 사는 코끼리에 의해 산포되는 식물의 경우에서처럼 자신의 중요한 산포자가 사라지면 이를 대체할 만한 것을 찾기가 힘들다.

시대착오적 열매

진화는 느리게 일어나는 과정이다. 특정 산포자와의 공적응 관계를 보여 주는 특징은 그 복잡성의 정도에 따라 수십만 년에서 수백만 년이 걸려 만들어진 것이다. 만약 어떤 식물의 핵심 산포

234쪽: 탐발라코크나무(사포타과) *Sideroxylon grandiflorum* (Sapotacae) - tambalocoque tree. 인도양의 모리셔스 섬 특산. 건조된 3개의 열매(핵과, 맨 아래), 3조각으로 자른 핵, 종자(오른쪽 위). 한때 종자가 발아하기 위해서는 매우 두꺼운 목질로 된 핵이 유명한 도도새의 모래주머니에서 연마되어 나와야 한다고 믿었다. 하지만 상당히 강한 도도새의 모래주머니에서 종자가 포함된 핵은 대부분 부서졌을 것이며, 모리셔스 섬이 발견된 후 멸종에 이른 섬의 다른 동물들이 탐발라코크나무 종자의 산포를 도왔을 것으로 생각된다.

도도새(비둘기과) *Raphus cucculatus* (Columbidae) - dodo. 모리셔스 섬 특산이었으나 현재는 멸종되었다. 날지 못하는 도도새는 비둘기의 근연종으로, 서 있을 때의 키가 1m나 된다. 루이스 캐롤(Lewis carroll)이 그의 저서 『이상한 나라의 앨리스』에서 전설의 새로 묘사한 후로 도도새는 유명세를 탔으며, 멸종의 상징물이 되었다. 도도새의 먹이에 대해서는 거의 알려진 바가 없으나 아마도 열매보다 곡식을 주로 먹었을 것으로 짐작된다.

자가 멸종하게 되면 그 식물도 곧바로 그 뒤를 따를지도 모른다. 하지만 어떤 식물이 상리 공생을 하는 산포자 없이도 어떻게든 살아남았다면, 그 식물은 한때 그 산포자와의 공적응적 관계에서 형성되었던 특징들을 여전히 가지고 있을 것이다. 사실 진화상의 반응은 느리게 일어나기 때문에 시대착오적이라고 볼 수 있는 이런 식물의 특징은 오랜 시간 동안 이어져 올 수밖에 없다.

　1982년 생태학자 다니엘 얀첸(Daniel Janzen)과 폴 마틴(Paul Martin)은 동물의 소화관을 거쳐 산포되는 열매를 가진 신대륙의 일부 식물들이 명확한 산포자 없이 어떻게 존재해 오는지를 설명할 수 있는 이론을 제시했다. 마치 코난 도일(Sir Arthur Conan Doyle)이 쓴 『잃어버린 세계(*The Lost World*)』의 식물학적 버전처럼 들리는 얀첸과 마틴의 가설은 미국의 많은 나무종들이 오래전에 사라진 빙하기의 동물에 의한 산포에 적응된 열매를 맺는다는 것이다. 북아메리카에는 마지막 빙하기의 막바지 무렵인 플라이스토세(180만 년 전~11,550년 전)가 끝나는 만 3천 년 전까지 지금의 아프리카보다 훨씬 많은 거대동물이 살고 있었다. 종자를 산포하던 거대동물이었음직한 원시의 야생 동물들은 4개의 상아를 가진 코끼리처럼 생긴 곰포데어(gomphothere)와 마스토돈(mastodon), 10톤에 육박하는 긴털매머드(woolly mammoth), 자이언트땅늘보(giant ground sloth), 현재 코끼리 중 가장 큰 코끼리, 조치수(glyptodont), 소형차 크기의 자이언트아르마딜로, 회색곰 2배 크기에 달하는 자이언트쇼트페이시드베어(giant short-faced bear), 자이언트비손(giant bison), 자이언트페커리(giant peccary), 자이언트비버(giant beaver), 그리고 자이언트거북 같은 환상적인 생물들과 함께 낙타, 맥(tapir), 야생마 일부 종의 용모를 가진 동물들이었다. 6천5백만 년 전부터 현재까지에 이르는 신생대의 마지막 빙하기가 끝날 때까지 이 거대 야수들은 서반구 전체를 무대로 살고 있었다. 신생대는 백악기(Cretacous)와 제3기(Tertiary)의 경계에 있었던 공룡의 멸종과 함께 시작되었다. 거대한 혜성의 지구 충돌과 가장 관련이 깊은 것으로 보이는, 이른바 K-T사건은 공룡과 대부분의 거대 육상 동물들을 포함한 지구상 모든 종의 70%를 멸종에 이르게 하였다. 하지만 이 재앙으로 인해 작고 다소 평범한 모습이었던 포유동물들은 매우 다양한 동물 그룹을 형성하게 되었으며, 육·해·공을 넘나들며 포유동물의 시대인 신생대를 열었다.

　수백만 년 간 지속된 그들의 경이적인 성공에도 불구하고, 신대륙에 살고 있던 모든 종의 4분의 3과 플라이스토세의 거대동물이 13,000년 전 무렵, 지질학적으로 말하면 눈 깜짝할 새도 없이 단지 천년의 기간 안에 자취를 감추었다. 1톤이 넘는 모든 거대 초식동물과 그들의 포식자들이었던 자이언트쇼트페이시드베어(*Arctodus simus*), 아메리카사자(*Panthera leo atrox*), 적어도 두 종의 아메리카 치타(*Miracinonyx inexpectatus, M. trumani*), 검치호랑이(*Smilodon*)를 포함한 일부 검치고양이류, 다이어울프(dire wolf, *Canis dirus*) 모두가 사라진 것이다. 아메리카 대륙에 살던 동물들의 갑작스런 멸종은 이들과 함께 공적응을 이루며 살던 많은 식물들을 산포자 없이 남

멸종된 플라이스토세의 동물 산포자와 공적응을 이룬 북아메리카 콩과 식물의 열매(협과)

아래: 코끼리귀나무 *Enterolobium cyclocarpum* - guanacaste. 열대 아메리카 원산. 코스타리카의 국목(國木). 지름 8cm. 현대의 가축 말들이 좋아하는 이 열매는 한때 지금은 멸종된 초식동물(말과 같은 종류)에 의해 산포되었을 것으로 짐작된다.

맨 아래: 글레디트시아 트리아칸토스 *Gleditsia triacanthos* - honey locust. 북아메리카 동부 원산. 열개하지 않는 대형의 열매(꼬투리)는 가죽질의 껍질과 먹을 수 있는 과육층, 그리고 그 안에 여러 개의 단단한 종자를 가지고 있다. 빙하기의 거대 초식동물에 의한 산포에 적응된 이 열매는 말이나 소 같은 가축의 먹이가 되고 있다.

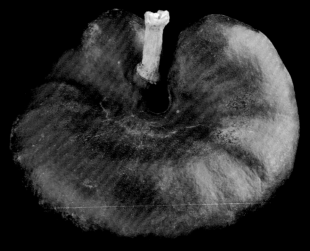

멸종된 플라이스토세의 동물 산포자와 공적응을 이룬 남아메리카 콩과 식물의 열매(협과)
아래: 카시아 그란디스 *Cassia grandis* – horse cassia. 중앙·남아메리카와 카리브 해 연안 원산
맨 아래: 히메나이아 코우르바릴 *Hymenaea courbaril* – stinking toe tree. 중앙·남아메리카와 카리브 해 연안 원산
이 두 종 모두 톡 쏘는 듯한 냄새를 가진 목질의 단단한 꼬투리를 맺는다. 카시아 그란디스 열매의 길이는 50cm가 넘으며, 열매 안에는 끈적끈적한 수지 같은 과육과 다수의 종자가 들어 있다. 반면에 히메나이아 코우르바릴의 경우, 열매의 길이는 10~20cm 정도밖에 되지 않으며, 열매 안에는 가루로 된 식용 과육과 7개를 넘지 않는 종자가 있다. 두 종의 꼬투리 모두 나무에 계속 달려 있거나, 모식물체에서 멀리 떨어지지 않은 채 땅 위에서 썩어 버린다.

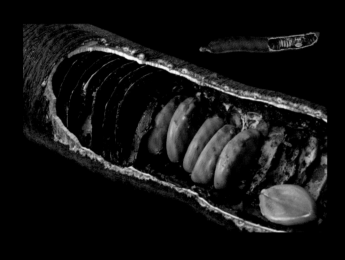

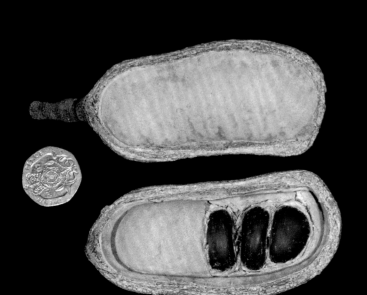

겨 두게 되었다. 오늘날 우리는 플라이스토세의 거대동물의 멸종에 비추어 보아야 설명될 수 있는 영문 모를 열매와 종자의 특성을 가진 신대륙의 많은 식물들과 마주한다. 그들은 어찌되었든 수백만 년 동안 같은 서식처를 공유했던 산포자 파트너 없이 살아남았다. 이 식물들은 거대동물들의 멸종 후 지내 온 짧은 시간 동안 아직 사라진 산포자에 대한 광범위한 대응책을 발달시키지 못했다.

얀첸과 마틴은 "아프리카에 사는 거대 종자 – 산포 포유동물이 먹을 만한 외형과 인상, 그리고 맛"을 가진 열매 때문에 시대착오적이라고 의심받는 신대륙의 열매들을 분석하여 종합적인 "거대동물 산포 신드롬"을 규명하였다. 그들의 가설에 따르면, 시대착오적 열매는 거대동물 산포 신드롬에 속하며, 동시에 생태학적 지표들이 그들의 산포자가 지금은 사라지고 없음을 나타낸다고 한다. 이에 대한 가장 확실한 신호는 그 열매가 모식물체 아래서 썩고 있거나, 열매 크기에 비해 너무 작아 보이는 소형의 설치류 같은 현존하는 동물들에 의해 비효율적으로 산포된다는 것이다. 또 그대로 두면 아무도 먹을 것 같지 않은 이런 열매를 가축에게 먹이는 것 역시 시대착오적인 것으로 간주된다. 그런 의미에서 말과 소는 마스토돈과 다른 동물들이 비워 둔 자리를 채우고 있다고 할 수 있다. 이제는 중력(흐르는 물을 포함하여)으로밖에 산포되지 못하는 시대착오적 열매를 맺는 식물은 군데군데 분포되어 있거나 범람원에 제한된 분포를 보인다.

거대동물에 의해 산포되었을 것으로 추측되는 신대륙의 가장 유력한 후보자는 콩과에 속하는 식물들로, 그들은 코끼리와 영양(antelope)에 적응해 온 아프리카의 친척들(예: 아카시아류)과 비슷한 커다란 열매를 맺는다. 과육으로 채워진 꼬투리(협과)인 이 열매들은 거친 껍질과 단단한 종자를 가지고 있다. 아메리카 대륙의 이런 시대착오자들 중에는 글레디트시아 트리아칸토스(*Gleditsia triacanthos*)와 프로소피스류(*Prosopis* spp.), 켄터키커피(*Gymnocladus dioica*), 코끼리귀나무(*Enterolobium cyclocarpum*), 카시아 그란디스(*Cassia grandis*), 히메나이아 코우르바릴(*Hymenaea courbaril*) 등이 있다. 오늘날 아메리카 대륙에 사는 토착 동물들은 대체로 이 달콤한 열매에 별 관심을 두지 않지만, 그들 중 많은 수, 특히 프로소피스와 글레디트시아 트리아칸토스의 열매는 가축인 말과 소의 입맛에 딱 맞는다. 길이 25cm, 너비 5cm 크기의 켄터키커피 열매만이 진녹색의 달콤한 과육을 많이 가지고 있음에도 불구하고 가축에게는 유독하다. 분산 저장하는 설치류들이 먹고 산포시키기도 하는 이 열매의 종자는 이름에서 예상할 수 있듯, 한때 켄터키에서 유럽 인들에 의해 커피 대용품으로 사용되기도 하였다. 이와 비슷한 열매로는 중앙·남아메리카와 앤틸리스 제도(Antilles)에 사는 열대활엽성 큰키나무인 히메나이아 코우르바릴의 두툼한 열매를 들 수 있다. 이 열매는 먹을 수는 있지만 특이하게 톡 쏘는 포유동물의 냄새를 가지고 있어서 이 식물에게 "냄새나는 발가락 나무(stinking toe tree)"라는 이름이 붙여졌다.

길이 15cm, 너비 8cm의 다소 납작한 적갈색의 이 폐협과 안에는 3~4개의 크고 검은 종자가

들어 있으며, 종자는 건조한 섬유질의 갈색 가루로 덮여 있다. 이 낯선 과육은 달콤한 대추 맛이 나며, 음료를 만드는 데 쓰이기도 한다. 전형적인 시대착오적 열매인 이 꼬투리는 익은 후 숲의 바닥에 떨어져 벌어지지 않은 채로 남아 있게 된다. 유일하게 멧돼지와 아구티(agouti), 파카(paca)만이 꼬투리를 갉아서 과육을 먹는다. 이들은 매우 크고(3.5×2.5cm) 돌처럼 단단한 종자를 그 자리에 버린다. 종자가 어쩌다 삼켜질 경우에는 동물의 소화관을 거쳐 손상되지 않은 채로 나와 모식물체로부터 먼 곳으로 산포될 수도 있겠지만, 여전히 대부분의 열매는 땅 위에 그대로 남고, 때때로 균과 박테리아의 먹이가 된다. 브라질 북동부에 있는 카팅가 초지의 건조한 지역에서는 오랜 가뭄으로 인해 이 열매가 수년 동안이나 나무 아래에 쌓여 있기도 한다. 하지만 물에 뜰 수 있는 단단한 껍질을 가진 이 꼬투리는 종종 불규칙적인 폭우로 생기는 일시적인 하천을 따라 이동하기도 한다. 비가 그치고 물이 빠지면 열매에 있는 종자의 일부는 적어도 발아가 가능할 것 같은 강둑에 다다르게 되고, 결과적으로 산포가 이루어지게 된다.[6]

얀첸과 마틴이 추정한 신대륙의 시대착오적 식물에는 콩과 식물뿐만 아니라 원시의 거대 포유동물과의 공적응적 상호 작용을 통해 열매의 크기, 색, 냄새와 질감을 발달시켜 온 것으로 보이는 매우 다양한 과의 식물들도 있다. 그중에는 감(*Diospyros* spp., 감나무과), 커스터드애플(*Annona reticulata*, 번련지과), 스폰디아스 몸빈(*Spondias mombin*, 옻나무과), 게니파 아메리카나(*Genipa americana*, 꼭두서니과), 사포딜라(sapodilla, *Manilkara zapota*, 사포타과) 같은 아열대와 열대 지역의 인기 있는 열매들도 있다. 시대착오적 식물로 의심되는 것들 중 이보다 덜 맛있는 열매에는 열대의 호리병박나무(*Crescentia cujete*, 능소화과)와 그 근연종 지카로(*Crescentia alata*), 그리고 온대 북아메리카의 특이한 두 식물, 포포나무(*Asimina triloba*, 번련지과)와 오세이지오렌지나무(*Maclura pomifera*, 뽕나무과)의 열매 등이 있다.

크기는 더 이상 문제가 되지 않는다

엄청난 크기와 놀라운 단단함을 가진 열매 때문에 원산지인 중앙아메리카에 어울리지 않게 보이는 호리병박나무(calabash tree)는 플라이스토세에 살았던 가장 큰 입을 가진 동물을 위한 먹이로만 쓰인 것은 아니다. 박쥐에 의해 수분을 하는 연한 색의 양배추 냄새가 나는 꽃은 그 무거운 열매에서 예상할 수 있듯이 나무줄기와 큰 가지에 바로 붙어서 달린다. 수정이 이루어지면 씨방은 처음에는 녹색이었다가 노란색으로 익으며, 지름 30cm에 달하는 목질의 거대한 공 모양의 열매로 자란다. 열매(반전핵과) 안에는 흰색의 밀가루 같은 과육에 소형의 종자가 잔뜩 들어 있다. 이 열매는 몇 가지 용도로 사용된다.

호리병박나무의 종자를 생으로 갈아서 물과 함께 섞으면 달콤한 청량음료가 된다. 그리고 과육

아래: 히메나이아 코우르바릴(콩과) *Hymenaea courbaril* (Fabaceae) - stinking toe tree. 중앙 · 남아메리카와 카리브 해 연안 원산. 열매(폐협과). 열매 길이 약 15cm. 열매 안에 있는 과육은 먹을 수 있지만 포유동물에 의한 산포에 적응한 전형적인 열매의 톡 쏘는 듯한 냄새를 풍긴다.

맨 아래: 브라질의 카팅가 초지에서 갑자기 불어난 물은 모식물체 아래에 쌓여 있는 마른 꼬투리를 산포시켜 주기도 한다. 이 두툼한 열매는 자신과 공적응을 이루었던 플라이스토세 시절의 동물을 잃어버린 지 오래되었고, 제한적이기는 하나 종자를 산포시킨다고 알려진 아구티(*Dasyprocta* spp., 설치목)가 그 빈 자리를 조금 채우고 있다.

아래: 포포나무(번련지과) *Asimina triloba* (Annonaceae) – paw-paw. 북아메리카 동부 원산. 열매(장과형 복합과). 소과 길이 7~15cm. 몇 개로 떨어져 있는 심피들은 열대의 열매들을 연상시키는 맛있는 커스터드 같은 과육을 가진 커다란 장과들이 모여 있는 열매를 맺는다. 이 나무의 열매는 식용이 가능한 북아메리카 토종 식물의 열매 중 가장 크다.

맨 아래: 호리병박나무(능소화과) *Crescentia cujete* (Bignoniaceae) – calabash tree. 열대 아메리카 원산. 열매(반전핵과). 열매 지름 약 20cm. 목질의 열매는 너무 크고 동그래서 현존하는 동물의 입에는 적합하지 않아 플라이스토세의 거대동물들에 의해 산포되었을 것으로 짐작된다.

은 천식, 설사, 복통, 기관지염과 감기를 다스리는 약으로 쓰인다. 열매의 빈 껍데기는 매우 단단하여 물이나 소금, 토르티야를 담는 그릇이나 악기 및 다른 수공예품을 만드는 데 쓰인다. 콜럼버스(Christopher Columbus)에 따르면 아메리카 대륙의 원주민들은 물에 있는 새를 사냥할 때 이 껍데기를 사용했다고 한다. 그들은 이것을 머리에 쓰고 새 무리가 있는 곳으로 수영해 가서 그 무리를 흐트러뜨리지 않고 한 마리의 새만 빼낼 수 있었다고 한다.

지카로(jicaro)는 호리병박나무와 근연종이지만 지름 6~15cm의 훨씬 작은 열매를 맺는다. 작은 관목의 이 나무는 중앙아메리카 태평양 쪽의 건조한 초지에서 흔하게 볼 수 있다. 호리병박처럼 지카로가 맺는 목질의 열매에는 미끌미끌한 섬유질로 된 과육에 둘러싸인 수백 개의 종자가 들어 있다. 연한 색의 과육은 처음에는 떫은맛이 나다가 전형적인 포유동물 산포 열매의 냄새인 악취를 풍기는 끈끈한 검은 덩어리로 변한다. 과육은 역겨운 냄새에도 불구하고 매우 단맛을 가지고 있어 사람의 입맛에 잘 맞는다. 오늘날 가축화된 말(*Equus caballus*)들은 익은 이 과육을 매우 좋아한다. 그들은 열매를 살짝만 씹고 삼키기 때문에 대부분의 종자는 온전한 상태로 배설된다. 이 열매들은 자신을 먹는 말이 없으면 비가 오는 계절에 종자가 발아할 기회도 없이 땅 위에서 썩어 버린다. 얀첸은 지카로 열매의 유일한 산포자가 야생 동물이 아닌 방목되는 말이라는 사실을 근거로 플라이스토세에 살았으며, 지금은 멸종된 말과 같은 동물이 남긴 빈 자리를 그들이 채우고 있다고 추정하였다.

아메리카 대륙에서 가장 큰 열매

포포나무의 열매는 북아메리카의 토종 식물이 맺는 식용의 열매 중 가장 크다. 번련지과에 속하는 포포나무의 암술군은 서로 떨어져 있는 7~10개의 심피로 이루어진 이생심피로 되어 있다. 따라서 각 꽃은 하나로 된 열매가 아니라 10개(주로 10개보다 적지만)에 달하는 연한 껍질의 소장과들이 모인 열매(장과형 복합과)로 발달한다. 각 소과의 길이는 7~15cm이며 무게는 150~450g이다. 이 열매는 약간 불룩한 녹색의 바나나처럼 생겨서 "가난뱅이 바나나"로도 불린다. 향기롭고 노란 커스터드 같은 과육으로 싸인 10~14개의 종자는 진갈색 혹은 검은색으로 지름이 15~25mm이며 2열로 배열되어 있다. 온대 지역에서 나는 열매 중 바나나와 파인애플, 망고, 커스터드를 섞어 놓은 듯한 열대 과일의 풍부한 맛을 지닌 것은 포포나무의 열매가 유일무이하다. 하지만 익고 난 뒤 물러지기 쉬운 이 열매는 유통 기한이 2~3일밖에 되지 않아 마트의 선반에서는 볼 수 없다.

포포나무의 종자는 너무 커서 이에 맞는 입을 가진 토착 조류는 없지만 라쿤(*Procyon lotor*), 여우, 주머니쥐의 배설물에서 발아가 가능한 온전한 상태의 종자가 발견되기도 한다. 하지만 이 열매의 크기가 크다는 것과 익자마자 땅으로 떨어진다는 것, 또 야생에서 포포나무가 희귀하다는 것과 범람원에서 발견된다는 것(흐르는 물에 의해서 산포된 것을 말해 주는)들이 합해져 이 열매는 시대착오적인 것으로 간주된다. 각개의 나무는 비교적 짧게 살지만(25~50년), 포포나무의 뿌리에서는 지속적으로 새 줄기가 만들어지기 때문에, 한 그루의 포포나무가 수천 년은 아니더라도 수백 년 동안은 지속될 수 있는 나무들의 숲을 이룰 수 있다. 따라서 포포나무는 빙하 시대의 덩치 큰 포유동물이 한 곳에서 오랫동안 충분히 먹을 수 있는 먹이였을 것으로 짐작된다.

오세이지오렌지

북아메리카에는 또 다른 기이한 열매를 맺는 오세이지오렌지나무(*Maclura pomifera*)가 있다. 오렌지나 자몽 크기의 밝은 녹색을 띠는 울퉁불퉁한 이 나무의 열매는 빵나무 열매의 축소판처럼 보이며 실제로도 그러하다. 오세이지오렌지나무는 빵나무와 같이 뽕나무과에 속한다. 암그루의 화서는 공 모양이며, 빵나무 열매와 형태학적으로 매우 비슷한 복과로 발달한다. 그러나 빵나무와는 달리 각 암꽃의 다육성 화피를 형성하는 4개의 화피편은 십자형으로 배열되며 뽕나무에서처럼 떨어져 있다. 뇌처럼 생긴 오세이지오렌지의 특이한 표면 무늬에서 알 수 있듯이, 각 암꽃은 빵나무에서처럼 하나의 둥근 돌기가 아닌 십자형으로 배열된 4개의 화피편으로 이루어져 있다.

유럽 인들이 아메리카 대륙에 도착했을 때까지 오세이지오렌지나무는 오세이지 사람들의 생활 반경인 텍사스 동부와 오클라호마, 알칸사스의 강 계곡으로 분포가 제한되어 있었다. 아메리카의 원주민들에게 이 나무는 활을 만드는 데 있어서 그 어떤 것에도 뒤지지 않는 목재로서의 가치가 있었다. 유럽의 탐험가들은 원주민들이 장수하는 이 나무를 찾기 위해 수백 마일을 이동한다고 보고하였다. 또한 이 나무의 심재는 매우 단단하고 부식에 강하여 흰개미의 영향을 받지 않는다고 한다. 19세기에 이 목재는 철도의 침목, 울타리, 마차 바퀴에 쓰이는 귀중한 목재였다. 오늘날에는 미국과 그 밖의 다른 곳에서 이 나무를 관상용으로 널리 재배하고 있다.

오세이지오렌지나무는 포유동물에 의한 산포에 적응한 전형적인 특징을 보여 주며, 가을이 되면 2~3일 안에 커다란 열매를 모두 떨어뜨린다. 땅에 떨어진 밝은 녹색의 열매는 자신을 먹어 줄 누군가를 기다리며 방향제와 비슷한 기분 좋은 향을 뿜어낸다. 하지만 이 향은 다소 기만적이다. 왜냐하면 생감자 같은 질감의 섬유질 과육은 약한 독성을 띠며 맛이 없기 때문이다. 그래서 사람이나 짐승 모두 종자를 산포해 주는 대신 얻는 이 과육을 좋아하지 않는다. 그나마 미국 동부에 서식하는 유일한 앵무새 종인 캐롤라이나잉꼬(*Conuropsis carolinensis*)가 이 열매를 먹는다고 하지만, 이 새가 관심 있어 하는 것은 과육이 아닌 종자였을 것이다. 유감스럽게도 캐롤라이나잉꼬의 부리와 소화관을 거친 종자가 온전한 상태인지 아닌지는 절대로 증명할 수 없다. 왜냐하면

오세이지오렌지나무(뽕나무과) *Maclura pomifera* (Moraceae) – osage orange. 북아메리카 원산

왼쪽: 열매(상과). 열매 지름 14cm. 오늘날 살아 있는 토착 동물들 중에서 산포자가 없는 오세이지오렌지는 빙하 시대에 멸종된 북아메리카의 거대동물 중 아마도 마스토돈의 입맛에 맞도록 진화했을 것으로 추측된다.

오른쪽: 확대한 열매 표면. 각 암꽃에 있는 다육질의 화피는 십자로 배열된 4개의 화피편으로 이루어져 있으며, 기다란 실 같은 암술머리가 그 사이로 나와 있다. 근연종인 빵나무에서는 4개의 화피편이 합착되어 동그란 하나의 돌기를 형성하는 것에 반하여, 오세이지오렌지의 화피편들은 서로 떨어져 있어 열매 표면에 뇌처럼 생긴 무늬를 만든다.

아래: 오세이지오렌지나무(뽕나무과) *Maclura pomifera* (Moraceae) – osage orange. 북아메리카 원산. 어린 열매(상과). 열매 지름 5cm. 개개의 암꽃을 나타내는 기다란 암술머리가 붙어 있다.

이 종의 마지막 개체가 1918년 신시내티 동물원에서 죽었기 때문이다. 입증되지는 않았으나 말이나 여우다람쥐, 주머니쥐, 그리고 아마도 라쿤과 여우 또한 이 열매의 과육을 먹는다고 한다. 하지만 이 주장이 사실이라 하더라도 대부분의 오세이지오렌지는 땅에 떨어져 썩은 채로 남겨지며 종자의 산포는 드물게 혹은 우연히 일어나는 것으로 보인다. 정황상 위의 동물 중 어느 것도 오세이지오렌지나무와 공적응을 이루는 주된 산포자일 가능성은 없어 보인다. 이에 대해 이 열매가 플라이스토세의 거대동물 중 멸종된 동물의 일부, 아마도 자이언트땅늘보와 매머드, 마스토돈이나 토착 말들을 제외한 다른 모든 동물들을 밀어내도록 진화했다는 설명이 더 적절해 보인다.

어떻게 해서 사실일 수 있는가?

다니엘 얀첸과 폴 마틴은 멸종된 플라이스토세의 거대동물과 관련된 기상천외한 거대동물 산포 이론을 발표한 이래 지지와 비판 모두와 맞닥뜨려 왔다. 과학적으로 엄밀히 말하면, 그들의 가설이 직접적인 증거 부족으로 인한 불안정한 생태학적 추론과 가정을 기반으로 한 것은 사실이다. 이 가설에 대한 가장 큰 의문은 시대착오적이라고 당연시되는 종들이 만 년이 넘는 동안 그들의 산포자 없이 어떻게 살아남았느냐는 것이다. 이에 대해 지나치게 시대착오적인 종들이 감소했다고는 하지만, 그 존재를 계속 이어 올 수 있었던 것은 그들이 가진 긴 세대 기간과 과육 도둑이나 종자 포식자, 지표수의 움직임에 의한 우연적이고 제한된 산포, 그리고 인간의 삶에 있어서의 유용함 때문일 수도 있다. 또 덜 시대착오적인 경우라고 할 수 있는 경우, 즉 현존하는 포유동물과 조류에 의해 아직도 산포가 되고 있는 식물의 경우들은 얀첸과 마틴의 이론에 반대하는 논거로 사용되어 오고 있지만, 작은 크기의 과식동물들이 고대의 거대동물 산포자들이 떠나면서 남긴 많은 자리를 채운다는 것은 자연스러운 것일 수 있다. 원숭이와 박쥐, 그리고 다른 동물들은 그들보다 훨씬 큰 경쟁자들이 없는 조건하에서 그 기회를 잡아 열매들을 먹었을 것이다. 그들이 종자를 삼키지는 않고 큰 열매의 과육이나 가종피만을 먹었을지라도 말이다. 특히 똑똑하고 손재주가 있는 영장류들은 그 열매가 주로 새에 의해 산포되는 것인지 포유동물에 의해 산포되는 것인지에 상관없이 모든 종류의 열매를 먹는 것으로 알려져 있다. 예를 들어, 영양가 많은 과육을 가졌으며 딱딱한 겉껍질 안에 매우 단단한 종자가 들어 있는 타마린드(*Tamarindus indica*, 콩과)는 전형적인 거대동물 산포 열매이다. 아프리카에서는 주로 반추동물들이 이 열매를 산포시키는 반면, 거대동물이 보다 적은 동남아시아에서는 원숭이가 이 열매의 중요한 산포자 역할을 한다. 또 마다가스카르에 있는 큰 종자를 맺는 나무 5종은 산포에 있어 목도리갈색리머(red-collared lemur, *Eulemur fulvus collaris*)에만 위태롭게 의존하고 있는데, 이것은 밀접한 공진화의 결과로 보일 수도 있지만, 사실 그 열매의 주요 산포자들이었던 덩치 큰 과식동물인 새와 리머가 멸종

타마린드(콩과) *Tamarindus indica* (Fabaceae) - tamarind. 열대 아프리카에서 유래한 재배종으로만 알려져 있다. 열매(폐협과). 타마린드는 목질로 된 껍질, 영양가 있는 과육과 지극히 단단한 종자를 가지고 있어 전형적인 거대동물 산포 열매이다. 현존하는 거대동물이 가장 다양하게 분포하고 있는 아프리카에서는 커다란 반추동물이 타마린드의 산포자인 반면, 아시아에서는 원숭이가 중요한 산포자 역할을 한다.

된 결과라는 것이다.

시대착오적 열매를 맺는 나무가 작은 크기의 포유동물 산포자가 소비할 수 있는 양보다 대단히 많은 양의 열매를 생산하는 경우가 있다는 사실은 그들이 훨씬 더 큰 동물을 유인하도록 진화했음을 보여 주는 또 다른 예이다. 얀첸과 마틴의 가설에 대한 또 다른 논쟁은 거대동물 산포 신드롬 자체가 실제로 있느냐는 것이다. 크기가 큰 초식동물들이 대부분 열매보다는 일반적인 식물체를 먹고 살아왔기 때문에 어떤 이들은 특정한 거대동물 산포 신드롬이 진화될 수 있었다는 것을 받아들이기 어렵다고 말한다. 하지만 이런 의문을 품는 회의론자들에게 코끼리에 의해 산포되는 아프리카의 나무들이 코끼리가 사라져 감에 따라 감소하고 있다는 과학적 증거가 그들을 안심시켜 줄 것이다. 그럼에도 또 한 가지 의문이 남는다. 무엇이 그 짧은 천년 안에 아메리카 대륙의 거대동물군을 멸종에 이르게 한 것일까?

매머드는 다 어디로 갔나?

지금까지 약 13,000년 전 북아메리카에 살던 대형 포유동물의 시대가 왜 막을 내렸는지에 대한 다양한 가설들이 세워져 왔다. 어떤 가설은 그 이유를 질병이라고 했으며, 또 어떤 것들은 기후 변화가 주된 이유라고 한다. 한 가지 가능한 추론은 수천 년 동안 추위에 적응한 털 많은 동물들이 플라이스토세에 이은 약 11,500년 전부터 오늘에 이르는 기간인 홀로세의 더워지는 기온을 견딜 수 없었다는 것이다. 더구나 마지막 빙하기를 끝나게 한 플라이스토세 말의 이 온난화는 갑작스러운 기후 변화로 중단되었으며, 이로 인해 지구는 잠시 동안 다시 지독한 추위에 빠졌다. 과학적으로 영거 드라이아스(Younger Dryas) 또는 더 생생하게 느껴지는 빅 프리즈(Big Freeze)라는 이 1,300년간의 냉각기는 약 12,700년 전에 시작되어 불시에 많은 동물들을 사라지게 만들었다. 이에 대해 일반적으로 인정되는 가설은 북쪽의 빙원에서 녹아내린 물이 만든 북아메리카 중앙의 거대 담수호, 애거시 호(Lake Agassiz)에 관한 것이다. 자연이 만든 댐인 애거시 호가 결국 터지면서 호수의 담수가 북대서양으로 흘러들게 되었고, 적도의 따뜻한 물을 북쪽으로 이동시키던 멕시코 만류의 흐름을 막아 냉각기가 도래했다는 것이다. 그 후 애거시 호의 물이 빠지면서 멕시코 만류는 천천히 정상으로 돌아왔고 영거 드라이아스는 끝이 났다.

이보다 더 최근에 과학자들은 영거 드라이아스 빙기의 갑작스런 발생을 야기한 것이 혜성이나 소행성의 충돌이었다는 것을 말해 주는 증거를 발견했다. 지구 밖에서의 급습이라는 별명을 가진 영거 드라이아스 충돌 사건은 12,900년 전 북아메리카 동부의 오대호(the Great Lakes) 지역에서 일어났을 것으로 추측된다. 그 충격파와 열파동으로 오대호의 담수가 넘쳐흐르게 되었고 애거시 호의 경우와 같은 영향을 주었다는 것이다. 혜성 충돌의 여파로 기후는 빠르게 변화하였으며,

스트레일리아에 서식하는 소철류가 맺는 다육질의 종자도 미히룽 (mihirung)의 먹이였을 것으로 추정된다. 구과가 익고 나면 밝은색의 종자들은 하나둘씩 떨어져 나와 땅에 사는 동물들에 의해 쉽게 발견될 수 있는 식물 주변에 떨어진다. 제3기(6천5백만 년 전~2백만 년 전) 동안에 오스트레일리아의 우점종이었던 과식동물 드로모르니스과의 새들은 종자를 포함한 대포자엽 전체를 삼킬 수 있었는지도 모른다.

아래: 플레이오귀니움 티모리엔스(옻나무과) *Pleiogynium timoriense* (Anacardiaceae) – Burdekin plum. 말레이시아 중부, 태평양 연안 원산. 열매 안의 핵. 지름 2~3cm. 북아메리카와 마찬가지로 오스트레일리아는 플라이스토세 기간에 그곳에 서식하던 대형 동물의 94%를 잃었다. 이 식물의 핵과는 시대착오적이라고 추정되는 오스트레일리아의 열매 중 하나이다. 이 열매가 낮은 높이에 달리고 땅에 떨어져 쌓여 간다는 것은 이와 공적응을 이룬 산포자가 미히룽일지 모른다는 것을 시사한다. 미히룽은 날지 못하는 거대 과식동물로, 약 3~5만 년 전에 사라졌다.

이 충돌과 관련된 다른 영향들로 인하여 당당했던 플라이스토세의 거대동물군은 사라졌다고 한다.

이보다 훨씬 이전인 1960년대에 폴 마틴은 북아메리카의 덩치 큰 포유동물들이 왜 갑자기 사라졌는지에 관한, 논란이 많았던 또 하나의 가설을 제시했다. 대형 포유동물의 시대를 전 지구적 관점에서 보면, 거대동물이 사라져 간 곳은 신대륙만이 아니다. 오스트레일리아는 한때 2~3m의 키를 가진 캥거루(*Procoptodon goliah*), 맥(tapir)과 비슷한 동물인 팔로르체스테스 아자엘(*Palorchestes azael*), 그리고 오스트레일리아에 서식했던 가장 큰 유대류이자 하마 크기의 웜뱃(wombat)으로 불리며 무게가 2톤인 디프로토돈 옵타툼(*Diprotodon optatum*)을 포함한 거대 유대류들의 고향이었다. 또한 오스트레일리아에는 2톤이나 되는 육식성의 거대도마뱀(*Megalania prisca*)도 있었다. 지구 반대편에 살았던 이런 "신화적 생물"에는 지금은 멸종된 드로모르니스과의 날지 못하는 새 미히룽(mihirung)도 포함된다. 오늘날의 거위와 유연관계가 가장 가까운 이 새는 신생대 제3기에 우세했던 과식동물로 오스트레일리아 대륙을 누비고 다녔다. 이 "거대 거위" 드로모르니스과에는 3m의 키와 500kg의 무게를 가진 것으로 지금까지 존재했던 새 중에서 가장 큰 새인 드로모르니스 스티르토니(*Dromornis stirtoni*)와, 이보다 작지만 여전히 거대한 크기에 육식을 한 것으로 보여 악마의 오리라는 별명이 붙은 불록코르니스 플라네이(*Bullockornis planei*)가 속해 있다. 오스트레일리아의 거대동물들이 정확히 언제 멸종되었는지는 모르지만 3~5만 년 전경의 플라이스토세 때 그들의 94%가 사라졌다. 오늘날 오스트레일리아의 노던 준주(Northern Territory)에 있는 많은 식물들은 그들이 시대착오적이라는 증거를 보여 준다. 그들 중 새에 의한 산포에 적응한 것으로 보이는 식물들은 얇은 과육에 싸인 매우 크고 단단한 하나의 종자나 핵을 가진 열매를 맺는다(예: 오웨니아 레티쿨라타 *Owenia reticulata*). 이런 열매들이 나무의 아래쪽에 열린다는 점과 땅 위에 떨어져 쌓여 간다는 사실은 이들과 공적응을 이룬 산포자가 5만 년 전과 3만 5천 년 전 사이에 마지막 개체가 사라진 드로모르니스속의 새라는 것을 시사한다. 오스트레일리아에 이어 온대 유라시아에서는 엘레파스 안티쿠스(*Elephas antiquus*)와 긴털매머드(*Mammuthus primigenius*), 털코뿔소(*Coelodonta antiquitatis*)를 포함한 플라이스토세의 거대동물들이 주목할 만한 하나의 예외를 두고 5만 년 전과 만 2천 년 전 사이에 점차적으로 사라져 갔다. 빙하가 녹아 해수의 높이가 올라가자 매머드의 한 개체군은 지금의 브랑겔 섬인 시베리아의 한 곳에 고립되었다. 섬의 제한된 자원에 의해 이 매머드들은 크기가 작아지는 쪽으로 점차 진화하게 되었다. 안전한 곳에 놓인 이 브랑겔 섬의 매머드들은 인간이 도착하기 전까지 본토에 있는 사촌들보다 7천 년이 훨씬 넘게 살았다. 이들 중 마지막으로 살아남은 매머드는 이집트 인들이 이집트 카이로 부근의 도시인 기자(Giza)에 거대 피라미드를 지은 후 850년이 지난 때인 지금으로부터 3,700년 전이 되어서야 죽었다.

드로모르니스 스티르토니(드로모르니스과) *Dromornis stirtoni* (Dromornithidae) - Stirton's thunderbird(폴 트러슬러 Paul Trusler의 상상화). 키 3m에 몸무게 500kg에 달하는 이 새는 지구상에 살았던 새 중에서 가장 큰 새이다. 이 새는 오스트레일리아의 드로모르니스과에 속하는 날지 못하는 8종의 새 중 하나이다. 제3기에서부터 5만 년 전과 3만5천 년 전 사이까지 수백만 년 동안 원주민에 의해 미히룽으로 불렸던 이 새들은 우점종인 과식동물로 오스트레일리아 대륙을 누비고 다녔다. 오스트레일리아는 플라이스토세의 언젠가 미히룽을 포함한 거대동물의 94%를 잃었다.

열매 – 먹을 수 있는, 먹을 수 없는, 믿을 수 없는

마다가스카르에서는 이보다 더 최근에 멸종 사건이 있었다. 그 섬에서는 지난 2천 년 동안 그곳의 가장 큰 여우원숭이와 두 토착종의 하마 그리고 코끼리새로 알려진 8종의 새가 모두 사라졌다. 또 타조와 닮았으며 키와 몸무게가 각각 3.6m, 300kg에 달했던 2~4종의 대형 모아(moa)를 포함한 11종의 모아가 살았던 뉴질랜드에서는 1200년과 1600년 사이에 그들 모두가 자취를 감추었다. 뉴질랜드의 많은 식물들이 빽빽하게 분기되어 자라는 것은 마구 돌아다니는 모아들에 대한 방어로 진화된 것으로 보이며, 현재에는 이것 역시 시대착오적이라고 할 수 있다.

폴 마틴은 지구상의 거대동물군이 상당수 멸종되었던 사건의 시기를 분석하여 그 시기가 그곳에 인간이 처음으로 도착한 시기와 대강 일치한다는 것을 발견하였다. 인간이 아프리카와 유라시아에서 퍼져 나간 후 새로운 대륙과 섬에 출현할 때마다 큰 체구의 동물 종들이 대량으로 사라져 간 듯 보인다는 것이다. 가장 최근에 일어난 이러한 사건은 시베리아와 알래스카 사이의 얼음이 녹으면서 생긴 육지 다리를 통해 북아메리카로 인간이 건너간 바로 직후인 13,000년 전에 일어났다. 기습 공격 이론(Blitzkrieg theory)이라는 별명을 가진 마틴의 지나친 가설은 인간의 무분별한 사냥이 거대 짐승들을 사라지게 했다고 제안하였다. 석기 시대에 사냥하기 가장 쉬운 동물은 덩치가 큰 동물이었다. 물론 위험이 따르기는 하지만 큰 동물들은 최소한의 노력으로 많은 음식을 주었으며, 사냥에 성공한 자에게는 명예가 따랐다. 오늘날 사냥 대회에서 우승한 자에게 주는 트로피가 말해 주듯 지금도 바뀐 것은 거의 없다.

지구상에서 대형 포유류의 시대가 아직 끝나지 않은 유일한 곳은 아프리카와 열대 아시아 일부이다. 야생 동물로 유명한 아프리카는 놀랄 만큼 다양한 거대동물상을 자랑한다. 이들 중에는 1톤이 넘는 무게를 가진 거대 초식동물 5종인 코끼리, 기린, 하마, 2종의 코뿔소도 여전히 포함된다. 마틴의 가설을 떠올리면, 이들의 생존은 역설적인 것이라고 할 수 있다. 아프리카는 인류의 요람으로, 인간들은 세계 어느 곳에서보다도 그곳에 더 오래 존재해 왔다. 따라서 마틴의 가설이 맞다면 아프리카는 대형 동물들이 사라지는 가장 첫 번째 장소가 되어야 한다. 하지만 아프리카의 큰 포유동물들은 정교해지는 인간의 사냥 기술에 적응할 만큼 긴 시간을 인간과 함께 살아왔다. 아프리카의 야생 동물에게 인류는 언제나 또 다른 육식성 포식자였다. 이것은 거의 2백만 년 동안 인류가 존재해 왔다고 알려진 아시아에 있는 거대동물상에도 똑같이 적용된다. 이 밖의 세계 다른 어느 곳에서는 갑자기 출현한 인간들이 아무것도 모르는 동물들에게 적응할 시간도 주지 않은 채 발달된 사냥 기술로 그들을 불시에 앗아가 버렸다. 이것은 두려움이 없었던 도도새의 비극적인 운명이 보여 주듯 특히 섬에 사는 동물상에 적용되었다.

지금까지 언급한 경우와 언급하지 않은 다른 많은 경우를 통틀어 인간의 출현과 그곳에 살던 큰 동물들의 멸종이 동시에 일어난 것이 모두 우연히 일어난 것은 아닐 것이다. 또한 대량 멸종이

기후 변화 탓이라면 많은 빙하기 중 오직 마지막 빙하기의 끝에만 대량 멸종이 있었다는 것이 설명될 수 없다. 그리고 마지막 빙하기가 끝난 후 브랑겔 섬의 매머드도 수천 년 간 생존해 있지 못했을 것이다. 게다가 오스트레일리아와 마다가스카르, 마스카렌 섬과 뉴질랜드 같은 곳에 살던 거대동물의 멸종은 급격한 기후 변화와 연결될 수 없다. 자이언트모아와 일부 다른 종들은 의심할 여지없이 인간의 사냥으로 멸종되었다. 그러나 플라이스토세에 북아메리카에서 수백만의 거대동물들이 빠르게 사라진 것은 사냥 하나만으로는 설명될 수 없다. 이에 대한 다른 추론은 인간과 그들이 기르던 가축들이 가져왔을지도 모르는 질병이 거대동물들을 사라져 가게 만들었다는 것이다. 신대륙의 거대동물들은 그 질병에 노출된 적이 없었기에 저항성도 가지고 있지 않았을 것이다. 유럽의 탐험가들이 천연두, 홍역, 백일해, 콜레라, 장티푸스, 흑사병, 간염, 그리고 다른 질병들을 북아메리카에 가져왔을 때에도 원주민들에게 똑같은 일이 발생하였다. 예를 들어, 이 질병들로 인해 멕시코 인구는 한 세기 안에 2,500만 명에서 단 100만 명으로 줄었다. 그럼에도 질병과 소행성의 충돌은 마스토돈, 매머드, 땅늘보, 그리고 북아메리카의 다른 무거운 야생 동물들의 종말을 야기했다기보다 그저 가속화시킨 것일지도 모른다. 결국 석기 시대의 주먹 도끼와 주먹 자르개, 그리고 창끝이 시간이 약간 더 걸리긴 했으나 분명 똑같은 결과를 초래했을 것이다.

지금까지의 내용을 보았을 때 플라이스토세의 많은 식물들은 거대동물들이 멸종함에 따라 가장 효율적인 산포자들을 잃은 채 남겨진 것임에 틀림없다. 불행히도, 지금까지 이야기한 동물들이 영원히 사라졌기 때문에 지금의 식물과 그 옛날 산포자가 이루었던 공적응은 현재의 기후 변화의 원인보다 훨씬 더 증명하기가 힘들어졌다. 신대륙에 있는 시대착오적 열매에 관한 연구는 행해진 것이 거의 없다. 또한 온대 유라시아에는 본래의 포유동물 산포자들이 극소수밖에 남아 있지 않다. 더구나 수 세기 동안 식용의 많은 열매들이 도입되고 재배되어 왔기에 그들의 본래 공진화적인 유대 관계를 재구성하는 것은 어려운 일이다. 사과, 모과, 복숭아, 배는 아마 포유동물이 산포해 주는 열매로 진화된 것일 수 있다. 빵나무, 잭프루트, 불가사의한 기생 식물 라플라시아(Rafflesia)가 맺는 볼링공 크기의 열매 같은 열대 아시아의 대형 열매들의 산포자에 대한 것은 더 알려진 것이 없다. 라플라시아가 맺는 열매의 경우는 단단한 겉껍질과 기름기 많은 과육, 그리고 썩은 코코넛 냄새로 보아 아마도 한때 같은 우림에 살았던 아시아코끼리(Elephas maximus)에 완벽히 적응된 것처럼 보이기도 한다.

시대착오적 열매의 실재를 증명하는 데 얼마나 더 많은 증거가 필요한가? 오늘날 기하급수적으로 늘어나는 인간 개체군은 그 어느 때보다 빠른 속도로 동물과 식물을 멸종에 이르게 하고 있다. 느린 진화의 속도 속에서 절대 오지 않을 산포자를 기다리는 식물의 존재는 순전히 지구상에 살아가는 모든 것들에 대한 우리의 무례함이 초래한 결과이다.

249쪽: 킬링가 스쿠아물라타(사초과) Kyllinga squamulata (Cyperaceae) – Asian spikesedge. 열대 아프리카, 마다가스카르, 인도, 인도차이나 반도 원산. 열매(가수과). 열매 길이 3.7mm. 포가 합착되어 만들어진 느슨한 주머니 안에는 납작한 원반 모양의 수과가 들어 있다. 납작한 형태의 날개는 바람을 이용한 산포에 적응한 것이 분명하며 양옆에 있는 날카로운 열편은 동물의 털에 붙어 산포되는 것에 적응한 것으로 보인다.

라플레시아(라플레시아과) Rafflesia keithii (Rafflesiaceae) – rafflesia. 보르네오 섬 특산. 라플레시아속에 속하는 약 25종의 식물은 모두 동남아시아 원산이다. 그 식물들은 엽록소가 없으며, 포도과의 테트라스티스마속(Tetrastigma spp.)에 속하는 덩굴 식물을 숙주로 하여 그들의 조직 안에 사는 내부 기생 생물이다. 라플레시아속 식물에서 눈에 보이는 유일한 부분은 20cm(R. manillana)에서 1m(R. arnoldii)가 넘는 지름을 가진 거대 꽃으로, 이것은 하나의 꽃 중에서는 가장 큰 꽃이다. 라플레시아 식물의 산포에 관한 것은 거의 알려진 바가 없다. 열매(반전핵과)는 커다란 공 모양이며, 기름진 과육에서는 썩은 코코넛 냄새가 난다. 열매의 크기와 질감, 냄새는 이것의 공적응적 산포자가 아시아코끼리(Elephas maximus)임을 시사한다.

열매 – 먹을 수 있는, 먹을 수 없는, 믿을 수 없는

짧은 시간 안에 대재앙처럼 파괴되는 서식지가 늘어 감에 따라 사라져 가는 첫 번째 동물은 포유동물과 조류이다. 이 동물들의 멸종과 함께 많은 식물들은 자신의 산포자를 잃게 되고 결국 그들은 생존의 위협을 받는 상황에 놓이게 된다. 또 빠르게 변화하는 기후는 이런 사태를 악화시킨다. 지구 온난화는 식물과 동물의 서식 범위를 축소시키기도 하고 이동시키기도 한다. 이런 변화는 인간에 의한 서식지의 단편화나 단순히 지리적인 이유(예: 산맥으로 인해 생긴 자연적인 경계, 주변의 물로 인해 생긴 섬)로도 일어나며, 많은 종들이 이주나 진화적 적응으로는 따라갈 수 없는 속도와 정도로 일어난다. 동물들과 달리 많은 종자식물들은 종자의 상태로 나쁜 환경에서도 오랜 기간 살아남을 수 있다. 대부분의 종자식물들은 건조한 상태가 지속되더라도 수년간 생명력을 잃지 않는 건조 – 내성 종자를 생산한다. 따라서 그 종자를 품은 열매는 그것이 거대한 나무가 되든 아주 작은 풀이 되든 그야말로 종의 생존 열쇠를 쥐고 있는 셈이다. 건조한 상태에서도 오랜 시간 동안 생존할 수 있는 건조 – 내성 종자의 놀라운 능력은 종자가 가진 가장 중요한 특성이다. 수명이 긴 작은 크기의 종자는 식물의 생식질을 보존하는 매우 효과적인 도구이다. 실험에 따르면 종자의 수명은 종자의 수분 함량이 적고 주변 온도가 낮을수록 늘어난다고 한다. 수분 함량과 주변 온도 간의 이런 관련성은 1973년 해링턴(Harrington)의 경험에서 나온 법칙이다. 이 법칙으로 보면 수분 함량이 1% 감소(생체 중량을 기준으로)할 때마다, 그리고 저장 온도가 5℃ 낮아질 때마다 종자의 저장 수명은 2배가 된다고 한다. 이 간단한 법칙은 식물의 생식질을 보존하기 위한 기관, 이른바 종자은행의 이론적인 기초가 되었다. 종자은행에 있는 종자들은 낮은 온도(예를 들어 영하 20℃)에서 밀폐 용기에 저장되어 있다. 이런 조건하에서 종자의 수명은 짧게는 수십 년에서 길게는 천년이 넘는다. 전 세계에는 수천 종의 주요 작물, 특히 곡류와 그 야생 조상종의 유전적 다양성을 보존하는 데 주력하는 종자은행이 많이 있다.

지금까지 일부 종자은행만이 늘어나는 멸종의 위험으로부터 야생의 식물종을 지키기 위해 이런 기술을 적용해 오고 있다. 그중 하나가 바로 큐 왕립식물원의 밀레니엄 종자은행 프로젝트(MSBP

250쪽: 밀레니엄 종자은행 프로젝트를 위한 종자 채취. 멕시코의 푸에블라 주 테우아칸 근처에서 가시 많은 백년초류(*Opuntia* sp., 선인장과)의 열매를 채취하고 있다.

영국 서식스 주의 웨이크허스트에 위치한 밀레니엄 종자은행 입구. 큐 왕립식물원의 종자 보존부가 운영하고 있는 건물로, 영국의 야심찬 보전 기관들 중 하나. 밀레니엄 종자은행 프로젝트는 2020년까지 전 세계 종자식물의 25%의 종자를 수집하고 보존하는 데 목표를 두고 있다.

이다. MSBP는 수천의 야생 식물종의 종자를 수집하고 보관하는 공통의 목적을 가진 53개국, 115 개의 협력 기관으로 구성되어 있다. 이 국제적인 보존 프로젝트는 2000년에 새 천년을 기념하며 영국의 밀레니엄 운영회, 웰컴 트러스트(The Wellcome Trust), 오렌지 피엘씨(Orange plc), 그리고 다른 기업과 개인의 후원 자금으로 설립되었다. 이 프로젝트의 첫 번째 목표는 2010년까지 전 세계 야생 종자식물의 10%인 약 24,000종[1987년 마벌리(Mabberley)가 전 세계의 종자식물을 최소 242,000종으로 추정한 것을 바탕으로]의 종자를 보존하는 것이다. 그리고 그 다음 단계로 식물 다양성의 보존과 지속 가능한 이용에 속도를 내어 2020년까지 모든 야생 종자식물의 25%를 보존하는 것을 목표로 하고 있다. 수집된 종자는 현재와 가까운 미래의 농업과 임업, 원예 및 서식지 복원에 이르는 다양한 사업에 쓰이기도 하겠지만, 대부분은 먼 미래를 위해 장기 저장된다.

현재 지구의 곳곳에서 벌어지는 서식지의 대규모적인 파괴와 종의 멸종을 고려해 보면 불확실한 먼 미래를 대비하여 종자를 수집하는 것이 무의미한 것일지도 모른다. 환경 파괴의 속도는 많은 식물들이 수백만 년 동안 유지해 온 그들의 자연환경으로 돌아갈 수 있는 희망을 남겨 두지 않고 있다. 이런 절망적인 전망 속에서 우리는 다음 세대를 위해 생물 다양성의 감소를 막는 일을 해야 한다. 현재의 서식지가 지금의 방법으로는 회복할 수 없을 정도로 파괴되더라도 언젠가 인류는 그것을 복구할 지식과 기술을 가질 것이다. 어쨌든 종자은행의 조건하에 많은 종자가 수백 년 동안 생명력을 잃지 않고 남아 있을 것이다. 중세 시대의 그 누가 인류가 언젠가 달에 갈 것이라고 믿었겠는가? 너무 현실화될 수 없는 것에 비유한 것으로 보일지도 모르지만, 그만큼 그 무엇으로도 대체할 수 없는 많은 것들이 미래에 대한 우리의 희망과 비전을 어둡게 하고 있다.

우리는 화석 기록을 통해 지구에 이미 5차례의 전 지구적 대멸종이 있었음을 알고 있다. 그 재앙 이후, 생물 다양성이 복구되는 데는 수백만 년 또는 심지어 수천만 년이 걸렸다. 이에 비해 처음으로 직립 보행을 한 인류의 조상은 약 6백만 년 전~4백만 년 전에 출현했으며, 우리와 같은 현생 인류는 길게 보아도 약 200,000년 정도 존재해 오고 있다. 따라서 앞으로 단기간에 환경을 복구할 수 있는 기회가 있다면, 우리는 종자은행 같은 예방책을 세워 행동해야 한다.

다행히도 우리는 인간이 초래한 환경의 재앙을 점점 깨닫고 있다. 그릇된 것일 수도 있겠지만, 인구 과잉과 기후 변화의 위협으로 인해 우리가 느끼는 공포감이 결국에는 한 가닥 희망으로 되살아나고 있다. 인류는 호모 사피엔스 사피엔스(*Homo sapiens sapiens*, "지혜가 있는 사람")라는 오만한 이름을 지키고, 이성으로 이기적인 본능을 이기는 방법을 찾아 지혜로운 사람의 다음 단계로 진화할 것이다. 그리하여 언젠가 인류가 살아남는다면 그들은 자신을 호모 사피엔스 일루미넨스(*Homo sapiens illuminens*, "깨우친 사람")로 자랑스럽게 부르는 새 아종으로 진화해 있을 것이다.

유칼립투스 마크로카르파(도금양과) *Eucalyptus macrocarpa* (Myrtaceae) – mottlecah. 웨스턴 오스트레일리아 주 원산. 이 종은 눈에 띄는 은회색의 잎과 지름이 10cm에 달하는 빨간색의 화려한 꽃을 가지고 있어 뚜렷이 구별되는 종이다. 열매는 너비 6~7cm의 삭과로, 안에는 작고 각이 진 갈색의 종자가 다수 들어 있다.
아래: 미성숙한 열매. 맨 아래: 꽃. 253쪽: 종자. 종자 길이 3.6mm

열매 – 먹을 수 있는, 먹을 수 없는, 믿을 수 없는

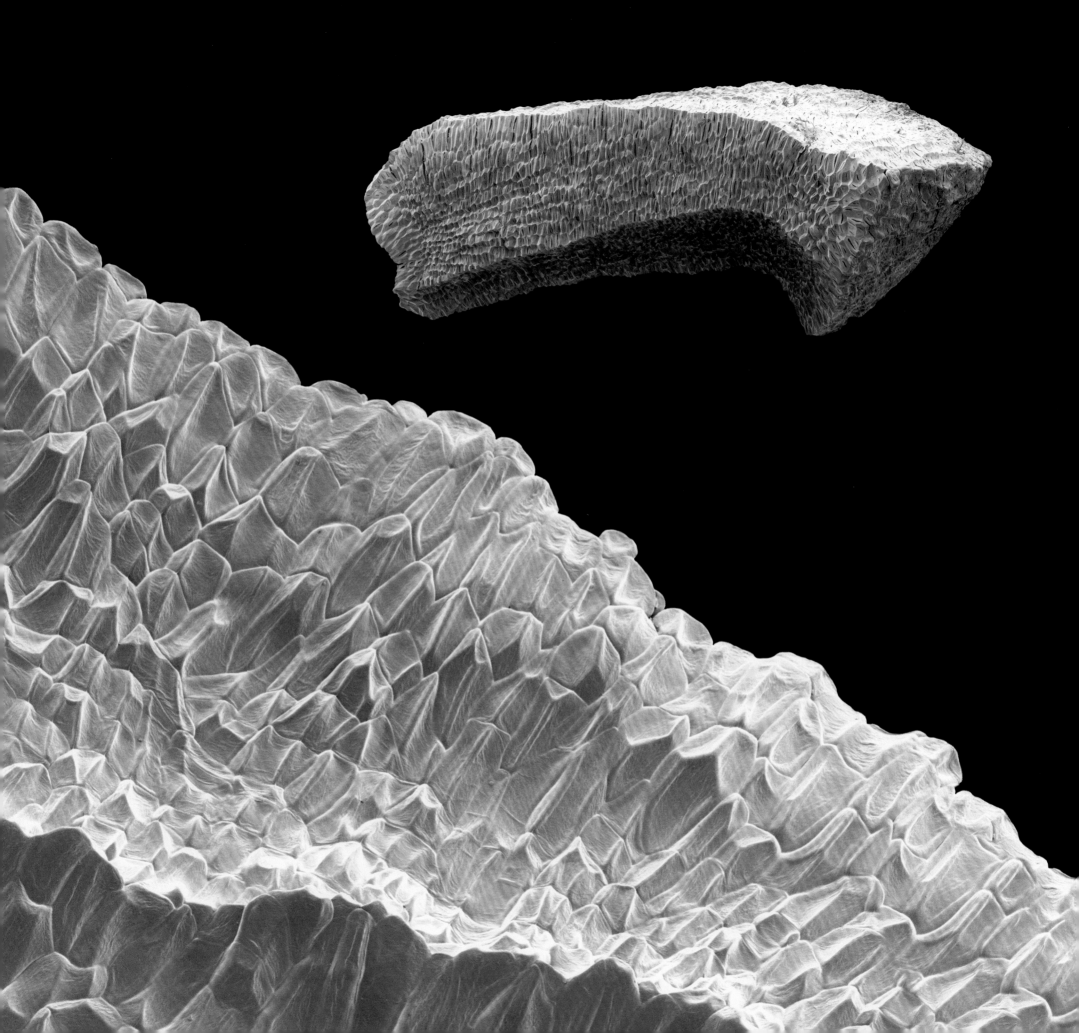

아래: 크라메리아 에렉타(크라메리아과) *Krameria erecta* (Krameriaceae) – Pima rhatany. 미국 남부, 멕시코 북부 원산. 열매(수과). 가시를 제외한 열매 길이 8mm. 미국의 애리조나 주에서 수집된 후 밀레니엄 종자은행에 도착했을 때의 모습이다. 열매의 표면에는 동물의 털에 달라붙기 위해 발달된 작은 바늘이 달린 긴 가시가 있다.

맨 아래: 크라메리아 에렉타의 열매를 알루미늄 대에 올려 두고 백금으로 코팅한 것이다. 시료의 표면을 얇게 덮고 있는 백금층은 2차 전자의 방출을 향상시키고 전도율을 높여 대상에 대한 정전하를 감소시킨다.

아래: 큐 왕립식물원의 조드럴(Jodrell) 실험실에 있는 히타치 사의 S-4700 주사전자현미경(SEM)으로, 이 책의 미세한 사진들을 촬영하였다.

맨 아래: 물체를 전자 빔으로 스캔하는 진공의 주사전자현미경 시료실 내부 알루미늄 대에 놓인 열매

아래: 최대로 낮은 배율에서 찍은 주사전자현미경 사진. 극히 작은 물체를 확대한 이미지를 얻기 위해 제작된 SEM에게 크라메리아 에렉타의 열매는 거대하다.

맨 아래: 부분적인 이미지들을 하나의 전체 열매 이미지로 맞춘 후 예술가의 작업이 시작된다. 본래의 흑백 이미지는 붓이나 손가락과 같은 민감도를 가진 그래픽 태블릿을 사용하여 조심스럽게 디지털 방식으로 변환된다. 이런 방식으로 각 이미지는 단순한 디지털 기술의 산물이 아닌 예술적으로 특별한 수공예품이 된다.

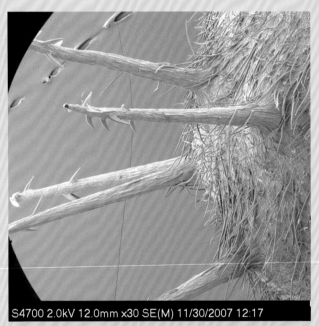

S4700 2.0kV 12.0mm x30 SE(M) 11/30/2007 12:17

열매 – 먹을 수 있는, 먹을 수 없는, 믿을 수 없는

감미로움

디지털 기술이 만든 수공예품

롭 케슬러(Rob kesseler)

나는 이 책에서 현미경상의 식물체를 이미지로 만들 때 단순히 그 대상을 보여 주는 것만이 아니라, 두 권의 전작에서부터 발달한 창조적 진화와 해석을 담고자 하였다. 『화분 – 꽃의 숨겨진 성(케슬러&할리)』에서는 화분의 연약하고 가녀린 신비함과 그 작은 무언가가 식물의 생식을 위해 그토록 필수적인 것이 될 수 있는지 탄성을 자아내는 절묘한 색채를 보여 주도록 화분 표본에 색을 입혔다. 이것은 예술적 감성과 과학적 철저함이 완전히 결합된 비교적 새로운 연구 분야이기에, 나는 강조와 명료성을 위해 색을 사용하면서 창의적인 면이 너무 많이 들어가지 않도록 하였다.

『종자 – 생명의 타임캡슐(케슬러&스터피)』에서는 고해상도의 폴라로이드 음화를 만들었던 이전의 아날로그식 주사전자현미경(SEM)을 최신의 디지털 모델로 바꾸었다. 이것은 상상할 수 없이 다양한 표면의 형태를 보여 주며 놀라운 선명도를 가진 훨씬 높은 해상도의 이미지들을 탄생시켰다. 화분과는 달리 자연 건조된 상태의 종자는 다양한 갈색과 검정색으로 보이므로 복잡한 구조물을 드러내기 위해 더 선명한 색들을 사용하였다.

디지털 이미지화는 허블망원경이 보내오는 자료에서 만들어진 인상적인 우주 공간의 이미지를 접하는 속도만큼 빠르게 발달하고 있다. 하지만 시각적인 볼거리를 만들어 내는 프로그램이 끊임없이 개발되고 있는 풍토에서 과학의 이미지화라는 분야에 예술가가 손길을 미치는 것은 도전적인 일이다. 나는 이 책의 이미지들로 현미경상의 식물 화상을 그리는 것에 대한 예술성이 더 복합적인 수준으로 끌어올려지길 원하고 있다. 르네상스 이후로 예술가들은 대부분 주된 몇 개의 대

상을 탁자 위에 가득 올려놓고 그것을 묘사하는 데에 자신의 능력을 펼쳤다. 그 예로, 17세기 화가인 바톨로미오 빔비(Bartolomeo Bimbi)는 메디치가의 후원 아래 하나의 열매들로만 이루어진 유화 시리즈를 선보였다. 한 그림 안에 적어도 115개의 각양각색의 배 혹은 34개의 레몬을 그려 넣었다. 처음부터 나는 이 감미로움을 따라가고자 노력하였다.

주사전자현미경은 종래의 현미경보다 더 높은 해상도의 이미지들을 얻기 위해 개발되었다. 각 시료는 세척 과정을 거쳐 다듬어지고 건조된 후 매우 얇은 금이나 백금으로 코팅되기 위해 알루미늄 대에 올려진다. 코팅된 상태의 시료는 마치 정교하게 만든 값비싼 금속의 작은 보석 같다. 그 후 진공관에 넣어 전자 입자를 쏘면 디지털 이미지로 데이터가 나오게 된다. 화분립은 작아서 수백 개가 한 프레임에 찍힐 수 있다. 그보다 더 큰 종자는 한 프레임에 하나가 들어갈 수 있다. 하지만 열매는 원래가 화분립이나 종자보다 훨씬 크기 때문에 아무리 작은 것이라도 대부분 한 프레임에 맞기에는 너무 크다. 이 책의 표지에 있는 미성숙한 딸기의 이미지는 40개가 넘는 프레임을 조심스레 이어 붙이고 다듬어 색채를 조정하고 마침내 색을 입힌 것으로, 이 과정은 오랜 시간 집중해야 하는 작업이었다.

반면에, 색을 벗기고 칠하여 만들어 내고 아래 있는 것을 덧입히는 수채화와 파스텔 작업은 부가적인 과정이었다. 이 이미지들은 붓이나 손가락과 같은 민감도를 가진 그래픽 태블릿을 사용하여 1차원적인 회색의 현미경 사진에서 다양한 색상의 것으로 바뀌었다. 이런 방법으로 각 이미지들은 단순하게 디지털 기술의 산물이 아닌 예술적으로 특별한 수공예품이 되었다.

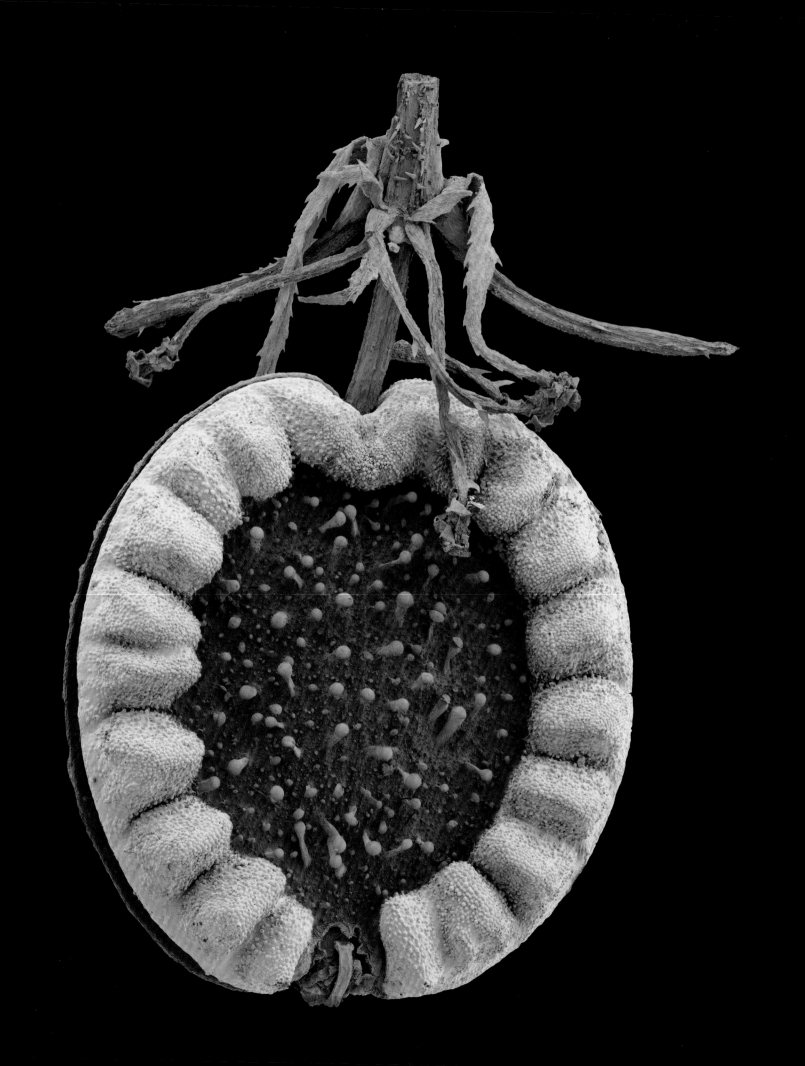

부 록
APPENDICES

토르딜리움 아풀룸(산형과) *Tordylium apulum* (Apiaceae) – Roman pimpernel. 유럽, 아시아 서부 원산. 열매(수과형 분열과). 열매 길이 5mm. 전형적인 산형과 식물로, 열매는 2개의 소과로 분리된다. 소과는 가벼운 스펀지 조직으로 된 편평한 모양이며, 둥근 고리 같은 가장자리는 여러 개의 공기주머니로 부풀어져 있으며, 이는 바람에 의한 산포에 적응한 것이다.

용어 해설

주석

일반적으로 식물학, 특히 열매분류학에서는 다른 학문과 마찬가지로 그만의 용어가 쓰인다. 이 용어들에 익숙하지 않은 독자를 위해 용어 해설을 덧붙인다. 가능한 한 식물의 일반명을 사용하였지만, 그 식물의 라틴명은 고유한 것이며, 전 세계의 박물학자들에게 모국어에 상관없이 통용되는 것이기에 꼭 필요한 것이다. 일반명은 언어마다 제각각 다르며 일부 종은 여러 개의 일반명을 가지고 있기도 하고, 하나의 일반명이 각기 다른 종을 지칭하기도 한다. 일반적으로 라틴명은 속명과 종명의 두 부분(예: Liriodendron tulipifera)으로 되어 있다. 전체 라틴명은 뒤에 있는 "찾아보기"에서처럼 맨 뒤에 명명자까지 포함한다. 가까운 근연 관계를 가진 종 그룹은 속을 형성하고, 가까운 근연 관계를 가진 속 그룹은 과(예: 목련과)를 형성한다. 식물들의 자연적 관계를 밝히는 데에 분자적 기법의 적용으로 식물의 분류 - 특히 현화식물의 경우 - 는 심오한 변화를 겪어 왔다. 오래도록 받아들여졌던 많은 과의 경계가 바뀌었으며 일부는 분리되었다(예를 들어 가장 최근에 있어서는 현삼과). 익숙한 분류를 위해 이 책에서는 피터 스티븐(Peter Stevens)의 시스템[Stevens, P.F.(2001 onwards), Angiosperm Phylogeny Website. Version 8, June 2007]을 따랐다. 이것은 피자식물의 자연적 관계를 연구하는 국제적인 과학자 연합인 피자식물 계통발생 그룹(Angiosperm Phylogeny Group)의 가장 최근의 분류를 따르는 시스템이다. 라틴명을 확인하는 데 매우 도움이 되었던 것은 IPNI(국제식물명색인 International Plant Names Index, www.ipni.org) 사이트와 국제 콩과 식물 데이터베이스 및 정보 서비스(International Legume Database & Information Service, www.ildis.org), 세계적인 외떡잎식물의 체크리스트(World Checklist of Monocotyledons, apps,kew.org/wcsp/home.do), 미주리 식물원의 W3TROPICS(Missouri Botanical Garden, http://mobot.mobot.org/W3T/Search/vast.html)이었다.

뒤에 실은 예외를 제외하고 여기에 실린 사진은 저자의 원저작물이다. 사진은 니콘 디지털 카메라(모델 D100, D200)와 니콘 60mm 마이크로, 35~105 마크로로 렌즈로 촬영된 것이다. 디지털 주사전자현미경 사진은 히타치사의 S-4700 주사전자현미경(SEM)으로 촬영된 것이다. 그 후 롭 케슬러가 본래의 흑백 이미지에 색을 입히기만 했을 뿐, 다른 어떤 방법으로도 바꾼 것은 없다. 그 색은 식물이나 꽃이 원래 가지고 있던 색이나 종피의 구조와 기능, 또는 단순히 예술가의 직감에 영감을 얻어 선택했다.

이 책에 실린 사진 자료는 주로 큐 식물원과 웨이크허스트 플레이스, 밀레니엄 종자은행, 종자표본실(현재는 밀레니엄 종자은행에 포함), 식물표본실이 포함된 영국 큐 왕립식물원의 수집품에서 얻은 것들이다.

자주 사용되는 약자: sp.=종(species, 단수). spp.=종(species, 복수).
스푸트(Spjut, 1994) 이후 수정된 열매 종류의 정의들

가과 pseudocarp : "가짜 열매". 근대의 교과서에서는 암술군만이 아닌 꽃의 다른 부분도 참여하여 발달된 열매를 나타낸다. 이런 열매의 명확한 용어는 위과(anthocarpous fruit)이다. [그리스 어: pseudos (가짜, 거짓말) + karpos (열매)]

가수과 pseudanthecium : 변형되어 융합된 포들이 부풀어 성숙한 수과를 감싸고 있는 사초과의 열매. 예: Kyllinga squamulata. (pseudos + anthos + oikos + ium)

가시과 pseudosamara : 성숙한 씨방의 끝에 씨방보다 긴 날개를 갖는 위과. 예: 이엽시과에서 길어진 꽃받침잎. [그리스 어: pseudos (가짜) + 라틴 어: samara (느릅나무 열매)]

가종피 aril : 나자식물과 피자식물에서 다양한 기원을 갖는 식용의 종자 부속물. 일반적으로 가종피는 동물 산포자에게 주는 보상의 개념으로 발달한 것이다. [라틴 어: arillus (포도 종자)]

가종피과 arillocarpium : 다육질의 부속물(가종피)로 둘러싸인 종자로 이루어진 구과식물의 열매. 예: 주목과. [라틴 어: arillus (포도 종자, 여기서는 종자 주변에 있는 과육인 가종피 + 그리스 어: karpos (열매)]

가핵과 pseudodrupe : 내과피가 없는 과피에 의해 구별되는 위과. 예: 호두과

각과 glans : 융합된 포(예: 참나무과) 또는 부풀어진 과경(Anacardium occidentale), 화탁, 화피에 의해 형성된 가종피 같은 구조물이 성숙한 씨방에 붙어 있거나 씨방을 감싸고 있는 폐과. 도토리의 라틴명

각두 cupule : 참나무류(Quercus spp.), 너도밤나무류(Fagus spp.), 밤나무류(Castanea spp.)와 다른 참나무과 식물의 암꽃과 열매 주위에 있는 컵처럼 생긴 기관. 깍정이. [라틴 어: cupula (작은 통)]

간접풍매개산포 anemoballism : 간접적으로 바람을 이용하여 이루어지는 산포. 예를 들어, 바람이 직접적으로 산포체를 옮기지는 않으나 열매를 움직여 산포가 이루어지는 것. 열매(대부분 삭과)는 주로 유연하며 긴 줄기 끝에서 바람에 흔들리고, 이로 인해 산포체가 밖으로 나온다. 예: 양귀비과 개양귀비. [그리스 어: anemos (바람) + ballistes, ballein (던지다)]

감과 hesperidium : 장과의 한 종류로, 가죽질의 외과피와 유선을 갖는다. 예: 운향과

개과지연현상 serotiny : 발달이나 개화가 늦어지는 것. 열매가 성숙한 후에도 오랜 시간 동안 열매와 종자가 나무 위 공중 종자은행에 달려 있는 것이다. 개과지연현상은 산불이 빈번한 서식지에의 적응 형태이다. 개과지연현상을 보이는 식물의 열매는 높은 온도에 노출된 후에 자신의 종자를 방출한다. [라틴 어: serotinus (늦어지다)]

개미매개산포 myrmecochory : 개미에 의한 산포. [그리스 어: myrmex (개미) + chorein (산포)]

건습운동 hygroscopic movement : 식물의 죽은 세포의 세포막이 주위의 습도 변화에 따라 팽창했다 수축했다하는 비생리적, 물리적 운동

건핵과 nuculanium : 열개하거나 열개하지 않는 섬유질 또는 가죽질의 바깥층과 단단한 내과피로 구별되는, 건조한 과피를 갖는 단과. 예: 야자나무과 Cocos nucifera , 장미과 Prunus dulcis

격벽 septum : 씨방 안에 있는 칸막이. 격막

견과 nut : 과피가 종자와 밀착해 있으며 보통 하나의 종자가 들어 있는 건조하고 열개하지 않는 열매

고생대 Paleozoic era : 5억 4천만 년 전~2억 4천8백만 년 전의 지질 시대. 캄브리아기, 오르도비스기, 실루리아기, 데본기, 석탄기, 페름기로 이루어져 있다. [그리스 어: palaios (고대) + zoion (생물체, 동물) - "고대의 동물"이라는 뜻]

곡식동물 granivore : 종자를 먹이로 하는 동물. [라틴 어: grani-, granum (곡물) + -vorus, vorare (집어 삼키다)]

골돌과 follicle : 하나의 봉합선(복봉선 또는 배봉선)을 따라 열개하는 하나의 심피에서 발달한 열매 또는 소과. 예: 미나리아재비과 동의나물의 소과. [라틴 어: folliculus (작은 가방)]

골돌과형 복과 folliconum : 골돌과인 소과들이 합쳐져 이루어진 복과. 예: 산용안과 Banksia menziesii. [라틴 어: folliculus (작은 가방) + conum, 라틴 어: conus (구과)]

골돌과형 복합과 follicetum : 하나의 봉합선(복봉선 또는 배봉선)만을 따라 벌어지는 소과들로 이루어진 복합과

골돌과형 분열과 follicarium : 심피의 복봉선을 따라 벌어지며 성숙 전에 심피가 각각 뚜렷하게 떨어지는 분열과. 예: 협죽도과

공구 ostiole : 식물체의 개구부

공중 종자은행 aerial seed bank : 개과지연현상 참조

과 family : 생물의 분류에서 계통을 이루는 주된 단위. 분류의 주요 단위는 (큰 것에서 부터) 강(class), 목(order), 과(family), 속(genus), 종(species)이다.

과병 fruit stalk : 열매의 자루, 열매자루, 과경

과서 infructescence : 결실 단계의 화서. 열매차례

과식동물 frugivore : 열매를 먹이로 하는 동물. 온대 지역의 많은 새와 같이 과식을 할 수 있는 동물들은 열매가 있을 때에는 주로 그것을 먹지만 다른 식물체나 동물체도 먹을 수 있다. 반면에 열대 지역에는 대부분 열매만을 먹이로 하는 절대적 과식동물이 있다. [라틴 어: frug- (열매) + vorare (집어 삼키다)]

과피 pericarp : 열매가 다 익은 상태에서의 씨방벽. 과피는 장과에서처럼 균일할 수도 있고 핵과에서처럼 외과피, 중과피, 내과피라 하는 세 개의 층으로 구별될 수도 있다. 과벽. [근대 라틴 어: pericarpum, 그리스 어: peri (둘레) + karpos (열매)]

관모 pappus : 국화과에서 열매의 위쪽 가장자리에 발달된 까그라기나 강모, 털, 비늘. 축소된 꽃받침에 해당하며, 때때로 바람에 의한 산포에 적응한 것이기도 하다. 갓털. 예: 민들레(Taraxacum officinale), 메도우샐서피(Tragopogon pratensis). [라틴 어: pappus (노인), 그리스 어: pappos (노인의 수염)]

구과식물 conifer : 일반적으로 바늘(또는 비늘) 같은 잎을 가지며, 구과에 단성화를 맺는 것으로 구별되는 나자식물의 한 그룹. 구과식물의 잘 알려진 예는 소나무, 가문비나무, 전나무가 있다. [라틴 어: conus (구과) + ferre (이동시키다, 품다)]

구과형 복과 trymoconum : 구과와 같은 구조물에 소과들이 배열되어 이루어진 복과. 예: 목마황과(Casuarina spp., Allocasuarina spp.).

극열개삭과 fissuricidal capsule : 하나 또는 그 이상의 평행한 좁은 구멍으로 불규칙하게 벌어지거나, 닫혀져 있는 봉합선을 따라 규칙적으로 벌어지는 삭과. 틈열개삭과. [라틴 어: fissura (틈)]

꼬투리 pod : 하나 이상의 심피로 이루어져 있으며 하나 이상의 종자가 들어 있는 공간을 단단한 과피로 둘러싸고 있는 건조과에 대한 일반적인 용어에 사용되는 구어체. 일부 식물학자들은 꼬투리라는 용어를 콩과 식물의 열매에만 사용하도록 제한했다.

꽃 flower : 적어도 하나의 유성 생식 기관(암, 수)을 갖는 제한 성장을 하는 생식 줄기. 꽃의 정의는 피자식물과 나자식물 모두의 생식 구조물에 적용된다.

꽃가루 pollen : 종자식물의 소포자. 대포자낭 위 또는 근처에서 발아될 수 있다. 아주 작고 지극히 단순한 응성배우체를 만든다. 화분. [라틴 어: 미세한 가루]

꽃받침 calyx : 꽃에 있는 꽃받침잎의 집합체. 즉, 화피에서 가장 바깥쪽 꽃잎. 악. [그리스 어: kalyx (컵)]

꽃받침잎 sepal : 꽃에서 화피의 안쪽에 윤생으로 배열한 것과는 다른 가장 바깥을 둘러싸고 있는 부분을 이루고 있는 것의 한 조각. 꽃받침잎들이 모인 것이 꽃받침이다. 악편, 꽃받침조각. [근대 라틴 어: sepalum 아마도 라틴 어 petalum (꽃잎)과 그리스 어 skepe (덮개, 담요)의 합성어로 만들어진 것으로 보임]

꽃밥 anther : 피자식물의 소포자잎(수술)에서 꽃가루를 품고 있는 부분. 꽃밥은 각각 2개의 화분낭 (=소포자낭)을 갖는 "꽃가루주머니"라는 생식력 있는 두 반쪽으로 이루어져 있으며, 주로 세로로 긴 구멍이나 열편, 구멍으로 벌어진다. 2개의 꽃가루주머니는 약이 수술대에 고정된 부분이기도 한 "약격(connective)"이라는 불임성 부위로 연결되어 있다. 약. [중세 라틴 어: anthera (꽃가루), 그리스 어: antheros (꽃의), anthos (꽃)]

꽃잎 petal : 바깥층과 안쪽층이 구별되는 화피에서 안쪽층을 구성하고 있는 것. 꽃잎들은 밝은색의 화려한 화관을 형성하기도 한다. 화판. [근대 라틴 어: petalum, 그리스 어: petalon (잎)]

나자식물 gymnosperm : 피자식물처럼 닫힌 대포자잎(심피)이 아닌 열린 대포자잎(구과식물에서 실편)에 밑씨를 품는 종자식물의 한 그룹. 나자식물은 서로 유연 관계가 먼 3개의 그룹[구과식물(8과 69속 630종), 소철류(3과, 11속, 292종), 매마등목(3과 3속 95종)]으로 이루어져 있다. 겉씨식물. [그리스 어: gymnos (나출) + sperma (종자)]

낙수매개산포 ombrohydrochory : 떨어지는 물을 이용한 산포. [그리스 어: ombros (소나기) + hydor (물) + chorein (산포)]

내과피 endocarp : 핵과에서 단단한 핵을 형성하고 있는 과벽(과피)의 가장 안쪽에 있는 층. [그리스 어: endon (내부) + karpos (열매)]

다육외층 sarcotesta : 다육질의 종피. 다육종피, 종의. [그리스 어: sarko (과육) + 라틴 어 testa (껍질)]

다핵과 pyrene : 주로 "핵"을 일컫는 핵과의 단단하고 앙상한 내과피. 핵과의 핵은 일반적으로 하나의 종자를 품고 있으나 다수의 종자를 갖는 핵도 있다(예: 옻나무과 Pleiogynium timorense). 다핵과라는 용어는 대부분 두 개 이상의 핵을 갖는 핵과에 사용한다(예: 감탕나무과 Ilex spp., 여우주머니과 Uapaca spp.). 또한 다수의 핵을 가진 핵과를 가리킬 때도 사용한다. [그리스 어: pyren (열매의 핵)]

단과 simple fruit : 하나의 암술만을 갖는 하나의 꽃에서 발달된 열매. 여기서 암술은 하나의 심피일 수도 있고 여러 개의 심피가 합착한 것일 수도 있다.

단심피 monocarpellate : 하나의 심피로만 이루어진다. 단심피로 이루어진 씨방을 단심피성 암술(단자예, simple pistil)이라 한다.

대배우체 megagametophyte : 대포자로부터 발달된 자성배우체. 자성배우자(난세포)를 갖는다. 자성배우체. [그리스 어: megas (큰) + gametes (배우자) + phyton (식물)]

대포자 megaspore : 자성배우체로 발달하는 포자. 이형포자에서 더 큰 것. [그리스 어: megas (큰) + sporos (싹, 포자)]

대포자낭 megasporangium : 자성배우체를 생산하는 포자체의 기관. 주로 은화식물에서 쓰이는 용어로, 종자식물에서는 이러한 기관을 주심(nucellus)이라고 한다. [그리스 어: megas (큰) + sporos (싹, 포자) + angeion (작은 통)]

대포자잎 megasporophyll : 대포자(자성)를 품고 있는 대포자낭을 생산하는 특수화된 생식잎. 예: 피자식물의 심피. [그리스 어: megas (큰) + sporos (싹, 포자) + phyllon (잎)]

데본기 Devonian : 4억 1천7백만 년 전~3억 5천4백만 년 전의 지질 시대

동물매개산포 zoochory : 동물에 의해 식물의 산포체가 산포되는 것. [그리스 어: zoon (동물) + chorein (산포)]

동물부착산포 epizoochory : 산포체가 동물의 몸체 표면에 붙어 이루어지는 산포. 이 산포체에는 갈고리나 점액 물질이 있어 동물의 털이나 깃털 또는 사람의 옷에 달라붙는다. [그리스 어: epi (위에) + zoon (동물) + chorein (산포)]

동물소화산포 endozoochory : 식물의 산포체를 동물이나 인간이 먹고 소화관 안에 넣어 이동시킴으로 해서 이루어지는 산포. 주로 단단한 종자나 내과피는 온전한 상태로 소화관을 거쳐 배설물로 나온다. [그리스 어: endon (내부) + zoon (동물) + chorein (산포)]

두과 legume : 협과 중에서도 콩과 식물의 협과를 일컬음. 하나의 심피에서 발달하여 종자가 복봉선에 부착한 채로 2개의 봉합선(복봉선, 배봉선)을 따라 벌어진다. 협과. [라틴 어: legumen (콩)]

두상화 capitulum : 꽃자루가 없는 꽃들이 가운데 축에 조밀하게 모여서 밀집된 다발을 이루는 화서로 주로 총포에 싸여 있다. 예: 국화과, 산토끼꽃과. [라틴 어: 작은 머리. "caput(머리)"의 지소사]

떡잎 cotyledon : 배아에 있는 하나(외떡잎식물에서) 혹은 한 쌍(쌍떡잎식물에서)의 잎. 자엽. [그리스 어: kotyle (그릇 모양을 말함)]

마름쇠 caltrop : 사면체 4개의 모서리 끝에 4개의 가시로 이루어진 구조물. 이것이 바닥에 떨어지면 3개의 가시는 아래를 지지하고 나머지 하나는 위를 향해 있다. 처음에 마름쇠는 말을 타고 가는 추적자를 늦추는 도구로 사용되었으나 후에 자동차 타이어에도 똑같이 효과적이라는 것이 입증되었다.

매마등목 Gnetales : 전체 95종이며 세 개의 속(Gnetum, Ephedra, Welwitschia)을 갖는 세 개의 과로 구성된 나자식물의 그룹

물매개산포 hydrochory : 물에 의해 식물의 산포체가 산포되는 것. 물매개산포는 다시 흐르는 물에 의한 산포(nautohydrocory)와 빗물이나 이슬에 의한 산포(ombrohydrochory)로 나눌 수 있다. 수매산포. [그리스 어: hydor (물) + chorein (산포)]

미상화서 catkin : 화서의 줄기가 길며 단성화가 많이 붙어 있는 꼬리 모양의 화서. 주로 밑으로 처진다.

밑씨 ovule : 수정 후 종자가 되는 기관. 종자식물에서 대포자낭을 주심으로 둘러

싸고 있는 것. 배주. [근대 라틴 어: *ovulum* (작은 난자)]

바람매개산포 anemochory : 바람에 의한 산포체의 산포. 풍매산포. [그리스 어: *anemos* (바람) + *chorein* (산포)]

박과 pepo : 장과의 한 종류로 두꺼운 가죽질의 껍질에 싸여 있으며 측막태좌에 종자가 달리는 열매. [라틴 어: *pepo* (멜론, 박, 호박), 그리스 어 *pepon* (숙성한)]

박쥐매개산포 chiropterochory : 박쥐에 의해 식물의 산포체가 산포되는 것. [근대 라틴 어: *chiroptera* (박쥐), 그리스 어: *kheir* (손) + *pteron* (날개, 깃털) + *chorein* (산포)]

반심피분열과 microbasarium : 성숙할 때 종자가 들어 있는 각 심피가 둘로 분리되는 암술군에서 발달한 열매. 예: 지치과, 꿀풀과. [*micros* (작은) + *basis* (기초) + *arium* (분열과)]

반전핵과 amphisarcum : 내부는 하나 이상의 다육질 층으로 되어 있으며 외부는 건조한 껍질로 된 과피를 갖는 폐라인 단과. 즉, 속이 바깥으로 뒤집힌 핵과. 예: 아욱과 바오밥나무. [그리스 어: *amphi* (양쪽, 둘레) + *sarx* (과육)]

발아구 aperture : 꽃가루의 화분벽에 미리 형성되어 있는 구멍. 이곳을 통해 화분관이 나온다.

배아 embryo : 식물의 수정 후 난세포에서 발달하는 어린 포자체. 배. [라틴 어: *embryo* (태어나지 않은 태아, 싹), 그리스 어: *embryon* = *en-* (안에) + *bryein* (터질 지경이다)]

배우체 gametophyte : 일반적으로 배우자를 생산하는 식물의 생활사에서의 반수체 세대. 예: 고사리류의 전엽체 또는 종자식물의 암배우체와 수배우체(발아한 꽃가루). [그리스 어: *gametes* (배우자) + *phyton* (식물)]

배젖 endosperm : 종자에서 양분을 가진 조직. 일반적으로 배젖이라는 용어는 피자식물에서 중복 수정의 결과로 생긴 삼배체 조직에 해당하는, 종자에 있는 영양가 있는 조직만을 일컫는다. 나자식물 종자에서 영양이 있는 부분은 대배우체의 반수체로 이루어져 있다. 이 두 가지를 구분하기 위해 나자식물과 피자식물의 영양 조직을 각각 "일차배젖", "이차배젖"이라고 한다. 배유. [그리스 어: *endon* (내부) + *sperma* (종자)]

백악기 Cretaceous : 1억 4천2백만 년 전~6천6백만 년 전의 지질 시대

베네티테스목 Bennettitales : 멸종된 나자식물 무리로 트라이아스기(2억 4천8백만 년 전~2억 6백만 년 전)에 처음으로 출현하여 백악기(1억 4천2백만 년 전~6천5백만 년 전) 무렵 멸종되었다. 겉모습이 소철류와 닮아 있어 키카데오이드(cycadeoid, "소철 같은")라고도 한다.

변과 craspedium : 하나의 심피에 발달한 열매로 종자가 하나씩 들어 있는 조각으로 떨어지는 것. 종자가 들어 있는 조각들은 각각 가로로 분리되며 가장자리의 틀을 남겨 두고 세로로 분리된다. [그리스 어: *kraspedon* (가장자리)]

복과 compound fruit : 2개 이상의 꽃에서 유래된 열매. 현대의 대부분의 책에서 이 의미를 이생심피 암술군에서 발달한 열매를 가리키는 복합과에 적용하고 있으나 이는 수정되어야 한다. 복합과 참조

복심피 암술 compound pistil : 2개나 그 이상의 심피가 합착되어 형성한 암술. 복자예

복합과 multiple fruit : 이생심피 암술군에서 발달한 열매. 오늘날 대부분의 저자들은 둘 이상의 꽃에서 발달한 열매(복과 – compound fruit)에 이 용어를 사용하기도 하며, 이생심피 암술군에서 발달한 열매를 "취과(aggregate fruit)"라고 하기도 한다. 하지만 "취과"는 "복과"와 같은 말로, 이 둘은 모두 둘 이상의 꽃에서 발달한 열매이다(Spjut & Thieret 1989). 스푸트와 티어렛은 이 혼동을 추적하여, 린들리(Lindley, 1832)가 캉돌(de Candolle, 1813)이 정의한 "aggregate"와 "multiple"의 의미를 바꾸었다는 것을 알아내었다(1989). 영문책에서는 대체로 린들리의 오류를 채택한 반면, 비영문책에서는 캉돌의 정의(1813)를 따르거나 관련 있는 다른 용어를 사용하였다고 한다. 스푸트와 티어렛(1989)은 취과와 복합과 간의 더 이상의 혼동을 피하기 위해, 둘 이상의 꽃으로 구성된 열매를 일컫는 용어로 취과 대신 복합과를 사용하고 복합과에 대한 본래의 올바른 의미는 그대로 유지할 것을 권하였다. 복합과와 복과 간의 구분은 게르트너(Gaertner, 1788)가 처음 만들었으나, 그 의미를 더욱 확실하게 한 것은 링크(Link, 1798)이다.

봉합선 suture : 기관들이 결합될 때 접합이나 이음매로 표시되는 선. 예를 들어 열개과의 심피가 벌어지는, 미리 형성되어 있는 선. 주로 심피의 배봉선은 심피 중앙의 관다발(중심맥)과 일치하고, 복봉선은 주로 심피의 가장자리가 합착된 선이다. [라틴 어: *sutura* (이음매)]

분과 mericarp : 꿀풀과의 분열과에서 절반의 심피에 해당하는 소과. 분열과에서 하나의 소과

분과자루 carpophore : 분열과의 중앙축. 전형적인 산형과의 열매에서처럼 성숙 시에 소과들이 이 한 부분만을 제외하고 분리된다. [그리스 어: *karpos* (열매) + *phorein* (품다). "열매 소지자"]

분열과 schizocarpic fruit : 수분할 당시에는 부분적으로나 완전히 합착된 심피였으나 성숙 시에는 각 심피의 구성단위로 분리되는 열매. 종자 산포 단위로서의 기능을 하는 분과로 나누어진다. [그리스 어에서 유래한 근대 라틴 어: *skhizo-* (분리되다) + *karpos* (열매)]

삭과 capsule : 합생심피 암술군에서 발달한 열개과로, 과피가 벌어지면서 종자가 산포된다. [라틴 어: *capsula*, "*capsa* (상자, 캡슐)"의 지소사]

삭과형 복과 capsiconum : 삭과인 소과들이 모인 복과. 예: *Liquidambar*

styraciflua (조록나무과). [라틴 어: *capsa* (상자) + *conum*, 라틴 어: *conus* (구과)]

산포체 diaspore : 식물에 있어서 종자 산포의 가장 작은 단위. 산포체는 종자, 복과나 분열과의 소과, 열매 자체, 또는 묘목(예: 망그로브)이 될 수 있다. [그리스 어: *diaspora* (분산, 파종)]

상과 sorosis : 과경에서 발달한 많은 다육질의 소과들로 이루어진 복과. 소과들은 서로 떨어져 있거나(예: 뽕나무과 *Broussonetia papyrifera*, *Morus nigra*) 융합되어 있다(예: 파인애플과 *Ananas comosus*, 층층나무과 *Cornus kousa* subsp. *chinensis*). [그리스 어에서 유래한 라틴 어: *sorus* (무더기)]

생식질 germplasm : 생식을 통하여 자식을 만들 때, 그 몸을 만드는 근원이 되는 것. 예: 정소, 난세포

석송류 clubmoss : 종자 없이 포자를 생산하는 관다발 식물 그룹인 석송식물문에 속하는 식물의 일반명. 석탄기(3억 5천4백만 년 전~2억 9천만 년 전)에 인목(*Lepidodendron*)과 봉인목(*Sigillaria*) 같은 나무처럼 발달한 석송의 친척들은 속새의 친척들과 함께 지구상의 큰 부분을 차지하며 대규모의 습지에서의 거대 숲의 주요 구성원이었다. 오늘날 석송류는 석송(*Lycopodium* spp.), 부처손(*Selaginella* spp.), 물부추(*Isoetes* spp.)와 같은 초본 식물로 1280여 종에 달한다.

석탄기 Carboniferous : 3억 5천4백만 년 전~2억 9천만 년 전의 지질 시대

세포설 Cell theory : 1839년 슐라이덴(Matthias Jakob Schleiden)과 슈반(Theodor Schwann)에 의해 생물체는 세포라는 조직의 기초 구성 물질로 이루어져 있다고 제기한 이론. 1858년 피르호(Rudolf Virchow)는 모든 세포는 이미 존재하고 있는 세포로부터 나온다는 결론을 더해 세포설을 완성하였다.

소견과 nutlet : 견과의 지소사. 떨어져 있거나 성숙하는 과정 중에 떨어지는 심피로 이루어진 암술군에서 발달하는 열매에서 견과 같은 하나의 심피 또는 절반의 심피(분과)를 일컫는다.

소과 fruitlet : 열매에서 분리되어 떨어진 하나의 구성단위. (1) 성숙한 분열과에서 하나의 심피 또는 절반의 심피에 해당 (2) 성숙한 복합과에서는 하나의 심피에 해당 (3) 복과에서는 성숙한 씨방(단심피 또는 다심피)에 해당. 낱 열매

소배우체 microgametophyte : 소포자로부터 발달된 웅성배우체. 웅성배우자(정세포)를 갖는다. 웅성배우체

소철류 cycads : 외적으로 야자나무와 닮은 원시의 나자식물. 소철류는 일반적으로 두껍고 가지를 치지 않는 줄기와 야자나무와 같은 깃 모양의 잎, 그리고 커다란 구과로 구별되는 목본성 식물이다. 소철류는 살아 있는 화석으로, 공룡의 중요한 먹이 공급원이었다. [그리스 어: *kykas* (야자나무), 야자나무처럼 생긴 그들의 외형을 암시]

소포 bracteole : 꽃 바로 옆에 대어져 있는 작게 특수화된 포. 포와는 달리 소포는 개개의 꽃과 연관되어 있다. 소포엽. [근대 라틴 어: *bracteole*, "*bractea* (금박)"의 지소사]

소포자 microspore : 웅성배우체로 발달하는 포자. 이형포자에서 더 작은 것. [그리스 어: *mikros* (작은) + *sporos* (싹, 포자)]

소포자낭 microsporangium : 웅성배우체를 생산하는 포자체의 기관. 주로 은화식물에 쓰이는 용어로, 종자식물에서는 이러한 기관을 화분낭이라고 한다. [그리스 어: *mikros* (작은) + *sporos* (싹, 포자) + *angeion* (작은 통)]

소포자엽 microsporophyll : 소포자(웅성)를 품는 소포자낭을 생산하는 특수화된 엽이다. 예: 피자식물의 수술. [그리스 어: *mikros* (작은) + *sporos* (싹, 포자) + *phyllon* (잎)]

소화경 pedicel : 화서에서 1개의 꽃을 달고 있는 자루

속새류 horsetail : 종자는 없고 포자를 생산하는 관다발 식물의 그룹인 속새식물문(Sphenophyta)에 속하는 식물을 흔히 일컫는 말. 3억 년 전 석탄기에 저지대의 숲과 늪지는 석송과 속새의 친척들인 포자를 맺는 다양한 나무들로 이루어져 있었다. 오늘날 속새식물문에는 전 세계적으로 약 15종이 있는 속새속(*Equisetum*)만 남아 있다.

수과 achene : 건조한 과피가 종자와 밀착되어 있으나 종피와는 구별되며, 보통 하나의 종자를 갖는 소형의 폐과. 예: 국화과 해바라기. [그리스 어: *a* + *khainein* (하품하다)]

수과형 복합과 achenetum : 수과가 모인 복합과. 종자에 밀착한 과피를 갖는 여러 개의 수과(수과형)들로 이루어진 복합과

수과형 분열과 polachenarium : 성숙 시 소과들이 분과자루에 붙은 채로 세로로 하나씩 분리되는 분열과. 분과자루는 심피 배 쪽의 관다발에 의해 형성된 것이다. 예: 산형과

수분액 pollination drop : 많은 나자식물에서 꽃가루를 수집하는 도구로 주공에서 분비된 액체성 방울. 수분액은 재흡수되어 화분방으로 꽃가루를 가져오는 결과가 된다. 꽃가루방울, 화분방울

수술 stamen : 피자식물의 소포자엽 그 끝에 생식력 있는 꽃밥과 불임성의 수술대로 이루어져 있다. 각 꽃밥은 꽃가루(소포자)가 들어 있는 4개의 화분낭(소포자낭)을 갖는다. 웅예. [라틴 어: *stamen* (실)]

수술대 filament : 수술의 자루. 화사. [라틴 어: *filum* (실, 줄)]

습열개 hygrochasy : 수분에 닿을 때만 벌어지는 것으로, 흡습성으로 인해 삭과가 되는 것. 건조해지면 다시 닫힌다. 예: 번행초과의 삭과. [그리스 어: *hygros* (수분) + *chasis* (틈)]

시과 samara : 종자 부분보다 더 긴 날개가 달린 견과 또는 수과. 익과. [느릅나무 열매의 라틴 어 이름]

시과형 분열과 samarium : 종자 부분보다 더 긴 날개를 가진 폐라인 소과로 분리되는 분열과. 예: 무환자나무과 단풍나무속, 딥테로니아속

신생대 Caenozoic era : 6천5백만 년 전부터 오늘날에 이르는 기간. 신생대는 각각 "세"로 다시 세분되는 제3기(팔레오세, 에오세, 올리고세, 마이오세, 플리오세)와 제4기(플라이스토세, 홀로세)로 나뉜다. 또 신생대는 팔레오기(팔레오세~올리고세)와 네오기(마이오세~홀로세)로 나뉘기도 한다. [그리스 어: *kainos* (새로운) + *zoion* (생물 또는 동물), "새로운 동물"을 의미]

심실 loculus/locule : 암술군에서 종자가 들어 있는 공간의 하나. 암술군이 단심피성이거나 또는 다심피성에 격벽이 없다면(즉, 심피 사이에 격벽이 없다면) 심실은 오직 하나만 있을 것이다. 자실, 씨방실. [라틴 어: *loculus* (작은 장소)]

심피 carpel : 피자식물에서 하나 이상의 밑씨를 감싸고 있는 생식엽(대포자엽). 심피는 일반적으로 밑씨를 품고 있는 부분(씨방)과 암술대, 암술머리로 분화되어 있다. 하나의 꽃에 있는 심피들은 서로 떨어져서 이생심피 암술군이 될 수도 있고, 서로 합착되어 합생심피 암술군이 될 수도 있다. [근대 라틴 어: *carpellum* (작은 열매). 그리스 어: *karpos* (열매)]

쌍떡잎식물 Dicotyledon : 배아에 두 개의 마주 보는 잎(떡잎)의 존재로 구별되는 피자식물의 두 주요 그룹 중 하나. 그 밖의 전형적인 특징으로는 잎의 그물맥과 꽃의 기관이 일반적으로 4 또는 5수성인 점, 관다발의 환상 배열, 주근의 발달, 그리고 2차 부피 생장(나무와 관목에는 없다)이 있다. 쌍떡잎식물은 오래동안 단일한 독립체로 여겨졌으나, 최근에 들어서 목련군과 진정쌍자엽군의 두 그룹으로 분리되었다. 쌍자엽식물. [그리스 어: *di* (둘) + *cotyledon* (떡잎)]

씨방 ovary : 밑씨를 담고 있는 암술의 커진 아래 부분. 자방. [근대 라틴 어: *ovarium* (난자가 있는 곳), 라틴 어: *ovum* (난자)]

씨방상위화 hypogynous flower : 꽃받침잎, 꽃잎, 수술이 씨방 아래에 있는 꽃. 따라서 씨방이 노출되어 있어 확실히 보인다. 자방상위화. [그리스 어: *hypo* (아래, 밑) + *gyne* (여성)]

씨방중위화 perigynous flower : 화통이 암술군의 주위를 감싸고 있으나 서로 떨어져 있는 상태의 꽃. 자방중위화. [그리스 어: *peri* (둘레) + *gyne* (여성)]

씨방하위화 epigynous flower : 꽃받침잎, 꽃잎, 수술이 씨방 위에 있는 꽃. 따라서 씨방이 아래에 있으며 눈에 보이지 않는다. 자방하위화. [그리스 어: *epi* (위에) + *gyne* (여성)]

암수딴그루 dioecy/dioecious : (1) 암수의 생식 기관이 서로 다른 배우체에 형성된 것(예: 일부 이끼류와 고사리류) (2) 종자식물에서 암꽃과 수꽃이 각기 다른 개체에 있는 상태. 자웅이체, 자웅이주, 암수딴그루. [그리스 어: *di* (두 개로 된) + *oikos* (집)]

암수한그루 monoecy : (1) 암수의 생식 기관이 같은 배우체에 형성된 것(예: 많은 이끼류와 고사리류) (2) 종자식물에서 암꽃과 수꽃이 같은 개체에 형성된 것. 자웅동체, 자웅동주, 암수한몸. [그리스 어: *monos* (하나) + *oikos* (집)]

암수한몸 hermaphrodite : 암수의 생식 기관이 하나의 구조물이나 하나의 개체에 있는 것. 예: 수술과 암술을 모두 갖는 양성화. 그리스 신화에서 헤르마프로디토스(Hermaphroditos)는 헤르메스와 아프로디테의 잘생긴 아들의 이름이다. 그는 님프 살마키스와 한 몸으로 합쳐져 반은 남자, 반은 여자가 되었다. 자웅동체, 자웅동주

암술 pistil : 1700년에 투른포트(Tournefort)가 제시한 것으로, 하나(단자예)는 그 이상의 심피(복자예)로 이루어진 각각의 씨방. 하나 또는 그 이상의 암술대와 암술머리를 갖는다. 자예. [라틴 어: *pistillum* (막자), 모양을 암시]

암술군 gynoecium : 심피가 합착된 것이든 분리된 것이든 이에 상관없이 꽃에 있는 모든 심피의 총칭. 자예군. [그리스 어: *gyne* (여성) + *oikos* (집)]

암술대 style : 피자식물에서 암술머리와 암술이 가늘고 길게 연장되어 암술머리와 씨방을 연결하고 있는 부분. 암술대를 통해서 화분관이 씨방으로 자라면서 내려간다. 화주. [그리스 어: *stylos* (기둥)]

암술머리 stigma : 꽃가루를 받을 수 있는 심피의 맨 위쪽 끝 부분. 암술머리는 주로 암술대에 의해 씨방의 위로 올라간다. 주두. [그리스 어로 얼룩, 흔적]

연작류 passerine : 참새목에 속하는 새. "나뭇가지에 앉는 새" 또는 "노래하는 새"로 더 알려져 있다. 5천 종이 넘으며 알려진 종류의 새들 중 절반이 넘는 것들이 연작류에 속한다. 익숙한 예로는 참새, 되새, 개똥지빠귀가 있다.

열매 fruit : 종자가 없게 개량된 열매를 포함하여 종자를 품은 일관된 구조물

엽액 axil : 줄기와 잎 사이. 잎겨드랑이

영과 caryopsis : 벼과 식물의 열매(견과)를 일컫는 이름. 영과는 수과와 매우 유사하다. 단 한 가지 차이점은 영과의 과피가 크게 확대했을 때에만 종피와 구별된다는 점이다. 곡과. [그리스 어: *karyon* (호두 또는 다른 견과, 알맹이) + *-opsis* (닮음)]

외과피 epicarp : 과벽(과피)의 가장 바깥쪽. 대부분 부드러운 껍질이나 가죽질의 껍질이다. [그리스 어: *epi* (위에) + *karpos* (열매)]

외떡잎식물 Monocotyledon : 배아에 있는 단일 잎(떡잎)의 존재로 구별되는 피자식물의 두 주요 그룹 중 하나. 그 밖의 전형적인 특징은 잎의 평행맥과 꽃의 기관이 일반적으로 3수성인 점, 관다발의 불규칙한 배열, 주근이 아닌 부정근의 발달(즉, 줄기에서 나오는 뿌리), 그리고 2차 부피 생장이 없는 점(대부분의 외떡잎식

물들이 초본 식물인 이유)이다. 벼과 식물, 사초, 골풀, 백합류, 난초, 바나나, 토란, 야자나무 그 친척들이 속한다. 단자엽식물. [그리스 어: *monos* (하나) + 떡잎]

외종피과 epispermatium : 나한송과의 나출종자. 부풀어진 부속물이 종자를 둘러싸거나 종자에 붙어 있다. 예: 리무나무의 열매(나한송과) [그리스 어: *epi* (위에) + *spermatos* (종자)]

위과 anthocarpous fruit/anthocarp : 암술군에서만이 아닌 꽃의 다른 부분에서도 수정 후의 과정 동안 종자의 산포를 돕기 위한 뚜렷한 발달을 겪는 열매. 헛열매, 가과, 부과. [그리스 어: *anthos* (꽃) + *karpos* (열매)]

위악과 diclesium : 열매에 느슨하거나 빽빽하게 부착되어 있는 화피가 성숙한 씨방을 부분적으로 또는 전체적으로 둘러싸는 위과. 예: 토마틸로(*Physalis philadelphica*, 가지과), 케이프 구즈베리(*Physalis peruviana*), 버드케처(*Pisonia brunoniana*, 분꽃과). [그리스 어에서 유래한 근대 라틴 어: *di-* (둘, 이중) + *klesis* (더 높은 부름) + *-ium*]

위장과 acrosarcum : 장과와 닮았으나 다육질의 바깥층이 주로 씨방벽이 아닌 다른 조직에서 만들어진 폐과이자 단과. 예를 들어 선인장과에서 꽃 전체가 줄기의 일부에 파묻혀있고 또는 열매 또한 잎으로 싸여 있는 경우. 예: 용과. [그리스 어: *acro* (맨 끝) + *sarx* (과육)]

유착이삭과 anthecosum : 벼과 식물에서 가지나 잎, 호영이 융합되어 낱꽃 주위의 총포나 까그라기를 형성하고 있는 복화. 예: *Cenchrus spinifex*. [그리스 어: *anthos* (꽃) + *oikos* (집) + *osum*]

은화과 syconium : 감싸진 과경 안에 소과들이 들어 있는 다육질의 복과. [그리스 어: *sykon* (무화과)]

은화식물 cryptogam : 쉽게 인식되는 꽃이 없는 모든 식물을 이르는 오래된 집합 용어. 은화식물은 조류, 균류(실제 식물은 아닌), 선태류(이끼류), 양치류(고사리류)를 포함한다. 그리스 어로 "비밀스럽게 사랑을 나누다."라는 의미는 유성 번식을 상징하는 꽃이 없는 것과 관련이 있다. [그리스 어: *kryptos* (숨은) + *gamein* (결혼하다, 사랑을 나누다)]

이과 pome : 다육질의 두꺼운 화통과 얇은 다육질의 바깥층(화통과 융합되어 있다)으로 분화된 과피, 다소 단단한 껍질처럼 느껴지는 내과피로 이루어진 폐과이자 단과인 위과. 예: 장미과의 배나무아과에 속하는 사과(*Malus pumila*), 배(*Pyrus communis*), 퀸스(*Cydonia oblonga*). [라틴 어: *pomum* (열매)]

이과형 복합과 pometum : 나누어지지 않는 하나의 공간으로 된 화통이나 화탁 안에 둘러싸인 심피를 갖는 복합과. 예: 장미과 장미속 식물의 열매

이생심피 암술군 apocarpous gynoecium : 2개 이상의 떨어져 있는 심피들로 구성된 암술군. 각 심피는 각각의 암술을 형성하고 있다. [그리스 어: *apo* (떨어져 있다) + *karpos* (열매)]

이생심피합복합과 syncarpium : 수분 후 열매가 성장하면서 이생심피 암술군의 심피들이 합쳐져 기저의 부푼 꽃턱과 함께 하나의 장과처럼 보이는 열매. [그리스 어: *syn* (함께) + *karpos* (열매)]

이중산포 diplochory : 종자의 산포에 있어서 각각 다른 산포 요인이 관련된 둘 이상의 단계로 이루어진 산포. [그리스 어: *diplous* (두 개로 된) + *chorein* (산포)]

이중장과 bibacca : 부분적으로 합착된 성숙한 2개의 씨방으로 구성된 복과. 예: 인동과 *Lonicera xylosteum*. [라틴 어: 이중 장과]

자가산포 autochory : 스스로 하는 산포. [그리스 어: *autos* (스스로) + *chorein* (산포하다)]

자성이주 gynodioecy : 같은 종에서 양성화를 갖는 개체와 암꽃을 갖는 개체가 있는 것. 예를 들어, 무화과속 식물에서 "수그루"의 은두화서에는 수꽃과 2종류의 암꽃(짧고 긴 암술대를 갖는)이 있는 반면, 암그루의 은두화서에는 순수한 암꽃(긴 암술대를 갖는)만 있다. [그리스 어: *gyne* (여성) + *di* (둘) + *oikos* (집)]

장과 berry : 과피(과벽) 전체가 다육질인 단과

장과형 복합과 baccetum : 장과인 소과들(심피들)로 이루어진 복합과.

장과형 분열과 baccarium : 장과인 폐과의 다육질 소과들로 이루어진 분열과. [라틴 어: *bacca* (장과) + *-arium*]

접합자 zygote : 수정된(이배체) 난세포. [그리스 어: *zygotos* (함께 합쳐진)]

정단거치열개삭과 denticidal capsule : 봉합선을 따라 벌어지기는 하나 불완전하게 열매 길이의 5분의 1 이상이 벌어지지 않는 삭과

정핵 sperm nucleus : 피자식물과 구과식물에서 극히 작아진, 비운동성의 웅성 생식 세포

제3기 Tertiary : 6천5백만 년 전~2백만 년 전의 지질 시대

제조 raphe : 발달하거나 성숙한 씨방에 양분을 주기 위한 관다발이 달리는 종피의 부분. [그리스 어: "*rhaptein* (바느질하다)"에서 유래한 raphe (봉합선)]

조류매개산포 ornithochory : 새에 의해 식물의 산포체가 산포되는 것. [그리스 어: *ornis* (새) + *chorein* (산포)]

종자 seed : 보호용의 종피 내부에 배아와 영양 조직이 함께 들어 있는 종자식물의 기관. 종자는 종자식물을 정의하는 기관으로, 대포자낭(밑씨)의 외피에서 발달한다.

종자고사리 pteridosperm : 고사리의 외형을 닮은 나자식물의 화석 그룹. [그리스 어: *pteris* (고사리) + *spermatos* (종자)]

종자식물 spermatophyta/spermatophyte : 종자를 생산하는 식물. 밑씨 안에서 발달하여 남아 있는 자성배우체를 특징으로 하는 식물 그룹으로, 난세포의 수정 후에 종자로 발달한다. 종자식물은 나자식물과 피자식물로 크게 나뉜다. [그리스 어:

어: *spermatos* (종자) + *phyton* (식물)]

주공 micropyle : 밑씨나 종자의 주피 정단부에 있는 구멍. 주로 화분관이 배낭으로 통하는 통로가 된다. 주공은 한 개 또는 두 개의 주피로 형성되는데, 외주피와 내주피는 각각 외주공과 내주공을 만든다. [그리스 어: *mikros* (작은) + *pyle* (문)]

주두공열개삭과 foraminicidal capsule : 불규칙하게 갈라진 틈이나 좁고 긴 구멍으로 벌어지는 삭과. 예: 질경이와 금어초속(*Antirrhinum* spp.)

주병 funiculus/funicle : 씨방에서 밑씨나 종자를 태좌와 연결하고 있는 자루. 주병은 "탯줄"의 역할을 하며 자라고 있는 밑씨와 종자에 모식물체로부터 물과 양분을 공급해 준다. 씨자루, 배주병. [라틴 어: *funiculus* (가느다란 밧줄)]

주사전자현미경 scanning electron microscope : 표본을 전자 빔으로 스캔하여 고해상도를 가진, 고배율로 확대된 이미지를 얻을 수 있게 한 과학 장비

중과피 mesocarp : 핵과에서 과피(과벽)의 다육질 중간층. [그리스 어: *mesos* (가운데) + *karpos* (열매)]

중생대 Mesozoic era : 2억 4천8백만 년 전~6천5백만 년 전의 지질 시대. 트라이아스기, 쥐라기, 백악기로 이루어져 있다. [그리스 어: *mesos* (가운데) + *zoion* (동물) – "중간의 동물"]

중앙태좌 central placentation : 밑씨가 씨방의 중앙에 떨어져 있는 태좌에서 생겨나는 태좌배열의 한 형태. 예: 앵초과

중축 columella : 삭과나 분열과에서 중앙에 있는 숙존성의 축. [라틴 어: *columna* (예주)]

쥐라기 Jurassic : 2억 6백만 년 전~1억 4천2백만 년 전의 지질 시대

지방체 elaiosome : 주로 개미에 의한 산포에 나오는 생태학적 용어로, 식용 가능한 다육질의 부속물을 뜻한다. 엘라이오좀. [그리스 어: *elaion* (기름) + *soma* (덩어리)]

지하결실 geocarpy : 식물의 열매가 땅 밑에서 성숙하는 상태. 예: 콩과의 땅콩(*Arachis hypogaea*), 박과의 아드바크큐컴버(*Citrullus humifructus*). [그리스 어: *ge* (땅) + *karpos* (열매)]

초식동물 herbivore : 식물을 먹이로 하는 동물. [라틴 어: *herba* (풀) + *vorare* (집어 삼키다)]

총포 involucre : 화서의 밑부분을 한차례 또는 그 이상으로 둘러싸고 있는 포. 예: 국화과와 산토끼꽃과의 두상화에 있다.

취과 aggregate fruit : 복합과 참조

측막태좌 parietal placentation : 밑씨가 씨방의 벽에 있는 태좌에 붙는 태좌배열의 형태.

코르다이테스목 Cordaitales : 현대의 구과식물과 직접적으로 관련이 있다고 여겨지는, 지금은 멸종된 고생대의 나자식물. 코르다이테스목 식물들은 끈처럼 생긴 잎을 가진 30m에 달하는 키의 나무였다. 이 식물들은 석탄기(3억 5천4백만 년 전~2억 9천만 년 전)에 번성하였으며 페름기(2억 9천만 년 전~2억 4천8백만 년 전) 초에 멸종되었다.

탄도산포 ballistic dispersal : 직·간접적인 사출 메커니즘으로 산포체가 산포되는 것. 각각 바람과 지나가는 동물에 의해 폭발적으로 벌어지는 열개과 또는 식물 부위들의 움직임

태좌 placenta : 씨방 안에서 밑씨가 형성되어 부착(보통 주병을 통해서)되어 있는 부위. 식물학에서 이 용어는 동물이나 인간에서 배아가 붙어 있는 것과 비슷한 구조를 일컫는 용어를 그대로 가져온 것이다. [근대 라틴 어: *placenta* (납작한 빵), 그리스 어: *plakoenta* (납작한)]

트라이아스기 Triassic : 2억 4천8백만 년 전~2억 6백만 년 전의 지질 시대

판게아 Pangaea : 대륙 이동에 의해 분리되기 전 한때 지구의 모든 대륙이 연결되어 있던 원시의 초대륙

페름기 Permian : 2억 9천만 년 전~2억 4천8백만 년 전의 지질 시대

폐삭과 carcerulus : 합생심피 암술군에서 형성되는 폐과인 단과. 하나 이상의 종자가 단단한 과피 안의 공기층에 싸여 있다. [라틴 어: "*carcer* (감옥)"의 지소사]

폐협과 camara : 하나의 심피에 의해 형성된, 일반적으로 더디게 열개하는 열매. 폐협과의 내부는 건조(예: 콩과 땅콩 *Arachis hypogaea*)하거나 다육질(예: 콩과 타마린드 *Tamarindus indica*)이다. [그리스 어: *kamara* (방)]

포 bract : 덜 발달되거나 축소된 잎으로 꽃이나 화서 주위에 있다. 포는 녹색으로 크기가 작아 눈에 잘 띄지 않을 수도 있지만 밝은색으로 크기가 큰 경우도 있다. 포엽

포간열개삭과 septicidal capsule : 복봉선을 따라 완전히 벌어지는 삭과. 각 열편은 태좌에 붙어 있던 심피 전체에 해당한다.

포공열개삭과 poricidal capsule : 각 심실에 있는 국부적인 구멍으로 벌어지는 삭과.

포배열개삭과 loculicidal capsule : 배봉선을 따라 완전히 열개하는 삭과. 열매 조각은 인접한 심피들의 두 반쪽으로 이루어져 있다.

포엽복과 trymosum : 융합된 포나 화탁 안에서 발달한 성숙한 씨방들로 이루어진 복과. 성숙 시에 포 또는 화탁의 분열이나 다른 움직임에 의해 방출된다. 예: 참나무과 *Fagus sylvatica*, *Castanea sativa*, 뽕나무과 *Dorstenia* spp.

포유동물매개산포 mammaliochory : 포유동물에 의해 식물의 산포체가 산포되는 것. [라틴 어: *mamma* (가슴) + *chorein* (산포)]

포자 spore : 무성 생식을 수행하는 세포

포자낭 sporangium : 포자가 생기는 세포의 핵과 바깥 세포벽으로 이루어진 주머

니. [그리스 어: *sporos* (싹, 포자) + *angeion* (주머니)]

포자엽 sporophyll : 하나 이상의 포자낭을 가지고 있는 생식잎. 이형포자 식물은 주로 소포자를 생산하는 소포자엽과 대포자를 생산하는 대포자엽을 갖는다. [그리스 어: *sporos* (싹, 포자) + *phyllon* (잎)]

포자체 sporophyte : 포자를 생산하는 식물. 식물의 생활사에서 반수체의 배우체를 생기게 하는 무성 생식의 반수체 포자를 생산하는 이배체 세대. [*sporos* (싹, 포자) + *phyton* (식물)]

포축열개삭과 septifragal capsule : 열매의 열편이 분리된 후 남아 있는 숙존성의 중축인 중앙의 축 근처에 있는 격벽이 부서짐에 따라 복봉선이나 배봉선을 따라 완전히 벌어지는 삭과

플라이스토세 Pleistocene epoch : 1백8십만 년 전~11,550년 전의 지질 시대. [그리스 어: *pleistos* (가장) + *kainos* (새로운)]

피자식물 angiosperm : 종자식물의 한 분류로 대포자엽에서 밑씨와 종자가 밖으로 노출된 상태인 나자식물과는 반대로 닫힌 대포자엽에 밑씨와 종자가 들어 있는 식물군. 피자식물은 "중복 수정"이라는 유성 생식으로 구별된다. 배아에 있는 잎(떡잎)의 수에 따라 2개의 주요 그룹인 외떡잎식물과 쌍떡잎식물로 나뉜다. 일부 나자식물의 생식 기관도 꽃의 정의에 맞는 구조에서 생겨나기는 하지만 피자식물을 흔히 "현화식물(flowering plant)"이라고 한다. [그리스 어: *angeion* (그릇, 작은 용기) + *sperma* (종자)]

하위수과 cypsela : 꽃이나 화서의 부가적인 부분에서 유래되며, 세로로 되어 있는 까그라기와 강모, 털 또는 이와 비슷한 구조물을 갖는 단일 종자의 열매. 국화과와 산토끼꽃과에서 전형적으로 볼 수 있으나 일부 사초과와 산용안과, 그리고 다른 과에서도 볼 수 있다. 국죽. [그리스 어: *kypsele* (상자, 속이 빈 그릇)]

합생심피 암술군 syncarpous gynoecium : 2개 또는 그 이상의 심피들이 합착되어 이루는 암술군. 합심피암술군. [그리스 어: *syn* (함께) + *karpos* (열매), *gyne* (여성) + *oikos* (집). "모여져 있는 여성의 집"]

핵 stone : 핵과에서 내과피와 그 안의 종자를 함께 일컫는 말

핵과 drupe : 1개 또는 2개의 핵을 가진 단단한 내과피와 다육질의 중과피를 갖는 폐과. [라틴 어: *drupa* (올리브)]

핵과형 복합과 drupetum : 얇은 외과피와 다육질의 중과피, 단단한 내과피로 분화되어 있는 핵과인 소과들의 과피를 갖는 폐과인 심피들로 이루어진 복합과

협과 coccum : 2개의 봉합선을 따라 벌어지는 하나의 심피로 이루어진 단과. 콩과 식물의 협과는 예로부터 두과라는 용어를 사용한다. [그리스 어: *kokkos* (종자, 낟알)]

협과형 분열과 coccarium : 배봉선과 복봉선을 따라 열개하는 소과들로 이루어진 분열과. 심피 전체가 다 조개지지 않지만 포배열개, 포간열개, 포축열개를 동시에 보여 주는 삭과도 여기에 포함된다. 예: 대극과, 조록나무과, 일부 운향과. [그리스 어: *kokkos* (종자, 낟알) + *arium*]

–형 복과 -osum : 열매분류학적 용어에서 복과를 지칭하는 접미사

–형 복합과 -etum : 열매분류학 용어에서 복합과를 지칭하는 접미사

–형 분열과 -arium : 열매분류학 용어에서 분열과를 지칭하는 접미사

호흡급상승과 climacteric fruit : 돌이킬 수 없는 갑작스런 성숙에 들어가는 열매. 호흡량(이산화탄소 생산량)과 휘발성의 식물 호르몬인 에틸렌의 뚜렷한 증가로 알 수 있다. 반면에 비호흡급상승형 열매는 점진적이고 지속적인 성숙 과정을 겪는다. 급등형 열매, 전환성 열매, 급전환과

화경/과경 peduncle : 꽃이나 열매를 받치고 있는 작은 가지. 화병, 꽃대, 꽃자루, 열매자루

화관 corolla : 하나의 꽃에 있는 꽃잎들의 집합체. 화피에서 안쪽의 화피층(내화피)을 말한다. 꽃부리. [라틴 어: *corolla* (작은 화관이나 왕관)]

화분관 pollen tube : 꽃가루가 발아하면서 형성되는 관 같은 구조물. 소철류와 은행나무에서 정핵은 운동성을 갖기 때문에 화분관을 통해 곧바로 화분방으로 들어간다. 꽃가루관

화분낭 pollen sac : 피자식물의 소포자낭. 하나의 꽃밥은 대체로 4개의 화분낭을 갖는다. 꽃가루주머니

화서 inflorescence : 꽃들이 무리로 달려 있는 식물의 부분. 화서는 백합에서처럼 엉성하게 이루어질 수도 있고, 국화과의 해바라기에서처럼 조밀하게 이루어져 있어서 하나의 꽃으로 보일 수도 있다. 꽃차례

화탁 receptacle : 피자식물에서 꽃의 모든 기관이 달리는 화경의 끝. 꽃턱, 꽃받침

화탁복합과 glandetum : 커진 화탁 위에서 성숙하는 폐과들로 이루어진 복합. 소과들은 화탁에 둘러싸여 있다. 예: 장미과 딸기나무속(*Fragaria* spp.)

화탁분열과 glandarium : 다육질로 커진 화탁 위에 형성된 분열과.

화통 hypanthium : 꽃받침잎과 꽃잎, 또는 화피편, 그리고 수술을 갖는 화탁에서 유래한, 컵 모양의 꽃의 기관. 씨방중위화의 화통은 암술군을 둘러싸고 있으나, 둘은 서로 떨어져 있다. 씨방하위화에서는 암술군의 배측 부위가 화통에 포함되어 있어 하위씨방이 된다. 꽃턱통. [그리스 어: *hypo* (아래, 밑) + *anthos* (꽃)]

화통복합과 trymetum : 화통 또는 융합된 포 안에서 발달한 성숙한 씨방을 특징으로 하는 복합과. 성숙 시에 화통이나 포가 펼쳐지거나 벌어져 산포된다. 예: 포니미아과 *Palmeria scandens*

화피 perianth/perigon : 꽃받침(바깥 화피층, 외화피)과 화관(안쪽 화피층, 내화피)을 뚜렷이 구분할 수 있는 경우의 명칭이기도 하나, 구분이 되지 않을 때도 쓴다. 꽃받침잎과 꽃잎의 구별이 어려운 경우를 따로 페리곤(perigone)이라고 한다. 꽃

덮개, 꽃덮이, 화개. [그리스 어: *peri* (둘레) + *anthos* (꽃)]
화피편 tepal : 꽃받침과 화관으로 분화되지 않은 화피의 조각. [tepalum. "petalum(꽃잎)"의 철자를 바꾼 것, petal(꽃잎)과 sepal(꽃받침잎)과 유사하게 만든 것]
횡렬삭과 circumscissile capsule : 횡선열개 삭과 참조
횡선열개삭과 pyxidium : 열매의 모든 심실을 가로지르는 봉합선에 의해 뚜껑처럼 열개되는 삭과. [그리스 어에서 유래한 근대 라틴 어: *pyxidion* (작은 상자), "*pyxis* (상자)"의 지소사]
휴면 dormancy : 일반적으로 식물의 생명 활동이 중단된 기간을 일컫는다. 휴면 상태의 종자에는 적절한 조건하에서도 발아가 되지 않게 하는 여러 가지 메커니즘이 요구된다. [라틴 어: *dormire* (잠자다)]

참고 문헌

열매와 식물학

Amico, G. & Aizen, M.A. (2000) Mistletoe seed dispersal by a marsupial. *Nature* 408: 929-930.
Armstrong, W.P. A nonprofit natural history textbook dedicated to little-known facts and trivia about natural history subjects. www.waynes-word.com
Babweteera, F., Savill, P. & Brown, N.N. (2007) *Balanites wilsoniana*: regeneration with and without elephants. *Biological Conservation* 134: 40-47.
Barnea, A., Yom-Tov, Y. & Friedman J. (1991) Does ingestion by birds affect seed germination? *Functional Ecology* 5: 394-402.
Beattie, A.J. (1985) *The evolutionary ecology of ant-plant mutualism*. Cambridge University Press, Cambridge, UK
Beattie, A.J. & Culver, D.C. (1982) Inhumation: how ants and other invertebrates help seeds. *Nature* 297: 627.
Bell, A.D. (1991) *Plant form – An illustrated guide to flowering plant morphology*. Oxford University Press, Oxford, UK.
Bischoff, G. W. (1830) *Handbuch der botanischen Terminologie und Systemkunde*, Vol. 1. Johann Leonhard Schrag, Nürnberg.
Bollen A.; van Elsacker, L.; Ganzhorn, J.U. (2004) Tree dispersal strategies in the littoral forest of Sainte Luce (SE-Madagascar). *Oecologia* 139(4): 604-616.
Bond, W. & Sillingsby, P. (1984) Collapse of an ant-plant mutualism: the argentine ant (*Iridomyrmex humilis*) and myrmecochorous Proteaceae. *Ecology* 65: 1031-1037.
Bouman, F., Boesewinkel, D., Bregman, R., Devente, N. & Oostermeijer, G. (2000) *Verspreiding van zaden*. KNNV Uitgeverij, Utrecht.
Boutin, S., Wauters, L., McAdam, A., Humphries, M. Tosi, G. & Dhondt, A. (2006) Anticipatory reproduction and population growth in seed predators. *Science* 314: 1928-1930.
Bresinsky, A. (1963) Bau, Entwicklungsgeschichte und Inhaltsstoffe der Elaiosomen. Studien zur myrmekochoren Verbreitung von Samen und Früchten. *Bibliotheca Botanica* 126: 1-54.
Brodie, H.J. (1955) Springboard plant dispersal mechanisms operated by rain. *Canadian Journal of Botany* 33: 15-167.
Brown, R. (1827) On the structure of the inimpregnated ovulum in phaenogamous plants. In: King, P.P.: *Narrative of a Survey of the Intertropical and Western Coasts of Australia* 2: 539-565.
Burgt, X.M. van der (1997) Explosive seed dispersal of the rainforest tree *Tetraberlinia morelina* (Leguminosae – Caesalpiniodeae) in Gabon. *Journal of Ecology* 13: 145-151.
Burtt, B.D. (1929) A record of fruits and seeds dispersed by mammals and birds from the Singida District of Tanganyika Territory. *The Journal of Ecology* 17(2): 351-355.
Candolle, A.P. de (1813) *Théorie élémentaire de la botanique ou exposition de la classification naturelle et de l'art de décrire et d'étudier les végétaux*, second edition. Chez Déterville, Paris.
Cochrane, E.P. (2003) The need to be eaten: *Balanites wilsoniana* with and without elephant seed-dispersal. *Journal of Tropical Ecology* 19: 579-589.
Culver, D.C. & Beattie, A.J. (1980) The fate of *Viola* seeds dispersed by ants. *American Journal of Botany* 67: 710-714.
Dalton, R. (2007) Blast in the past? *Nature* 447: 256-257.
Desvaux, N.A. (1813) Essai sur les différents genres des fruits des plantes phanérogames. *Journal de Botanique, appliquée à l'Agriculture, à la Pharmacie, à la Médecine et aux Arts* 2: 161-181.
Dinerstein, E. & Wemmer C.M. (1988) Fruits *Rhinoceros* eat: Dispersal of *Trewia nudiflora* (Euphorbiaceae) in Lowland Nepal. *Ecology* 69: 1768-1774.
Dumortier, B.C. (1835) *Essai carpographique présentant une nouvelle classification des fruits*. M. Hayez, Imprimeur de l'Académie Royale, Brussels, Belgium.
Fenner, M. & Thompson, K. (2005) *The ecology of seeds*. Cambridge University Press, Cambridge, UK.
Gaertner, J. (1788, 1790, 1791, 1792) *De fructibus et seminibus plantarum*. 4 Vols. Academiae Carolinae, Stuttgart.
Galetii, M. (2002) Seed dispersal of mimetic fruits: parasitism, mutualism, aposematism or exaptation? *In*: D.J. Levey, W.R. Silva & M. Galetti (eds.): *Seed dispersal and frugivory: ecology, evolution and conservation*. CABI Publishing, UK.
Govaerts, R. (2001) How many species of seed plants are there? *Taxon* 50, 1085-1090.
Gunn, C.R. & Dennis, J.V. (1999) *World guide to tropical drift seeds and fruits* (reprint of the 1976 edition). Krieger Publishing Company, Malabar, Florida, USA.
Harrington, J.F. (1973) Biochemical basis of seed longevity. *Seed Science and Technology* 1: 453-461.
Heywood, V.H., Brummit, R.K., Culham, A. & Seberg, O. (2007) *Flowering Plant Families of the World*. Royal Botanic Gardens, Kew, London, UK.
Howe, H.F. (1985) Gomphothere fruits: a critique. *The American Naturalist* 125(6): 853-865.
Howe, H.F. & Smallwood, J. (1982) Ecology of seed dispersal. *Annual Review of Ecology and Systematics* 13: 201-228.
Howe, H.F. & Vande Kerckhove, G.A. (1980) Nutmeg Dispersal by Tropical Birds. *Science* 210(4472): 925-927.
Jackson, B.D. (1928) *A Glossary of Botanic Terms*. Hafner Publishing Company, New York, USA.
Janick, J. & Paull, R.E. (eds.) 2008 *The encyclopedia of fruit and nuts*. CABI Publishing, UK.
Janzen, D.H. (1977) Why fruits rot, seeds mold, and meat spoils. *The American Naturalist* 111(980): 691-713.
Janzen, D.H. (1984) Dispersal of small seeds by big herbivores: foliage is the fruit. *The American Naturalist* 123: 338-353.
Janzen, D.H. & Martin, P.S. (1982) Neotropical anachronisms: the fruits the gomphotheres ate. *Science* 215: 19-27.
Jones, D.L. (2002) *Cycads of the world*, 2nd edition. Reed New Holland Publishers, Sydney, Auckland, London, Cape Town.
Jordano, P. (1995) Angiosperm fleshy fruits and seed dispersers – a comparative analysis of adaptation and constraints in plant-animal interactions. *American Naturalist* 145: 163-191
Judd, W.S., Campbell, S., Kellogg, E.A., Stevens, P.F. & M.J. Donoghue (2002) *Plant Systematics - a phylogenetic approach*. Sinauer Associates, Inc., Sunderland, MA, USA.
Kelly, D. (1994) The evolutionary ecology of mast seeding. *Trends in Ecology and Evolution* 9: 465-470.
Kesseler, R. & Stuppy, W. (2006) *Seeds – Time Capsules of Life*. Papadakis, London, UK.
Kislev, M., Hartmann, A. & Bar-Yosef, O. (2006) Early domesticated fig in the Jordan Valley. *Science* 312: 1372-1374.
Levey, D.J., Silva, W.R. & Galeti, M. (eds.) (2002) *Seed Dispersal and Frugivory: Ecology, Evolution and Conservation*. CABI Publishing, UK.
Leins, P. (2000) *Blüte und Frucht*. Schweizerbart'sche Verlagsbuchhandlung. Stuttgart, Berlin, 390 pp.
Lindley, J. (1832) *An introduction to botany*. Longman, Rees, Orme, Brown, Green & Longmans, London.
Lindley, J. (1848) *An introduction to botany*, 4th edition. Longman, Brown, Green and Longmans, London.
Link, H.F. (1798) *Philosophiae botanicae novae*. C. Dieterich, Göttingen, Germany.
Loewer, P. (2005) *Seeds – the definitive guide to growing, history and lore*. Timber Press, Portland, Cambridge, USA.
Mabberley, D.J. (1997) *The plant-book*, 2nd edition. Cambridge University Press, Cambridge
Mack, A.L. (2000) Did fleshy fruit pulp evolve as a defence against seed loss rather than as a dispersal mechanism? *Journal of Bioscience* 25 (1): 93-97
Mauseth, J.D. (2003) *Botany – an introduction to plant biology*, 3rd edition. Jones and Bartlett Publishers Inc., Boston, USA.
Mirbel, C.F. (1813) Nouvelle classification des fruits. *Nouveau Bulletin des Sciences, publié par la Société Philomatique de Paris* 3: 313-319.
Morton, J. (1987) Breadfruit. p. 50–58. In: *Fruits of warm climates*. Julia F. Morton, Miami, FL.
Murray, P.R. & Vickers-Rich (2004) *Magnificent Mihirungs: the colossal flightless birds of the Australian dreamtime*. Indiana University Press, USA.
Noble, J.C. (1975) The effects of emus (*Dromais novohollandiae* Latham) on the distribution of the nitre bush (*Nitraria billardierei* DC.). *The Journal of Ecology* 63(3): 979-984
Parolin, P. (2005) Ombrohydrochory: rain-operated seed dispersal in plants – with special regard to jet-action dispersal in Aizoaceae. *Flora – Morphology, Distribution, Functional Ecology of Plants* 201(7): 511-518.
Phillips, H. (1820) *Pomarium Britannicum: an historical and botanical account of fruits, known in Great Britain*. T. & J. Allman, London, UK.
Pijl, L. van der (1982) *Principles of dispersal in higher plants*, 3rd edition. Springer, Berlin, Heidelberg, New York.
Popenoe, W. (1920) *Manual of tropical and subtropical fruits*. The Macmillan Company, New York, USA
Prance, G.T. & Mori, S.A. (1978) Observations on the fruits and seeds of neotropical Lecythidaceae. *Brittonia* 30: 21-33
Raven, P.H., Evert, R.F. & Eichhorn, S.E. (1999) *Biology of plants*. W.H. Freeman, New York.
Rheede van Oudtshoorn, K. van & Rooyen, M.W. van (1999) *Dispersal biology of desert plants. Adaptations of Desert Organisms*. Springer-Verlag, Berlin.
Rick, C.M. & Bowman, R.I. (1961) Galapagos tomatoes and tortoises. *Evolution* 15(4): 407-417.
Ridley, H.N. (1930) *Dispersal of plants throughout the world*. L. Reeve & Co., Ashford, UK.
Roeper, J. (1826) Observationes aliquot in florum inflorescentariumque naturam. *Linnaea* 1: 433-466
Roth, I. (1977) *Fruits of angiosperms*. Gebrüder Borntraeger, Berlin & Stuttgart. 675 pp.
Sachs, J. von (1868) *Lehrbuch der Botanik nach dem gegenwärtigen Stand der Wissenschaft*, 1st edition. Leipzig
Schleiden, J. M. (1849) *Principles of scientific botany*. Translated by E. Lankester (of the German 2nd edition, published in 2 volumes, 1845-1846; the 1st German edition was published 1842-1843). Longman, Brown, Green & Longmans, London.
Sernander, R. (1906) Entwurf einer Monographie der europäischen Myrmekochoren. *Kungliga Svenska Vetenskapsakademiens Handlingar* 41: 1-410.
Sorensen, A.E. (1986) Seed dispersal by adhesion. *Annual Review of Ecology and Systematics* 17: 443-463.
Spjut, R.W. (1994) A systematic treatment of fruit types. *Memoirs of the New York Botanical Garden* 70: 1-182.
Spjut, R.W. and J. Thieret (1989) Confusion between multiple and aggregate fruits. *The Botanical Review* 55: 53–72.
Temple, S.A. (1977) Plant-animal mutualism: co-evolution with Dodo leads to near extinction of plant. *Science* 197: 885-886.
Tiffney, B.H. (2004) Vertebrate dispersal of seed plants through time. *Annual Review of Ecology and Systematics* 35: 1-29.
Tournefort, Joseph Pitton de (1694) *Eléments de botanique, ou méthode pour connaître les plantes* (Elements of botany, or method for getting to know the plants).). 3 Vols. De l'Impriemerie Royale, Paris.
Ulbrich, E. (1928) *Biologie der Früchte und Samen (Karpobiologie)*. Springer, Berlin, Heidelberg, New York.
Vander Wall, S.B. & Longland, W.S. (2004) Diplochory: are two seed dispersers better than one? *Trends in Ecology and Evolution* 19(3): 155-161.
Willdenow, C.L. (1802) Grundriß der Kräuterkunde zu Vorlesungen entworfen, 3rd ed, Berlin
Willdenow, C.L. (1811) The principles of botany and of vegetable physiology. Trans. from German. University Press, Edinburgh.
Willson, M.F. (1993) Mammals as seed-dispersal mutualists in North America. *Oikos* 67: 159-176.
Witmer, M.C. & Cheke, A.S. (1991) The dodo and the tambalocoque tree: an obligate mutualism reconsidered. *Oikos* 61(1): 133-137.
Zona, S. & Henderson, A. (1989) A review of animal-mediated seed-dispersal of palms. *Selbyana* 11: 6-21.

미술

Adam, H.C. (1999) *Karl Blossfeldt*. Prestel, Munich
Diffey, T.J. (1993) Natural Beauty without Metaphysics. Published in, *Landscape, natural beauty and the arts*. Cambridge University Press, Cambridge, UK
Ede, S (2000) *Strange and Charmed*. Calouste Gulbenkian Foundation, London
Frankel, F. (2002) *Envisioning Science, The Design and Craft of the Science Image*. MIT Press, Cambridge MA, USA
Gamwell, L. (2002) *Exploring the Invisible, Art Science and the Spiritual*. Princeton University Press, Princeton NJ, USA
Haeckel, E. (1904) *Art Forms in Nature*. Reprinted 1998. Prestel, Munich
Kesseler, R. (2001) *Pollinate*. Grizedale Arts and The Wordsworth Trust, Cumbria.
Stafford, B.M. (1994) *Artful Science, Enlightenment, Entertainment and the Eclipse of the Visual Image*. MIT Press, Cambridge MA.
Stafford, B.M. (1996) *Good Looking, Essays on the Virtue of Images*. MIT Press, Cambridge MA.
Thomas, A. (1997) *The Beauty of Another Order, Photography in Science*. Yale University Press, New Haven
Tongiorgi Tomasi, L. (2002) *The Flowering of Florence, Botanical Art for the Medici*, Lund Humphries

열매 – 먹을 수 있는, 먹을 수 없는, 믿을 수 없는

각주

[1] 과학적인 맥락에서 보면, "원시적인(primitive)"과 "후기의(advanced)" 용어의 사용은 혼란을 피하기 위해 약간의 설명이 필요하다. 어떤 식물을 "후기의"라고 지칭하는 것은 그들이 "원시적인" 식물과 비교해서 "향상된 것"을 가지고 있는 것을 시사한다. 그러나 현존하는 식물들은 모두 동일하게 진화된 것이다. 왜냐하면 그들은 생명이 시작된 후로 모두 똑같은 기간의 시간을 지내 오고 있으며, 특정한 환경에 잘 적응해 오고 있는 것이기 때문이다. 따라서 현대의 나자식물은 피자식물보다 덜 진화된 것이 아니다. 다만 나자식물은 그들이 자신들이 진화해 온 멸종된 조상형과 더 비슷하다는 점에서 피자식물보다 더 "원시적인" 것이 되는 것이다.

[2] 이에 대한 다른 이론은 원시적인 심피가 2겹(즉, 대포자엽이 접혀서 형성된 것)이 아닌 병 모양(즉, 애초에 원통형으로 자라난 것)이라는 것이다. 2겹의 심피가 가장 기초적인 심피로 여겨졌으나 피자식물에서도 가장 원시적인 것으로 보는 식물들(암보렐라과(Amborellaceae), 수련목(Nymphaeales), 아우스트로바일레야목(Austrobaileyales))이 대부분 병 모양의 심피를 갖기 때문에 현재는 피자식물의 심피의 진화에 있어서 이것이 가장 기초적인 형태로 널리 받아들여지고 있다. 그럼에도 불구하고 2겹의 심피는 많은 피자식물(예: 목련목)에서 볼 수 있으며, 심피의 진화에 있어서 가능한 경로들 중 하나를 설명하는 유효한 모델이 된다. 심피 발달에서 두 겹의 심피와 병 모양의 심피는 서로 많이 다르기 때문에 그들이 진화적으로 어떻게 연관되어 있는지는 여전히 풀리지 않았다.

[3] 피자식물이 나자식물보다 유리한 훨씬 더 중요한 이점은 그들이 종자를 생산하는 방식과 관련이 있다. 피자식물은 자신의 에너지를 밑씨의 성공적인 수정 후에만 양분이 풍부한 종자의 저장 조직(배젖)을 만드는 데 쓰는 반면, 소철류, 은행나무, 구과식물 같은 나자식물은 난세포가 수정을 하기도 전에 미리 저장 조직(육중한 대배우체)을 만든다. 진화라는 경주에서 자원의 보존은 항상 커다란 이점으로 다가온다.

[4] 기초적인 많은 피자식물에서 심피는 오직 점액으로만 닫혀 있으며, 심피의 가장자리가 융합되어 있지 않다.

[5] 피자식물의 아주 흥미로운 성의 세계를 더 깊게 알고자 하는 독자는 『종자 – 생명의 타임캡슐(Seeds - Time Capsules of Life)』을 참고하도록 한다.

[6] 귈림 루이스(Gwilym Lewis)의 개인적인 관측

사진·도판 출처

Page 23: © Mike Bailey & Steve Williams; page 28 & 29: Andrew McRobb © RBG Kew; page 36: © Vidar.a; page 38: © James Wood, Hobart, Tasmania; page 52: Hannelore Morales © RBG Kew; page 53: © Mike Bailey & Steve Williams; page 74: © Suzana Profeta; page 78 (bottom): © Gwilym Lewis; page 94 (top): © Mike Bailey & Steve Williams; page 95: Legume section at Herbarium © RBG Kew; page 108: © Mike Bailey & Steve Williams; page 116 (bottom) & 117: Elly Vaes - shot on location at Fairchild Tropical Botanic Garden, courtesy Fairchild Tropical Botanic Garden; page 122: © Tim Waters, www.flickr.com/photos/tim-waters; page 123 (top): © Alex V. Popovkin; page 123 (bottom): © Dinesh Valke; page 142: NHPA / Rich Kirchner; page 146 (top): © Stephen Lyle, BBC Bristol; page 176 (top): NHPA / A.N.T. Photo Library; page 176 (bottom): Crown Copyright: Department of Conservation/ Te Papa Atawhaipage; page 192: Rachael Davies © RBG Kew; page 195: © Mike Bailey & Steve Williams; page 196 & 197: Paul Little © RBG Kew; page 198 (bottom): © Kolade Nurse; page 203: NHPA / Haroldo Palo Jr.; page 214: © Veronica Olivotto; page 215: © Trevor James; page 216: © Gwilym Lewis; page 219: Getty / Tim Laman; page 220: NHPA / Kevin Schafer; page 229: © Kim Wolhuter, www.wildcast.net; page 231: © Nigel Dennis / Africa Imagery; page 233: © Lucy Commander; page 233: © Filipe de Oliveira; page 235: © The Natural History Museum, London; page 239 (top): © Phillip Merritt; (bottom): Andrew McRobb © RBG Kew; page 246: *Dromornis stirtoni*, first published in Peter F. Murrey & Patricia Vickers-Rich (2004), *Magnificent Mihinungs*. Indiana University Press; page 248: © Jamili Nais.

*이 사진들의 사용을 허락해 주신 데 대해 진심으로 감사드립니다. 저작권자를 파악하고 연락하기 위해 가능한 모든 시도를 했습니다. 실수나 누락은 고의가 아니며, 후속판에서 수정될 것입니다.

저자 소개

저자 울프강 스터피 (Wolfgang Stuppy)

종자형태학자. 종자비교형태학 해부학으로 박사 학위를 받았다. 대규모 국제 식물 보존 사업을 벌이는 밀레니엄 종자은행 협력 기구 센터인 런던 큐 왕립식물원의 밀레니엄 종자은행에서 근무하고 있다. 1999년부터 큐 왕립식물원의 식물 보존부에서 일해 오다 2002년 지금의 밀레니엄 종자은행으로 옮겨 근무하고 있다. 전 세계의 열매와 종자를 수집 및 보관하는 세계적인 보존 프로젝트인 밀레니엄 종자은행은 그에게 있어 식물의 다양성 연구에 열정을 쏟을 수 있는 이상적인 공간이라고 할 수 있다.

저자 롭 케슬러 (Rob Kesseler)

시각 예술가. 런던 센트럴 세인트 마틴스 예술대학의 세라믹 예술학과 교수. 과학자들과 공동으로 디자인과 미술, 응용미술을 넘나들며 작품 활동을 하고 있다. 2001년~2004년 큐 왕립식물원의 NESTA(국립과학기술예술재단) 연구 교수를 지냈으며, 이후 울프강 스터피 박사와 함께 현미경을 통한 식물 연구를 해 오고 있다. 린네 학회와 왕립예술협회 위원이며, 생물다양성의 해인 2010년에 굴벤키안 과학연구소의 선임 연구원으로 임명되었다. 그의 작품들은 전 세계에 전시되고 있다.

감수 이남숙 (李南淑, Lee, Nam Sook)

식물학자. 이화여자대학교 대학원 생물학과 식물분류학전공(이학박사). 현재 이화여자대학교 생명과학과/대학원 에코과학부 교수. 이화여자대학교 자연사박물관 운영위원. 한국난협회 회장. 난문화협동조합 이사장. 저서 『모든 들풀은 꽃을 피운다』 중앙M&B, 1998. 『피어라 풀꽃(공저)』 다른세상, 2001(환경부 추천 '우수 환경 도서상' 수상). 『세시풍속사전(식물)』 국립민속박물관, 2005. 『한국난과식물도감』 이화여대출판부, 2011.

번역 김진옥 (金眞玉, Kim, Jin Ohk)

이화여자대학교 생물과학과 및 동대학원 졸업. 이화여자대학교 에코과학부 식물계통분류학 박사 수료. 이화여자대학교 자연사박물관 학예연구원 근무(2012년 3월~2014년 2월). 저서 『식물이 좋아지는 식물책』 다른 세상, 2011.

An Illustrated book of Fruit

열매

2014. 6. 10. 1판 1쇄 발행

저자	울프강 스터피·롭 케슬러 (Wolfgang Stuppy & Rob Kesseler)
감수	이남숙
번역	김진옥
발행인	양진오
발행처	㈜교학사

서울특별시 마포구 마포대로 14길 4 (공덕동)

전화 / 편집부 02-312-6685 영업부 02-707-5151 FAX / 02-707-5160

홈페이지 / http://www.kyohak.co.kr

Printed in Korea

ISBN 978-89-09-18843-2 96480